高等学校电子信息类精品教材

离 散 数 学

（第三版）

方世昌　编著

西安电子科技大学出版社

内 容 简 介

本书介绍计算机专业最需要的离散数学基础知识，共 8 章，内容包括数理逻辑、集合、二元关系、函数、无限集合、代数、格与布尔代数、图论等，并含有较多的与计算机科学和工程有关的例题和习题。本书适合作为高等理工科院校计算机科学、计算机工程和计算机应用专业本科学生的教材，也可供相关工程技术人员参考使用。

图书在版编目(CIP)数据

离散数学/方世昌编著. —3 版.

—西安：西安电子科技大学出版社，2009.1(2024.10 重印)

ISBN 978 - 7 - 5606 - 2157 - 9

Ⅰ. 离…　Ⅱ. 方…　　Ⅲ. 离散数学－高等学校－教材　Ⅳ. O158

中国版本图书馆 CIP 数据核字(2008)第 179567 号

责任编辑　毛红兵　孟秋黎

出版发行　西安电子科技大学出版社(西安市太白南路 2 号)

电　　话　(029)88202421　88201467　　邮　　编　710071

网　　址　www.xduph.com　　　　　电子邮箱　xdupfxb001@163.com

经　　销　新华书店

印刷单位　陕西天意印务有限责任公司

版　　次　2009 年 1 月第 3 版　2024 年 10 月第 58 次印刷

开　　本　787 毫米×1092 毫米　1/16　印张 21.5

字　　数　499 千字

定　　价　60.00 元

ISBN 978 - 7 - 5606 - 2157 - 9

XDUP 2449003－58

* * * 如有印装问题可调换 * * *

出 版 说 明

　　根据国务院关于高等学校教材工作分工的规定，我部承担了全国高等学校工科电子类专业课教材的编审、出版的组织工作。从 1977 年底到 1982 年初，由于各有关院校，特别是参与编审工作的广大教师的努力和有关出版社的紧密配合，共编审出版了教材 159 种。

　　为了使工科电子类专业教材能更好地适应社会主义现代化建设培养人才的需要，反映国内外电子科学技术水平，达到"打好基础、精选内容、逐步更新、利于教学"的要求，在总结第一轮教材编审出版工作经验的基础上，电子工业部于 1982 年先后成立了高等学校《无线电技术与信息系统》、《电磁场与微波技术》、《电子材料与固体器件》、《电子物理与器件》、《电子机械》、《计算机与自动控制》，中等专业学校《电子类专业》、《电子机械类专业》共 8 个教材编审委员会，作为教材工作方面的一个经常性的业务指导机构，并制定了 1982 ～1985 年教材编审出版规划。列入规划的教材、教学参考书、实验指导书等共 217 种选题。在努力提高教材质量，适当增加教材品种的思想指导下，这一批教材的编审工作由编审委员会直接组织进行。

　　这一批教材的书稿，主要是从通过教学实践、师生反映较好的讲义中评选择优和从第一轮较好的教材中修编产生出来的。广大编审者，各编审委员会和有关出版社都为保证和提高教材质量作出了努力。

　　这一批教材，分别由电子工业出版社、国防工业出版社、上海科学技术出版社、西安电子科技大学出版社、湖南科学技术出版社、江苏科学技术出版社、黑龙江科学技术出版社和天津科学技术出版社承担出版工作。

　　限于水平和经验，这一批教材的编审出版工作肯定还会有许多缺点和不足之处，希望使用教材的单位、广大教师和同学积极提出批评建议，共同为提高工科电子类专业教材的质量而努力。

电子工业部教材办公室

第 三 版 前 言

教育部规定离散数学为精选基础课程，本书的取材、结构和表达形式均符合这一精神。自出版以来已发行 20 多万册，实践证明它能满足工科大学计算机等信息专业的需要，也符合现代科学的发展趋势，所以这次修订和第二版一样，仅作局部的修改和完善，主要体现在以下三点：

1. 图论内容略有增加，使图论知识更完整。这是为适应图论在其它学科中应用日益广泛的发展趋势。

2. 更换了参考文献。原列的图书在市场上已不存在，为了方便读者参阅现重新提供一些同类书籍，它们的基本内容和本书基本一致，只是叙述方式、深浅略有不同。

3. 对原书中读者反映较难理解或容易疏忽之处，增加了一些说明和例题，并对上一版少数印刷错误作了改正。

当然，第三版教材仍可能出现错误或不妥之处，欢迎读者提出批评和建议。

编　者

2008 年 11 月 20 日

第 二 版 前 言

本书出版已 13 年了,经过全国众多院校的应用,证明本书的内容基本上符合工科大学计算机专业的需要,文字组织形式亦适合于教学和自学。所以这次修订仅作局部的变动。

1. 为适应计算机向高速、并行、多功能、网络化方向发展,内容有少量调整,增强了有利于这一方向的一些基础知识,删去了某些重要性有所下降的内容,如原 3.6 节相容关系。但总份量仍维持原水平,以免增加课时。

2. 部分内容的阐述(包括定理证明)作了改进,大多是为了更易读易懂,少数是由于时易境迁情况有所改变。

3. 原书存在一些缺点和错误,一一作了改正,希望不再出现。

当然,由于主客观原因,修订后的版本也会出现新的缺点和错误,仍希广大读者批评指正。

本修订稿承蒙西安电子科技大学武波老师审阅,提供了许多改进意见,在此表示感谢。

编者

1996 年 9 月

初 版 前 言

本教材系由电子工业部计算机与自动控制教材编审委员会工科电子类计算机教材编审小组评选审定,并推荐出版。由中国人民解放军通信工程学院方世昌编写,上海交通大学左孝凌担任主审。

教材介绍计算机专业最需要的离散数学基础知识,主要内容有数理逻辑、集合论、二元关系、函数、无限集合、代数系统、格与布尔代数、图论等。教材均按工科电子类计算机教材编审小组审定的大纲进行编写和审阅,故适合于工科大学计算机专业作为教材。

鉴于离散数学在现代科学中的重要性日益增加,它不仅是计算机专业的必修课程,也为其它某些专业和工程技术人员所必需。所以,书中内容的阐述较为详尽,力求深入浅出,适于自学。

教完全书约需 110 学时,毋需特殊先修知识,但在大学二、三年级开设较好。书中习题数量较多,可选做二分之一,但勿少于三分之一。

打 * 的节和小节大多是为了扩展知识的深广度而列入的,或为了某些专业特殊需要而列入。在课时不充裕的情况下,宜略去,不会影响后继内容的学习。

打 * 的习题是较难的题,供优秀学生选做,可不作要求。

本书在编写过程中得到南京工学院王能斌、杨祥金老师的指导和帮助,他们审阅了全部稿件,提出许多宝贵意见,在此表示诚挚的感谢。由于编者水平有限,书中难免还存在一些缺点和错误,殷切希望广大读者批评指正。

编者

1983 年 12 月 24 日

符 号 表

逻 辑

1. $\neg P$ 非 P

2. $P \lor Q$ P 或 Q

3. $P \land Q$ P 并且 Q

4. $P \to Q$ P 蕴含 Q

5. $P \leftrightarrow Q$ P 等值于 Q

6. $P \Rightarrow Q$ P 永真蕴含 Q

7. $P \Leftrightarrow Q$ P 恒等于 Q

8. $\forall$ 全称量词

9. $\exists$ 存在量词

10. $\exists!$ 存在唯一的……

集 合

1. $a \in A$ a 是集合 A 的元素（a 属于 A）

2. $a \notin A$ a 不属于 A

3. $A \subseteq B$ 集合 A 包含于集合 B 中

4. $A \subset B$ 集合 A 真包含于集合 B 中

5. $\varnothing$ 空集合

6. U 全集合（论述域）

7. $A \cup B$ 集合 A 和集合 B 的并

8. $A \cap B$ 集合 A 和集合 B 的交

9. $A - B$ 集合 B 关于集合 A 的相对补

10. $\overline{A}$ 集合 A 的绝对补

11. $\rho(A)$ A 的幂集合

12. $\bigcup\limits_{i \in S} A_i$ $\{x \mid \exists i(i \in S \land x \in A_i)\}$

13. $\bigcap\limits_{i \in S} A_i$ $\{x \mid \forall i(i \in S \to x \in A_i)\}$

14. $A \times B$ A 和 B 的笛卡尔乘积

15. $\underset{i=1}{\overset{n}{\times}} A_i$ $A_i, \cdots, A_n$ 的笛卡尔乘积

16. $\langle a_1, a_2, \cdots, a_n \rangle$ 有序 n 重组

字 符 串 集 合

1. Σ 字母表

2. $\land$ 空串

3. $\| x \|$ 串 x 的长度

4. Σ^+ 字母表 Σ 上的所有非零有限长度的串的集合

5. Σ^*	$\{\Lambda\}\bigcup\Sigma^+$
6. AB	连结积$\{xy\mid x\in A\wedge y\in B\}$
7. A^n	$\{x_1 x_2\cdots x_n\mid x_i\in A\}$
8. A^+	$\displaystyle\bigcup_{i\in I_+} A^i$
9. A^*	$\displaystyle\bigcup_{i\in N} A^i$

数

1. $[x]$	x 的顶函数,即数 n, $x\leqslant n<x+1$
2. $[x]$	x 的底函数,即数 n, $x-1<n\leqslant x$
3. $\mathbf{N}$	自然数集合$\{0,1,2,\cdots\}$
4. $\mathbf{I}$	整数集合
5. $\mathbf{I}_+$	正整数集合
6. $\mathbf{Q}$	有理数集合
7. $\mathbf{Q}_+$	正有理数集合
8. $\mathbf{R}$	实数集合
9. $\mathbf{R}_+$	正实数集合
10. (a,b)	$\{x\mid x\in\mathbf{R}\wedge a<x<b\}$
11. $[a,b]$	$\{x\mid x\in\mathbf{R}\wedge a\leqslant x\leqslant b\}$
12. $(a,b]$	$\{x\mid x\in\mathbf{R}\wedge a<x\leqslant b\}$
13. $[a,b)$	$\{x\mid x\in\mathbf{R}\wedge a\leqslant x<b\}$
14. (a,∞)	$\{x\mid x\in\mathbf{R}\wedge x>a\}$
15. $[a,\infty)$	$\{x\mid x\in\mathbf{R}\wedge x\geqslant a\}$
16. $\mathbf{N}_k$	$\{0,1,2,\cdots,k-1\}$

关 系 和 划 分

1. aRb	a 对 b 有关系 R
2. $a\bar{R}b$	a 对 b 没有关系 R
3. I_A 或 E_A	集合 A 上的相等关系
4. $\langle A,R\rangle$	集合 A 上关系 R 的有向图
5. $R_1\cdot R_2$	R_1 和 R_2 的合成关系
6. R^n	关系 R 自身 n 次合成
7. $r(R)$	关系 R 的自反闭包
8. $s(R)$	关系 R 的对称闭包
9. $t(R)$	关系 R 的传递闭包
10. $\tilde{R}$	关系 R 的逆关系
11. R^+	$t(R)$
12. R^*	$rt(R)$
13. $\leqslant$	偏序
14. $<$	拟序

15. $a \equiv b(\bmod k)$ a 与 b 模 k 等价

16. $[a]_R$ 在等价关系 R 下，a 的等价类

17. π 划分

18. A/R 等价关系 R 诱导的 A 的划分

19. $\pi_1 + \pi_2$ 划分 π_1 与 π_2 的和

20. $\pi_1 \cdot \pi_2$ 划分 π_1 与 π_2 的积

函　　数

1. $f(a)$ 函数 f 对于自变元 a 的值

2. $f: A \rightarrow B$ 具有前域 A 陪域 B 的函数 f

3. $f(A)$ 在映射 f 下，集合 A 的象

4. $f \cdot g$ 函数 g 和 f 的合成

5. A^B 从集合 B 到集合 A 的所有函数的集合

6. 1_A 或 I_A A 上的恒等函数

7. f^{-1} 函数 f 的逆函数

8. $f^{-1}(A)$ 在函数 f 下 A 的原象

9. $f|_A$ 函数 f 到集合 A 的限制

10. Ψ_A 集合 A 的特征函数

11. $P_1 \Diamond P_2$ 置换 P_1 和 P_2 右合成

基　　数

1. $|A|$ 集合 A 的基数

2. $\aleph_0$ $\mathbf{N}$ 的基数（读做阿列夫零）

3. c $[0,1]$ 的基数

代数和布尔代数

1. $\langle A, \circ, \Delta, k \rangle$ 具有载体 A，二元运算 $\circ$，一元运算 Δ，常数 k 的代数

2. $+_k$ 模 k 加法

3. $\times_k$ 模 k 乘法

4. $A \times A'$ 代数 A 和 A' 的积代数

5. $A/\sim$ 代数 A 在同余关系 $\sim$ 下的商代数

6. $\mathrm{lub}(A)$ 集合 A 的最小上界

7. $\mathrm{glb}(A)$ 集合 A 的最大下界

图　　论

1. $\langle V, E \rangle$ 具有顶点集合 V 和边集 E 的图

2. $\langle a, b \rangle$ 从结点 a 到结点 b 的有向边

3. (a, b) 从结点 a 到结点 b 的无向边

4. $[a, b]$ 结点 a 和 b 之间的边

5. $\deg(v)$ 顶点 v 的度数（次数）

6. $\delta(G)$ 无向图 G 的顶点的最小度数

7. $\Delta(G)$ 无向图 G 的顶点的最大度数

8. $W(i, j)$ 边 $[i, j]$ 的权

9. $\omega(G)$ 无向图 G 的连通分图个数

10. $\gamma_0(G)$ 无向图 G 的支配数

11. $\alpha_0(G)$ 无向图 G 的点覆盖数

12. $\alpha_1(G)$ 无向图 G 的边覆盖数

13. $\beta_0(G)$ 无向图 G 的独立数

14. $\beta_1(G)$ 无向图 G 的匹配数

15. $\kappa_0(G)$ 无向图 G 的点连通度

16. $\kappa_1(G)$ 无向图 G 的边连通度

17. $\chi_0(G)$ 无向图 G 的（点）色数

18. $\chi_1(G)$ 无向图 G 的边色数

19. Φ 流

20. $(P, \bar{P})$ 割

目　　录

第 1 章 数 理 逻 辑

逻辑是研究推理的科学，分为形式逻辑和辩证逻辑。数理逻辑是用数学方法研究形式逻辑的一门科学，也就是用数学方法研究推理的科学。所谓数学方法，主要是指引进一套符号体系的方法，因此数理逻辑又叫符号逻辑。现代数理逻辑有 4 大分支：证明论、模型论、递归论和公理化集合论。我们介绍它们的共同基础——命题演算和谓词演算，即一般所谓的古典数理逻辑。

1.1 命 题

1.1.1 基本概念

断言是一陈述语句。一个**命题**是一个或真或假而不能两者都是的**断言**[①]。如果命题是真，我们说它的**真值**为**真**；如果命题是假，我们说它的真值是**假**。

例 1.1 - 1 下述都是命题：

(1) 今天下雪；

(2) $3+3=6$；

(3) 2 是偶数而 3 是奇数；

(4) 陈涉起义那天，杭州下雨；

(5) 较大的偶数都可表为两个质数之和。

以上命题中，(1)的真值取决于今天的天气；(2)和(3)是真；(4)已无法查明它的真值，但它是或真或假的，故将它归属于命题；(5)目前尚未确定其真假，但它是有真值的，应归属于命题。

例 1.1 - 2 下述都不是命题：

(1) $x+y>4$。

(2) $x=3$。

(3) 真好啊！

(4) 你去哪里？

(1)和(2)是断言，但不是命题，因为它的真值取决于 x 和 y 的值。(3)和(4)都不是断言，所以不是命题。下边我们再看一个例子。

例 1.1 - 3 一个人说："我正在说谎"。

---

① 在一个系统中，命题的真值必须是真或假，则称系统的逻辑是**二值的**。它的特征"一个命题非真即假，反之亦然"，即是所知的排中律。我们所讨论的是**二值逻辑**，但亦有多于两个真值的逻辑系统。

他是在说谎还是在说真话呢？如果他讲真话，那么他所说的是真，也就是他在说谎。我们得出结论如果他讲真话，那么他是在说谎。另一方面，如果他是说谎，那么他说的是假；因为他承认他是说谎，所以他实际上是在说真话，我们得出结论如果他说谎，那么他是讲真话。

从以上分析，我们得出他必须既非说谎也不是讲真话。这样，断言"我正在说谎"事实上不能指定它的真假，所以不是命题。这种断言叫**悖论**。

若一个命题已不能分解成更简单的命题，则这个命题叫**原子命题**或**本原命题**。例1.1-1中(1)、(2)、(4)、(5)都是本原命题，但(3)不是，因为它可写成"2是偶数"和"3是奇数"两个命题。

命题和本原命题常用大写字母 P、Q、R…表示。如用 P 表示"4是质数"，则记为

P：4是质数

1.1.2　命题联结词

命题和原子命题常可通过一些联结词构成新命题，这种新命题叫**复合命题**。例如

P：明天下雪

Q：明天下雨

是两个命题，利用联结词"不"、"并且"、"或（者）"等可分别构成新命题：

"明天不下雪"；

"明天下雪并且明天下雨"；

"明天下雪或者明天下雨"等。

即

"非 P"；

"P 并且 Q"；

"P 或 Q"等。

在代数式 $x+3$ 中，x、3 叫运算对象，+叫运算符，$x+3$ 表示运算结果。在命题演算中，也用同样的术语。联结词就是命题演算中的运算符，叫**逻辑运算符**或叫**逻辑联结词**。常用的联结词有以下5个。

1. 否定词 ¬

设 P 表示命题，那么"P 不真"是另一命题，表示为 ¬P，叫做 P 的**否定**，读做"非 P"。由排中律知：如果 P 是假，则 ¬P 是真，反之亦然。所以否定词 ¬ 可以如表1.1-1所示定义。

这张表叫**真值表**。定义运算符的真值表，可指明如何用运算对象的真值来决定一个应用运算符的命题的真值。真值表的左边列出运算对象的真值的所有可能组合，结果命题的真值列在最右边的一列。为了便于阅读，我们通常用符号 T(true) 或 1 代表真，符号 F(false) 或 0 代表假。一般在公式中采用 T 和 F，在真值表中采用 1 和 0。这样，以上真值表可写成表1.1-2所示的形式。

表 1.1-1

P	¬P
假	真
真	假

表 1.1-2

P	¬P
0	1
1	0

例 1.1 - 4

(1) P：4 是质数。

$\neg P$：4 不是质数。或 4 是质数，不是这样。

(2) Q：这些都是男同学。

$\neg Q$：这些不都是男同学。（翻译成"这些都不是男同学"是错的。）

2. 合取词 ∧

如果 P 和 Q 是命题，那么"P 并且 Q"也是一命题，记为 $P \wedge Q$，称为 P 和 Q 的**合取**，读做"P 与 Q"或"P 并且 Q"。运算符 ∧ 定义如表 1.1 - 3 所示。从真值表可知 $P \wedge Q$ 为真，当且仅当 P 和 Q 俱真。

例 1.1 - 5 P：王华的成绩很好，Q：王华的品德很好。

$P \wedge Q$：王华的成绩很好并且品德很好。

表 1.1 - 3

P	Q	$P \wedge Q$
0	0	0
0	1	0
1	0	0
1	1	1

3. 析取词 ∨

如果 P 和 Q 是命题，则"P 或 Q"也是一命题，记作 $P \vee Q$，称为 P 和 Q 的**析取**，读做"P 或 Q"。运算符 ∨ 定义如表 1.1 - 4 所示。从真值表可知 $P \vee Q$ 为真，当且仅当 P 或 Q 至少有一个为真。

例 1.1 - 6

(1) P：今晚我写字，Q：今晚我看书。

$P \vee Q$：今晚我写字或看书。

表 1.1 - 4

P	Q	$P \vee Q$
0	0	0
0	1	1
1	0	1
1	1	1

"或"字常见的含义有两种：一种是"可兼或"，如例 1.1 - 6 中的或，它不排除今晚既看书又写字这种情况；一种是"排斥或"，例如"人固有一死，或重于泰山，或轻于鸿毛"中的"或"，它表示非此即彼，不可兼得。运算符 ∨ 表示可兼或，排斥或以后用另一符号表达。

(2) P：今年是闰年；Q：今年她生孩子。

$P \vee Q$：今年是闰年或者今年她生孩子。

逻辑运算符可以把两个无关的命题联结成一新命题，作如此规定是因为有关和无关的界线难以划分，而如此规定不会妨碍应用。

4. 蕴含词 →

如果 P 和 Q 是命题，那么"P 蕴含 Q"也是命题，记为 $P \rightarrow Q$，称为**蕴含式**，读做"P 蕴含 Q"或"如果 P，那么 Q"。运算对象 P 叫做**前提、假设**或**前件**，而 Q 叫做**结论**或**后件**。运算符定义如表 1.1 - 5 所示。

命题 $P \rightarrow Q$ 是假，当且仅当 P 是真而 Q 是假。

表 1.1 - 5

P	Q	$P \rightarrow Q$
0	0	1
0	1	1
1	0	0
1	1	1

例 1.1 - 7

(1) P：天不下雨，Q：草木枯黄。

$P \rightarrow Q$：如果天不下雨，那么草木枯黄。

(2) R：G 是正方形，S：G 的四边相等。

$R \rightarrow S$：如果 G 是正方形，那么 G 的四边相等。

（3）W：桔子是紫色的，V：大地是不平的。

$W \rightarrow V$：如果桔子是紫色的，那么大地是不平的。

在日常生活中用蕴含式来断言前提和结论之间的因果或实质关系，如例 1.1 - 7 中的（1）和（2），这样的蕴含式叫**形式蕴含**。在命题演算中，一个蕴含式的前提和结论并不需要有因果和实质联系，这样的蕴含式叫**实质蕴含**，如例 1.1 - 7 中的（3），桔子的颜色和大地的外形之间没有因果和实质关系存在，但蕴含式 $W \rightarrow V$ 是真，因为前提是假而结论是真。采用实质蕴含作定义，是因为在讨论逻辑和数学问题中，这不仅是正确的，而且应用方便。

蕴含式 $P \rightarrow Q$ 可以用多种方式陈述：

"若 P，则 Q"；

"P 是 Q 的充分条件"；

"Q 是 P 的必要条件"；

"Q 每当 P"；

"P 仅当 Q"等。

如例 1.1 - 7(2) 中的 $R \rightarrow S$ 可陈述为"G 是正方形的必要条件是它的四边相等"。

给定命题 $P \rightarrow Q$，我们把 $Q \rightarrow P$，$\neg P \rightarrow \neg Q$，$\neg Q \rightarrow \neg P$ 分别叫做命题 $P \rightarrow Q$ 的**逆命题**、**反命题**和**逆反命题**。

5. 等值词 $\leftrightarrow$

如果 P 和 Q 是命题，那么"P 等值于 Q"也是命题，记为 $P \leftrightarrow Q$，称为**等值式**，读做"P 等值于 Q"。运算符 $\leftrightarrow$ 定义如表 1.1 - 6 所示。

比较表 1.1 - 5 和表 1.1 - 6 易知，如果 $P \leftrightarrow Q$ 是真，那么 $P \rightarrow Q$ 和 $Q \rightarrow P$ 俱真；反之如果 $P \rightarrow Q$ 和 $Q \rightarrow P$ 俱真，那么 $P \leftrightarrow Q$ 是真。由于这些理由，$P \leftrightarrow Q$ 也读做"P 是 Q 的充要条件"或"P 当且仅当 Q"。

表 1.1 - 6

P	Q	$P \leftrightarrow Q$
0	0	1
0	1	0
1	0	0
1	1	1

从以上 5 个定义可看出，联结词之意义由其真值表唯一确定，而不由命题的含义确定。

使用以上 5 个联结词，可将一些语句翻译成逻辑式。翻译时为了减少圆括号（一般不用其它括号）的使用，我们作以下约定：

· 运算符结合力的强弱顺序为 $\neg$、$\wedge$、$\vee$、$\rightarrow$、$\leftrightarrow$，凡符合此顺序的，括号均可省去。

· 相同的运算符，按从左至右次序计算时，括号可省去。

· 最外层的圆括号可以省去。

例如：

$$(\neg((P \wedge \neg Q) \vee R) \rightarrow ((R \vee P) \vee Q))$$

可写成

$$\neg(P \wedge \neg Q \vee R) \rightarrow R \vee P \vee Q$$

但有时为了看起来清楚醒目，也可以保留某些原可省去的括号。

例 1.1 - 8

（1）设 P 表示"他有理论知识"，Q 表示"他有实践经验"，则"他既有理论知识又有实践经验"可译为：$P \wedge Q$。

（2）设 P：明天下雨，Q：明天下雪，R：我去学校，则

① "如果明天不是雨夹雪则我去学校"可写成
$$\neg (P \wedge Q) \rightarrow R$$

② "如果明天不下雨并且不下雪则我去学校"可写成
$$\neg P \wedge \neg Q \rightarrow R$$

③ "如果明天下雨或下雪则我不去学校"可写成
$$P \vee Q \rightarrow \neg R$$

④ "明天，我将雨雪无阻一定去学校"可写成
$$P \wedge Q \wedge R \vee \neg P \wedge Q \wedge R \vee P \wedge \neg Q \wedge R \vee \neg P \wedge \neg Q \wedge R$$

⑤ "当且仅当明天不下雪并且不下雨时我才去学校"可写成
$$\neg P \wedge \neg Q \leftrightarrow R$$

（3）用逻辑符表达"说小学生编不了程序，或说小学生用不了个人计算机，那是不对的"。

设 P：小学生会编程序，Q：小学生会用个人计算机，则上句可译为
$$\neg (\neg P \vee \neg Q)$$

（4）用逻辑符表达"若不是他生病或出差了，我是不会同意他不参加学习的"。

设 P：他生病了，Q：他出差了，R：我同意他不参加学习，则上句可译为
$$\neg (P \vee Q) \leftrightarrow \neg R$$
或
$$P \vee Q \leftrightarrow R$$

翻译时要按逻辑关系翻译，而不能凭字面翻。例如，设 P：林芬做作业，Q：林芳做作业，则"林芬和林芳同在做作业"可译为 $P \wedge Q$，但"林芬和林芳是姐妹"就不能翻释成两个命题的合取，它是一个原子命题。

1.1.3 命题变元和命题公式

通常，如果 P 代表真值未指定的任意命题，我们就称 P 为命题变元；如果 P 代表一个真值已指定的命题，我们就称 P 为命题常元。但由于在命题演算中并不关心具体命题的涵义，只关心其真假值，因此，我们可以形式地定义它们。

以"真"、"假"为其变域的变元，称为**命题变元**；T 和 F 称为**命题常元**。

习惯上把含有命题变元的断言称为命题公式。但这样描述过于表面，它没能指出命题公式的结构。因为不是由命题变元、联结词和一些括号组成的字符串都能成为命题公式，因此在计算机科学中常用以下定义。

单个命题变元和命题常元叫**原子公式**。由以下形成规则生成的公式叫**命题公式**（简称公式）：

① 单个原子公式是命题公式。

② 如果 A 和 B 是命题公式，则$(\neg A)$、$(A \wedge B)$、$(A \vee B)$、$(A \rightarrow B)$、$(A \leftrightarrow B)$是命题公式。

③ 只有有限步地应用规则①和②生成的公式，才是命题公式。

这种定义叫归纳定义，也叫递归定义。由这种定义产生的公式叫**合式公式**。如何构成这种定义，以后将专门叙述。

命题公式的真假值一般是不确定的。当命题公式中所有的命题变元代以命题时，命题公式就变为命题。在不致产生混乱时，我们把命题公式也叫做命题。

例 1.1 - 9

(1) 说明 $(P \rightarrow (P \vee Q))$ 是命题公式。

解 (i) P 是命题公式   根据规则①

      (ii) Q 是命题公式   根据规则①

      (iii) $(P \vee Q)$ 是命题公式   根据(i)、(ii)和规则②

      (iv) $(P \rightarrow (P \vee Q))$ 是命题公式   根据(i)、(iii)和规则②

(2) 以下不是命题公式，因为它们不能由形成规则得出：

$$\wedge Q, (P \rightarrow Q, P \rightarrow \wedge Q, ((PQ) \wedge R)$$

为了减少圆括号的使用，以后手写命题公式时，可按过去的约定省略。

下面举例说明命题公式真值表的构成方法。

例 1.1 - 10

(1) $\neg((P \vee Q) \wedge P)$ 的真值表如表 1.1 - 7 所示。

表 1.1 - 7

P	Q	$P \vee Q$	$(P \vee Q) \wedge P$	$\neg((P \vee Q) \wedge P)$
0	0	0	0	1
0	1	1	0	1
1	0	1	1	0
1	1	1	1	0

(2) 两个命题公式如果有相同的真值，则称它们是**逻辑等价命题**。证明 $P \leftrightarrow Q$ 与 $P \wedge Q \vee \neg P \wedge \neg Q$ 是逻辑等价命题。

证 列真值表，如表 1.1 - 8 所示。

表 1.1 - 8

P	Q	$\neg P$	$\neg Q$	$P \leftrightarrow Q$	$P \wedge Q \vee \neg P \wedge \neg Q$
0	0	1	1	1	1
0	1	1	0	0	0
1	0	0	1	0	0
1	1	0	0	1	1

因后两列的真假值完全一致，所以它们是逻辑等价命题。

习 题

1. 设 P 是命题"天下雪"；Q 是命题"我去镇上"；R 是命题"我有时间"。

(1) 用逻辑符号写出以下命题：

① 如果天不下雪和我有时间，那么我去镇上。

② 我去镇上，仅当我有时间。

③ 天不下雪。

④ 天正在下雪，我没去镇上。

（2）对下述命题用中文写出语句。

① $Q \leftrightarrow (R \wedge \neg P)$

② $R \wedge Q$

③ $(Q \rightarrow R) \wedge (R \rightarrow Q)$

④ $\neg (R \vee Q)$

2．否定下列命题：

（1）上海处处清洁。

（2）每一个自然数都是偶数。

3．说出下述每一命题的逆命题和逆反命题：

（1）如果天下雨，我将不去。

（2）仅当你去我将逗留。

（3）如果 n 是大于 2 的正整数，则方程 $x^n + y^n = z^n$ 无正整数解（费尔马最后定理）。

（4）如果我不获得更多帮助，我不能完成这个任务。

4．给 P 和 Q 指派真值 T，给 R 和 S 指派真值 F，求出下列命题的真值：

（1）$P \vee Q \wedge R$

（2）$P \wedge Q \wedge R \vee \neg ((P \vee Q) \wedge (R \vee S))$

（3）$(\neg (P \wedge Q) \vee \neg R) \vee (\neg P \wedge Q \vee \neg R) \wedge S$

（4）$\neg (P \wedge Q) \vee \neg R \vee ((Q \leftrightarrow \neg P) \rightarrow R \vee \neg S)$

（5）$(P \leftrightarrow R) \wedge (\neg Q \rightarrow S)$

（6）$P \vee (Q \rightarrow R \wedge \neg P) \leftrightarrow Q \vee \neg S$

5．构成下列公式的真值表：

（1）$Q \wedge (P \rightarrow Q) \rightarrow P$

（2）$\neg (P \vee Q \wedge R) \leftrightarrow (P \vee Q) \wedge (P \vee R)$

（3）$(P \vee Q \rightarrow Q \wedge R) \rightarrow P \wedge \neg R$

（4）$((\neg P \rightarrow P \wedge \neg Q) \rightarrow R) \wedge Q \vee \neg R$

6．证明下列公式的真值与它们的变元值无关：

（1）$P \wedge (P \rightarrow Q) \rightarrow Q$

（2）$(P \rightarrow Q) \rightarrow (\neg P \vee Q)$

（3）$(P \rightarrow Q) \wedge (Q \rightarrow R) \rightarrow (P \rightarrow R)$

（4）$(P \leftrightarrow Q) \leftrightarrow (P \wedge Q \vee \neg P \wedge \neg Q)$

7．用真值表证明如果 $P \leftrightarrow Q$ 是真，那么 $P \rightarrow Q$ 和 $Q \rightarrow P$ 都是真。反之，如果 $P \rightarrow Q$ 和 $Q \rightarrow P$ 都是真，那么 $P \leftrightarrow Q$ 是真。

8．对 P 和 Q 的所有值，证明 $P \rightarrow Q$ 与 $\neg P \vee Q$ 有同样真值以及 $(P \rightarrow Q) \leftrightarrow (\neg P \vee Q)$ 总是真的。

9．一个有两个运算对象的逻辑运算符，如果交换运算对象的次序，产生一逻辑等价命题，则该逻辑运算符称为可交换的。

（1）确定下述逻辑运算符哪些是可交换的：$\wedge$、$\vee$、$\rightarrow$、$\leftrightarrow$。

（2）用真值表证明你的断言。

10. 设 * 是具有两个运算对象的逻辑运算符,如果$(x * y) * z$和$x * (y * z)$逻辑等价,那么运算符 * 是可结合的。

(1) 确定逻辑运算符 $\wedge$、$\vee$、$\rightarrow$、$\leftrightarrow$ 中哪些是可结合的。

(2) 用真值表证明你的断言。

11. 指出以下各式哪些不是命题公式,如果是命题公式,请说明理由:

(1) $(((\neg P) \rightarrow (P \wedge Q)) \vee R)$

(2) $(PQ \vee R)$

(3) $P \wedge \vee R$

(4) $((Q \wedge (P \rightarrow Q)) \rightarrow P)$

*12. 一个形容词如果不具有它所表示的性质,则称为"它谓的"(Heterological),例如"单音节"(Monosyllabic)就是它谓的形容词,而"多音节"(Polysyllabic)就不是它谓的形容词,问"Heterological"是它谓的形容词吗?为什么这是悖论?

1.2 重 言 式

1.2.1 基本概念

对有 n 个命题变元的命题公式 $A(P_1, P_2, \cdots, P_n)$,命题变元的真值有 2^n 种不同的组合。每一种组合叫做一种指派,一共有 2^n 种指派,这就是说真值表有 2^n 行。对应于每一指派,命题公式得到一确定的值,即命题公式成为具有真假值的命题,于是可能出现以下情况:

(1) 对应于所有指派,命题公式均取值真。这种命题公式叫**重言式**,或叫**永真式**,例如 $P \vee \neg P$。

(2) 对应于所有指派,命题公式均取值假。这种命题公式叫**矛盾式**,或叫**永假式**,例如 $P \wedge \neg P$。

(3) 不是永真式,也不是永假式,这种命题公式叫**偶然式**。

一个公式如果至少存在一个指派,使其值为真,则称此公式为**可满足的**;一个公式如果至少存在一个指派,使其值为假,则称此公式为**非永真**。

我们着重研究重言式,它最有用,因为它有以下特点:

(1) 重言式的否定是矛盾式,矛盾式的否定是重言式,所以研究其一就可以了。

(2) 重言式的合取、析取、蕴含、等值等都是重言式。这样,由简单的重言式可推出复杂的重言式。

(3) 重言式中有许多非常有用的恒等式和永真蕴含式。

1.2.2 恒等式

设 A:$A(P_1, P_2, \cdots, P_n)$,B:$B(P_1, P_2, \cdots, P_n)$ 是两个命题公式,这里 $P_i(i=1,2,\cdots,n)$ 不一定在两公式中同时出现。

如果 $A \leftrightarrow B$ 是重言式,则 A 与 B 对任何指派都有相同的真值。记为 $A \Leftrightarrow B$,叫做**逻辑恒等式**,读做"A 恒等于 B"。

容易看出，$A \Leftrightarrow B$ 不过是上节的"A 和 B 逻辑等价"的另一种描述方式而已。所以，$A \Leftrightarrow B$ 也读做"A 等价于 B"。请注意符号 $\leftrightarrow$ 与符号 $\Leftrightarrow$ 意义不同。$\leftrightarrow$ 是逻辑联结词，而 $\Leftrightarrow$ 是表示 A 和 B 有逻辑等价这个关系的符号，它的作用相当于代数中的"$=$"。

常用的逻辑恒等式见表 1.2－1，表中符号 P、Q 和 R 代表任意命题，符号 T 代表真命题，符号 F 代表假命题。

表 1.2－1　逻 辑 恒 等 式

E_1	$\neg \neg P \Leftrightarrow P$	双否定
E_2	$P \lor P \Leftrightarrow P$	$\lor$ 的等幂律
E_3	$P \land P \Leftrightarrow P$	$\land$ 的等幂律
E_4	$P \lor Q \Leftrightarrow Q \lor P$	$\lor$ 的交换律
E_5	$P \land Q \Leftrightarrow Q \land P$	$\land$ 的交换律
E_6	$(P \lor Q) \lor R \Leftrightarrow P \lor (Q \lor R)$	$\lor$ 的结合律
E_7	$(P \land Q) \land R \Leftrightarrow P \land (Q \land R)$	$\land$ 的结合律
E_8	$P \land (Q \lor R) \Leftrightarrow P \land Q \lor P \land R$	$\land$ 在 $\lor$ 上的分配律
E_9	$P \lor (Q \land R) \Leftrightarrow (P \lor Q) \land (P \lor R)$	$\lor$ 在 $\land$ 上的分配律
E_{10}	$\neg (P \lor Q) \Leftrightarrow \neg P \land \neg Q$	德·摩根定律
E_{11}	$\neg (P \land Q) \Leftrightarrow \neg P \lor \neg Q$	
E_{12}	$P \lor (P \land Q) \Leftrightarrow P$	吸收律
E_{13}	$P \land (P \lor Q) \Leftrightarrow P$	
E_{14}	$(P \rightarrow Q) \Leftrightarrow \neg P \lor Q$	蕴含表达式
E_{15}	$(P \leftrightarrow Q) \Leftrightarrow (P \rightarrow Q) \land (Q \rightarrow P)$	等值表达式
E_{16}	$P \lor T \Leftrightarrow T$	
E_{17}	$P \land F \Leftrightarrow F$	
E_{18}	$P \lor F \Leftrightarrow P$	
E_{19}	$P \land T \Leftrightarrow P$	
E_{20}	$P \lor \neg P \Leftrightarrow T$	排中律
E_{21}	$P \land \neg P \Leftrightarrow F$	矛盾律
E_{22}	$(P \land Q \rightarrow R) \Leftrightarrow (P \rightarrow (Q \rightarrow R))$	输出律
E_{23}	$((P \rightarrow Q) \land (P \rightarrow \neg Q)) \Leftrightarrow \neg P$	归谬律
E_{24}	$(P \rightarrow Q) \Leftrightarrow (\neg Q \rightarrow \neg P)$	逆反律

有些恒等式特别重要，例如 E_{14} 允许蕴含式用析取式表达，E_{10}、E_{11} 允许析取式和合取式互相表达，另外，E_{15}、E_{24} 也是常用的。表中所有公式都可用构造真值表证明。

1.2.3 永真蕴含式

如果 $A \rightarrow B$ 是一永真式，那么称为**永真蕴含式**，记为 $A \Rightarrow B$，读做"A 永真蕴含 B"[①]。

常用的永真蕴含式如表 1.2 - 2 所示。

表 1.2 - 2 永真蕴含式

I_1	$P \Rightarrow P \vee Q$
I_2	$P \wedge Q \Rightarrow P$
I_3	$P \wedge (P \rightarrow Q) \Rightarrow Q$
I_4	$(P \rightarrow Q) \wedge \neg Q \Rightarrow \neg P$
I_5	$\neg P \wedge (P \vee Q) \Rightarrow Q$
I_6	$(P \rightarrow Q) \wedge (Q \rightarrow R) \Rightarrow (P \rightarrow R)$
I_7	$(P \rightarrow Q) \Rightarrow ((Q \rightarrow R) \rightarrow (P \rightarrow R))$
I_8	$((P \rightarrow Q) \wedge (R \rightarrow S)) \Rightarrow (P \wedge R \rightarrow Q \wedge S)$
I_9	$((P \leftrightarrow Q) \wedge (Q \leftrightarrow R)) \Rightarrow (P \leftrightarrow R)$

永真蕴含式也可用真值表证明，但也可用以下办法证明：

（1）假定前件是真，若能推出后件是真，则此蕴含式是真。

（2）假定后件是假，若能推出前件是假，则此蕴含式是真。

例 1.2 - 1 证明 $\neg Q \wedge (P \rightarrow Q) \Rightarrow \neg P$

方法 1：设 $\neg Q \wedge (P \rightarrow Q)$ 是真，则 $\neg Q$、$P \rightarrow Q$ 是真。所以，Q 是假，P 是假。因而 $\neg P$ 是真。故 $\neg Q \wedge (P \rightarrow Q) \Rightarrow \neg P$。

方法 2：设 $\neg P$ 是假，则 P 是真。以下分情况讨论。

(i) 若 Q 为真，则 $\neg Q$ 是假，所以 $\neg Q \wedge (P \rightarrow Q)$ 是假。

(ii) 若 Q 是假，则 $P \rightarrow Q$ 是假，所以 $\neg Q \wedge (P \rightarrow Q)$ 是假。

故 $\neg Q \wedge (P \rightarrow Q) \Rightarrow \neg P$。

1.2.4 恒等式和永真蕴含式的两个性质

（1）若 $A \Leftrightarrow B$、$B \Leftrightarrow C$，则 $A \Leftrightarrow C$；若 $A \Rightarrow B$、$B \Rightarrow C$ 则 $A \Rightarrow C$。

这一性质也可叙述为：逻辑恒等和永真蕴含都是传递的。前者留给读者自证，现证明后者。

证 $A \rightarrow B$ 永真；$B \rightarrow C$ 永真，所以

$(A \rightarrow B) \wedge (B \rightarrow C)$ 永真。

由公式 I_6 得 $A \rightarrow C$ 永真，即 $A \Rightarrow C$。

（2）若 $A \Rightarrow B$、$A \Rightarrow C$，则 $A \Rightarrow B \wedge C$。

证 A 是真时，B 和 C 都真，所以 $B \wedge C$ 也真。因此 $A \rightarrow B \wedge C$ 永真，则 $A \Rightarrow B \wedge C$。

---

① 许多课本中，$\rightarrow$ 和 $\Rightarrow$，$\leftrightarrow$ 和 $\Leftrightarrow$ 采用同一符号，需从前后文看出含义。

1.2.5 代入规则和替换规则

1. 代入规则(Rule of Substitution)

一重言式中某个命题变元出现的每一处均代入以同一公式后,所得的仍是重言式。

这条规则之所以正确是由于重言式之值不依赖于变元的值的缘故。例如,

$$P \wedge \neg P \Leftrightarrow F$$

今以 $R \wedge Q$ 代 P 得 $(R \wedge Q) \wedge \neg (R \wedge Q) \Leftrightarrow F$,仍正确。它的思想就如同在代数中,若

$$x^2 - y^2 = (x + y)(x - y)$$

则

$$(a + b)^2 - (mn)^2 = (a + b + mn)(a + b - mn)$$

一样。

代入后所得公式称为原公式的**代入实例**。对非重言式通常不作代入运算,特别是偶然式,因所得代入实例的性质不确定,没有用处。例如:

$$B: P \rightarrow Q$$

原是偶然式,若用 $R \vee \neg R$ 代换 B 中之 Q,得

$$A: P \rightarrow (R \vee \neg R)$$

却是重言式。

2. 替换规则(Rule of Replacement)

设有恒等式 $A \Leftrightarrow B$,若在公式 C 中出现 A 的地方替换以 B(**不必每一处**)而得到公式 D,则 $C \Leftrightarrow D$。

如果 A 是合式公式 C 中完整的一部分,且 A 本身是合式公式,则称 A 是 C 的**子公式**,规则中"公式 C 中出现 A"意指"A 是 C 的子公式"。这条规则的正确性是由于在公式 C 和 D 中,除替换部分外均相同,但对任一指派,A 和 B 的真值相同,所以 C 和 D 的真值也相同,故 $C \Leftrightarrow D$。

应用这两条规则和已有的重言式可以得出新的重言式。

例如,对公式 E_4:$P \vee Q \Leftrightarrow Q \vee P$,我们以 $A \wedge B$ 代 P,$\neg A \wedge \neg B$ 代 Q,就得出公式

$$A \wedge B \vee \neg A \wedge \neg B \Leftrightarrow \neg A \wedge \neg B \vee A \wedge B$$

以 $\neg A$ 代 P,$\neg A \wedge B \vee C$ 代 Q,得就出公式

$$\neg A \vee (\neg A \wedge B \vee C) \Leftrightarrow (\neg A \wedge B \vee C) \vee \neg A$$

……

对公式 E_{19}:$P \wedge T \Leftrightarrow P$,我们利用公式 $P \vee \neg P \Leftrightarrow T$,对其中的 T 作替换(注意不是代入,对命题常元不能代入)得公式

$$P \wedge (P \vee \neg P) \Leftrightarrow P$$

……

因此,我们可以说表 1.2-1 和表 1.2-2 中的字符 P、Q 和 R 不仅代表命题变元,而且可以代表命题公式,T 和 F 不仅代表真命题和假命题,而且可以代表重言式和永假式。用这样的观点看待表中的公式,应用就更方便了。

例 1.2－2

(1) 证明 $P \wedge \neg Q \vee Q \Leftrightarrow P \vee Q$。

证 $\quad P \wedge \neg Q \vee Q$

$\quad\quad\quad \Leftrightarrow Q \vee P \wedge \neg Q \quad\quad\quad\quad\quad\quad\quad E_4$

$\quad\quad\quad \Leftrightarrow (Q \vee P) \wedge (Q \vee \neg Q) \quad\quad\quad E_9$

$\quad\quad\quad \Leftrightarrow (Q \vee P) \wedge T \quad\quad\quad\quad\quad E_{20}$ 和替换规则

$\quad\quad\quad \Leftrightarrow Q \vee P \quad\quad\quad\quad\quad\quad\quad\quad E_{19}$

$\quad\quad\quad \Leftrightarrow P \vee Q \quad\quad\quad\quad\quad\quad\quad\quad E_4$

(2) 证明 $(P \rightarrow Q) \rightarrow (Q \vee R) \Leftrightarrow P \vee Q \vee R$。

证 $\quad (P \rightarrow Q) \rightarrow (Q \vee R)$

$\quad\quad\quad \Leftrightarrow (\neg P \vee Q) \rightarrow (Q \vee R) \quad\quad\quad E_{14}$ 和替换规则

$\quad\quad\quad \Leftrightarrow \neg(\neg P \vee Q) \vee (Q \vee R) \quad\quad\quad E_{14}$

$\quad\quad\quad \Leftrightarrow P \wedge \neg Q \vee (Q \vee R) \quad\quad\quad E_{10}$、$E_1$ 和替换规则

$\quad\quad\quad \Leftrightarrow (P \wedge \neg Q \vee Q) \vee R \quad\quad\quad E_6$

$\quad\quad\quad \Leftrightarrow P \vee Q \vee R \quad\quad\quad\quad\quad$ 例 1.2－2(1) 和替换规则

(3) 试将语句"情况并非如此：如果他不来，那么我也不去。"化简。

解 设 P：他来，Q：我去，则上述语句可翻译为

$$\neg(\neg P \rightarrow \neg Q)$$

简化此公式：

$\quad\quad \neg(\neg P \rightarrow \neg Q)$

$\quad\quad\quad \Leftrightarrow \neg(\neg \neg P \vee \neg Q) \quad\quad\quad E_{14}$ 和替换规则

$\quad\quad\quad \Leftrightarrow \neg \neg \neg P \wedge \neg \neg Q \quad\quad\quad E_{10}$

$\quad\quad\quad \Leftrightarrow \neg P \wedge Q \quad\quad\quad\quad\quad E_1$ 和替换规则

$\quad\quad\quad \Leftrightarrow Q \wedge \neg P \quad\quad\quad\quad\quad E_5$

化简后的语句是"我去了，而他不来"。

(4) 找出 $P \rightarrow (P \leftrightarrow Q) \vee R$ 的仅含 $\wedge$ 和 $\neg$ 两种联结词的等价表达式。

解 $\quad P \rightarrow (P \leftrightarrow Q) \vee R$

$\quad\quad\quad \Leftrightarrow P \rightarrow (P \rightarrow Q) \wedge (Q \rightarrow P) \vee R \quad\quad E_{15}$ 和替换规则

$\quad\quad\quad \Leftrightarrow \neg P \vee (\neg P \vee Q) \wedge (\neg Q \vee P) \vee R \quad\quad E_{14}$ 和替换规则

$\quad\quad\quad \Leftrightarrow (\neg P \vee \neg P \vee Q) \wedge (\neg P \vee \neg Q \vee P) \vee R \quad E_9$ 和替换规则

$\quad\quad\quad \Leftrightarrow (\neg P \vee Q) \wedge (T \vee \neg Q) \vee R \quad\quad E_2$、$E_{20}$ 和替换规则

$\quad\quad\quad \Leftrightarrow (\neg P \vee Q) \wedge T \vee R \quad\quad\quad\quad E_{16}$ 和替换规则

$\quad\quad\quad \Leftrightarrow \neg P \vee Q \vee R \quad\quad\quad\quad\quad\quad E_{19}$ 和替换规则

$\quad\quad\quad \Leftrightarrow \neg(P \wedge \neg Q \wedge \neg R) \quad\quad\quad\quad E_1$，$E_{11}$

1.2.6 对偶原理

定义 1.2－1 设有公式 A，其中仅有联结词 $\wedge$、$\vee$、$\neg$。在 A 中将 $\wedge$、$\vee$、T、F 分别换以 $\vee$、$\wedge$、F、T 得公式 A^*，则 A^* 称为 A 的**对偶公式**。

对 A^* 采取同样手续，又得 A，所以 A 也是 A^* 的对偶。因此，对偶是相互的。

例 1.2 - 3

(1) $\neg P \vee (Q \wedge R)$ 和 $\neg P \wedge (Q \vee R)$ 互为对偶。

(2) $P \vee F$ 和 $P \wedge T$ 互为对偶。

定理 1.2 - 1　设 A 和 A^* 是对偶式。P_1，P_2，$\cdots$，P_n 是出现于 A 和 A^* 中的所有命题变元，于是

$$\neg A(P_1, P_2, \cdots, P_n) \Leftrightarrow A^*(\neg P_1, \neg P_2, \cdots, \neg P_n)$$

定理 1.2 - 1 的证明留待学了一般归纳法后再在 2.3 节中给出。但对具体的命题公式，不难连续应用德·摩根定律证得。如在例 1.2 - 3(1)中，

$$A(P, Q, R) \Leftrightarrow \neg P \vee Q \wedge R$$
$$\neg A(P, Q, R) \Leftrightarrow \neg(\neg P \vee Q \wedge R)$$
$$\Leftrightarrow \neg(\neg P) \wedge \neg(Q \wedge R)$$
$$\Leftrightarrow \neg(\neg P) \wedge (\neg Q \vee \neg R)$$
$$A^*(P, Q, R) \Leftrightarrow \neg P \wedge (Q \vee R)$$
$$A^*(\neg P, \neg Q, \neg R) \Leftrightarrow \neg(\neg P) \wedge (\neg Q \vee \neg R)$$

所以

$$\neg A(P, Q, R) \Leftrightarrow A^*(\neg P, \neg Q, \neg R)$$

定理 1.2 - 2　若 $A \Leftrightarrow B$，且 A、B 为由命题变元 P_1，P_2，$\cdots$，P_n 及联结词 $\wedge$、$\vee$、$\neg$ 构成的公式，则 $A^* \Leftrightarrow B^*$。

证　$A \Leftrightarrow B$ 意味着

$$A(P_1, P_2, \cdots, P_n) \leftrightarrow B(P_1, P_2, \cdots, P_n) \text{ 永真}$$

所以

$$\neg A(P_1, P_2, \cdots, P_n) \leftrightarrow \neg B(P_1, P_2, \cdots, P_n) \text{ 永真}$$

由定理 1.2 - 1 得

$$A^*(\neg P_1, \neg P_2, \cdots, \neg P_n) \leftrightarrow B^*(\neg P_1, \neg P_2, \cdots, \neg P_n) \text{ 永真}$$

因为上式是永真式，可以使用代入规则，以 $\neg P_i$ 代 P_i，$1 \leqslant i \leqslant n$，得

$$A^*(P_1, P_2, \cdots, P_n) \leftrightarrow B^*(P_1, P_2, \cdots, P_n) \text{ 永真}$$

所以，$A^* \Leftrightarrow B^*$。证毕。

本定理常称为**对偶原理**。

例 1.2 - 4　若 $(P \wedge Q) \vee (\neg P \vee (\neg P \vee Q)) \Leftrightarrow \neg P \vee Q$，则由对偶原理得

$$(P \vee Q) \wedge (\neg P \wedge (\neg P \wedge Q)) \Leftrightarrow \neg P \wedge Q$$

定理 1.2 - 3　如果 $A \Rightarrow B$，且 A、B 为由命题变元 P_1，P_2，$\cdots$，P_n 及联结词 $\wedge$、$\vee$、$\neg$ 构成的公式，则 $B^* \Rightarrow A^*$。

证　$A \Rightarrow B$ 意味着

$$A(P_1, P_2, \cdots, P_n) \to B(P_1, P_2, \cdots, P_n) \text{ 永真}$$
$$\neg B(P_1, P_2, \cdots, P_n) \to \neg A(P_1, P_2, \cdots, P_n) \text{ 永真}$$

由定理 1.2 - 1 得

$$B^*(\neg P_1, \neg P_2, \cdots, \neg P_n) \to A^*(\neg P_1, \neg P_2, \cdots, \neg P_n) \text{ 永真}$$

因为上式是永真式，可以使用代入规则，以 $\neg P_i$ 代 P_i，$1 \leqslant i \leqslant n$，得

$$B^* \Rightarrow A^*$$

证毕

习　题

1. 指出下列命题哪些是重言式，哪些是偶然式或矛盾式：

(1) $P \vee \neg P$

(2) $P \wedge \neg P$

(3) $P \rightarrow \neg(\neg P)$

(4) $\neg(P \wedge Q) \leftrightarrow (\neg P \vee \neg Q)$

(5) $\neg(P \vee Q) \leftrightarrow (\neg P \wedge \neg Q)$

(6) $(P \rightarrow Q) \leftrightarrow (\neg Q \rightarrow \neg P)$

(7) $(P \rightarrow Q) \wedge (Q \rightarrow P)$

(8) $P \wedge (Q \vee R) \rightarrow (P \wedge Q \vee P \wedge R)$

(9) $P \wedge \neg P \rightarrow Q$

(10) $P \vee \neg Q \rightarrow Q$

(11) $P \rightarrow P \vee Q$

(12) $P \wedge Q \rightarrow P$

(13) $(P \wedge Q \leftrightarrow P) \leftrightarrow (P \leftrightarrow Q)$

(14) $((P \rightarrow Q) \vee (R \rightarrow S)) \rightarrow ((P \vee R) \rightarrow (Q \vee S))$

2. 对下述每一表达式，找出仅用 $\wedge$ 和 $\neg$ 的等价表达式，并尽可能简单：

(1) $P \vee Q \vee \neg R$

(2) $P \vee (\neg Q \wedge R \rightarrow P)$

(3) $P \rightarrow (Q \rightarrow P)$

对下述每一表达式，找出仅用 $\vee$ 和 $\neg$ 的等价表达式，并尽可能简单：

(4) $(P \wedge Q) \wedge \neg P$

(5) $(P \rightarrow (Q \vee \neg R)) \wedge \neg P \wedge Q$

(6) $\neg P \wedge \neg Q \wedge (\neg R \rightarrow P)$

3. 用化简联结词 $\leftrightarrow$ 的左边成右边的方法，证明以下命题公式是重言式：

(1) $((P \wedge Q) \rightarrow P) \leftrightarrow T$

(2) $\neg(\neg(P \vee Q) \rightarrow \neg P) \leftrightarrow F$

(3) $(Q \rightarrow P) \wedge (\neg P \rightarrow Q) \wedge (Q \leftrightarrow Q) \leftrightarrow P$

(4) $(P \rightarrow \neg P) \wedge (\neg P \rightarrow P) \leftrightarrow F$

4. 证明下列等价关系：

(1) $P \rightarrow (Q \rightarrow P) \Leftrightarrow \neg P \rightarrow (P \rightarrow \neg Q)$

(2) $(P \rightarrow Q) \wedge (R \rightarrow Q) \Leftrightarrow (P \vee R \rightarrow Q)$

(3) $\neg(P \leftrightarrow Q) \Leftrightarrow (P \vee Q) \wedge \neg(P \wedge Q) \Leftrightarrow (P \wedge \neg Q) \vee (\neg P \wedge Q)$

(4) $\neg(P \rightarrow Q) \Leftrightarrow P \wedge \neg Q$

5. 使用恒等式证明下列各式，并写出与它们对偶的公式：

(1) $(\neg(\neg P \vee \neg Q) \vee \neg(\neg P \vee Q)) \Leftrightarrow P$

(2) $(P \vee \neg Q) \wedge (P \vee Q) \wedge (\neg P \vee \neg Q) \Leftrightarrow \neg(\neg P \vee Q)$

(3) $Q \vee \neg((\neg P \vee Q) \wedge P) \Leftrightarrow T$

6. 求出下列公式的最简等价式：

(1) $((P \rightarrow Q) \leftrightarrow (\neg Q \rightarrow \neg P)) \wedge R$

(2) $P \vee \neg P \vee (Q \wedge \neg Q)$

(3) $(P \wedge (Q \wedge S)) \vee (\neg P \wedge (Q \wedge S))$

7. 证明下列蕴含式：

(1) $P \wedge Q \Rightarrow (P \rightarrow Q)$

(2) $P \Rightarrow (Q \rightarrow P)$

(3) $(P \rightarrow (Q \rightarrow R)) \Rightarrow (P \rightarrow Q) \rightarrow (P \rightarrow R)$

8. 不构成真值表而证明下列蕴含式：

(1) $P \rightarrow Q \Rightarrow P \rightarrow P \wedge Q$

(2) $(P \rightarrow Q) \rightarrow Q \Rightarrow P \vee Q$

(3) $((P \vee \neg P) \rightarrow Q) \rightarrow ((P \vee \neg P) \rightarrow R) \Rightarrow (Q \rightarrow R)$

(4) $(Q \rightarrow (P \wedge \neg P)) \rightarrow (R \rightarrow (P \wedge \neg P)) \Rightarrow (R \rightarrow Q)$

表 1.2 - 3

P	Q	$P \uparrow Q$
0	0	1
0	1	1
1	0	1
1	1	0

9. (1) 与非运算符(又叫悉菲(Sheffer)记号)用表 1.2 - 3 所示真值表定义，可看出

$$P \uparrow Q \Leftrightarrow \neg (P \wedge Q)$$

试证明：

① $P \uparrow P \Leftrightarrow \neg P$

② $(P \uparrow P) \uparrow (Q \uparrow Q) \Leftrightarrow P \vee Q$

③ $(P \uparrow Q) \uparrow (P \uparrow Q) \Leftrightarrow P \wedge Q$

表 1.2 - 4

P	Q	$P \downarrow Q$
0	0	1
0	1	0
1	0	0
1	1	0

(2) 或非运算符(又叫皮尔斯(Peirce)箭头)用表 1.2 - 4 所示真值表定义，它与 $\neg (P \vee Q)$ 逻辑等价。对下述每一式，找出仅用 ↓ 表示的等价式。

① $\neg P$

② $P \vee Q$

③ $P \wedge Q$

10. □和 ∗ 是具有两个运算对象的逻辑运算符，如果 $P \square (Q \ast R)$ 和 $(P \square Q) \ast (P \square R)$ 逻辑等价，那么说□在 ∗ 上可分配。

(1) 用真值表证明∧和∨互相可分配。

(2) ∧、∨和→对自己可分配吗？

(3) 数的加法和乘法对自己可分配吗？

11. 对一个重言式使用代入规则后仍得重言式，对一个偶然式和矛盾式，使用代入规则后，结果如何？

对一个重言式，使用替换规则后是否仍得重言式？对一个偶然式和矛盾式，使用替换规则后，结果如何？

12. 求出下列各式的代入实例：

(1) $((((P \rightarrow Q) \rightarrow P) \rightarrow P)$；用 $P \rightarrow Q$ 代 P，用 $((P \rightarrow Q) \rightarrow R)$ 代 Q。

(2) $((P \rightarrow Q) \rightarrow (Q \rightarrow P))$；用 Q 代 P，用 $P \wedge \neg P$ 代 Q。

— 15 —

1.3 范　　式

命题公式千变万化，这对研究其性质和应用带来困难。为此，我们有必要研究如何将命题公式转化为逻辑等价的标准形式问题，以简化研究工作并方便应用。这种标准形式就称为范式。

1.3.1 析取范式和合取范式

为叙述方便，我们把合取式称为积，析取式称为和。

定义 1.3-1　命题公式中的一些命题变元和一些命题变元的否定之积，称为**基本积**；一些命题变元和一些命题变元的否定之和，称为**基本和**。

例如，给定命题变元 P 和 Q，则 P、$\neg P \wedge Q$、$P \wedge Q$、$\neg P \wedge P$、$\neg Q \wedge P \wedge Q$ 等都是基本积，Q、$\neg Q \vee P$、$P \vee Q$、$P \vee \neg P$、$P \vee Q \vee \neg Q$ 等都是基本和。

基本积（和）中的子公式称为此基本积（和）的因子。

定理 1.3-1　一个基本积是永假式，当且仅当它含有 P、$\neg P$ 形式的两个因子。

证　充分性：$P \wedge \neg P$ 是永假式，而 $Q \wedge F \Leftrightarrow F$，所以含有 P 和 $\neg P$ 形式的两个因子的基本积是永假式。

必要性：用反证法。设基本积永假但不含 P 和 $\neg P$ 形式的两个因子，则给这个基本积中不带否定符的命题变元指派真值 T，给带有否定符的命题变元指派真值 F，得基本积的真值是 T，但这与假设矛盾。证毕。

定理 1.3-2　一个基本和是永真式，当且仅当它含有 P、$\neg P$ 形式的两个因子。

证明留给读者作练习。

定义 1.3-2　一个由基本积之和组成的公式，如果与给定的命题公式 A 等价，则称它是 A 的**析取范式**，记为

$$A \Leftrightarrow A_1 \vee A_2 \vee \cdots \vee A_n, \qquad n \geqslant 1$$

这里 A_1，A_2，$\cdots$，A_n 是基本积。

任何一个命题公式都可求得它的析取范式，这是因为命题公式中出现的 → 和 ↔ 可用 $\wedge$、$\vee$ 和 $\neg$ 表达，括号可通过德·摩根定律和 $\wedge$ 在 $\vee$ 上的分配律消去。但一个命题公式的析取范式不是唯一的，我们把其中运算符最少的称为**最简析取范式**。

如果给定的公式的析取范式中每个基本积都是永假式，则该式也必定是永假式。

例 1.3-1

(1) 求 $P \wedge (P \rightarrow Q)$ 的析取范式。

解　　　　$P \wedge (P \rightarrow Q) \Leftrightarrow P \wedge (\neg P \vee Q)$
　　　　　　　　$\Leftrightarrow P \wedge \neg P \vee P \wedge Q$　　　　　　　　　　①

$P \wedge (P \rightarrow Q)$ 不是永假式，因为其析取范式中，后一个基本积非永假。

如果需要求出最简的析取范式，那么①式还可化简成

$$P \wedge (P \rightarrow Q) \Leftrightarrow F \vee P \wedge Q$$
$$\Leftrightarrow P \wedge Q$$

$P \wedge Q$ 是 $P \wedge (P \rightarrow Q)$ 的最简析取范式。求最简析取范式的方法有卡诺图法和奎因—麦克劳

斯基方法等，详见有关"数字逻辑"的教材，这里不多叙述。

（2）求 $\neg(P\vee Q)\leftrightarrow(P\wedge Q)$ 的最简析取范式。

解
$$\neg(P\vee Q)\leftrightarrow(P\wedge Q)$$
$$\Leftrightarrow(\neg(P\vee Q)\wedge(P\wedge Q))\vee((P\vee Q)\wedge\neg(P\wedge Q))$$
$$\Leftrightarrow(\neg P\wedge\neg Q\wedge P\wedge Q)\vee((P\vee Q)\wedge(\neg P\vee\neg Q))$$
$$\Leftrightarrow Q\wedge\neg P\vee P\wedge\neg Q$$

定义 1.3 - 3 一个由基本和之积组成的公式，如果与给定的命题公式 A 等价，则称它是 A 的**合取范式**，记为
$$A\Leftrightarrow A_1\wedge A_2\wedge\cdots\wedge A_n,\ n\geqslant 1$$
这里 $A_1,A_2,\cdots,A_n$ 是基本和。

任何一个命题公式都可求得它的合取范式，这是因为命题公式中出现的 $\rightarrow$ 和 $\leftrightarrow$ 可用 $\wedge$、$\vee$ 和 $\neg$ 表达，否定号可通过德·摩根定律深入到变元上，再利用 $\vee$ 在 $\wedge$ 上的分配律可化成合取范式。一个公式的合取范式也不是唯一的，其中运算符最少的称为**最简合取范式**。可利用卡诺图等方法求得最简合取范式。

如果给定的公式的合取范式中每个基本和都是永真式，则该式也必定是永真式。

例 1.3 - 2

（1）证明 $Q\vee P\wedge\neg Q\vee\neg P\wedge\neg Q$ 是永真式。

解
$$Q\vee P\wedge\neg Q\vee\neg P\wedge\neg Q$$
$$\Leftrightarrow Q\vee(P\vee\neg P)\wedge\neg Q$$
$$\Leftrightarrow(Q\vee P\vee\neg P)\wedge(Q\vee\neg Q)$$

在 $Q\vee P\wedge\neg Q\vee\neg P\wedge\neg Q$ 的合取范式中，每一个基本和都是永真式，所以它是永真式。

（2）求 $\neg(P\vee Q)\leftrightarrow(P\wedge Q)$ 的最简合取范式。

解 记 $A\Leftrightarrow\neg(P\vee Q)\leftrightarrow(P\wedge Q)$，则
$$\neg A\Leftrightarrow\neg(\neg(P\vee Q)\leftrightarrow(P\wedge Q))$$
$$\Leftrightarrow\neg(\neg(P\vee Q)\wedge P\wedge Q\vee(P\vee Q)\wedge\neg(P\wedge Q))$$
$$\Leftrightarrow\neg((P\vee Q)\wedge\neg(P\wedge Q))$$
$$\Leftrightarrow\neg P\wedge\neg Q\vee P\wedge Q$$

所以，$A\Leftrightarrow(P\vee Q)\wedge(\neg P\vee\neg Q)$。

1.3.2 主析取范式和主合取范式

定义 1.3 - 4 在 n 个变元的基本积中，若每一个变元与其否定不同时存在，而两者之一必出现一次且仅出现一次，则这种基本积叫**极小项**。

n 个变元可构成 2^n 个不同的极小项。例如 3 个变元 P、Q、R 可构造 8 个极小项。我们把命题变元看成 1，命题变元的否定看成 0，那么每一极小项对应一个二进制数，因而也对应一个十进制数。对应情况如下：

$$\neg P\wedge\neg Q\wedge\neg R \quad —— 0\ 0\ 0 ——0$$
$$\neg P\wedge\neg Q\wedge R \quad —— 0\ 0\ 1 ——1$$
$$\neg P\wedge Q\wedge\neg R \quad —— 0\ 1\ 0 ——2$$

$$\neg P \wedge Q \wedge R \quad\quad \text{——} 0\ 1\ 1 \text{——} 3$$
$$P \wedge \neg Q \wedge \neg R \quad\quad \text{——} 1\ 0\ 0 \text{——} 4$$
$$P \wedge \neg Q \wedge R \quad\quad \text{——} 1\ 0\ 1 \text{——} 5$$
$$P \wedge Q \wedge \neg R \quad\quad \text{——} 1\ 1\ 0 \text{——} 6$$
$$P \wedge Q \wedge R \quad\quad \text{——} 1\ 1\ 1 \text{——} 7$$

我们把对应的十进制数当作足标，用 m_i 表示这一项，即

$$m_0 \Leftrightarrow \neg P \wedge \neg Q \wedge \neg R$$
$$m_1 \Leftrightarrow \neg P \wedge \neg Q \wedge R$$
$$m_2 \Leftrightarrow \neg P \wedge Q \wedge \neg R$$
$$m_3 \Leftrightarrow \neg P \wedge Q \wedge R$$
$$m_4 \Leftrightarrow P \wedge \neg Q \wedge \neg R$$
$$m_5 \Leftrightarrow P \wedge \neg Q \wedge R$$
$$m_6 \Leftrightarrow P \wedge Q \wedge \neg R$$
$$m_7 \Leftrightarrow P \wedge Q \wedge R$$

一般地，n 个变元的极小项是：

$$m_0 \Leftrightarrow \neg P_1 \wedge \neg P_2 \wedge \neg P_3 \wedge \cdots \wedge \neg P_n$$
$$m_1 \Leftrightarrow \neg P_1 \wedge \neg P_2 \wedge \neg P_3 \wedge \cdots \wedge P_n$$
$$\vdots$$
$$m_{2^n-1} \Leftrightarrow P_1 \wedge P_2 \wedge P_3 \wedge \cdots \wedge P_n$$

定义 1.3 - 5 一个由极小项之和组成的公式，如果与给定的命题公式 A 等价，则称它是 A 的**主析取范式**。

任何一个命题公式都可求得它的主析取范式，这是因为任何一个命题公式都可求得它的析取范式，而析取范式可化为主析取范式。例如

$$A \Leftrightarrow P \wedge Q \vee R$$
$$\Leftrightarrow P \wedge Q \wedge (R \vee \neg R) \vee (P \vee \neg P) \wedge (Q \vee \neg Q) \wedge R$$
$$\Leftrightarrow P \wedge Q \wedge R \vee P \wedge Q \wedge \neg R \vee P \wedge Q \wedge R \vee P \wedge \neg Q \wedge R \vee$$
$$\quad \neg P \wedge Q \wedge R \vee \neg P \wedge \neg Q \wedge R$$
$$\Leftrightarrow P \wedge Q \wedge R \vee P \wedge Q \wedge \neg R \vee P \wedge \neg Q \wedge R \vee \neg P \wedge Q \wedge$$
$$\quad R \vee \neg P \wedge \neg Q \wedge R$$
$$\Leftrightarrow m_1 \vee m_3 \vee m_5 \vee m_6 \vee m_7$$
$$\Leftrightarrow \Sigma(1,3,5,6,7)$$

下面我们考察一个命题公式的主析取范式和它的真值表的关系。

前边讲过每一极小项和它的足标的二进制数一一对应，因而和一种指派一一对应，例如有三个变元时，

极小项　　　足标　　　指派

$$P \wedge \neg Q \wedge R \text{——} 1\ 0\ 1 \text{——} 1、0、1$$

当且仅当将对应的指派代入该极小项，该极小项的值才为 1。因此，在命题公式的主析取范式中，诸极小项都与真值表中相应指派处的该公式的真值 1 相对应，反之亦然。

对照上例和表 1.3-1 所示的真值表，容易验证这一点。

表 1.3-1

P	Q	R	$P \wedge Q \vee R$
0	0	0	0
0	0	1	1
0	1	0	0
0	1	1	1
1	0	0	0
1	0	1	1
1	1	0	1
1	1	1	1

一个命题公式的真值表是唯一的，因此一个命题公式的主析取范式也是唯一的。两个命题公式如果有相同的主析取范式，那么这两个命题公式是逻辑等价的。

例 1.3-3 证明 $\neg P \vee Q$ 和 $P \rightarrow ((P \rightarrow Q) \wedge \neg (\neg Q \vee \neg P))$ 二式逻辑等价。

证 $\neg P \vee Q \Leftrightarrow \neg P \wedge (Q \vee \neg Q) \vee Q \wedge (P \vee \neg P)$

$\qquad\qquad \Leftrightarrow \neg P \wedge Q \vee \neg P \wedge \neg Q \vee P \wedge Q$

$P \rightarrow ((P \rightarrow Q) \wedge \neg (\neg Q \vee \neg P))$

$\qquad\qquad \Leftrightarrow \neg P \vee ((\neg P \vee Q) \wedge (Q \wedge P))$

$\qquad\qquad \Leftrightarrow \neg P \vee (\neg P \wedge Q \wedge P) \vee (Q \wedge Q \wedge P)$

$\qquad\qquad \Leftrightarrow \neg P \vee P \wedge Q$

$\qquad\qquad \Leftrightarrow \neg P \wedge (Q \vee \neg Q) \vee P \wedge Q$

$\qquad\qquad \Leftrightarrow \neg P \wedge Q \vee \neg P \wedge \neg Q \vee P \wedge Q$

所以，二式逻辑等价。

定义 1.3-6 在 n 个变元的基本和中，若每一个变元与其否定不同时存在，而二者之一必出现一次且仅出现一次，则这种基本和叫**极大项**。

n 个变元可构成 2^n 个不同的极大项。类似于(但不同于)极小项的记法，它们是：

$$M_0 \Leftrightarrow P_1 \vee P_2 \vee \cdots \vee P_n$$

$$M_1 \Leftrightarrow P_1 \vee P_2 \vee \cdots \vee \neg P_n$$

$$M_2 \Leftrightarrow P_1 \vee P_2 \vee \cdots \vee \neg P_{n-1} \vee P_n$$

$$\vdots$$

$$M_{2^n-1} \Leftrightarrow \neg P_1 \vee \neg P_2 \vee \cdots \vee \neg P_n$$

这里是将命题变元对应于 0，命题变元的否定对应于 1，恰与极小项记法相反，例如 3 个变元的极大项是这样对应的

$\qquad$ 极大项 $\qquad\qquad$ 足标 $\qquad\qquad$ 指派

$\qquad P \vee \neg Q \vee R$——0 1 0——0、1、0

其目的是当且仅当将极大项的对应指派代入该极大项时，才使该极大项的真值为 0，这样可使今后许多运算得到方便。

定义 1.3-7 一个由极大项之积组成的公式，如果与给定的命题公式 A 等价，则称

它是 A 的**主合取范式**。

任何一个命题公式都可求得它的主合取范式，这是因为任何一个命题公式都可求得它的合取范式，而合取范式可化为主合取范式。例如

$$A \Leftrightarrow P \land Q \lor R$$
$$\Leftrightarrow (P \lor R) \land (Q \lor R)$$
$$\Leftrightarrow (P \lor R \lor Q \land \neg Q) \land (Q \lor R \lor P \land \neg P)$$
$$\Leftrightarrow (P \lor Q \lor R) \land (P \lor \neg Q \lor R) \land (\neg P \lor Q \lor R)$$
$$\Leftrightarrow M_0 \land M_2 \land M_4$$
$$\Leftrightarrow \pi(0, 2, 4)$$

在命题公式的主合取范式中，诸极大项都与真值表中相应指派处的该公式的真值 0 相对应。反之亦然。对照上边的真值表和本例容易验证这一点。

一个命题公式的真值表是唯一的，因此一个命题公式的主合取范式也是唯一的。两个命题公式如果有相同的主合取范式，那么这两个命题公式是逻辑等价的。

一个命题公式的主析取范式和主合取范式紧密相关，在它们的简记式中，代表极小项和极大项的足标是互补的，即两者一起构成 $0, 1, 2, \cdots, 2^n - 1$ 诸数。例如，若有

$$A \Leftrightarrow P \land Q \lor R \Leftrightarrow \Sigma(1, 3, 5, 6, 7)$$

则

$$A \Leftrightarrow P \land Q \lor R \Leftrightarrow \pi(0, 2, 4)$$

下面列出极小项和极大项性质，它们都很容易证明，这里不再赘述。

(1) $m_i \land m_j \Leftrightarrow F, (i \neq j)$

(2) $M_i \lor M_j \Leftrightarrow T, (i \neq j)$

(3) $\bigvee\limits_{i=0}^{2^n - 1} m_i \Leftrightarrow T$

(4) $\bigwedge\limits_{i=0}^{2^n - 1} M_i \Leftrightarrow F$

(5) $\neg m_i \Leftrightarrow M_i$

(6) $\neg M_i \Leftrightarrow m_i$

1.3.3 主析取范式的个数

一般地说，n 个变元的命题公式，其数量是无限的，但每一个命题公式都与其主析取范式等价。如果两个命题公式有相同的主析取范式，那么我们说这两个命题公式是属于一个等价类的。属于一个等价类的命题公式，当然是互相等价的。现在要研究含有 n 个命题变元的命题公式有多少个等价类，或有多少个不同的主析取范式，或有多少个不同的真值表。

当 $n=1$ 时，极小项有 $2^1 = 2$ 个，即 P、$\neg P$。主析取范式有：

$f_1 \Leftrightarrow F$ 没有极小项

$f_2 \Leftrightarrow P$

$f_3 \Leftrightarrow \neg P$

$f_4 \Leftrightarrow P \lor \neg P$ 全部极小项

当 $n=2$ 时，极小项有 $2^2 = 4$ 个，即 $\neg P \land \neg Q$、$\neg P \land Q$、$P \land \neg Q$、$P \land Q$。主析取范

式有：

$$f_1 \Leftrightarrow F \qquad\qquad\qquad f_9 \Leftrightarrow \neg P \wedge Q \vee P \wedge \neg Q$$

$$f_2 \Leftrightarrow \neg P \wedge \neg Q \qquad\qquad f_{10} \Leftrightarrow \neg P \wedge Q \vee P \wedge Q$$

$$f_3 \Leftrightarrow \neg P \wedge Q \qquad\qquad f_{11} \Leftrightarrow P \wedge \neg Q \vee P \wedge Q$$

$$f_4 \Leftrightarrow P \wedge \neg Q \qquad\qquad f_{12} \Leftrightarrow \neg P \wedge \neg Q \vee \neg P \wedge Q \vee P \wedge \neg Q$$

$$f_5 \Leftrightarrow P \wedge Q \qquad\qquad f_{13} \Leftrightarrow \neg P \wedge \neg Q \vee \neg P \wedge Q \vee P \wedge Q$$

$$f_6 \Leftrightarrow \neg P \wedge \neg Q \vee \neg P \wedge Q \qquad f_{14} \Leftrightarrow \neg P \wedge Q \vee P \wedge \neg Q \vee P \wedge Q$$

$$f_7 \Leftrightarrow \neg P \wedge \neg Q \vee P \wedge \neg Q \qquad f_{15} \Leftrightarrow \neg P \wedge \neg Q \vee P \wedge \neg Q \vee P \wedge Q$$

$$f_8 \Leftrightarrow \neg P \wedge \neg Q \vee P \wedge Q \qquad f_{16} \Leftrightarrow \neg P \wedge \neg Q \vee \neg P \wedge Q \vee P \wedge \neg Q \vee P \wedge Q$$

共 $2^{2^2} = 16$ 个。以此类推，n 个命题变元可构造 2^{2^n} 个不同的主析取范式（包括 F）。这个数字增长非常快，如 $n=3$ 时 $2^{2^3} = 256$，$n=4$ 时 $2^{2^4} = 65\,536$。

主合取范式和主析取范式是一一对应的，因此，n 个命题变元也可构造 2^{2^n} 个不同的主合取范式（包括 T）。

习　　题

1. 对任一指派，为什么 m_i 和 m_j 不能同时为真？为什么 M_i 和 M_j 不能同时为假？这里 $i \neq j$。

2. 求下列各式的主合取范式：

(1) $P \wedge Q \wedge R \vee \neg P \wedge Q \wedge R \vee \neg P \wedge \neg Q \wedge \neg R$

(2) $P \wedge Q \vee \neg P \wedge Q \vee P \wedge \neg Q$

(3) $P \wedge Q \vee \neg P \wedge Q \wedge R$

3. 求下列各式的主析取范式和主合取范式：

(1) $(\neg P \vee \neg Q) \rightarrow (P \leftrightarrow \neg Q)$

(2) $P \vee (\neg P \rightarrow (Q \vee (\neg Q \rightarrow R)))$

(3) $(P \rightarrow Q \wedge R) \wedge (\neg P \rightarrow (\neg Q \wedge \neg R))$

(4) $P \wedge \neg Q \wedge S \vee \neg P \wedge Q \wedge R$

1.4 联结词的扩充与归约

前边我们定义了 5 种联结词，现在研究联结词可否扩充和可否减少这类问题。

1.4.1 联结词的扩充

1. 一元运算

根据上节讨论，一个命题变元只有 4 种主析取范式，也就是说只有 4 种真值表（如表 1.4 - 1 所示），因此，最多只能定义 4 种运算，但除否定外，

表 1.4 - 1

P	f_1	f_2	f_3	f_4
0	0	0	1	1
1	0	1	0	1
	永假	恒等	否定	永真

永假、永真、恒等作为运算意义不大。所以，一般不再定义其它一元运算。

2. 二元运算

根据上节的讨论，两个变元有 16 种真值表，如表 1.4-2 所示。

表 1.4-2

P	Q	f_1	f_2	f_3	f_4	f_5	f_6	f_7	f_8	f_9	f_{10}	f_{11}	f_{12}	f_{13}	f_{14}	f_{15}	f_{16}
0	0	0	1	0	0	0	1	1	1	0	0	0	1	1	0	1	1
0	1	0	0	1	0	0	1	0	0	1	1	0	1	1	1	0	1
1	0	0	0	0	1	0	0	1	0	1	0	1	1	0	1	1	1
1	1	0	0	0	0	1	0	0	1	0	1	1	0	1	1	1	1
		永假	或非	蕴含否定	蕴含否定	合取	P非	Q非	等值	异或	恒等 Q	恒等 P	与非	蕴含	析取	蕴含	永真
		**	△	△	△	*	*	*	*	△	**	**	△	*	*	*	**

注：表中 * 表示已定义，** 表示意义不大，△ 表示可再定义。

除 f_5、f_6、f_7、f_8、f_{13}、f_{14}、f_{15} 已定义外，f_1、f_{10}、f_{11}、f_{16} 作为运算意义不大，只需再定义以下 4 个：

f_{12} 与非：$P \uparrow Q \Leftrightarrow \neg(P \wedge Q)$

f_2 或非：$P \downarrow Q \Leftrightarrow \neg(P \vee Q)$

f_9 排斥或（异或）：$P \oplus Q \Leftrightarrow \neg(P \leftrightarrow Q) \Leftrightarrow P \wedge \neg Q \vee \neg P \wedge Q$

f_3、f_4 蕴含否定：$P \nrightarrow Q \Leftrightarrow \neg(P \rightarrow Q)$

1.4.2 联结词的归约

9 个联结词是否都必要？显然不是的，只用 $\wedge$、$\vee$、$\neg$ 三个联结词构造的式子，就足以把一切命题公式等价地表示出来。

根据德·摩根定律：$\neg(P \wedge Q) \Leftrightarrow \neg P \vee \neg Q$，$\neg(P \vee Q) \Leftrightarrow \neg P \wedge \neg Q$，所以，$\wedge$ 和 $\vee$ 中去掉一个也足以把一切命题公式等价地表示出来。

定义 1.4-1　一个联结词集合，用其中联结词构成的式子足以把一切命题公式等价地表达出来，则这个联结词集合称为**全功能的**。

由以上讨论易知，包含 $\wedge$、$\vee$、$\neg$ 的任一联结词集合都是全功能的。$\{\wedge，\neg\}$、$\{\vee，\neg\}$ 是全功能联结词集合。值得注意的是，$\{\uparrow\}$、$\{\downarrow\}$ 也是全功能集合。容易证明 $\{\rightarrow，\neg\}$、$\{\nrightarrow，\neg\}$、$\{\rightarrow，F\}$、$\{\nrightarrow，T\}$ 也是全功能集合[①]。但 $\{\wedge，\vee，\rightarrow，\leftrightarrow\}$ 及其子集都不是全功能联结词集合，$\{\neg\}$、$\{\leftrightarrow，\neg\}$、$\{\oplus，\neg\}$ 等也不是全功能联结词集合。下面扼要说明这些为什么不是全功能的联结词集合。

(1) $\{\wedge，\vee\}$，因为对命题 P 进行 $\wedge$ 和 $\vee$ 运算，不管怎样组合和反复，总不能得到 $\neg P$。

(2) $\{\neg\}$，因为 $\neg$ 是一元运算，表达不了二元运算。

---

① 　T 和 F 不是联结词，插在这里只是为了教学方便。

（3）$\{\leftrightarrow, \neg\}$，证明如下：

证 设 $f(P, Q)$ 表示仅用命题变元 P 和 Q 及联结词 $\leftrightarrow$、$\neg$ 构成的任意的命题公式。现证明对 P、Q 的 4 种指派，$f(P, Q)$ 的真值只能是表 1.4-3 中的 8 种结果之一。

表 1.4-3

P	Q	$f(P, Q)$							
		1	2	3	4	5	6	7	8
0	0	0	1	0	0	0	1	1	1
0	1	0	1	0	1	1	0	0	1
1	0	0	1	1	0	1	0	1	0
1	1	0	1	1	1	0	1	0	0

① 在未运算前，P 和 Q 的值属于表中结果 3 和 4，即属于 8 种之一。

② 以上 8 种结果任两种（包括自己对自己）经 $\leftrightarrow$ 运算，仍得以上 8 种结果之一。

③ 以上 8 种结果，任一种经 $\neg$ 运算，仍得以上 8 种结果之一。

所以，对 P、Q 的 4 种指派，经反复用 $\leftrightarrow$ 和 $\neg$ 运算，只能得出以上 8 种结果之一，即 $f(P, Q)$ 的真值只能是表中 8 种结果之一。但以上 8 种结果都是偶数个 1，而 $P \lor Q$ 是 3 个 1，所以不能用 $f(P, Q)$ 表达 $P \lor Q$，故 $\{\leftrightarrow, \neg\}$ 不是全功能集合。

一般地说，要判断联结词集合 A 是不是全功能的，只需选一个全功能联结词集合 B，一般选 $\{\lor, \neg\}$ 或 $\{\land, \neg\}$，若 B 中每一联结词都能用 A 中的联结词表达，则 A 是全功能的，否则 A 不是全功能的。

＊1.4.3 其它主范式

前边介绍了主析取范式和主合取范式，联结词扩充后，也可由极小项和联结词 $\oplus$ 构成主异或范式，由极大项和联结词 $\leftrightarrow$ 构成主等值范式。例如

$P \land Q \lor R$

$\quad \Leftrightarrow P \land Q \land R \lor P \land Q \land \neg R \lor P \land \neg Q \land R \lor \neg P \land Q \land R \lor \neg P \land \neg Q \land R$

$\quad \Leftrightarrow P \land Q \land R \oplus P \land Q \land \neg R \oplus P \land \neg Q \land R \oplus \neg P \land Q \land R \oplus \neg P \land \neg Q \land R$ ①

$P \land Q \lor R$

$\quad \Leftrightarrow (P \lor Q \lor R) \land (P \lor \neg Q \lor R) \land (\neg P \lor Q \lor R)$

$\quad \Leftrightarrow (P \lor Q \lor R) \leftrightarrow (P \lor \neg Q \lor R) \leftrightarrow (\neg P \lor Q \lor R)$ ②

因为对任一指派，任两个不同的极小项 m_i 和 m_j 不可能同时为真，因此 $m_i \lor m_j$ 与 $m_i \oplus m_j$ 是等价的，故由主析取范式可转写成主异或范式。类似地，任两个不同的极大项 M_i 和 M_j 不可能同时为假，因此 $M_i \land M_j$ 和 $M_i \leftrightarrow M_j$ 是等价的，故主合取范式可转写成主等值范式。主异或范式和主等值范式也是唯一的。

习　　题

1. 仅用 $\uparrow$ 表达 $P \to Q$；再用 $\downarrow$ 表达它。

2. 仅用 ↓ 表达 $P\uparrow Q$；仅用 ↑ 表达 $P\downarrow Q$。

3. 记 $P\uparrow(Q\wedge\neg(R\downarrow P))$ 为 $A(P,Q,R)$，求出它的对偶式 $A^*(P,Q,R)$，再求出 A 和 A^* 的仅含联结词 $\wedge$、$\vee$、$\neg$ 的等价式。

4. 试证明下列等价式：

$$\neg(P\uparrow Q)\Leftrightarrow\neg P\downarrow\neg Q$$

$$\neg(P\downarrow Q)\Leftrightarrow\neg P\uparrow\neg Q$$

5. 写出一个仅含 ↑ 且等价于 $P\wedge(Q\leftrightarrow R)$ 的公式来。

6. 试证明 $\{\vee\}$、$\{\rightarrow\}$ 不是全功能联结词集合。

7. 证明 $\{\neg,\rightarrow\}$、$\{\nrightarrow,T\}$ 是全功能联结词集合。

8. 证明 $\{\oplus,\neg\}$ 不是全功能联结词集合。

9. 证明联结词 ↑ 和 ↓ 是可交换的，但不可结合。

10. 证明联结词 $\oplus$ 可交换，可结合，且 $\wedge$ 在 $\oplus$ 上可分配。

11. 证明联结词 ↔ 可交换，可结合，且 $\vee$ 在 ↔ 上可分配。

1.5 推理规则和证明方法

1.5.1 推理规则

像前几节那样研究命题演算，本质上和简单的开关代数一样，简单的开关代数是命题演算的一种应用。现在，我们从另一角度研究命题演算，即从逻辑推理角度来理解命题演算。

先考察 4 个推理的例子，在每一例子中，横线上的是前提，横线下的是结论。右侧是例子的逻辑符表示。

设 x 属于实数，P：x 是偶数，Q：x^2 是偶数。

例 1.5 – 1

如果 x 是偶数，则 x^2 是偶数。　　　　　前提　　$P\rightarrow Q$

x 是偶数。　　　　　　　　　　　　　　　　　　　P

x^2 是偶数。　　　　　　　　　　　结论　所以 Q

例 1.5 – 2

如果 x 是偶数，则 x^2 是偶数。　　　　　　　　$P\rightarrow Q$

x^2 是偶数。　　　　　　　　　　　　　　　　　　　Q

x 是偶数。　　　　　　　　　　　　　　　所以 P

例 1.5 – 3

如果 x 是偶数，则 x^2 是偶数。　　　　　　　　$P\rightarrow Q$

x 不是偶数。　　　　　　　　　　　　　　　　　　$\neg P$

x^2 不是偶数。　　　　　　　　　　　　　所以 $\neg Q$

例 1.5 – 4

如果 x 是偶数，则 x^2 是偶数。　　　　　　　　$P\rightarrow Q$

x^2 不是偶数。　　　　　　　　　　　　　　　　　$\neg Q$

x 不是偶数。　　　　　　　　　　　　　　所以 $\neg P$

根据我们的数学知识知道，例 1.5 - 1 和例 1.5 - 4 的推理是正确的，而例 1.5 - 2 和例 1.5 - 3 的推理是不正确的。由此可见，有研究推理规则的必要。推理规则是正确推理的依据，而正确推理对任何一门科学都是重要的。

例 1.5 - 1 中，若不管命题的具体涵义，那么它所应用的推理规则就是

$$P \to Q$$
$$\frac{P}{\text{所以 } Q} \qquad P, P \to Q \text{ 推得 } Q^{①} \qquad P \wedge (P \to Q) \Rightarrow Q$$

中间部分是左侧规则的另一种写法，右侧是此推理规则所对应的永真蕴含式（参看表 1.2 - 2）。从这个永真蕴含式可看出，它正是代表"如果 P 并且 $P \to Q$ 是真，则 Q 是真"的意义，这里 P 和 Q 表示任意命题。所以，它恰好代表左侧的推理规则。这条推理规则叫**假言推理**，从形式上看结论 Q 是从 $P \to Q$ 中分离出来的，所以又叫**分离规则**。它是推理规则中最重要的一条。

对任一永真蕴含式 $A \Rightarrow B$ 来说，如果前提 A 为真，则可保证 B 为真，因此不难看出，任一个永真蕴含式都可作为一条推理规则。例如，$\neg P \wedge (P \vee Q) \Rightarrow Q$ 代表以下规则，叫做**析取三段论**。

$$P \vee Q$$
$$\frac{\neg P}{\text{所以 } Q} \qquad \text{或 } \neg P, P \vee Q \text{ 推得 } Q$$

下边举一个例子，说明这条推理规则是正确的。

设 P：他在钓鱼，Q：他在下棋。

$$\frac{\text{他在钓鱼或下棋}}{\text{他不在钓鱼}} \qquad \qquad \frac{P \vee Q}{\neg P}$$
$$\text{所以他在下棋} \qquad \qquad \text{所以 } Q$$

这样，就可给出以下定义：

定义 1.5 - 1 若 $H_1 \wedge H_2 \wedge \cdots \wedge H_n \Rightarrow C$，则称 C 是 H_1，H_2，$\cdots$，H_n 的**有效结论**。

特别地，若 $A \Rightarrow B$，则称 B 是 A 的有效结论。

定义说明：若 $H_1 \wedge H_2 \wedge \cdots \wedge H_n \Rightarrow C$，则从 $H_1 \wedge H_2 \wedge \cdots \wedge H_n$ 推出 C，这样的推理是正确的。但注意推理正确不等于结论为真，结论的真假还取决于前提 $H_1 \wedge H_2 \wedge \cdots \wedge H_n$ 的真假，前提为真时，结论 C 为真；前提为假时，C 可能真也可能假，这就是定义中只说 C 是 $H_1 \wedge H_2 \wedge \cdots \wedge H_n$ 的有效结论而不说是正确结论的原因。"有效"是指结论的推出是合乎推理规则的。

例 1.5 - 2 所以错误，是 $Q \wedge (P \to Q) \to P$ 不是永真蕴含式，不能用作推理规则，换言之，P 不是 Q 和 $P \to Q$ 的有效结论。这种错误叫做**肯定后件的错误**。

例 1.5 - 3 所以错误，其理由类似于例 1.5 - 2，这种错误叫做**否定前件的错误**。

最常用的推理规则见表 1.5 - 1。

---

① 推得，许多课本中仍用"$\Rightarrow$"符号，本书也如此。这里为了与永真蕴含区分，暂用中文"推得"写出。作为"推得"意义而使用"$\Rightarrow$"的符号，仍读作蕴含。

表 1.5 - 1　最常用的推理规则

推　理　规　则	重　言　式　形　式	名　　字
$\dfrac{P}{\text{所以}\,P \vee Q}$	$P \Rightarrow P \vee Q$	加法式
$\dfrac{P \wedge Q}{\text{所以}\,P}$	$P \wedge Q \Rightarrow P$	简化式
$\begin{array}{c} P \to Q \\ \hline P \\ \hline \text{所以}\,Q \end{array}$	$P \wedge (P \to Q) \Rightarrow Q$	假言推理
$\begin{array}{c} \neg Q \\ P \to Q \\ \hline \text{所以}\,\neg P \end{array}$	$\neg Q \wedge (P \to Q) \Rightarrow \neg P$	拒取式
$\begin{array}{c} P \vee Q \\ \neg P \\ \hline \text{所以}\,Q \end{array}$	$(P \vee Q) \wedge \neg P \Rightarrow Q$	析取三段论
$\begin{array}{c} P \to Q \\ Q \to R \\ \hline \text{所以}\,P \to R \end{array}$	$(P \to Q) \wedge (Q \to R) \Rightarrow P \to R$	前提三段论
$\begin{array}{c} P \\ Q \\ \hline \text{所以}\,P \wedge Q \end{array}$		合取式
$\begin{array}{c} (P \to Q) \wedge (R \to S) \\ P \vee R \\ \hline \text{所以}\,Q \vee S \end{array}$	$(P \to Q) \wedge (R \to S) \wedge (P \vee R) \Rightarrow Q \vee S$	构造性二难推理
$\begin{array}{c} (P \to Q) \wedge (R \to S) \\ \neg Q \vee \neg S \\ \hline \text{所以}\,\neg P \vee \neg R \end{array}$	$(P \to Q) \wedge (R \to S) \wedge (\neg Q \vee \neg S) \Rightarrow \neg P \vee \neg R$	破坏性二难推理

一个恒等式 $A \Leftrightarrow B$，就是 $A \Rightarrow B$ 和 $B \Rightarrow A$ 同时成立的意思，所以恒等式也是推理规则。常用作推理规则的恒等式已列于表 1.2 - 1 中。

永真蕴含式和恒等式都是重言式，对其中的变元可应用代入规则，所以代入规则也是推理规则。

下面再介绍两条规则：

(1) 规则 P：在推导的任何步骤上都可以引入前提。

(2) 规则 T：在推导中，如果前面有一个或多个公式永真蕴含 S，则可把 S 引进推导过程。

这两条规则一般都认为是理所当然的，而不作为规则单独提出，但为了提高我们思维的缜密性，以便划清允许或不允许的操作，笔者认为有必要列出。

例 1.5 - 5

(1) 考虑下述论证：

如果这里有球赛，则通行是困难的。

如果他们按时到达，则通行是不困难的。

他们按时到达了。

所以这里没有球赛。

前 3 个断言是前提，最后一断言是结论，要求我们从前提推出结论。

设 P：这里有球赛，Q：通行是困难的，R：他们按时到达。该论证能表达如下：

$$P \rightarrow Q$$
$$R \rightarrow \neg Q$$
$$\frac{R}{\text{所以} \quad \neg P}$$

用蕴含式表达，则是

$$(P \rightarrow Q) \wedge (R \rightarrow \neg Q) \wedge R \rightarrow \neg P \qquad \qquad ①$$

要证明式①是永真蕴含式，可用真值表证明，通常叫真值表技术，也可利用 1.2 节中的方法或恒等式推导的方法证明，这些方法前边都已讲过，这里不再重复。现在应用推理规则证明该论证是正确的。

证

步　骤	断言(真)	根　据
1	R	P，前提 3
2	$R \rightarrow \neg Q$	P，前提 2
3	$\neg Q$	T，1，2，I_3
4	$P \rightarrow Q$	P，前提 1
5	$\neg Q \rightarrow \neg P$	T，4，E_{24}
6	$\neg P$	T，3，5，I_3

列出前提和结论叫论证(Argument)，它未必是有效的。证明(Proof)则是有效论证的展开，从上例可看出，它由一系列公式(叫公式序列)组成，它们或者是前提，或者是公理，或者是居先公式的结论，这些结论都必须根据推理规则得出。

也可以把证明看做是由一系列语句(断言)组成的，推理规则就是证明必须遵循的句法规则。

（2）证明 $R \vee S$ 是前提 $C \vee D$，$C \rightarrow R$，$D \rightarrow S$ 的有效结论。

证

步　骤	断　言	根　据
1	$C \vee D$	P
2	$\neg C \rightarrow D$	T，1，E_{14}，E_1
3	$D \rightarrow S$	P
4	$\neg C \rightarrow S$	T，2，3，I_6
5	$C \rightarrow R$	P
6	$\neg R \rightarrow \neg C$	T，5，E_{24}
7	$\neg R \rightarrow S$	T，4，6，I_6
8	$R \vee S$	T，7，E_1，E_{14}

上述证明过程本质上和数学中所见过的一致，不过这里每一语句都是形式化的，并且都是根据推理规则得出的。这样，就不容易产生推理错误，可确保我们无误地构造出有效论证的证明。若论证是不正确的，则不能构造出这样的证明，反之亦然。掌握这种形式方法，对提高我们的逻辑分析能力极为重要。

1.5.2 证明方法

定理常见的形式是"P 当且仅当 Q"，"如果 P，那么 Q"。而前者又相当于 $P \rightarrow Q$ 并且 $Q \rightarrow P$，所以归根结底，定理的主要形式是 $P \rightarrow Q$。至于其它形式，诸如：$\neg P$ 形式，只需证明 P 是假；$P \wedge Q$ 形式，只需证明 P、Q 俱真；$P \vee Q$ 形式，可转化为 $\neg P \rightarrow Q$ 形式。

我们主要从策略意义上说明如何证明 $P \rightarrow Q$ 形式的命题，具体的技巧，仍需通过例题来学习。

1. 无义证明法

证明 P 是假，那么 $P \rightarrow Q$ 是真。

2. 平凡证明法

证明 Q 是真，那么 $P \rightarrow Q$ 是真。

无义证明法和平凡证明法应用的次数较少，但对有限的或特殊的情况，它们常常是重要的，在以后各章中，我们将指出许多这方面的例子。

3. 直接证明法

假设 P 是真，如果能推得 Q 是真，则 $P \rightarrow Q$ 是真。

4. 间接证明法

因 $P \rightarrow Q \Leftrightarrow \neg Q \rightarrow \neg P$，对 $\neg Q \rightarrow \neg P$ 进行直接证明，即假设 Q 假，如果能推得 P 是假，则 $\neg Q \rightarrow \neg P$ 是真，也就是 $P \rightarrow Q$ 是真。

这个证明法也叫**逆反证明法**。

例 1.5 - 6

(1) 定理：如果 $4x + 6y = 97$，那么 x 或 y 不是整数。

证 $4x + 6y = 97$，可改写为 $2x + 3y = \dfrac{97}{2}$。$2x + 3y$ 不是整数，所以 x 或 y 不是整数。这是直接证明法。

(2) 一个**完全数**是一个整数，它等于它的所有因子(除本身外)的和。如 6 是一个完全数，因为 $6 = 1 + 2 + 3$，同样 28 也是。

定理：一个完全数不是一个质数。

证 其逆反如下：一个质数不是一个完全数。假设 P 是一质数，那么 $P \geqslant 2$ 并且 P 恰有两个因子 1 和 P，所以小于 P 的所有因子的总和是 1。这得出 P 不是一个完全数。

这是间接证明法。

5. $(P_1 \wedge P_2 \wedge \cdots \wedge P_n) \rightarrow Q$ 形式命题的证明

可用直接证明法或间接证明法。因 $(P_1 \wedge P_2 \wedge \cdots \wedge P_n) \rightarrow Q$ 的逆反是 $\neg Q \rightarrow \neg P_1 \vee \neg P_2 \vee \cdots \vee \neg P_n$，用间接证明法时，只需证明至少有一个 i 值，使 $\neg Q$ 蕴含 $\neg P_i$ 是真即可。这也可以说是间接证明法的推广。

6. $P_1 \wedge P_2 \wedge \cdots \wedge P_n \rightarrow (P \rightarrow Q)$ 形式命题的证明

根据公式 E_{22}，$P_1 \wedge P_2 \wedge \cdots \wedge P_n \rightarrow (P \rightarrow Q)$ 等价于 $P_1 \wedge P_2 \wedge \cdots \wedge P_n \wedge P \rightarrow Q$，所以，只需证明

$$P_1 \wedge P_2 \wedge \cdots \wedge P_n \wedge P \rightarrow Q$$

这个方法叫 **CP 规则**，也叫**演绎定理**，因 P 移作前提，常使证明简化，所以经常应用。

例 1.5–7　如果 A 参加球赛，则 B 或 C 也将参加球赛。如果 B 参加球赛，则 A 不参加球赛。如果 D 参加球赛，则 C 不参加球赛。所以，A 若参加球赛，则 D 不参加球赛。

解　设 A：A 参加球赛，B：B 参加球赛，C：C 参加球赛，D：D 参加球赛。要证明的是 $A \rightarrow \neg D$ 可从 $A \rightarrow B \vee C$，$B \rightarrow \neg A$，$D \rightarrow \neg C$ 推出。

步　骤	断　言	根　据
1	$A \rightarrow B \vee C$	P
2	A	P（附加前提）
3	$B \vee C$	T，1，2，I_3
4	$B \rightarrow \neg A$	P
5	$A \rightarrow \neg B$	T，4，E_{24}，E_1
6	$\neg B$	T，2，5，I_3
7	C	T，3，6，I_5
8	$D \rightarrow \neg C$	P
9	$C \rightarrow \neg D$	T，8，E_{24}，E_1
10	$\neg D$	T，7，9，I_3
11	$A \rightarrow \neg D$	CP

7. $(P_1 \vee P_2 \vee \cdots \vee P_n) \rightarrow Q$ 形式命题的证明

因为

$$P_1 \vee P_2 \vee \cdots \vee P_n \rightarrow Q$$
$$\Leftrightarrow \neg P_1 \wedge \neg P_2 \wedge \cdots \wedge \neg P_n \vee Q$$
$$\Leftrightarrow (\neg P_1 \vee Q) \wedge (\neg P_2 \vee Q) \wedge \cdots \wedge (\neg P_n \vee Q)$$
$$\Leftrightarrow (P_1 \rightarrow Q) \wedge (P_2 \rightarrow Q) \wedge \cdots \wedge (P_n \rightarrow Q)$$

所以，欲证 $P_1 \vee P_2 \vee \cdots \vee P_n \rightarrow Q$ 永真，只需证明对每一 i，$P_i \rightarrow Q$ 成立。这种证明方法叫**分情况证明**。

例 1.5–8　试证记作"$\sqcup$"的二元运算"max"是可结合的，即对任何整数 a、b 和 c，$(a \sqcup b) \sqcup c = a \sqcup (b \sqcup c)$。

证　对任意 3 整数 a、b、c，下列 6 种情况之一必须成立：
$a \geq b \geq c$，$a \geq c \geq b$，$b \geq a \geq c$，$b \geq c \geq a$，$c \geq a \geq b$ 或 $c \geq b \geq a$。

情况 1：$a \geq b \geq c$，那么

$$(a \sqcup b) \sqcup c = a \sqcup c = a$$

$$a \sqcup (b \sqcup c) = a \sqcup b = a$$

所以 $(a \sqcup b) \sqcup c = a \sqcup (b \sqcup c)$

其它情况类似可证。

8. 反证法(归谬法)

设公式 $H_1, H_2, \cdots, H_m$ 中的原子命题变元是 $P_1, P_2, \cdots, P_n$，如果给 $P_1, P_2, \cdots, P_n$ 以某一指派，能使 $H_1 \wedge H_2 \wedge \cdots \wedge H_m$ 具有真值 T，则称命题公式集合 $\{H_1, H_2, \cdots, H_m\}$ 是**一致的**，否则称为**非一致的**。这个定义也可这样叙述：

若 $H_1 \wedge H_2 \wedge \cdots \wedge H_m \Rightarrow R \wedge \neg R$，则 $\{H_1, H_2, \cdots, H_m\}$ 是非一致的，否则是一致的。

定理 1.5 - 1 设 $\{H_1, H_2, \cdots, H_n\}$ 是一致的，C 是一命题公式，如果 $\{H_1, H_2, \cdots, H_n, \neg C\}$ 非一致，则能从 $H_1, H_2, \cdots, H_n$ 推出 C。

证 因为 $H_1 \wedge H_2 \wedge \cdots \wedge H_n \wedge \neg C \Rightarrow R \wedge \neg R$，所以，$H_1 \wedge H_2 \wedge \cdots \wedge H_n \wedge \neg C$ 永假，但 $\{H_1, H_2, \cdots, H_m\}$ 是一致的，所以使 $H_1 \wedge H_2 \wedge \cdots \wedge H_n$ 为真的指派使 $\neg C$ 为假，因此 C 为真。故

$$H_1 \wedge H_2 \wedge \cdots \wedge H_n \Rightarrow C$$

这一定理说明，欲证 $H_1 \wedge H_2 \wedge \cdots \wedge H_n \Rightarrow C$，只需证明 $H_1 \wedge H_2 \wedge \cdots \wedge H_n \wedge \neg C \Rightarrow R \wedge \neg R$。这种证明法叫**反证法**，又叫**归谬法**。其中 $\neg C$ 叫**假设前提**。

例 1.5 - 9 证明 $\neg(P \wedge Q)$ 是 $\neg P \wedge \neg Q$ 的有效结论。

证 把 $\neg\neg(P \wedge Q)$ 作为假设前提。

步　骤	断　言	根　据
1	$\neg\neg(P \wedge Q)$	P，假设前提
2	$P \wedge Q$	T，1，E_1
3	P	T，2，I_2
4	$\neg P \wedge \neg Q$	P
5	$\neg P$	T，4，I_2
6	$P \wedge \neg P$	T，3，5，合取式

所以

$$\neg P \wedge \neg Q \Rightarrow \neg(P \wedge Q)$$

反证法有时使证明很方便，但它不是必不可少的证明法，总可以用 CP 规则代替它，因为若已证得

$$H_1 \wedge H_2 \wedge \cdots \wedge H_n \wedge \neg C \Rightarrow R \wedge \neg R$$

则由 CP 规则得

$$H_1 \wedge H_2 \wedge \cdots \wedge H_n \Rightarrow \neg C \rightarrow R \wedge \neg R$$

但

$$\neg C \rightarrow R \wedge \neg R \Rightarrow C$$

由前提三段论得

$$H_1 \wedge H_2 \wedge \cdots \wedge H_n \Rightarrow C$$

常见的证明方法介绍暂时就到这里，还有一些常见证明方法，诸如数学归纳法，构造

性证明法等，我们将在后继章节的方便之处再作陆续介绍。

* 1.5.3　推理的其它问题

本节讨论由给定的公理 H_1，H_2，…，H_n 可推出多少推论。

我们是在把原子命题当作不可分解的整体的前提下讨论这一问题的，若前提不成立，结论当然也失去意义。

把公理用 $\wedge$ 联结起来，求出所得式子的主合取范式，随意地取出若干个极大项并用 $\wedge$ 联结之，这样得出的式子，便是推论。因为主合取范式为真，其每一合取项为真，因此，若干个合取项之积也是真，所以它是这些公理的推论。

如果有 m 个合取项，可得 2^m-1 个（0 个合取项不包括在内）不同的推论。

例如，以 P 及 $P \to Q$ 作公理时
$$P \wedge (P \to Q) \Leftrightarrow P \wedge (\neg P \vee Q)$$
$$\Leftrightarrow (P \vee Q \wedge \neg Q) \wedge (\neg P \vee Q)$$
$$\Leftrightarrow (P \vee Q) \wedge (P \vee \neg Q) \wedge (\neg P \vee Q)$$

于是可作出以下推论

$P \vee Q$、$P \vee \neg Q$、$\neg P \vee Q$、$(P \vee Q) \wedge (P \vee \neg Q)$、$(P \vee Q) \wedge (\neg P \vee Q)$、$(P \vee \neg Q) \wedge (\neg P \vee Q)$、$(P \vee Q) \wedge (P \vee \neg Q) \wedge (\neg P \vee Q)$

例 1.5 - 10

（1）设 P：速度的加法定律是真，

　　　Q：在恒星系中光以等速沿各方向传播，

　　　R：在地球上光以等速沿各方向传播。

首先我们有数学定理：$P \wedge Q \to \neg R$，即"如果速度的加法定理是真而且在恒星系中光以等速沿各方向传播，那么地球上光传播的速度不能沿各方向都相等。"

其次，根据物理实验，知 Q 和 R 是真。

因此我们有下列公理：
$$P \wedge Q \to \neg R, Q, R$$
$$(P \wedge Q \to \neg R) \wedge Q \wedge R \Leftrightarrow (\neg P \vee \neg Q \vee \neg R) \wedge (\neg P \vee \neg Q \vee R) \wedge (\neg P \vee Q \vee \neg R)$$
$$\wedge (\neg P \vee Q \vee R) \wedge (P \vee \neg Q \vee R) \wedge (P \vee Q \vee \neg R) \wedge (P \vee Q \vee R)$$

这里有一推论为

$(\neg P \vee \neg Q \vee \neg R) \wedge (\neg P \vee \neg Q \vee R) \wedge (\neg P \vee Q \vee \neg R) \wedge (\neg P \vee Q \vee R) \Leftrightarrow \neg P$

因此得出结论：速度的加法定理是不真的。

（2）由任意两个互相矛盾的公理可以推出随意一个定理。

设 P 和 $\neg P$ 是公理，Q 是随意一个命题，那么
$$P \wedge \neg P \Leftrightarrow (P \vee Q \wedge \neg Q) \wedge (\neg P \vee Q \wedge \neg Q)$$
$$\Leftrightarrow (P \vee Q) \wedge (P \vee \neg Q) \wedge (\neg P \vee Q) \wedge (\neg P \vee \neg Q)$$

其中一个推论是
$$(P \vee Q) \wedge (\neg P \vee Q) \Leftrightarrow Q$$

即
$$P \wedge \neg P \Rightarrow Q$$

习 题

1. 用真值表证明表 1.5 – 1 给出的下列推理规则的重言式形式都是重言式：

(1) 拒取式。

(2) 析取三段论。

(3) 建设性二难推理。

(4) 破坏性二难推理。

2. H_1，H_2，…是前提，C 是结论，用真值表技术证明下述论证的有效性：

(1) $H_1: P \rightarrow Q, C: P \rightarrow P \wedge Q$

(2) $H_1: \neg P \vee Q, H_2: \neg(Q \wedge \neg R), H_3: \neg R, C: \neg P$

3. H_1，H_2，…是前提，C 是结论，用真值表判断下列结论是否有效：

(1) $H_1: P \rightarrow Q, H_2: \neg Q, C: P$

(2) $H_1: P \vee Q, H_2: P \rightarrow R, H_3: Q \rightarrow R, C: R$

(3) $H_1: P \rightarrow (Q \rightarrow R), H_2: P \wedge Q, C: R$

(4) $H_1: \neg P, H_2: P \vee Q, C: P \wedge Q$

4. 给出一个指派，证明以下结论是非有效的：

(1) 前提是 $A \leftrightarrow B$、$B \leftrightarrow (C \wedge D)$、$C \leftrightarrow (A \vee E)$、$A \vee E$，结论是 $A \wedge E$。

(2) 前提是 $A \leftrightarrow (B \rightarrow C)$、$B \leftrightarrow (\neg A \vee \neg C)$、$C \leftrightarrow (A \vee \neg B)$、$B$，结论是 $A \vee C$。

5. 对下列每一个前提集合，列出能得到的恰当结论和应用于这一情况的推理规则。

(1) 我是肥的或者瘦的，我无疑不是瘦的。

(2) 如果我跑，我喘气。我没有喘气。

(3) 如果他做这个事，那么他的手是脏的。他的手是脏的。

(4) 天气是晴朗或阴暗，天气晴朗使我愉快而天气阴暗使我烦恼。

(5) 如果考试及格了，那么我很高兴。如果我很高兴，那么我的饭量增加。我的饭量减少。

6. 对下述每一论证构造一个证明，给出所有必须增加的断言，指出用于每一步的推理规则。

(1) 煤或大米将涨价，不是这种情况。如果铁路中断运输，那么煤将涨价。因此，铁路不会中断运输。

(2) 从语句"今天下雨或明天后天都下雨"和"明天不下雨或后天不下雨而今天下雨"可推出"今天下雨"。

(3) 如果李敏来通信工程学院，若王军不生病，则王军一定去看望李敏。如果李敏出差到南京，那么李敏一定来通信工程学院。王军没有生病。所以，如果李敏出差到南京，王军一定去看望李敏。

7. 补充所缺的断言去证实下述论证：

$$P \wedge Q \rightarrow R \wedge S$$
$$(T \rightarrow Q) \wedge (S \rightarrow U)$$
$$(W \rightarrow P) \wedge (T \rightarrow U)$$
$$\underline{\neg R \qquad\qquad\qquad}$$
$$\text{所以 } W \rightarrow \neg T$$

8. 确定下列论证哪些是有效的，为有效论证构造证明。对非有效论证，表明为什么结论不能从前提得出。

(1)　　　　$A \wedge B$
$$\frac{A \to C}{\text{所以 } C \wedge B}$$

(2)　　　　$A \vee B$
$$\frac{A \to C}{\text{所以 } C \vee B}$$

(3)　　　　$A \to B$
$$\frac{A \to C}{\text{所以 } C \to B}$$

(4)　　　　$A \to B \vee C$

　　　　　　$D \to \neg C$

　　　　　　$B \to \neg A$

　　　　　　A
$$\frac{D}{\text{所以 } B \wedge \neg B}$$

9. 确定下列哪些是有效论证，对有效论证构造证明。对非有效论证描述其谬误。

(1) 如果今天是星期二，那么我有一次计算方法测验或物理测验。如果物理老师生病，那么没有物理测验。今天是星期二并且物理老师生病。所以，我有一次计算方法测验。

(2) 如果 $f(x)$ 是三角函数，那么 $f(x)$ 在 $(-\infty, \infty)$ 上连续。$|f(x)| \leqslant 1$ 的必要条件是 $f(x)$ 在 $(-\infty, \infty)$ 上连续。所以，如果 $f(x)$ 是三角函数，那么若 $f(x)$ 在 $(-\infty, \infty)$ 上连续，则 $|f(x)| \leqslant 1$。

(3) 如果张小三的手沾满了鲜血，那么他杀了人，张小三手很清洁。所以，张小三没有杀人。

10. 仅使用 E_4、E_5、E_8、E_{18}、E_{21}、I_2 证明 $\neg P \wedge (P \vee Q) \Rightarrow Q$。

11. 证明下列论证的有效性：

(1) $(A \to B) \wedge (A \to C)$，$\neg (B \wedge C)$，$D \vee A$ 推得 D

(2) $P \to Q$，$(\neg Q \vee R) \wedge \neg R$，$\neg (\neg P \wedge S)$ 推得 $\neg S$

(3) $P \wedge Q \to R$，$\neg R \vee S$，$\neg S$ 推得 $\neg P \vee \neg Q$

(4) $B \wedge C$，$(B \leftrightarrow C) \to (H \vee G)$ 推得 $G \vee H$

(5) $(P \to Q) \to R$，$R \wedge S$，$Q \wedge T$ 推得 R

12. 证明下列结论：

(1) $\neg P \vee Q$，$\neg Q \vee R$，$R \to S \Rightarrow P \to S$

(2) $P \to Q \Rightarrow P \to P \wedge Q$

(3) $P \vee Q \to R \Rightarrow P \wedge Q \to R$

(4) $P \to (Q \to R)$，$Q \to (R \to S) \Rightarrow P \to (Q \to S)$

13. 试说明"从假的前提出发，能证明任意命题"。

14. 证明下列前提集合是非一致的。

(1) $P \to Q$，$P \to R$，$Q \to \neg R$，P，由此证明
$$(P \to Q) \wedge (P \to R) \wedge (Q \to \neg R) \wedge P \Rightarrow M$$

(2) $A \to (B \to C)$，$D \to (B \wedge \neg C)$，$A \wedge D$，由此证明
$$[A \to (B \to C)] \wedge [D \to (B \wedge \neg C)] \wedge (A \wedge D) \Rightarrow I$$

15. 证明下列各式的有效性：

(1) $R \to \neg Q$，$R \vee S$，$S \to \neg Q$，$P \to Q$ 推得 $\neg P$

(2) $S \to \neg Q$，$S \vee R$，$\neg R$，$\neg R \leftrightarrow Q$ 推得 $\neg P$

(3) $\neg(P \rightarrow Q) \rightarrow \neg(R \vee S)$,$((Q \rightarrow P) \vee \neg R)$,$R$ 推得 $P \leftrightarrow Q$

1.6 谓词和量词

在命题演算中，原子命题是演算的基本单位，不再对原子命题进行分解。故无法研究命题内部的成分、结构及其逻辑特征。例如：

"所有的人总是要死的"

"苏格拉底是人"

"所以苏格拉底是要死的"

凭直觉这个**苏格拉底论证**是正确的，但无法用命题演算表达出来。为了深入研究形式逻辑中的推理问题，所以有必要将命题演算扩充而引入谓词演算。我们首先介绍谓词和量词概念。

1.6.1 谓词

首先考察几个例子。

例 1.6－1

（1）5 是质数 x 是质数

（2）张明生于北京 x 生于 y

（3）$7 = 3 \times 2$ $x = y \times z$

右侧是每个例子的模式，"是质数"刻画 x 的性质，"生于"刻画 x 和 y 的关系，"$\cdots = \cdots \times \cdots$"刻画 x、y、z 的关系。

我们把"5""张明""北京""7""3""2"叫做**个体**，代表个体的变元叫**个体变元**。刻画个体的性质或几个个体间关系的模式叫**谓词**。"是质数""生于""$\cdots = \cdots \times \cdots$"都是谓词。谓词一般用大写字母 P，Q，R，$\cdots$表示，个体用小写字母 a，b，c，$\cdots$表示。

单独的个体和谓词不能构成命题，故不能将它们分开以表示命题。设 F 表示"是质数"，则"x 是质数"表示为 $F(x)$；G 表示"生于"，则"x 生于 y"表示为 $G(x, y)$；H 表示"$\cdots = \cdots \times \cdots$"，则"$x = yz$"表示为 $H(x, y, z)$。$F(x)$、$G(x, y)$、$H(x, y, z)$等叫**谓词命名式**，简称谓词。

表示 n 个个体间关系(性质看做一元关系)的谓词称为 n **元谓词**。例如上述 $F(x)$ 是一元谓词，$G(x, y)$、$H(x, y, z)$分别是二、三元谓词。一般 n 元谓词记作 $P(x_1, x_2, \cdots, x_n)$。

一般谓词用设定的字母表示，常用的谓词则用特定的符号表示。例如：

$x < y$，可写成 $<(x, y)$ 或 $L(x, y)$（L 表示小于）

$x = yz$，可写成 $=(x, y, z)$（要事先说明）

但最常用的仍写成 $x < y$，$x = yz$，称为谓词的**中缀记法**。不管怎样记法，变元的次序是重要的，例如 $<(x, y)$ 与 $<(y, x)$ 不一样。

一个字母代表一特定谓词，例如 F 代表"是质数"，则称此字母为**谓词常元**。若字母代表任意谓词，则称此字母为**谓词变元**。我们通常不加区分，但一般从上下文可看出它的含义。

谓词命名式中个体变元的取值范围叫做**论述域**或**个体域**。容易看出，空集不能作为论述域，所以，以后谈到论述域都至少有一个个体。例1.6－1(1)的论述域是正整数，(3)的论述域是实数，(2)中 x 的变域是人类，y 的变域是地名集，所以论述域分别是人类和地名集。

个体的涵义十分广泛，任何事物都可作为个体。因此常见的函数 $\sin x$、$xy\cdots$ 的值 $\sin 45°$、$2×3\cdots$ 都可作为个体。此时对应于这些函数值的个体变元，就是该函数了。请看以下例子。

例1.6－2 给定等式 $xy+z=0$，如果用谓词 P 表示"$\cdots×\cdots+\cdots=0$"，可记为 $P(x,y,z)$，是三元谓词，因为它有三个空位，x、y、z 分别是它的三个个体变元；如果用谓词 P 表示"$\cdots+\cdots=0$"，可记为 $P(xy,z)$，是二元谓词，因为它有两个空位，其中变数 xy 是一个个体变元，z 是另一个个体变元；如果用谓词 P 表示"$\cdots=0$"，可记为 $P(xy+z)$，是一元谓词，因为它仅有一个空位，它的个体变元是函数 $xy+z$。

由此例可看出什么是个体变元，取决于相应谓词的涵义。

谓词命名式中，若谓词是常元，个体变元代以论述域中的某一个体，就成为一个命题。例如 $F(5)$ 是真，$F(4)$ 是假，G(张明，北京)是真(假定张明生于北京)，所以谓词命名式是一个命题函数。

在例1.6－2中，将等式表示为 $P(x,y,z)$，若取定 x 为3，即 $P(3,y,z)$，可改记为 $P'(y,z)$ 成为二元谓词，再取定 y 为4，即 $P'(4,z)$，可改记为 $P''(z)$，成为一元谓词，再取定 z 为5，即 $P''(5)$，可改记为 P''' 而成为命题。可见命题是0元谓词，所以谓词是命题概念的扩充，命题是谓词的一种特殊情况。

1.6.2 量词

为了表达全称判断和特称判断，有必要引入量词。量词有两个：全称量词和存在量词。

1. 全称量词

$\forall x$ 读做"对一切 x"、"对任一 x"或"对每一 x"，这里 $\forall$ 是**全称量词**，x 标记 $\forall$ 所作用的个体变元。

$\forall xP(x)$ 表示"对一切 x，$P(x)$ 是真"；

$\forall x\neg P(x)$ 表示"对一切 x，$\neg P(x)$ 是真"；

$\neg\forall xP(x)$ 表示"并非对一切 x，$P(x)$ 是真"；

$\neg\forall x\neg P(x)$ 表示"并非对一切 x，$\neg P(x)$ 是真"。

2. 存在量词

$\exists x$ 读做"存在一 x"、"对某些 x"或"至少有一 x"。这里 $\exists$ 是**存在量词**，x 标记 $\exists$ 所作用的个体变元。它的意思是肯定存在一个，但不排斥多于一个。

$\exists xP(x)$ 表示"有一 x 使 $P(x)$ 是真"；

$\exists x\neg P(x)$ 表示"有一 x，使 $\neg P(x)$ 是真"；

$\neg\exists xP(x)$ 表示"至少存在一 x 使 $P(x)$ 是真，并非这样"；

$\neg\exists x\neg P(x)$ 表示"至少存在一 x 使 $\neg P(x)$ 是真，并非这样"。

在谓词 $P(x)$，$Q(x, y)$，…的前边加上全称量词 $\forall x$ 或存在量词 $\exists x$，说成是变元 x 被**全称量化**或**存在量化**。下述断言中的 y 被全称量化或存在量化。

例 1.6 - 3

(1) $\forall y(y < y + 1)$

(2) $\forall y(y = 3)$

(3) $\exists y(y < y + 1)$

(4) $\exists y(y = 3)$

如果论述域是整数，则(1)是真，(2)是假，(3)和(4)是真。

下面说明量化的作用。

设 $F(x)$ 表示"x 是质数"，将谓词 $F(x)$ 变为命题有两种方法，第一种是将 x 取定一个值，例如 4，那么 $F(4)$ 是命题(假)，这种方法的本质是给变元以约束。第二种是将谓词量化，例如 $\forall xF(x)$(假)，$\exists xF(x)$(真)，这种方法的本质也是给变元以约束，不过约束方法不一样。所以量化的作用是约束变元。

量化后所得命题的真值与论述域有关，例如 $\exists y(y = 3)$，如果论述域是正整数，这一命题是真，如果论述域是大于 4 的整数，则这一命题是假。

对不同的个体变元，用不同的论述域是可以的，但有时，不同的个体变元一起讨论时，用不同的论述域甚感不便，于是我们设想有一个集合，它不仅包括谓词中各个体变元的所有个体域，而且还含有其它个体，我们称它为**全总个体域**。用了全总个体域以后，个体变元取值范围一致了，但不同论述对象需用不同的特性谓词加以再刻画。我们通过例子说明这一点。

设 $F(x)$ 表示"x 是不怕死的"，$D(x)$ 表示"x 是要死的"，$M(x)$ 表示"x 是人"。

如果论述域是全人类，则

"人总是要死的"译为 $\forall xD(x)$；

"有些人不怕死"译为 $\exists xF(x)$。

如果是全总个体域，则分别译为

$$\forall x(M(x) \rightarrow D(x)) \qquad\qquad ①$$

$$\exists x(M(x) \wedge F(x)) \qquad\qquad ②$$

①式等价于 $\forall x(\neg M(x) \vee D(x))$，所以①可以表达为"对一切 x，如果 x 是人，则 x 是要死的"；也可表达为"对一切 x，x 不是人，或是要死的"。各概念间的关系如图 1.6 - 1 所示。

②式可表达为"存在一些 x，x 是人并且是不怕死的"。各概念间的关系如图 1.6 - 2 所示。

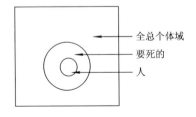

图 1.6 - 1

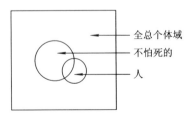

图 1.6 - 2

以上两式中，$M(x)$是特性谓词。用以刻画论述对象具有"人"这一特性。特性谓词怎样加入到断言中去，有以下两条规则：

（1）对全称量词，特性谓词作为蕴含式之前件而加入之。

（2）对存在量词，特性谓词作为合取项而加入之。

第一条规则不易理解，例如"人总是要死的"译为 $\forall x(M(x) \wedge D(x))$ 似乎也不错，其实不对，这主要由于量化断言的真假与论述域有关，现在是全总个体域，域中除人外，还有不是人的 x，上述的意义是"所有的 x，都是人并且都是要死的"，所以它是不正确的。

有了谓词和量词概念后，逻辑符的表达能力就广泛多了，逻辑关系的描述也深刻多了，下面举一些例子。

例 1.6－4

（1）没有不犯错误的人。

解 设 $F(x)$ 为"x 犯错误"，$M(x)$ 为"x 是人"。则上句可译为
$$\neg(\exists x(M(x) \wedge \neg F(x)))$$

（2）凡是实数，不是大于零就是等于零或小于零。

解 设 $R(x)$ 表示"x 是实数"，$>(x, 0)$，$=(x, 0)$，$<(x, 0)$ 分别表示 x 大于、等于、小于零。则上句可译为
$$\forall x(R(x) \rightarrow >(x, 0) \vee =(x, 0) \vee <(x, 0))$$

（3）在 ALGOL—60 程序设计语言中，一维整数数组 array $A[1：50]$ 中的每一项均不为零，可以表示为
$$\forall x(\mathbf{I}(x) \wedge x \geqslant 1 \wedge x \leqslant 50 \rightarrow A[x] \neq 0)$$

这里 $\mathbf{I}(x)$ 表示"x 是整数"。其它谓词就用中缀记法。

多元谓词可以多重量化，方法与一元谓词的量化一致。

例 1.6－5

（1）对于所有的自然数，均有 $x+y \geqslant x$。

设 $F(x, y)$ 表示 $x+y \geqslant x$，$N(x)$ 表示"x 是自然数"。则上句可译为
$$\forall x \forall y(N(x) \wedge N(y) \rightarrow F(x, y))$$

如果 $F(x, y)$ 表示 $x \geqslant y$，则上句可译为
$$\forall x \forall y(N(x) \wedge N(y) \rightarrow F(x+y, x))$$

就是说，翻译时，允许把个体和运算符组成的式子，诸如 $x+y$、$x+2$、x^2 等，作为个体变元（因为它们代表个体），填入谓词命名式的个体位上。

（2）某些人对某些食物过敏。

设 $F(x, y)$ 表示"x 对 y 过敏"，$M(x)$ 表示"x 是人"，$G(x)$ 表示"x 是食物"。于是上句可译为
$$\exists x \exists y(M(x) \wedge G(y) \wedge F(x, y))$$

（3）每个人都有些缺点。

设 $F(x, y)$ 表示"x 有 y"，$M(x)$ 表示"x 是人"，$G(x)$ 表示"x 是缺点"。于是上句可译为
$$\forall x(M(x) \rightarrow \exists y(G(y) \wedge F(x, y)))$$

（4）尽管有人聪明，但未必一切人都聪明。

设 $F(x)$ 表示"x 聪明"，$M(x)$ 表示"x 是人"。于是上句可译为：

$$\exists x(M(x) \wedge F(x)) \wedge \neg(\forall x(M(x) \to F(x)))$$

1.6.3 量化断言和命题的关系

分情况说明量化断言和命题的关系。

（1）如果论述域是有限的，不妨设论述域是$\{1, 2, 3\}$，那么

$$\forall xP(x) \Leftrightarrow P(1) \wedge P(2) \wedge P(3)$$
$$\exists xP(x) \Leftrightarrow P(1) \vee P(2) \vee P(3)$$

（2）如果论述域是可数无限，诸如自然数集合，那么$\forall xP(x)$，$\exists xP(x)$不能表达为有限的合取和析取，但概念可以推广。全称量化断言可看做无限合取；存在量化断言可看做无限析取。例如论述域是自然数时，我们理解

$$\forall xP(x) \text{ 为 } P(0) \wedge P(1) \wedge P(2)\cdots$$
$$\exists xP(x) \text{ 为 } P(0) \vee P(1) \vee P(2)\cdots$$

（3）如果论述域是不可数无限，诸如实数集合，则无法表达。

以上展开式常可帮助我们具体理解$\forall xP(x)$和$\exists xP(x)$。

1.6.4 谓词公式

不出现命题联结词和量词的谓词命名式 $P(x_1, x_2, \cdots, x_n)$ 称为谓词演算的**原子公式**。此表示法也包括 $n=0$ 的情况，此时 $P(x_1, x_2, \cdots, x_n)$ 即为原子命题公式 P。

由原子公式出发，我们可定义谓词演算的合式公式，简称公式。

（1）谓词演算的原子公式是谓词演算公式。

（2）若 A、B 是谓词演算公式，则$(\neg A)$、$(A \wedge B)$、$(A \vee B)$、$(A \to B)$、$(A \leftrightarrow B)$、$(\forall xA)$ 和 $(\exists xA)$ 是谓词演算公式。

（3）只有有限次应用步骤（1）和（2）构成的公式才是谓词演算公式。

由上述定义易知，命题演算公式也是谓词演算公式。

另外，在书写时有些括号可略去，规定与命题演算的相同，有关量词的规定见下一小节。

1.6.5 自由变元与约束变元

紧接于量词之后最小的子公式叫量词的**辖域**。例如：

（1）$\forall xP(x) \to Q(x)$

（2）$\exists x(P(x, y) \to Q(x, y)) \vee P(y, z)$

$\forall x$ 的辖域是 $P(x)$，$\exists x$ 的辖域是$(P(x, y) \to Q(x, y))$，辖域不是原子公式，其两侧必须有括号，否则，不应有括号。

在量词 $\forall x$、$\exists x$ 的辖域内变元 x 的一切出现叫**约束出现**，称这样的 x 为**约束变元**。

在一公式中，变元的非约束出现叫变元的**自由出现**，称这样的变元为**自由变元**。

在上面例（1）中，$P(x)$中的x是约束出现，$Q(x)$中的x是自由出现。在上面例（2）中，x 是约束出现，y和z是自由出现。在公式 $\forall y(A(y) \to \exists xR(x, y))$中，$x$ 和 y 都是约束出现。在公式 $\forall xP(y)$中，y 是自由出现。

如上面例(1)那样，在一个公式中一个变元既以约束出现，又以自由出现，这是允许的，但是为了避免混淆，我们通常通过改名规则，使得一个公式中一个变元仅以一种形式出现。

一个公式中，一个约束变元的符号是无关紧要的。如公式 $\forall x P(x)$，若将 x 改为 y，得 $\forall y P(y)$，它与原公式有相同的意义，这同定积分中积分变量可以改变类似。所以一公式中的约束变元是可以更改的，**改名规则**如下：

(1) 若要改名，则该变元在量词及其辖域中的所有出现均需一起更改，其余部分不变。

(2) 改名时所选用的符号必须是量词辖域内未出现的符号，最好是公式中未出现的符号。

例如：$\exists x P(x) \wedge Q(x) \Leftrightarrow \exists y P(y) \wedge Q(x)$，

$\forall x(A(x) \vee B(x, y)) \vee C(x) \vee D(w) \Leftrightarrow \forall z(A(z) \vee B(z, y)) \vee C(x) \vee D(w)$

但 $\forall x(A(x) \vee B(x, y)) \vee C(x) \vee D(w)$ 不可改名为 $\forall y(A(y) \vee B(y, y)) \vee C(x) \vee D(w)$。

习　　题

1. 下列表达式哪些是命题？

(1) $\forall x(P(x) \vee Q(x)) \wedge R$

(2) $\forall x(P(x) \wedge Q(x)) \wedge \exists x S(x)$

(3) $\forall x(P(x) \wedge Q(x)) \wedge S(x)$

2. 求下列各式的真值。

(1) $\forall x(P(x) \vee Q(x))$，其中 $P(x)$：$x=1$，$Q(x)$：$x=2$，个体域是 $\{1, 2\}$。

(2) $\forall x(P \rightarrow Q(x)) \vee R(a)$，其中 P：$3>-2$，$Q(x)$：$x \leqslant 3$，$R(x)$：$x>5$，a：3，个体域是 $\{-2, 3, 5, 6\}$。

(3) $\exists x(P(x) \rightarrow Q(x)) \wedge T$，其中 $P(x)$：$x>1$，$Q(x)$：$x=1$，T 是任意永真式，个体域是 $\{1\}$。

3. 设谓词 $S(x, y, z)$ 表示"$x-y=z$"，谓词 $M(x, y, z)$ 表示"$xy=z$"，论述域是整数，用以上谓词表示下述断言：

(1) 对每一 x 和 y，有一 z，使 $x-y=z$。

(2) 对每一 x 和 y，有一 z，使 $x-z=y$。

(3) 从任何整数减去 0，其结果是原整数。

(4) 对所有 x，对所有 y，$xy=y$。

(5) 存在一 x，对一切 y，$xy=y$。

4. 如果论述域是整数 $\mathbf{I}$，确定下列命题哪些是真。题中 $\exists! x P(x)$ 表示"存在唯一的 x 使 $P(x)$ 是真"，是常用的第三个量词，但它可用已有的两个量词表达出来。

(1) $\forall x \exists y(x \cdot y=1)$

(2) $\forall x \exists! y(x+y=0)$

(3) $\exists y \forall x(x+y=1)$

(4) $\exists y \forall x(x \cdot y=x)$

5. 论述域是整数，对下列每一个断言找出谓词 P 使蕴含式是假。

(1) $\forall x \exists! y P(x, y) \rightarrow \exists! y \forall x P(x, y)$

(2) $\exists! y \forall x P(x, y) \rightarrow \forall x \exists! y P(x, y)$

6. 指定一个论述域使下列命题是真。要使指定的论述域是尽可能大的整数的一个子集。

(1) $\forall x(x>0)$

(2) $\forall x(x=5)$

(3) $\forall y \exists x(x+y=3)$

(4) $\exists y \forall x(x+y<0)$

7. 考虑论述域是整数 I。

(1) 不管变元 x 是受约束于 $\forall$ 或 $\exists$，找出一谓词 $P(x)$，使它为假。

(2) 不管变元 x 是受约束于 $\forall$ 或 $\exists$，找出一谓词 $P(x)$，使它为真。

(3) 不管变元 x 是受约束于 $\forall$、$\exists$ 或 $\exists!$，使谓词 $P(x)$ 为真，这可能吗？证明你的答案是正确的。

8. 设 P 是任意谓词，论述域是 $\{1, 2, 3\}$，命题 $\exists! x P(x)$ 的真值等于命题 $P(1) \oplus P(2) \oplus P(3)$ 的真值吗？

9. 设论述域是自然数，$P(x, y, z)$ 表示"$x+y=z$"，$L(x, y)$ 表示"$x<y$"，用逻辑符表示下述断言：

(1) 对每一 x 和 y，有一个 z，使 $x+y=z$。

(2) 对所有 x，$x+0=x$。

(3) 没有 x 小于 0。

(4) 0 并非小于一切 x。

(5) 4 加 3 得 7。

10. 将苏格拉底论证符号化。

11. 设 $P(x, y, z)$ 表示 $x \cdot y=z$，$E(x, y)$ 表示 $x=y$，$G(x, y)$ 表示 $x>y$，论述域是整数，将下列断言译成逻辑符。（提示：要注意数学上习惯写法和逻辑符表示的差异，例如加法交换律在数学中写成：$x+y=y+x$，翻译成逻辑符时，要按实际意义翻译成：$\forall x \forall y (x+y=y+x)$，即要自动地加上全称量词，使整个式子成为命题。）

(1) 如果 $xy=0$，那么 $x=0$ 或 $y=0$。

(2) 如果 $xy \neq 0$，那么 $x \neq 0$ 并且 $y \neq 0$。

(3) 如果 $y=1$，则对一切 x，$xy=x$。

(4) $2x=6$ 当且仅当 $x=3$。

(5) 除非 $y \geq 0$，$x^2=y$ 不存在解。

(6) $x<z$ 是 $x<y$ 并且 $y<z$ 的必要条件。

(7) $x \leq y$ 并且 $y \leq x$ 对 $y=x$ 是一个充分条件。

(8) 如果 $x<y$ 并且 $z<0$，那么 $xz>yz$。

(9) $x=y$ 和 $x<y$ 不能同时出现。

(10) 如果 $x<y$，那么存在某些 z，使 $z<0$，$xz>yz$。

(11) 存在一 x，对每一 y 和 z，使 $xy=xz$。

12. 设论述域是具有如下定义的谓词的数学断言的集合：

　　$P(x)$ 表示"x 是可证明的"；

　　$T(x)$ 表示"x 是真的"；

$S(x)$ 表示"x 是可满足的";

$D(x, y, z)$ 表示"z 是析取式 $x \lor y$",

翻译下列断言为中文,使我们翻译尽可能自然。例如 $\forall w \forall x \forall y \forall z \{[D(w, x, y) \land D(x, w, z) \land P(y)] \rightarrow P(z)\}$ 译成"如果 y 是断言 $w \lor x$,z 是断言 $x \lor w$,并且 y 是可证明的,那么 z 是可证明的"。

(1) $\forall x[P(x) \rightarrow T(x)]$

(2) $\forall x[T(x) \lor \neg S(x)]$

(3) $\exists x[T(x) \land \neg P(x)]$

(4) $\forall x \forall y \forall z\{[D(x, y, z) \land P(z)] \rightarrow [P(x) \lor P(y)]\}$

(5) $\forall x\{T(x) \rightarrow \forall y \forall z[D(x, y, z) \rightarrow T(z)]\}$

13. 将下列断言译为逻辑符号,选用的谓词应使逻辑符号中至少含有一个量词:

(1) 有一个且仅有一个偶数质数。

(2) 没有一个奇数是偶数。

(3) 每一火车都比某些卡车快。

(4) 某些卡车慢于所有火车,但至少有一火车,快于每一卡车。

(5) 如果明天下雨,那么某些人将淋湿。

(6) 所有步行的、骑马的或乘车的人,凡是口渴的,都喝泉水。

14. 试译出"a 是 b 的外祖父",只允许用以下谓词:$P(x)$ 表示"x 是人",$F(x, y)$ 表示"x 是 y 的父亲",$M(x, y)$ 表示"x 是 y 的母亲"。

15. 设 $E(x)$ 表示"x 是偶数",$O(x)$ 表示"x 是奇数",$P(x)$ 表示"x 是质数",$N(x)$ 表示"x 是负数",$I(x)$ 表示"x 是整数"和一些中缀表示的谓词诸如 $y = x^2 + 1$ 等,将下列各句译成逻辑符:

(1) 一个整数是奇数,如果它的平方是奇数。

(2) 两个偶数之和是偶数。

(3) 一个偶数和一个奇数之和是一个奇数。

(4) 有两个奇数,它们的和是奇数。

(5) 任何整数的平方都是负数。

(6) 有某个质数其平方是偶数。

(7) 不存在一个整数 x 使 $x^2 + 1$ 是负数。

(8) 对任何两个整数 x 和 y,$x - y$ 或 $y - x$ 是非负的。

(9) 如果 $1 = 3$,那么任何整数的平方是负的。

(10) 如果 $1 = 3$,那么任何整数的平方是正的。

(11) 任何两个质数之和是一个质数。

(12) 存在两个质数其和是质数。

(13) 对任何整数,如果它的平方是负的,那么 $1 = 1$。

16. 将符号 $\exists! x P(x)$ 表达成仅用量词 $\forall$、$\exists$ 和谓词 $=$ 构成的式子。

17. 设论述域由 0 和 1 组成,试写出与下列各式等价的不用量词的命题的析取和合取:

(1) $\forall x P(0, x)$

(2) $\forall x \forall y P(x, y)$

(3) $\forall x \exists y P(x, y)$

(4) $\exists x \forall y P(x, y)$

(5) $\exists y \exists x P(x, y)$

18. 如果论述域是 $\{a, b, c\}$，试消去下列公式中的量词：

(1) $\forall x R(x) \wedge \exists x S(x)$

(2) $\forall x(P(x) \rightarrow Q(x))$

19. 假定论述域有两个元素，证明 $\exists x(Q(x) \wedge R(x))$ 不为 $\exists y(P(y) \wedge Q(y))$ 和 $\exists z(P(z) \wedge R(z))$ 所永真蕴含。

20. 试说明下列公式是合式公式：

(1) $(\forall x(F(x) \rightarrow Q(x)))$

(2) $(F(x, y) \rightarrow (\exists x G(x, y)))$

21. 指出下列表达式中的自由变元和约束变元，并指明量词的辖域：

(1) $\forall x(P(x) \wedge Q(x)) \rightarrow \forall x P(x) \wedge Q(x)$

(2) $\forall x(P(x) \wedge \exists x Q(x)) \vee (\forall x P(x) \rightarrow Q(x))$

(3) $\forall x \exists y(P(x, y) \leftrightarrow Q(x, y)) \wedge \exists x S(y) \wedge S(x)$

22. 将下列各式改名，使自由变元和约束变元不用相同的符号：

(1) $\forall y(R(y, x) \rightarrow S(x, y)) \wedge P(x, y) \wedge \exists x Q(x)$

(2) $R(x, y) \rightarrow \forall x(P(x, y) \vee \forall z Q(x, z))$

1.7 谓词演算的永真公式

1.7.1 基本定义

定义 1.7-1 两个任意谓词公式 A 和 B，E 是它们公有的论述域，若

(1) 对公式 A 和 B 中的谓词变元(包括命题变元)，指派以任一在 E 上有定义的确定的谓词。

(2) 对谓词命名式中的个体变元，指派以 E 中的任一确定的个体。

所得的命题具有同样的真值，则称公式 A 和 B **遍及 E 等价**，记为在 E 上 $A \Leftrightarrow B$。

定义 1.7-2 如果两谓词公式 A 和 B，在任意论述域上都等价，则称 A 和 B **等价**，记为 $A \Leftrightarrow B$。

定义 1.7-3 给定任一谓词公式 A，如果在论述域 E 上，对公式 A 中的谓词和个体变元进行定义 1.7-1 中的两种指派，所得命题

(1) 都真，则称 A **在 E 上有效或在 E 上永真**。

(2) 至少有一个是真，则称 A **在 E 上可满足**。

(3) 都假，则称 A **在 E 上永假或在 E 上不可满足**。

定义 1.7-4 给定任一谓词公式 A，如果在任意论述域上，对上述两种指派，

(1) A 永真，则称 A **永真或有效**。

(2) A 至少在一个域上可满足，则称 A **可满足**。

（3）A 永假，则称 A **永假**或**不可满足**。

若谓词公式 A 的个体域是有限的，谓词的解释也有限，则可用真值表判定谓词公式 A 是否永真。

例 1.7-1

设 $P(x)$ 仅可解释为 ① $A(x)$：x 是质数，② $B(x)$：x 是合数。论述域是 $\{3,4\}$，判定谓词公式 $P(x) \wedge \exists x P(x)$ 是否永真。

解 真值表如表 1.7-1 所示，所以，$P(x) \wedge \exists x P(x)$ 非永真式。

表 1.7-1

表 1.7-1

$P(x)$	x	$P(x) \wedge \exists x P(x)$
$A(x)$	3	$1 \wedge 1 \Leftrightarrow 1$
$A(x)$	4	$0 \wedge 1 \Leftrightarrow 0$
$B(x)$	3	$0 \wedge 1 \Leftrightarrow 0$
$B(x)$	4	$1 \wedge 1 \Leftrightarrow 1$

当谓词的解释和个体变元的数量稍大，用真值表判定就难以实现。一般利用推导方法，因此，如同命题演算一样，首先要求出基本的永真公式，以作为推导的根据。

1.7.2 谓词演算的基本永真公式

命题演算的永真公式也是谓词演算的永真公式，基本的就是列于表 1.2-1、表 1.2-2 的恒等式和永真蕴含式。

含有量词的谓词演算的基本永真公式如下：

（1）$\forall x A \Leftrightarrow A$

$\exists x A \Leftrightarrow A$

这里 A 是不含自由变元 x 的谓词公式，因为 A 的真值与 x 无关，所以上述等价式成立。

（2）$\forall x P(x) \Rightarrow P(y)$ 或 $\forall x P(x) \Rightarrow P(x)$

$P(y) \Rightarrow \exists x P(x)$ $P(x) \Rightarrow \exists x P(x)$

这两个公式是根据量词的含义得出的。前一公式的意义是：如果断言"对一切 x，$P(x)$ 是真"成立，那么对任一确定的 x，$P(x)$ 是真。后一公式的意义是：如果对某一确定的 x，$P(x)$ 是真，那么断言"存在一 x，使 $P(x)$ 是真"成立。根据前提三段论，从这两个公式可推得

$$\forall x P(x) \Rightarrow \exists x P(x)$$

（3）量词的否定。

$\neg(\forall x P(x)) \Leftrightarrow \exists x \neg P(x)$

$\neg(\exists x P(x)) \Leftrightarrow \forall x \neg P(x)$

由于"并非对一切 x，$P(x)$ 是真"等价于"存在一些 x，$\neg P(x)$ 是真"，所以前一式成立。由于"存在一 x，使 $P(x)$ 是真，并非如此"等价于"对一切 x，$\neg P(x)$ 是真"，所以后一式成立。这两个公式的意义是：否定词可通过量词深入到辖域。对比这两个式子容易看出，如果把 $P(x)$ 看做整体，那么将 $\forall x$ 和 $\exists x$ 两者互换，可从一个式得出另一个式，这说明 $\forall x$ 和 $\exists x$ 具有对偶性。另外，由于这两个公式成立，两个量词可以互相表达，所以有一个量词也够了。

例 1.7-2

$$\neg \forall x \forall y \exists z(x+z=y) \Leftrightarrow \exists x \neg \forall y \exists z(x+z=y)$$
$$\Leftrightarrow \exists x \exists y \neg \exists z(x+z=y)$$
$$\Leftrightarrow \exists x \exists y \forall z \neg (x+z=y)$$
$$\Leftrightarrow \exists x \exists y \forall z(x+z \neq y)$$

（4）量词辖域的扩张和收缩。

$$\forall xA(x) \lor P \Leftrightarrow \forall x(A(x) \lor P)$$
$$\forall xA(x) \land P \Leftrightarrow \forall x(A(x) \land P)$$
$$\exists xA(x) \lor P \Leftrightarrow \exists x(A(x) \lor P)$$
$$\exists xA(x) \land P \Leftrightarrow \exists x(A(x) \land P)$$

这里的 P 是不含自由变元 x 的谓词（包括命题）。

现在说明第一个等价式。

如果 P 是真,则等价式左右侧都是真;如果 P 是假,则等价式左右侧都等价于 $\forall xA(x)$。所以,第一个等价式是成立的。

类似地可说明其它 3 个等价式成立。

（5）量词的分配形式。

$$\forall x(A(x) \land B(x)) \Leftrightarrow \forall xA(x) \land \forall xB(x) \qquad ①$$
$$\exists x(A(x) \lor B(x)) \Leftrightarrow \exists xA(x) \lor \exists xB(x) \qquad ②$$
$$\exists x(A(x) \land B(x)) \Rightarrow \exists xA(x) \land \exists xB(x) \qquad ③$$
$$\forall xA(x) \lor \forall xB(x) \Rightarrow \forall x(A(x) \lor B(x)) \qquad ④$$

等价式①的成立是由于对一切 x,$A(x) \land B(x)$ 是真,等价于对一切 x,$A(x)$ 是真并且对一切 x,$B(x)$ 是真。

公式②可由公式①推出。因为①中的 $A(x)$、$B(x)$ 是任意的,所以可用 $\neg A(x)$、$\neg B(x)$ 分别取代 $A(x)$ 和 $B(x)$,得

$$\forall x(\neg A(x) \land \neg B(x)) \Leftrightarrow \forall x \neg A(x) \land \forall x \neg B(x)$$
$$\forall x \neg (A(x) \lor B(x)) \Leftrightarrow \forall x \neg A(x) \land \forall x \neg B(x)$$

否定等价式两边得

$$\exists x(A(x) \lor B(x)) \Leftrightarrow \exists xA(x) \lor \exists xB(x)$$

公式③我们首先证明它是不等价的。设 $A(x)$ 和 $B(x)$ 分别解释为"x 是奇数"和"x 是偶数",论述域是自然数 $\mathbf{N}$,则 $\exists xA(x)$ 是真,$\exists xB(x)$ 是真,所以 $\exists xA(x) \land \exists xB(x)$ 是真,但 $\exists x(A(x) \land B(x))$ 是假,所以公式③不等价。再说明公式③是成立的,因为存在一 x 使 $A(x) \land B(x)$ 是真,所以存在一 x 使 $A(x)$ 是真,同时存在一 x 使 $B(x)$ 是真。

公式④可由公式③推出。用 $\neg A(x)$ 和 $\neg B(x)$ 分别取代 $A(x)$ 和 $B(x)$,得

$$\exists x(\neg A(x) \land \neg B(x)) \Rightarrow \exists x \neg A(x) \land \exists x \neg B(x)$$
$$\exists x \neg (A(x) \lor B(x)) \Rightarrow \neg(\forall xA(x) \lor \forall xB(x))$$

所以,$\forall xA(x) \lor \forall xB(x) \Rightarrow \forall x(A(x) \lor B(x))$。

（6）量词对 $\leftrightarrow$ 及 $\rightarrow$ 的处理。

只需应用它们对 $\land$、$\lor$、$\neg$ 的恒等式即可推出。例如

$$\exists x(A(x) \rightarrow B(x)) \Leftrightarrow \forall xA(x) \rightarrow \exists xB(x)$$

证

$$\exists x(A(x) \rightarrow B(x)) \Leftrightarrow \exists x(\neg A(x) \lor B(x))$$
$$\Leftrightarrow \exists x \neg A(x) \lor \exists xB(x)$$
$$\Leftrightarrow \forall xA(x) \rightarrow \exists xB(x)$$

（7）关于多个量词的永真式。

$$\forall x \forall y P(x, y) \Leftrightarrow \forall y \forall x P(x, y) \qquad ①$$

$$\forall x \forall y P(x, y) \Rightarrow \exists y \forall x P(x, y) \qquad ②$$

$$\exists y \forall x P(x, y) \Rightarrow \forall x \exists y P(x, y) \qquad ③$$

$$\forall x \exists y P(x, y) \Rightarrow \exists y \exists x P(x, y) \qquad ④$$

$$\exists x \exists y P(x, y) \Leftrightarrow \exists y \exists x P(x, y) \qquad ⑤$$

公式①从意义上可看出是成立的,因为"对一切 x 和一切 y, $P(x, y)$ 为真"与"对一切 y 和一切 x, $P(x, y)$ 为真"是同义的。

公式⑤从意义上也可看出是成立的,理由与公式①类似。

应用公式 $\forall x P(x) \Rightarrow \exists x P(x)$ 及前提三段论,公式②可从公式①推出。类似地,公式④可从公式⑤推出。

公式③从意义上可推出它是成立的,因为"存在一 y,对一切 x, $P(x, y)$ 是真",必然可推出"对一切 x,存在一 y,使 $P(x, y)$ 是真"。

但必须注意 $\forall x \exists y P(x, y) \Rightarrow \exists y \forall x P(x, y)$ 是不成立的。例如:

设 $P(x, y)$ 表示 $x + y = 0$,论述域是有理数集合。则 $\forall x \exists y (x + y = 0)$ 是真,但 $\exists y \forall x (x + y = 0)$ 是假。由此可知,量词的次序是重要的,但公式①和⑤例外。

以上(1)~(7)组公式,当论述域都是有限时,则可将谓词公式展开为命题公式证明。例如,

$$\forall x A(x) \vee P \Leftrightarrow \forall x (A(x) \vee P)$$

设论述域为 $\{a_0, a_1, a_2, \cdots, a_n\}$,则

$$\forall x A(x) \vee P \Leftrightarrow A(a_0) \wedge A(a_1) \wedge A(a_2) \wedge \cdots \wedge A(a_n) \vee P$$
$$\Leftrightarrow (A(a_0) \vee P) \wedge (A(a_1) \vee P) \wedge \cdots \wedge (A(a_n) \vee P)$$
$$\Leftrightarrow \forall x (A(x) \vee P)$$

其余公式也可类似证明。但论述域是无限时,不能用此法证明。

表 1.7 - 2 列出了主要的含有量词的谓词演算永真公式,以便查阅。

表 1.7 - 2　含有量词的永真公式概要表

序号	公　　式
Q_1	$\forall x P(x) \Rightarrow P(y)$　　y 是论述域中任一确定元素
Q_2	$P(y) \Rightarrow \exists x P(x)$　　y 是论述域中某一确定元素
Q_3	$\forall x \neg P(x) \Leftrightarrow \neg \exists x P(x)$
Q_4	$\exists x \neg P(x) \Leftrightarrow \neg \forall x P(x)$
Q_5	$\forall x P(x) \Rightarrow \exists x P(x)$
Q_6	$\forall x A(x) \vee P \Leftrightarrow \forall x (A(x) \vee P)$
Q_7	$\forall x A(x) \wedge P \Leftrightarrow \forall x (A(x) \wedge P)$
Q_8	$\exists x A(x) \vee P \Leftrightarrow \exists x (A(x) \vee P)$
Q_9	$\exists x A(x) \wedge P \Leftrightarrow \exists x (A(x) \wedge P)$
Q_{10}	$\forall x (A(x) \wedge B(x)) \Leftrightarrow \forall x A(x) \wedge \forall x B(x)$
Q_{11}	$\exists x (A(x) \vee B(x)) \Leftrightarrow \exists x A(x) \vee \exists x B(x)$

序号	公式
Q_{12}	$\exists x(A(x) \wedge B(x)) \Rightarrow \exists xA(x) \wedge \exists xB(x)$
Q_{13}	$\forall xA(x) \vee \forall xB(x) \Rightarrow \forall x(A(x) \vee B(x))$
Q_{14}	$\forall xA(x) \rightarrow B \Leftrightarrow \exists x(A(x) \rightarrow B)$
Q_{15}	$\exists xA(x) \rightarrow B \Leftrightarrow \forall x(A(x) \rightarrow B)$
Q_{16}	$A \rightarrow \forall xB(x) \Leftrightarrow \forall x(A \rightarrow B(x))$
Q_{17}	$A \rightarrow \exists xB(x) \Leftrightarrow \exists x(A \rightarrow B(x))$
Q_{18}	$\exists x(A(x) \rightarrow B(x)) \Leftrightarrow \forall xA(x) \rightarrow \exists xB(x)$
Q_{19}	$\exists xA(x) \rightarrow \forall xB(x) \Rightarrow \forall x(A(x) \rightarrow B(x))$

注：表中的 A、B 和 P 是不含自由变元 x 的谓词。

1.7.3 几条规则

为了扩大永真公式，同命题演算类似，可使用几条规则。

1. 代入规则

(1) 在一公式中，任一自由个体变元可代以另一个体变元，只需该个体变元出现的各处都同样代入，且代入的变元不允许在原来公式中以约束变元出现。

例如在公式 $\forall xP(x, y) \vee Q(w, y)$ 中，将 y 代以 z，则得 $\forall xP(x, z) \vee Q(w, z)$；将 y 代以 w，则得 $\forall xP(x, w) \vee Q(w, w)$。所得公式称为原公式的代入实例。

如果原式是永真公式，则代入后仍得永真公式，如果原公式非永真公式，则代入后可能变化。

要注意改名规则与代入规则的区别，前者只用于约束变元，后者只用于自由变元。进行改名后，所得式子与原式等价。进行代入后，所得式子与原式一般不等价，除非是永真式。

(2) 在一公式中，一个 n 元($n \geq 0$)谓词变元 $F(x_1, x_2, \cdots, x_n)$ 可代以至少有 n 个自由个体变元的公式 $G(y_1, y_2, \cdots, y_n, y_{n+1}, \cdots, y_{n+r})$（这里 $r \geq 0$，$y_1, y_2, \cdots, y_n$ 是分别对应于 $x_1, x_2, \cdots, x_n$ 的任意选定的 n 个自由变元），只需该 n 元谓词出现的各处都同样代入，且代入的公式中，后边的 r 个自由变元不允许在原公式中以约束变元出现；而 $F(x_1, x_2, \cdots, x_n)$ 中的变元也不允许在代入的公式中以约束变元出现。

例如：

对公式 $(P \rightarrow Q) \Leftrightarrow (\neg P \vee Q)$ 中的 P 代以 $\forall xP(x)$，Q 代以 $S(x)$，则得

$$(\forall xP(x) \rightarrow S(x)) \Leftrightarrow (\neg \forall xP(x) \vee S(x))$$

对公式 $A: F(x, y) \wedge M \rightarrow F(u, x)$ 中的 F，欲代以 $B: G(x_1) \vee H(x_2, s) \rightarrow H(t, x_2)$，则只需 x、y、u 不是 B 内的约束变元，而 s、t 不是 A 内的约束变元。代入结果为

$$(G(x) \vee H(y, s) \rightarrow H(t, y)) \wedge M \rightarrow (G(u) \vee H(x, s) \rightarrow H(t, x))$$

若原式是永真式，则代入后仍得永真式；若原式是非永真式，则代入后可能变化。另外，命题演算中的代入规则是本规则的特例。

2. **替换规则**

设 $A(x_1, x_2, \cdots, x_n) \Leftrightarrow B(x_1, x_2, \cdots, x_n)$，而 A 是公式 C 中的子公式，将 B 替换 C 中之 A（不必每一处）得 D，则 $C \Leftrightarrow D$。

3. **对偶原理**

在公式 $A \Leftrightarrow B$ 或 $A \Rightarrow B$ 中，A、B 仅含运算符 $\wedge$、$\vee$ 和 $\neg$，将上式中的全称量词与存在量词互换，$\wedge$ 与 $\vee$ 互换，T 和 F 互换，则

$A^* \Leftrightarrow B^*$，$B^* \Rightarrow A^*$。（A^* 是由 A 进行上述互换后所得的式子，称为 A 的对偶式。）

援用命题演算中有关定理，并注意到量词否定公式的对偶性质，即可得以上对偶原理。

例 1.7 - 3

(1) 证明 $\exists x(P(x) \to Q(x)) \Leftrightarrow \forall x P(x) \to \exists x Q(x)$。

证
$$\exists x(P(x) \to Q(x))$$
$$\Leftrightarrow \exists x(\neg P(x) \vee Q(x)) \qquad E_{14}$$
$$\Leftrightarrow \exists x \neg P(x) \vee \exists x Q(x) \qquad Q_{11}$$
$$\Leftrightarrow \neg \forall x P(x) \vee \exists x Q(x) \qquad Q_4$$
$$\Leftrightarrow \forall x P(x) \to \exists x Q(x) \qquad E_{14}$$

(2) 证明 $\forall x(P(x) \to Q(x)) \Rightarrow \forall x(R(x) \to \neg Q(x)) \to (R(x) \to \neg P(x))$

证 根据 CP 规则，上式等价于
$$\forall x(P(x) \to Q(x)) \wedge \forall x(R(x) \to \neg Q(x)) \Rightarrow (R(x) \to \neg P(x))$$

而
$$\forall x(P(x) \to Q(x)) \wedge \forall x(R(x) \to \neg Q(x))$$
$$\Leftrightarrow \forall x((P(x) \to Q(x)) \wedge (R(x) \to \neg Q(x))) \qquad Q_{10}$$
$$\Leftrightarrow \forall x((R(x) \to \neg Q(x)) \wedge (\neg Q(x) \to \neg P(x))) \qquad E_5, E_{24}$$
$$\Rightarrow (R(x) \to \neg Q(x)) \wedge (\neg Q(x) \to \neg P(x)) \qquad Q_1$$
$$\Rightarrow (R(x) \to \neg P(x)) \qquad I_6$$

所以，$\forall x(P(x) \to Q(x)) \Rightarrow \forall x(R(x) \to \neg Q(x)) \to (R(x) \to \neg P(x))$。

(3) 证明 $\exists x(P(x) \to Q(x)) \leftrightarrow (\exists x P(x) \to \exists x Q(x))$ 是非永真式。

证
$$\exists x(P(x) \to Q(x)) \Leftrightarrow \exists x(\neg P(x) \vee Q(x))$$
$$\Leftrightarrow \exists x \neg P(x) \vee \exists x Q(x)$$
$$\Leftrightarrow \neg \forall x P(x) \vee \exists x Q(x)$$
$$\Leftrightarrow \forall x P(x) \to \exists x Q(x)$$

于是证明：$(\forall x P(x) \to \exists x Q(x)) \leftrightarrow (\exists x P(x) \to \exists x Q(x))$ 不是永真的即可。

为了证明不是永真的，只需找出一个论述域及域上谓词的一种解释，使上式是假即可。

现设论述域是整数集合，$P(x)$ 表示 $x = 0$，$Q(x)$ 表示 $x \neq x$。于是 $\forall x P(x)$ 是假，因而 $\forall x P(x) \to \exists x Q(x)$ 是真，但 $\exists x P(x)$ 是真，$\exists x Q(x)$ 是假，$\exists x P(x) \to \exists x Q(x)$ 是假。故 $(\forall x P(x) \to \exists x Q(x)) \leftrightarrow (\exists x P(x) \to \exists x Q(x))$ 是假。

习　题

1. 证明永真公式 Q_{14}、Q_{15}、Q_{16}、Q_{17} 和 Q_{19}。

2. 下列断言如果是真的，证明它们；如果是假的，找出 P 和 Q 的解释以证明公式是假。

(1) $\forall x(P(x) \rightarrow Q(x)) \Rightarrow (\forall x P(x) \rightarrow \forall x Q(x))$

(2) $(\forall x P(x) \rightarrow \forall x Q(x)) \Rightarrow \forall x(P(x) \rightarrow Q(x))$

(3) $(\exists x P(x) \rightarrow \forall x Q(x)) \Rightarrow \forall x(P(x) \rightarrow Q(x))$

(4) $\forall x(P(x) \rightarrow Q(x)) \Rightarrow (\exists x P(x) \rightarrow \forall x Q(x))$

3. 证明 $P(x) \wedge \forall x Q(x) \Rightarrow \exists x(P(x) \wedge Q(x))$。

4. 设论述域是 $\{a_0, a_1, a_2, \cdots, a_n\}$，试证明下列关系式：

(1) $\neg \forall x P(x) \Leftrightarrow \exists x \neg P(x)$

(2) $\forall x A(x) \wedge P \Leftrightarrow \forall x(A(x) \wedge P)$

(3) $\forall x(A(x) \wedge B(x)) \Leftrightarrow \forall x A(x) \wedge \forall x B(x)$

(4) $\exists x(A(x) \wedge B(x)) \Rightarrow \exists x A(x) \wedge \exists x B(x)$

5. 证明下列关系式：

(1) $\forall x \forall y(P(x) \vee Q(y)) \Leftrightarrow \forall x P(x) \vee \forall y Q(y)$

(2) $\exists x \exists y(P(x) \wedge Q(y)) \Rightarrow \exists x P(x)$

(3) $\forall x \forall y(P(x) \wedge Q(y)) \Leftrightarrow \forall x P(x) \wedge \forall y Q(y)$

(4) $\exists x \exists y(P(x) \rightarrow P(y)) \Leftrightarrow \forall x P(x) \rightarrow \exists y P(y)$

(5) $\forall x \forall y(P(x) \rightarrow Q(y)) \Leftrightarrow (\exists x P(x) \rightarrow \forall y Q(y))$

6. 试证明 $\exists y \forall x P(x, y)$ 的否定等价于 $\forall y \exists x \neg P(x, y)$。

7. 对一个仅含元素 0 和 1 的论述域，试证明：$\forall x(P(x) \leftrightarrow Q(x)) \Rightarrow (\forall x P(x) \leftrightarrow \forall x Q(x))$，并证明蕴含式之逆不是有效的。

8. 写出 $\lim\limits_{x \to c} f(x) = k$ 的定义的符号形式，并用形成定义两边的否定的方法，找出 $\lim\limits_{x \to c} f(x) \neq k$ 的条件。

*9. 一个公式，如果量词都非否定地放在全式的开头，没有括号将它们彼此隔开，而它们的辖域都延伸到整个公式，则称这样的公式为**前束范式**。应用改名规则、量词否定公式和量词辖域的扩张公式等，可把任一谓词演算公式化成前束范式。例如：

$$\neg \forall x(P(x) \rightarrow \exists x Q(x))$$
$$\Leftrightarrow \neg \forall x(\neg P(x) \vee \exists x Q(x)) \qquad E_{14}$$
$$\Leftrightarrow \exists x(P(x) \wedge \neg \exists x Q(x)) \qquad Q_4, E_{10}, E_1$$
$$\Leftrightarrow \exists x(P(x) \wedge \forall x \neg Q(x)) \qquad Q_3$$
$$\Leftrightarrow \exists x(P(x) \wedge \forall y \neg Q(y)) \qquad 改名规则$$
$$\Leftrightarrow \exists x \forall y(P(x) \wedge \neg Q(y)) \qquad Q_7$$

试将下列各式化成前束范式：

(1) $\forall x(P(x) \rightarrow \exists y Q(x, y))$

(2) $\forall x P(x) \rightarrow \exists x Q(x)$

(3) $\forall x \forall y [\exists z (P(x, z) \wedge P(y, z)) \rightarrow \exists u Q(x, y, u)]$

(4) $\exists x (\neg \exists y P(x, y) \rightarrow (\exists z Q(z) \rightarrow R(x)))$

(5) $\neg \forall x \{\exists y A(x, y) \rightarrow \exists x \forall y [B(x, y) \wedge \forall y (A(y, x) \rightarrow B(x, y))]\}$

1.8 谓词演算的推理规则

1.8.1 术语"$A(x)$对y是自由的"的意义

在叙述推理规则之前,先介绍术语"$A(x)$对y是自由的"的意义。

考察以下谓词公式:

$$\forall y P(y) \vee Q(x) \vee R(z) \qquad\qquad ①$$

$$\exists y P(x, y) \vee Q(x, y) \qquad\qquad ②$$

$$\forall y P(y) \wedge Q(x, y) \qquad\qquad ③$$

为了强调这些谓词公式对自由变元x的依赖关系,可以分别记为$B(x)$、$C(x)$、$D(x)$。记法中省略了其它自由变元。

如果公式$A(x)$中,x不出现在量词$\forall y$或$\exists y$的辖域之内,则称$A(x)$对y是自由的。例如在②式中,$C(x)$对y是不自由的,在①、③式中,$B(x)$和$D(x)$对y是自由的。

如果需要将$A(x)$中的x代以y,则代入后所得的式子记以$A(y)$,但代入之前需观察$A(x)$对y是否自由,如果不自由,不能代入。例如,将x代以y。

①式可以代入,得$B(y)$:$\forall y P(y) \vee Q(y) \vee R(z)$;

③式可以代入,得$D(y)$:$\forall y P(y) \wedge Q(y, y)$;

②式不可以,代入后得$C(y)$:$\exists y P(y, y) \vee Q(y, y)$。$P(x, y)$中的$x$原来是自由的,现在成了约束的,所以不能代入。如果有必要代入y,则应先将式中的约束变元y改名,例如,把②式改名为

$$\exists z P(x, z) \vee Q(x, y)$$

然后代入得

$$\exists z P(y, z) \vee Q(y, y)$$

这里所讲的就是1.7.3节所讲的代入规则(1),读者可以对比一下,以便更好地领会它们。

1.8.2 谓词演算中的推理规则

命题演算中所有推理规则都是谓词演算中的推理规则;另外,谓词演算中的所有永真蕴含式、恒等式和代入规则也都可作为推理规则。现着重对以下 4 条给出详细解释。

(1) 全称指定规则(Universal Specification),简记为 US。

$$\frac{\forall x A(x)}{\text{所以 } A(y)}$$

应用这一规则的条件是:$A(x)$对于y必须是自由的。

这一规则也可写为

$$\forall x A(x) \text{推得 } A(x) \quad \text{或} \quad \forall x A(x) \Rightarrow A(x)$$

它的意义是，全称量词可以删除。

（2）存在指定规则（Existential Specification），简记为 ES。

$$\exists x A(x)$$
$$所以\ A(y)$$

它的意义是：如果已证明 $\exists x A(x)$，那么我们可以假设某一确定的个体 y 使 $A(y)$ 是真，这里 y 只是一个表面的自由变元。因而应用这一规则的条件是：

① y 不是任何给定的前提和居先的推导步骤中的自由变元，也不是居先的推导步骤中由于使用本规则而引入的表面自由变元。为满足这一条件，通常使用规则 ES 时，就选用前边未曾用过的字母作为公式中的 y；

② $A(x)$ 对于 y 必须是自由的。

注意本规则我们故意用虚线表达，这是体现"$A(y)$ 只是新引入的一个假设，$A(y)$ 只是暂用前提，不能用作结论"这个意思。

（3）存在推广规则（Existential Generalization），简记为 EG。

$$\frac{A(y)}{所以\ \exists x A(x)}$$

应用这一规则的条件是：$A(y)$ 对 x 是自由的。

这一规则可写成：$A(y) \Rightarrow \exists x A(x)$。

（4）全称推广规则（Universal Generalization），简记为 UG。

$$\frac{\Gamma \Rightarrow A(x)}{所以\ \Gamma \Rightarrow \forall x A(x)}$$

这里 Γ 是公理和前提的合取，Γ 中没有 x 的自由出现。这一规则的意义是：如果从 Γ 可推出 $A(x)$，那么从 Γ 也可推出 $\forall x A(x)$。换句话说，如果 $A(x)$ 是可证明的，可推得 $\forall x A(x)$ 也是可证明的。所以，从形式上看，好像从 $A(x)$ 可推出 $\forall x A(x)$，因而有些课本中不写出虚线中的字符。

引用全称推广规则的条件是：

① 在推出 $A(x)$ 的前提中，x 都必须不是自由的；且 $A(x)$ 中的 x 不是由使用 ES 而引入的。

② 在居先的步骤中，如果使用 US 而求得之 x 是自由的，那么在后继步骤中，使用 ES 而引入的任何新变元都没有在 $A(x)$ 中自由出现。

条件①的前半句是反映"Γ 中没有 x 的自由出现"这一要求，其作用是使 $A(x)$ 对任意 x 都真；后半句的作用相同。

条件②是说在使用 US 引出自由变元 x 之后，不能让由使用 ES 而引入的新变元在 $A(x)$ 中自由出现，如果有这种情况，就不能使用 UG 规则。这是因为 ES 引入的新变元是表面的自由变元，$A(x)$ 不是对新变元的一切值都可证明。所以，$A(x)$ 不能全称量化，否则就会与"量词序列 $\forall x \exists y$ 不可交换"的事实发生矛盾，我们用例子说明这一点。

观察下述推理过程：

（1）$\forall x \exists y P(x, y)$	P，前提
（2）$\exists y P(c, y)$	T，（1），US
（3）$P(c, d)$	T，（2），ES
（4）$\forall x P(x, d)$	T，（3），UG

(5) $\exists y \forall x P(x, y)$ T, (4), EG

第(4)步是错误的，$P(c, d)$ 不符合条件②的后半句话，不能引用 UG。如果没有这个限制就会错误地证明：

$$\forall x \exists y P(x, y) \Rightarrow \exists y \forall x P(x, y)$$

而这一式前面已指明它是不成立的。

US 和 ES 主要用于推导过程中删除量词，一旦删去了量词，就可像命题演算一样完成推导过程，从而获得相应的结论。UG 和 EG 主要用于使结论呈量化形式。特别要注意，使用 ES 而产生的自由变元不能保留在结论中，因它是暂时的假设，在推导结束之前必须使用 EG 使之成为约束变元。

1.8.3 推理举例

例 1.8 - 1 根据前提集合：同事之间总是有工作矛盾的，张平和李明没有工作矛盾，能得出什么结论？

解 设 $P(x, y)$：x 和 y 是同事关系，$Q(x, y)$：x 和 y 有工作矛盾，a：张平，b：李明，则前提：$\forall x \forall y (P(x, y) \to Q(x, y))$，$\neg Q(a, b)$。我们做以下推理：

(1) $\forall x \forall y (P(x, y) \to Q(x, y))$ P

(2) $\forall y (P(a, y) \to Q(a, y))$ T, (1), US

(3) $P(a, b) \to Q(a, b)$ T, (2), US

(4) $\neg Q(a, b)$ P

(5) $\neg P(a, b)$ T, (3), (4), I_4

所以，除前提本身外，能得出：张平和李明不是同事关系的结论。

例 1.8 - 2

(1) 每个大学教师都是知识分子，有些知识分子有怪脾气，所以有些大学教师有怪脾气。

(2) 每一棵松树都是针叶树，每一冬季落叶的树都非针叶树，所以，每一冬季落叶的树都非松树。

证明或否定以上论证。

解

(1) 设 $T(x)$：x 是大学教师，$N(x)$：x 是知识分子，$H(x)$：x 有怪脾气。这个论证是

$$\frac{\forall x (T(x) \to N(x)), \exists x (N(x) \wedge H(x))}{\text{所以 } \exists x (T(x) \wedge H(x))}$$

这个论证是无效的，要证明无效，只需找出一种解释说明上式，即

$$\forall x (T(x) \to N(x)) \wedge \exists x (N(x) \wedge H(x)) \to \exists x (T(x) \wedge H(x))$$

非永真即可。

现取论述域为整数。

$T(x)$：$x = 1$，$N(x)$：x 是奇数，$H(x)$：x 是质数。则 $\forall x (T(x) \to N(x))$ 是真，$\exists x (N(x) \wedge H(x))$ 是真，但 $\exists x (T(x) \wedge H(x))$ 是假，故非永真式。

(2) 设 $P(x)$：x 是松树，$Q(x)$：x 是针叶树，$R(x)$：x 是冬季落叶的树。这个论证是

$$\frac{\forall x (P(x) \to Q(x)), \forall x (R(x) \to \neg Q(x))}{\text{所以 } \forall x (R(x) \to \neg P(x))}$$

这个论证是有效的，证明如下：

① $\forall x(P(x) \rightarrow Q(x))$ P

② $P(y) \rightarrow Q(y)$ T，①，US

③ $\neg Q(y) \rightarrow \neg P(y)$ T，②，E_{24}

④ $\forall x(R(x) \rightarrow \neg Q(x))$ P

⑤ $R(y) \rightarrow \neg Q(y)$ T，④，US

⑥ $R(y) \rightarrow \neg P(y)$ T，③，⑤，I_6

⑦ $\forall x(R(x) \rightarrow \neg P(x))$ T，⑥，UG

例 1.8 - 3   证明 $\exists xM(x)$ 是 $\forall x(H(x) \rightarrow M(x))$ 和 $\exists xH(x)$ 的有效结论。

解

① $\exists xH(x)$ P

② $H(y)$ T，①，ES

③ $\forall x(H(x) \rightarrow M(x))$ P

④ $H(y) \rightarrow M(y)$ T，③，US

⑤ $M(y)$ T，②，④，I_3

⑥ $\exists xM(x)$ T，⑤，EG

例 1.8 - 4   证明 $\forall x(P(x) \vee Q(x)) \Rightarrow \forall xP(x) \vee \exists xQ(x)$。

解   用反证法：

① $\neg(\forall xP(x) \vee \exists xQ(x))$ P（假设前提）

② $\neg \forall xP(x) \wedge \neg \exists xQ(x)$ T，①，E_{10}

③ $\neg \forall xP(x)$ T，②，I_2

④ $\exists x \neg P(x)$ T，③，Q_4

⑤ $\neg \exists xQ(x)$ T，②，I_2

⑥ $\forall x \neg Q(x)$ T，⑤，Q_3

⑦ $\neg P(y)$ T，④，ES

⑧ $\neg Q(y)$ T，⑥，US

⑨ $\neg P(y) \wedge \neg Q(y)$ T，⑦，⑧，合取式

⑩ $\neg(P(y) \vee Q(y))$ T，⑨，E_{10}

⑪ $\forall x(P(x) \vee Q(x))$ P

⑫ $P(y) \vee Q(y)$ T，⑪，US

⑬ $\neg(P(y) \vee Q(y)) \wedge (P(y) \vee Q(y))$ T，⑩，⑫，合取式，矛盾。

习 题

1. 对下列每一前提集合，列出能得到的恰当结论和应用于这一情况的推理规则。

(1) 所有三角函数都是周期函数，而所有周期函数是连续函数。

(2) 所有牛都是哺乳动物。有些哺乳动物是反刍动物。

(3) 所有偶数都被 2 除尽。整数 4 是偶数，但 3 不是。

(4) 对汽车工业的好事就是对国家的好事，对国家的好事就是对你的好事。你去买一辆高价卡车是对汽车工业的好事。

2. 确定下列哪些是有效论证。对有效论证给出证明。对非有效论证给出反例证明其错误。

(1) 不是这样情况：某些三角函数不是周期函数。有些周期函数是连续的。所以，所有三角函数都不连续，这是不真的。

(2) 某些三角函数是周期函数。某些周期函数是连续的。所以，某些三角函数是连续的。

3. 下列推导步骤为什么是错误的？

(1) (i) $\forall xP(x) \rightarrow Q(x)$ P
    (ii) $P(x) \rightarrow Q(x)$ T，(i)，US

(2) (i) $\forall x(P(x) \vee Q(x))$ P
    (ii) $P(a) \vee P(b)$ T，(i)，US

(3) (i) $\forall xP(x) \vee \exists x(Q(x) \wedge R(x))$ P
    (ii) $P(a) \vee \exists x(Q(x) \wedge R(x))$ T，(i)，US

(4) (i) $P(x) \rightarrow Q(x)$ P
    (ii) $\exists xP(x) \rightarrow Q(x)$ T，(i)，EG

(5) (i) $P(a) \rightarrow Q(b)$ P
    (ii) $\exists x(P(x) \rightarrow Q(x))$ T，(i)，EG

4. 证明下列各断言：

(1) $\neg(\exists xP(x) \wedge Q(a))$ 推得 $\exists xP(x) \rightarrow \neg Q(a)$

(2) $\forall x(P(x) \vee Q(x))$，$\forall x \neg P(x)$ 推得 $\forall xQ(x)$

(3) $\neg \forall x(P(x) \vee Q(x))$，$\forall xP(x)$ 推得 $\neg \forall xQ(x)$。

5. 下列推导过程有何错误？

(1) $\forall x(P(x) \rightarrow Q(x))$ P

(2) $P(y) \rightarrow Q(y)$ T，(1)，US

(3) $\exists xP(x)$ P

(4) $P(y)$ T，(3)，ES

(5) $Q(y)$ T，(2)，(4)，I_3

(6) $\exists xQ(x)$ T，(5)，EG

6. 考虑蕴含式：

$$\forall x(P(x) \vee Q(x)) \rightarrow \forall xP(x) \vee \forall xQ(x)$$

(1) 证明它不是有效的。

(2) 下面是一个证明，企图证明上式有效，试找出其不正确之处。

$$\forall x(P(x) \vee Q(x)) \Leftrightarrow \neg \exists x \neg(P(x) \vee Q(x))$$
$$\Leftrightarrow \neg \exists x(\neg P(x) \wedge \neg Q(x))$$
$$\Rightarrow \neg(\exists x \neg P(x) \wedge \exists x \neg Q(x))$$
$$\Leftrightarrow \neg \exists x \neg P(x) \vee \neg \exists x \neg Q(x)$$
$$\Leftrightarrow \forall xP(x) \vee \forall xQ(x)$$

7. 证明苏格拉底论证是有效的。

8. 判断下列结论 C 是否能有效地从给定的前提得出。

(1) $\forall x(P(x) \to Q(x))$，$\exists y P(y)$ $C: \exists z Q(z)$

(2) $\exists x(P(x) \wedge Q(x))$ $C: \forall x P(x)$

(3) $\exists x P(x)$，$\exists x Q(x)$ $C: \exists x(P(x) \wedge Q(x))$

(4) $\forall x(P(x) \to Q(x))$，$\neg Q(a)$ $C: \forall x \neg P(x)$

9. 证明下列各题：

(1) $\exists x P(x) \to \forall x(P(x) \vee Q(x) \to R(x))$，$\exists x P(x)$，

    $\exists x Q(x) \Rightarrow \exists x \exists y(R(x) \wedge R(y))$

(2) $\forall x(P(x) \to (Q(y) \wedge R(x)))$，$\exists x P(x) \Rightarrow Q(y) \wedge \exists x(P(x) \wedge R(x))$

(3) $\forall x(H(x) \to A(x)) \Rightarrow \forall x(\forall y(H(y) \wedge N(x, y)) \to \exists y(A(y) \wedge N(x, y)))$

第 2 章 集 合

集合的概念在现代数学中非常重要，大多数数学家相信，所有数学用集合论语言表达是可能的。我们对集合论感兴趣是由于它在现代数学中扮演着重要角色和在计算机科学中制作模型和探究问题的需要。

集合论的创始人是康脱（G. Cantor，1845～1918），他所作的工作一般称为朴素集合论，正如以后会看到的，朴素集合论，由于在定义集合的方法上缺乏限制，会导致悖论。为了消除这些悖论，经过许多科学家的努力，20 世纪初又创建了一些更精致的理论——公理化集合论。集合论至今仍在发展中。

本章介绍的集合论十分类似于朴素集合论，因为展示公理化集合论过于复杂，对于我们并不适宜，虽然我们的介绍是非形式的，但还是尽量使用第一章的符号和推理规则作出形式的证明，另外，我们总是限于在合适定义的论述域内讨论集合的关系和运算，故不会导致矛盾，且所得结论和公理化集合论中的结论完全一致。换言之，我们所得结论都是有效的。

2.1 集合论的基本概念

2.1.1 集合的概念

集合在某些场合又称为**类**、**族**或**搜集**，它是数学中最基本的概念之一，如同几何中的"点"、"线"等概念一样，不可精确定义，现描述如下：

一个**集合**是能作为整体论述的事物的集体。

例如，

（1）"高二(1)班的学生"是一集合。

（2）硬币有两面——正面和反面，"正面，反面"构成一集合。

（3）计算机内存之全体单元构成一集合。

（4）1，2，3，…，n，…构成正整数集合。

（5）所有三角形构成三角形集合。

（6）坐标满足方程 $x^2 + y^2 \leqslant R^2$ 的全部点构成图 2.1-1 所示的点集。

组成集合的每个事物叫做这个集合的**元素**或**成员**。

通常用大写字母 A，B，C，…代表集合；用小写字母 a，b，c，…代表元素。

如果 a 是集合 A 的一个元素，则记为

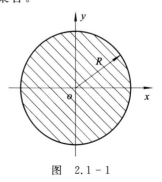

图 2.1-1

$$a \in A$$

读做"a 属于 A",或说"a 在 A 中"。

如果 a 不是集合 A 的一个元素,则记为

$$a \notin A$$

读做"a 不属于 A",或说"a 不在 A 中"。

任一元素,对某一集合而言,或属于该集合,或不属于该集合,二者必居其一,不可兼得。

通常采用 3 种方法表示集合。

第一种是列举法。就是把集合中的元素一一列举出来。例如"所有小于 5 的正整数"这个集合的元素为 1,2,3,4,除这 4 个元素外,再没有别的元素了。如果把这个集合命名为 A,就可记为

$$A = \{1, 2, 3, 4\}$$

在能清楚表示集合成员的情况下可使用省略号,例如,从 1 到 50 的整数集合可记为 $\{1, 2, 3, \cdots, 50\}$,偶数集合可记为 $\{\cdots, -4, -2, 0, 2, 4, \cdots\}$。

第二种是描述法。就是用谓词描述出集合元素的公共特征来表示这个集合。例如,上述各例可分别写成

$$A = \{a \mid a \in \mathbf{I} \wedge 0 < a \wedge a < 5\}$$

和

$$\{a \mid a \in \mathbf{I} \wedge 1 \leqslant a \leqslant 50\}, \{x \mid \exists y(y \in \mathbf{I} \wedge x = 2y)\}$$

这里 $\mathbf{I}$ 表示整数集合。一般地

$$S = \{a \mid P(a)\}$$

表示 $a \in S$ 当且仅当 $P(a)$ 是真。

比较这两种表示方法可以看出,列举法的好处是可以具体看清集合的元素;描述法的好处是刻画出了集合元素的共同特征。应用时可根据方便任意选用,不受限制。

第三种是归纳定义法。该法我们将留待 2.3 节讨论。

集合的元素可以是一个集合,例如 $A = \{a, b, c, D\}$,而 $D = \{0, 1\}$。

仅含有一个元素的集合称为**单元素集合**。

应把单元素集合与这个元素区别开来。例如 $\{A\}$ 与 A 不同,$\{A\}$ 表示仅以 A 为元素的集合,而 A 对 $\{A\}$ 而言仅是一个元素,当然这个元素也可以是一个集合,如 $A = \{1, 2\}$。

称含有有限个元素的集合为**有限集合**。称不是有限集合的集合为**无限集合**或**无穷集**。有限集合的元素个数称为该集合的**基数**或**势**[①]。集合 A 的基数记为 $|A|$,例如

$$\text{若 } A = \{a, b\}, \text{则 } |A| = 2, \text{又 } |\{A\}| = 1$$

两个集合怎样才算相等呢?以下外延公理给出了它的规定。

外延公理 两个集合 A 和 B 相等,即 $A = B$,当且仅当它们有相同的成员(也就是,A 的每一元素是 B 的一个元素而 B 的每一元素也是 A 的一个元素)。

外延公理用逻辑符号可表达为

$$A = B \Leftrightarrow \forall x(x \in A \leftrightarrow x \in B)$$

_____

[①] 第 5 章将给出有限集、无限集、基数等概念的更精致的陈述。

或
$$A = B \Leftrightarrow \forall x(x \in A \to x \in B) \land \forall x(x \in B \to x \in A)$$

外延公理断言：如果两个集合有相同的元素，那么不管集合是如何表示的，它们都相等。因此，

（1）列举法中，元素的次序是无关紧要的。例如 $\{x,y,z\}$ 与 $\{z,x,y\}$ 相等。

（2）元素的重复出现无足轻重。例如，$\{x,y,x\}$、$\{x,y\}$、$\{x,x,x,y\}$ 是相同的集合。

（3）集合的表示不是唯一的。例如，$\{x \mid x^2 - 3x + 2 = 0\}$、$\{x \mid x \in \mathbf{I} \land 1 \leqslant x \leqslant 2\}$ 和 $\{1,2\}$ 均表示同一集合。

2.1.2 罗素悖论

正如本章前言中所指出的，朴素集合论由于在定义集合的方法上缺乏限制会导致悖论，现在让我们考察一下这种悖论是如何产生的。

我们通常遇到的集合，集合本身不能成为它自己的元素。例如 $\{a\} \notin \{a\}$，但有些集合，集合本身可以成为它自己的元素，例如考察概念的集合，因为它本身是一个概念，因此这个集合可以是它自己的一个元素。因此，断言 $A \in A$ 和 $A \notin A$ 都是谓词，可以用来定义集合。

1901 年罗素(Bertrand Russell)提出以下悖论：设论述域是所有集合的集合，并定义 S 为下述集合：
$$S = \{A \mid A \notin A\}$$

这样，S 是不以自身为元素的全体集合的集合，我们现在问"S 是不是它自己的元素？"

假设 S 不是它自己的元素，那么 S 满足谓词 $A \notin A$，而该谓词定义了集合 S，所以 $S \in S$。另一方面，如果 $S \in S$，那么 S 必须满足定义 S 的谓词，所以 $S \notin S$。

这样，我们导致了一个类似于谎言悖论的矛盾：既非 $S \in S$ 也非 $S \notin S$ 是真。一个"集合"，诸如 S，它能导致矛盾，称为**非良定的**。

罗素悖论起因于不受限制的定义集合的方法，特别是集合可以是自己的元素的概念值得怀疑。康脱以后创立的许多公理化集合论都直接地或间接地限制集合成为它自己的元素，因而避免了罗素悖论。

公理化集合论用某个方法避免了罗素悖论，但怎能确信没有其它悖论潜伏在这些形式结构中呢？回答是悲观的，业已证明，应用现今有效的数学技术，没有方法能证明新的悖论不会产生。

关于悖论问题就简单地叙述至此。

2.1.3 集合间的包含关系

两集合的相等关系已用外延公理定义，现在介绍两集合间的另一种关系——包含。集合的包含定义如下：

定义 2.1-1 设 A 和 B 是集合，如果 A 的每一元素是 B 的一个元素，那么 A 是 B 的**子集合**，记为 $A \subseteq B$，读做"B 包含 A"或"A 包含于 B 中"。

用逻辑符表示为
$$A \subseteq B \Leftrightarrow \forall x(x \in A \to x \in B)$$

$A \subseteq B$ 有时也记作 $B \supseteq A$，称 B 是 A 的**扩集**。

定义 2.1 - 2　如果 $A \subseteq B$ 且 $A \neq B$，那么称 A 是 B 的**真子集**，记作 $A \subset B$，读做"B 真包含 A"。

用逻辑符表示为

$$A \subset B \Leftrightarrow (A \subseteq B) \wedge (A \neq B)$$
$$\Leftrightarrow \forall x(x \in A \rightarrow x \in B) \wedge \exists x(x \in B \wedge x \notin A)$$

要注意区分从属关系"$\in$"及包含关系"$\subseteq$"。从属关系是集合元素与集合本身的关系，包含关系是集合与集合之间的关系。

在前言中我们已指出：我们所讨论的全部集合和元素是限于某一论述域中的。因此，虽然这个论述域有时并没有明晰地指出，但表示集合元素的变元只能在该域中取值。论述域在本章常用 U 表示，有的书上称论述域为**全集合**。

定理 2.1 - 1　对任意集合 A 有 $A \subseteq U$。

证　对任意元素 x，$x \in U$ 是真，所以

$$x \in A \rightarrow x \in U$$

是真。由全称推广规则得

$$\forall x(x \in A \rightarrow x \in U)$$

所以

$$A \subseteq U$$

这是一个平凡证明的例子。

定理 2.1 - 2　设 A 和 B 是集合，$A = B$ 当且仅当 $A \subseteq B$ 和 $B \subseteq A$。

证

$$A = B \Leftrightarrow \forall x(x \in A \rightarrow x \in B) \wedge \forall x(x \in B \rightarrow x \in A)$$
$$\Leftrightarrow A \subseteq B \wedge B \subseteq A$$

推论 2.1 - 2　对任何集合 A，恒有 $A \subseteq A$。

定理 2.1 - 3　设 A、B、C 是集合，若 $A \subseteq B$ 且 $B \subseteq C$，则 $A \subseteq C$。

证　设 x 是论述域中任意元素，因为

$$A \subseteq B \Leftrightarrow \forall x(x \in A \rightarrow x \in B)$$
$$B \subseteq C \Leftrightarrow \forall x(x \in B \rightarrow x \in C)$$

所以

$$x \in A \rightarrow x \in B$$
$$x \in B \rightarrow x \in C$$

由前提三段论得

$$x \in A \rightarrow x \in C$$

由全称推广规则得

$$\forall x(x \in A \rightarrow x \in C)$$

即

$$A \subseteq C$$

定义 2.1 - 3　没有元素的集合叫**空集**或**零集**，记为 $\varnothing$。

定理 2.1 - 4　对任意集合 A 有 $\varnothing \subseteq A$。

证 设 x 是论述域中任意元素，则 $x \in \varnothing$ 常假，所以

$$x \in \varnothing \rightarrow x \in A$$

无义地真，由全称推广规则得

$$\forall x(x \in \varnothing \rightarrow x \in A)$$

即

$$\varnothing \subseteq A$$

定理 2.1-5 空集是唯一的。

证 设 $\varnothing$ 和 $\varnothing'$ 都是空集，由定理 2.1-4 得 $\varnothing \subseteq \varnothing'$ 和 $\varnothing' \subseteq \varnothing$，根据定理 2.1-2 得 $\varnothing = \varnothing'$。

注意 $\varnothing$ 与 $\{\varnothing\}$ 不同，后者是以空集为元素的一个集合，前者没有元素。

能用空集构造不同集合的无限序列。在序列

$$\varnothing, \{\varnothing\}, \{\{\varnothing\}\}, \{\{\{\varnothing\}\}\}, \cdots$$

中，每一集合除第一个外都确实有一元素，即序列中前面的集合。在序列

$$\varnothing, \{\varnothing\}, \{\varnothing, \{\varnothing\}\}, \{\varnothing, \{\varnothing\}, \{\varnothing, \{\varnothing\}\}\}, \cdots$$

中，如果我们从 0 开始计算，则第 i 项有 i 个元素。这一序列的每一集合，以序列中在它之前的所有集合作为它的元素。

例 2.1-1

(1) 集合 $\{p,q\}$ 有 4 个不同子集：$\{p,q\}$、$\{p\}$、$\{q\}$ 和 $\varnothing$，注意 $\{p\} \subseteq \{p,q\}$ 但 $p \nsubseteq \{p,q\}$，$p \in \{p,q\}$ 但 $\{p\} \notin \{p,q\}$。再者 $\varnothing \subseteq \{p,q\}$，但 $\varnothing \notin \{p,q\}$。

(2) 集合 $\{\{q\}\}$ 是单元素集合，它的唯一元素是集合 $\{q\}$。每一单元素集合恰有两个子集，$\{\{q\}\}$ 的子集是 $\{\{q\}\}$ 和 $\varnothing$。

一般地，n 个元素的集合有 2^n 个不同的子集合，我们在下一节将证明这一点。

习　　题

1. 用列举法表示下列集合：

(1) 小于 20 的质数集合

(2) 构成词 evening 的字母集合

(3) $\{x \mid x^2 + x - 6 = 0\}$

(4) 真值构成的集合

2. 用描述法表示下列集合：

(1) $\{1, 2, 3, \cdots, 79\}$

(2) 奇整数集合

(3) 能被 5 整除的整数集合

(4) 重言式集合

3. 列出下列集合的成员：

(1) $\{x \mid x$ 是 36 的因子 $\}$

(2) $\{x \mid x = a \vee x = b\}$

(3) $\{1, \{3\}, \{\{a\}\}\}$

4. 论述域是 $\mathbf{I}$，确定下列哪些集合是相等的：

$A=\{x\,|\,x^2-1=15 \wedge x^3=1\}$

$B=\{0\}$

$C=\{x\,|\,\exists\,y(y\in \mathbf{I} \wedge x=2y)\}$

$D=\{x\,|\,x^2-6x+8=0\}$

$E=\{2x\,|\,x\in \mathbf{I}\}$

$F=\{4,2,4,2\}$

$G=\{x\,|\,x^2+1=0\}$

$H=\{0,2,-2,4,-4,6,-6,\cdots\}$

5. 证明: 若 a,b,c 和 d 是任意客体, 则 $\{\{a\},\{a,b\}\}=\{\{c\},\{c,d\}\}$ 当且仅当 $a=c$ 和 $b=d$。

＊6. 小镇上唯一的理发师公开宣布: 他仅给自己不刮脸的人刮脸, 问谁给这位理发师刮脸? 为什么这是一个悖论?

7. 列出下列集合的全部子集合:

(1) $\{\varnothing\}$

(2) $\{\varnothing,\{\varnothing\}\}$

(3) $\{\{\varnothing,a\},\{a\}\}$

(4) $\{\{a,b\},\{a,a,b\},\{b,a,b\}\}$

8. 证明推论 $2.1-2$。

9. 设 A、B 和 C 是集合, 如果 $A\in B$ 和 $B\in C$, $A\in C$ 可能吗? $A\in C$ 常真吗? 试举例说明之。

10. 设 A、B 和 C 是集合, 证明或否定以下断言:

(1) $[A\notin B \wedge B\notin C]\Rightarrow A\notin C$

(2) $[A\in B \wedge B\notin C]\Rightarrow A\notin C$

(3) $[A\subset B \wedge B\notin C]\Rightarrow A\notin C$

11. 指出下列各组集合中的集合有何不同, 列出每一集合的元素和全部子集。

(1) $\{\varnothing\}$, $\{\{\varnothing\}\}$。

(2) $\{a,b,c\}$, $\{a,\{b,c\}\}$, $\{\{a,\{b,c\}\}\}$。

12. $A\subset B$ 且 $A\in B$, 这可能吗? 证明你的断言。

13. 确定下列各命题的真和假:

(1) $\varnothing\subseteq\varnothing$

(2) $\varnothing\in\varnothing$

(3) $\varnothing\subseteq\{\varnothing\}$

(4) $\varnothing\in\{\varnothing\}$

(5) $\{a,b\}\subseteq\{a,b,c,\{a,b,c\}\}$

(6) $\{a,b\}\in\{a,b,c,\{a,b,c\}\}$

(7) $\{a,b\}\subseteq\{a,b,\{\{a,b\}\}\}$

(8) $\{a,b\}\in\{a,b,\{\{a,b\}\}\}$

14. 对任意集合 A、B、C 确定下列各命题是真或假:

(1) 如果 $A\in B$ 及 $B\subseteq C$, 则 $A\in C$。

(2) 如果 $A \in B$ 及 $B \subseteq C$，则 $A \subseteq C$。

(3) 如果 $A \subseteq B$ 及 $B \in C$，则 $A \in C$。

(4) 如果 $A \subseteq B$ 及 $B \in C$，则 $A \subseteq C$。

2.2 集合上的运算

集合上的运算是用给定的集合(叫运算对象)去指定一新的集合(叫运算结果)。我们将依次介绍常见的集合运算。如同前节一样，我们假定所有集合都是用(非明晰指定的)论述域 U 的元素构造的。

2.2.1 并、交和差运算

定义 2.2-1 设 A 和 B 是集合。

(1) A 和 B 的**并**记为 $A \cup B$，是集合。
$$A \cup B = \{x \mid x \in A \vee x \in B\}$$

(2) A 和 B 的**交**记为 $A \cap B$，是集合。
$$A \cap B = \{x \mid x \in A \wedge x \in B\}$$

(3) A 和 B 的**差**，或 B 关于 A 的**相对补**，记为 $A - B$，是集合。
$$A - B = \{x \mid x \in A \wedge x \notin B\}$$

例 2.2-1 设 $A = \{a, b, c, d\}$ 和 $B = \{b, c, e\}$，那么
$$A \cup B = \{a, b, c, d, e\}$$
$$A \cap B = \{b, c\}$$
$$A - B = \{a, d\}$$
$$B - A = \{e\}$$

定义 2.2-2 如果 A 和 B 是集合，$A \cap B = \varnothing$，那么称 A 和 B 是**不相交的**。如果 C 是一个集合的族，使 C 的任意两个不同元素都不相交，那么 C 是(两两)不相交集合的族。

例 2.2-2 如果 $C = \{\{0\}, \{1\}, \{2\}, \cdots\} = \{\{i\} \mid i \in \mathbf{N}\}$，那么 C 是不相交集合的族。

定理 2.2-1 集合的并和交运算是可交换和可结合的。也就是对任意 A、B 和 C。

(1) $A \cup B = B \cup A$

(2) $A \cap B = B \cap A$

(3) $(A \cup B) \cup C = A \cup (B \cup C)$

(4) $(A \cap B) \cap C = A \cap (B \cap C)$

我们仅证明(1)和(3)，(2)和(4)是类似的。

证

(1) 设 x 是论述域 U 的任意元素，那么
$$x \in A \cup B \Leftrightarrow x \in A \vee x \in B \qquad \cup \text{ 的定义}$$
$$\Leftrightarrow x \in B \vee x \in A \qquad \vee \text{ 的可交换性}$$
$$\Leftrightarrow x \in B \cup A \qquad \cup \text{ 的定义}$$

因为 x 是任意的，得
$$\forall x(x \in A \cup B \leftrightarrow x \in B \cup A)$$

即
$$A\bigcup B=B\bigcup A$$

（3）设 x 是任意元素，那么

$$x\in A\bigcup(B\bigcup C)\Leftrightarrow x\in A\vee x\in(B\bigcup C) \qquad \bigcup\text{的定义}$$
$$\Leftrightarrow x\in A\vee(x\in B\vee x\in C) \qquad \bigcup\text{的定义}$$
$$\Leftrightarrow(x\in A\vee x\in B)\vee x\in C \qquad \vee\text{的结合律}$$
$$\Leftrightarrow x\in(A\bigcup B)\vee x\in C \qquad \bigcup\text{的定义}$$
$$\Leftrightarrow x\in(A\bigcup B)\bigcup C \qquad \bigcup\text{的定义}$$

因为 x 是任意的，得出

$$\forall x(x\in A\bigcup(B\bigcup C)\leftrightarrow x\in(A\bigcup B)\bigcup C)$$

因此
$$A\bigcup(B\bigcup C)=(A\bigcup B)\bigcup C$$

定理 2.2-2 对任意集合 A、B 和 C 有：

（1）$A\bigcup(B\bigcap C)=(A\bigcup B)\bigcap(A\bigcup C)$

（2）$A\bigcap(B\bigcup C)=(A\bigcap B)\bigcup(A\bigcap C)$

即集合运算 $\bigcap$ 和 $\bigcup$，$\bigcup$ 在 $\bigcap$ 上可分配，$\bigcap$ 在 $\bigcup$ 上可分配。

证 （1）设 x 是任意元素，那么

$$x\in A\bigcup(B\bigcap C)\Leftrightarrow x\in A\vee x\in(B\bigcap C) \qquad \bigcup\text{的定义}$$
$$\Leftrightarrow x\in A\vee(x\in B\wedge x\in C) \qquad \bigcap\text{的定义}$$
$$\Leftrightarrow(x\in A\vee x\in B)\wedge(x\in A\vee x\in C) \qquad \vee\text{在}\wedge\text{上可分配}$$
$$\Leftrightarrow(x\in A\bigcup B)\wedge(x\in A\bigcup C) \qquad \bigcup\text{的定义}$$
$$\Leftrightarrow x\in(A\bigcup B)\bigcap(A\bigcup C) \qquad \bigcap\text{的定义}$$

因此，$A\bigcup(B\bigcap C)=(A\bigcup B)\bigcap(A\bigcup C)$。

（2）部分的证明留作练习。

定理 2.2-3 设 A、B、C 和 D 是论述域 U 的任意子集合，那么下列断言是真：

（1）$A\bigcup A=A$

（2）$A\bigcap A=A$

（3）$A\bigcup\varnothing=A$

（4）$A\bigcap\varnothing=\varnothing$

（5）$A-\varnothing=A$

（6）$A-B\subseteq A$

（7）如果 $A\subseteq B$ 和 $C\subseteq D$，那么，$(A\bigcup C)\subseteq(B\bigcup D)$

（8）如果 $A\subseteq B$ 和 $C\subseteq D$，那么，$(A\bigcap C)\subseteq(B\bigcap D)$

（9）$A\subseteq A\bigcup B$

（10）$A\bigcap B\subseteq A$

（11）如果 $A\subseteq B$，那么，$A\bigcup B=B$

（12）如果 $A\subseteq B$，那么，$A\bigcap B=A$

证

（1）$x\in A\bigcup A\Leftrightarrow x\in A\vee x\in A\Leftrightarrow x\in A$，因此，$A\bigcup A=A$。

（3）$x\in A\bigcup\varnothing\Leftrightarrow x\in A\vee x\in\varnothing$，因 $x\in\varnothing$ 常假，于是 $x\in A\vee x\in\varnothing\Leftrightarrow x\in A$ 因此，$x\in$

$A\cup\varnothing\Leftrightarrow x\in A$。所以，$A\cup\varnothing=A$。

（5）$A-\varnothing=\{x\mid x\in A\wedge x\notin\varnothing\}$。但 $x\notin\varnothing$ 常真，因此，$x\in A\wedge x\notin\varnothing\Leftrightarrow x\in A$，所以 $A-\varnothing=\{x\mid x\in A\}=A$，即 $A-\varnothing=A$。

（6）$x\in A-B\Leftrightarrow x\in A\wedge x\notin B\Rightarrow x\in A$。因此，$x\in A-B\Rightarrow x\in A$，得 $A-B\subseteq A$。

（7）设 x 是 $A\cup C$ 的任意元素，那么 $x\in A\vee x\in C$。现在分情况证明。

情况 1：设 $x\in A$，因为 $A\subseteq B$，得 $x\in B$，所以 $x\in B\vee x\in D$，因此 $x\in B\cup D$。

情况 2：设 $x\in C$，用与情况 1 相似的论证得 $x\in B\cup D$。因此，$x\in A\cup C$，那么 $x\in B\cup D$。所以 $A\cup C\subseteq B\cup D$。

（11）因 $A\subseteq B$，又 $B\subseteq B$ 根据（7）得 $A\cup B\subseteq B\cup B$，但 $B\cup B=B$，因此 $A\cup B\subseteq B$。另一方面由（9）得 $B\subseteq A\cup B$。所以，$A\cup B=B$。

其余部分的证明留作练习。

推论 2.2 - 3

（1）$A\cup U=U$；

（2）$A\cap U=A$。

本推论可由定理 2.2 - 3 的（11）、（12）部分得出。

2.2.2 补运算

定义 2.2 - 3 设 U 是论述域而 A 是 U 的子集。A 的（**绝对**）补，记作 $\overline{A}$，是集合 $\overline{A}=U-A=\{x\mid x\in U\wedge x\notin A\}=\{x\mid x\notin A\}$。

例 2.2 - 3

（1）如果 $U=\{p,q,r,s\}$ 和 $A=\{p,q\}$，那么 $\overline{A}=\{r,s\}$。

（2）如果 $U=\mathbf{N}$ 和 $A=\{x\mid x>0\}$，那么 $\overline{A}=\{0\}$。

（3）如果 $U=\mathbf{I}$ 和 $A=\{2x+1\mid x\in\mathbf{I}\}$，那么 $\overline{A}=\{2x\mid x\in\mathbf{I}\}$。

定理 2.2 - 4 设 A 是某论述域 U 的任意子集，那么

（1）$A\cup\overline{A}=U$

（2）$A\cap\overline{A}=\varnothing$

证

（1）$x\in A\cup\overline{A}\Leftrightarrow x\in A\vee x\notin A\Leftrightarrow T\Leftrightarrow x\in U$，所以，$A\cup\overline{A}=U$。

（2）$x\in A\cap\overline{A}\Leftrightarrow x\in A\wedge x\notin A\Leftrightarrow F\Leftrightarrow x\in\varnothing$，所以，$A\cap\overline{A}=\varnothing$。

定理 2.2 - 5 （补的唯一性）设 A 和 B 是论述域 U 的子集，那么 $B=\overline{A}$ 当且仅当 $A\cup B=U$ 和 $A\cap B=\varnothing$。

证 必要性从定理 2.2 - 4 直接得到。现证明充分性。

设 $A\cap B=\varnothing$ 和 $A\cup B=U$，那么

$$
\begin{aligned}
B&=U\cap B=(A\cup\overline{A})\cap B=(A\cap B)\cup(\overline{A}\cap B)\\
&=\varnothing\cup(\overline{A}\cap B)=(\overline{A}\cap A)\cup(\overline{A}\cap B)=\overline{A}\cap(A\cup B)\\
&=\overline{A}\cap U=\overline{A}
\end{aligned}
$$

推论 2.2 - 5

（1）$\overline{\varnothing}=U$；

（2）$\overline{U}=\varnothing$。

证 因 $U \cup \varnothing = U$ 和 $U \cap \varnothing = \varnothing$，所以，$\overline{\varnothing} = U$ 和 $\overline{U} = \varnothing$。

定理 2.2-6 设 A 是 U 的任意子集，那么 $\overline{\overline{A}} = A$。也就是说，$A$ 的补的补是 A。

证 因为 $\overline{A} \cup A = U$ 和 $\overline{A} \cap A = \varnothing$，根据上一定理 A 是 $\overline{A}$ 的补，但 $\overline{\overline{A}}$ 也是 $\overline{A}$ 的补，而补是唯一的，所以，$\overline{\overline{A}} = A$。

定理 2.2-7 （德·摩根定律）设 A 和 B 是 U 的任意子集，那么

(1) $\overline{A \cup B} = \overline{A} \cap \overline{B}$

(2) $\overline{A \cap B} = \overline{A} \cup \overline{B}$

证

(1) $(\overline{A} \cap \overline{B}) \cap (A \cup B) = (\overline{A} \cap \overline{B}) \cap A \cup (\overline{A} \cap \overline{B}) \cap B = \varnothing$

$\quad (\overline{A} \cap \overline{B}) \cup (A \cup B) = (\overline{A} \cup A \cup B) \cap (\overline{B} \cup A \cup B) = U$

根据定理 2.2-5，$(\overline{A} \cap \overline{B})$ 是 $A \cup B$ 的补，但 $\overline{A \cup B}$ 也是 $A \cup B$ 的补，而补是唯一的，所以 $\overline{A \cup B} = \overline{A} \cap \overline{B}$。

(2)的证明是类似的，故略。

定理 2.2-8 设 A、B 是 U 的任意子集，若 $A \subseteq B$，则 $\overline{B} \subseteq \overline{A}$。

证 由 $A \subseteq B \Leftrightarrow \forall x(x \in A \to x \in B)$ 知

$$x \in A \to x \in B$$

根据逆反律得

$$x \notin B \to x \notin A$$

即

$$x \in \overline{B} \to x \in \overline{A}$$

x 是任意的，所以

$$\forall x(x \in \overline{B} \to x \in \overline{A})$$

即

$$\overline{B} \subseteq \overline{A}$$

当集合数目不多时，集合运算的结果能用文氏图表达出来。参看图 2.2-1，图中长方形表示论述域，而以一定区域表示任意集合 A、B 和 C，每一图形的阴影部分分别代表出现在各自下边的表达式。上边给出的定理和公式，都可联系文氏图形象地理解。

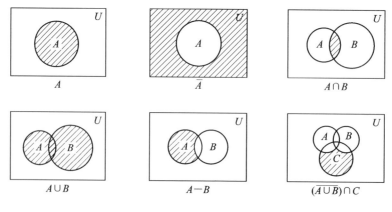

图 2.2-1

另外，根据并、交、补等定义，亦知命题演算中的 $\vee$、$\wedge$、$\neg$、$\rightarrow$、T、F 等分别与集合论中的 $\cup$、$\cap$、$-$、$\subseteq$、U、$\varnothing$ 等有对应关系，因此，有关它们的公式也有相似性。例如命题演算中有公式

$$\neg(P \vee Q) \Leftrightarrow \neg P \wedge \neg Q,\ P \wedge T \Leftrightarrow P,\ \cdots$$

集合论中有对应公式

$$\overline{A \cup B} = \overline{A} \cap \overline{B},\ A \cap U = A,\ \cdots$$

又如命题演算中有范式等概念

$$P \wedge Q \vee R \Leftrightarrow (P \vee Q \vee R) \wedge (P \vee \neg Q \vee R) \wedge (\neg P \vee Q \vee R)$$

如果需要，在集合论中也可引入范式等概念，使

$$A \cap B \cup C = (A \cup B \cup C) \cap (A \cup \overline{B} \cup C) \cap (\overline{A} \cup B \cup C)$$

注意到它们的相似性，有利于理解、记忆和引用。

2.2.3 并和交运算的扩展

扩展后并和交运算都定义在集合的搜集上。

定义 2.2-4 设 C 是某论述域子集的搜集。

(1) C 的成员的并，记为 $\bigcup\limits_{S \in C} S$，是由下式指定的集合

$$\bigcup\limits_{S \in C} S = \{x \mid \exists s(S \in C \wedge x \in S)\}$$

(2) 如果 $C \neq \varnothing$，C 的成员的交，记为 $\bigcap\limits_{S \in C} S$，是下式指定的集合：

$$\bigcap\limits_{S \in C} S = \{x \mid \forall s(S \in C \rightarrow x \in S)\}$$

定义说明如果 $x \in \bigcup\limits_{S \in C} S$，那么 x 至少是一个子集 $S \in C$ 的元素；如果 $x \in \bigcap\limits_{S \in C} S$，那么 x 是每一个子集 $S \in C$ 的元素。注意对 $\bigcap\limits_{S \in C} S$ 的定义来说，C 必须非空，否则，由于 $C = \varnothing$，蕴含式 $S \in C \rightarrow x \in S$ 对每一 S 将是无义地真。这样，谓词 $\forall s(S \in C \rightarrow x \in S)$ 对每一 x 是真。因此，所定义的集合就是全集合 U。要求 $C \neq \varnothing$，这个可能消除。

设 D 是一集合，如果给定 D 的任一元素 d，就能确定一个集合 A_d，那么 d 叫做 A_d 的**索引**，搜集 $C = \{A_d \mid d \in D\}$ 叫做集合的**加索引搜集**；而 D 叫做**搜集的索引集合**。当 D 是一个搜集 C 的索引集合时，符号 $\bigcup\limits_{d \in D} A_d$ 表示 $\bigcup\limits_{S \in C} S$，而 $\bigcap\limits_{d \in D} A_d$ 表示 $\bigcap\limits_{S \in C} S$。

如果加索引搜集 C 的索引集合是前 $n+1$ 个自然数 $\{0, 1, 2, \cdots, n\}$，或全体自然数 $\{0, 1, 2, \cdots\}$，那么 C 的成员的并和交能用类似于和式概念的符号表示。例如

$C = \{A_0, A_1, A_2, \cdots, A_n\}$ 时，$\bigcup\limits_{S \in C} S$ 常写成

$$\bigcup\limits_{i=0}^{n} A_i,\ \bigcup\limits_{0 \leqslant i \leqslant n} A_i\ \text{或}\ A_0 \cup A_1 \cup A_2 \cup \cdots \cup A_n$$

$C = \{A_0, A_1, A_2, \cdots\}$ 时，$\bigcap\limits_{S \in C} S$ 常写成

$$\bigcap\limits_{i=0}^{\infty} A_i,\ \bigcap\limits_{i \in N} A_i\ \text{或}\ A_0 \cap A_1 \cap A_2 \cap \cdots$$

一般地，索引集合不必是 $\mathbf{N}$ 的子集，可以是任意集合，例如 $\mathbf{R}_+$。

例 2.2-4 设论述域是实数 $\mathbf{R}$。

(1) 如果 $C = \{\{1, 2, 4\}, \{3, 4, 5\}, \{4, 6\}\}$，那么

$$\bigcup\limits_{S \in C} S = \{1, 2, 3, 4, 5, 6\},\ \bigcap\limits_{S \in C} S = \{4\}$$

（2）我们用$[0,a)$表示集合$\{x\,|\,0\leqslant x<a\}$。

如果$S_a=[0,a)$，$a\in\mathbf{R}_+$，$C=\{S_a\,|\,a\in\mathbf{R}_+\}$，那么

$$\bigcup_{S\in C}S=[0,\infty),\quad \bigcap_{S\in C}S=\{0\}$$

如果$S_a=[0,a)$，$a\in\mathbf{I}_+$，$C=\{S_a\,|\,a\in\mathbf{I}_+\}$，那么

$$\bigcup_{i=1}^{\infty}S_i=[0,1)\bigcup[0,2)\bigcup\cdots=[0,\infty)$$

$$\bigcap_{i=1}^{\infty}S_i=[0,1)\bigcap[0,2)\bigcap\cdots=[0,1)$$

（3）设$C=\{A_i\,|\,i\in\{p,q,r\}\}$，其中$A_p=[2,3]$，$A_q=[3,4]$，$A_r=[4,6]$；$[a,b]$表示$\{x\,|\,a\leqslant x\leqslant b\}$，那么

$$\bigcup_{i\in\{p,q,r\}}A_i=[2,6],\quad \bigcap_{i\in\{p,q,r\}}A_i=\varnothing$$

2.2.4 环和与环积

定义 2.2-5 A、B两集合的**环和**记为$A\oplus B$，是集合

$$A\oplus B=(A-B)\bigcup(B-A)$$
$$=\{x\,|\,x\in A\wedge x\notin B\vee x\in B\wedge x\notin A\}$$

参看图 2.2-2。环和又叫**对称差**（Symmetric Difference）。

定理 2.2-9 $\quad A\oplus B=(A\bigcup B)\bigcap(\overline{A}\bigcup\overline{B})$
$$=(A\bigcup B)-(A\bigcap B)$$

证 因为 $\quad A\oplus B=A\bigcap\overline{B}\bigcup B\bigcap\overline{A}$
$$=(A\bigcap\overline{B}\bigcup B)\bigcap(A\bigcap\overline{B}\bigcup\overline{A})$$
$$=(A\bigcup B)\bigcap(\overline{A}\bigcup\overline{B})$$

但

$$(A\bigcup B)\bigcap(\overline{A}\bigcup\overline{B})=(A\bigcup B)\bigcap\overline{A\bigcap B}$$
$$=(A\bigcup B)-(A\bigcap B)$$

所以，$A\oplus B=(A\bigcup B)\bigcap(\overline{A}\bigcup\overline{B})=(A\bigcup B)-(A\bigcap B)$。

推论 2.2-9 $\quad(a)\ \overline{A}\oplus\overline{B}=A\oplus B$，$(b)\ A\oplus B=B\oplus A$，$(c)\ A\oplus A=\varnothing$。

定理 2.2-10 $\quad(A\oplus B)\oplus C=A\oplus(B\oplus C)$。

定理 2.2-11 $\quad C\bigcap(A\oplus B)=(C\bigcap A)\oplus(C\bigcap B)$。

以上两个定理留给读者自证。但注意并在环和上不可分配，环和在交上不可分配。即，通常

$$A\bigcup(B\oplus C)\neq(A\bigcup B)\oplus(A\bigcup C)$$
$$A\oplus(B\bigcap C)\neq(A\oplus B)\bigcap(A\oplus C)$$

定义 2.2-6 A、B两集合的**环积**记为$A\otimes B$，是集合。

$$A\otimes B=\overline{A\oplus B}=\overline{A\bigcap\overline{B}\bigcup B\bigcap\overline{A}}$$
$$=(A\bigcup\overline{B})\bigcap(B\bigcup\overline{A})$$
$$=(A\bigcap B)\bigcup(\overline{A}\bigcap\overline{B})$$
$$=\{x\,|\,x\in A\wedge x\in B\vee x\notin A\wedge x\notin B\}$$

参看图 2.2-2。由定义即得出下述两定理。

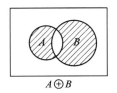 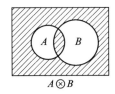

$$A \oplus B \qquad\qquad A \otimes B$$

图 2.2-2

定理 2.2-12 (1) $\overline{A} \otimes \overline{B} = A \otimes B$,(2) $A \otimes B = B \otimes A$,(3) $A \otimes A = U$。

定理 2.2-13 $(A \otimes B) \otimes C = A \otimes (B \otimes C)$

证 $\qquad \overline{A \oplus B} = (\overline{A} \cup B) \cap (\overline{B} \cup A)$

$$= \begin{cases} (\overline{A} \cup B) \cap (\overline{A \cap B}) = (\overline{A} \cup B) - (\overline{A} \cap B) \\ (\overline{B} \cup A) \cap (\overline{A \cap \overline{B}}) = (\overline{B} \cup A) - (\overline{B} \cap A) \end{cases}$$

所以,$A \otimes B = \overline{A \oplus B} = A \oplus \overline{B}$。

根据定理 2.2-10 得

$$(A \oplus \overline{B}) \oplus C = A \oplus (\overline{B} \oplus C)$$

两边取补,即得

$$(A \otimes B) \otimes C = A \otimes (B \otimes C)$$

定理 2.2-14 $A \cup (B \otimes C) = (A \cup B) \otimes (A \cup C)$。

留给读者自证。

2.2.5 幂集合

我们常常涉及以某个集合的子集为元素的集合,因此需要以下定义。

定义 2.2-7 设 A 是一集合,A 的**幂集** $\rho(A)$ 是 A 的所有子集的集合,即

$$\rho(A) = \{B \mid B \subseteq A\}$$

一个给定集合的幂集是唯一的,因此求一个集合的幂集是以集合为运算对象的一元运算。

例 2.2-5

(1) 如果 $A = \varnothing$,那么 $\rho(A) = \{\varnothing\}$。

(2) 如果 $A = \{a,b\}$,那么 $\rho(A) = \{\varnothing, \{a\}, \{b\}, \{a, b\}\}$。

(3) 如果 A 是任意自然数集合,那么 $A \in \rho(A)$,$\varnothing \in \rho(A)$。

下面说明子集的二进制数表示和幂集合的个数。

在集合的定义里,没有规定集合中元素的次序,但为了便于在计算机上表示集合,亦可给集合元素编定次序。例如,$A = \{a, b, c\}$,不妨认为 a、b、c 分别是第一、二、三个元素。于是可用三位二进制数做足标表示 A 的任意子集:二进制数的第 i 位表示第 i 个元素是否属于该子集,1 表示属于,0 表示否。例如可用 S_{101} 表示 $\{a, c\}$,S_{011} 表示 $\{b, c\}$,三位二进制数可与其子集一一对应。因而 $\rho(A) = \{S_i \mid i \in J\}$,这里 $J = \{000, 001, \cdots, 111\}$。为了书写方便,可用十进制数代替二进制数,于是 $J = \{0, 1, 2, \cdots, 7\}$。一般地,$n$ 个元素的集合 A,可用 n 位二进制数与其子集一一对应。因而

$$\rho(A) = \{S_i \mid i \in J\}, \quad J = \{0, 1, 2, \cdots, 2^n - 1\}$$

由此可知,n 个元素的集合 A,其幂集的元素个数是 2^n。

如果 A 是无限集，则 $\rho(A)$ 的元素个数也是无限的。

* 2.2.6 有限集的计数

定理 2.2 - 15 设 A 和 B 都是有限集合，则以下公式成立：

$$| A \cup B | = | A | + | B | - | A \cap B | \qquad ①$$
$$| A \cap B | \leqslant \min(| A |, | B |) \qquad ②$$
$$| A \oplus B | = | A | + | B | - 2 | A \cap B | \qquad ③$$
$$| A - B | \geqslant | A | - | B | \qquad ④$$
$$| \rho(A) | = 2^{|A|} \qquad ⑤$$

我们仅证明①，其它都是明显的。

证 A 和 B 之间可能有公共元素，公共元素个数是 $|A \cap B|$，在计算 $|A \cup B|$ 时每个元素只计算一次，但在计算 $|A| + |B|$ 时，公共元素计算了两次，一次是在计算 $|A|$ 时，一次是在计算 $|B|$ 时，因此，右边减去 $|A \cap B|$ 才能相等。证毕。

公式①可以推广，三个集合时为

$$| A_1 \cup A_2 \cup A_3 | = | A_1 | + | A_2 | + | A_3 |$$
$$- | A_1 \cap A_2 | - | A_2 \cap A_3 |$$
$$- | A_1 \cap A_3 | + | A_1 \cap A_2 \cap A_3 |。$$

如图 2.2 - 3 所示。

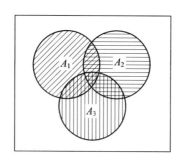

图 2.2 - 3

一般地成立以下公式：

$$| A_1 \cup A_2 \cup \cdots \cup A_n | = \sum_{i=1}^{n} | A_i | - \sum_{1 \leqslant i < j \leqslant n} | A_i \cap A_j | + \sum_{1 \leqslant i < j < k \leqslant n} | A_i \cap A_j \cap A_k |$$
$$- \cdots + (-1)^{n-1} | A_1 \cap A_2 \cap \cdots \cap A_n | \qquad (n \geqslant 2)$$

证 用归纳法证明（未学过归纳法的同学可在学完下节后，再看此证明）。

$n = 2$ 时，已证明成立，即

$$| A_1 \cup A_2 | = | A_1 | + | A_2 | - | A_1 \cap A_2 |$$

设 $n-1(n \geqslant 3)$ 时公式成立，现证明 n 时也成立。

$$| A_1 \cup A_2 \cup A_3 \cup \cdots \cup A_n | = | A_1 \cup A_2 \cup \cdots \cup A_{n-1} | + | A_n |$$
$$- | (A_1 \cup A_2 \cup \cdots \cup A_{n-1}) \cap A_n |$$

根据归纳假设得

$$|A_1 \bigcup A_2 \bigcup \cdots \bigcup A_n|$$

$$= \sum_{i=1}^{n-1} |A_i| - \sum_{1 \leqslant i < j \leqslant n-1} |A_i \bigcap A_j| + \cdots + (-1)^{n-2} |A_1 \bigcap A_2 \bigcap \cdots \bigcap A_{n-1}| + |A_n|$$

$$- \left[\sum_{i=1}^{n-1} |A_i \bigcap A_n| - \sum_{1 \leqslant i < j \leqslant n-1} |A_i \bigcap A_j \bigcap A_n| + \cdots + (-1)^{n-2} |A_1 \bigcap A_2 \bigcap \cdots \bigcap A_{n-1} \bigcap A_n| \right]$$

$$= \sum_{i=1}^{n} |A_i| - \sum_{1 \leqslant i < j \leqslant n} |A_i \bigcap A_j| + \cdots + (-1)^{n-1} |A_1 \bigcap A_2 \bigcap \cdots \bigcap A_n|$$

例 2.2 - 6

（1）在一个班级 50 个学生中，有 26 人在第一次考试中得到 A，21 人在第二次考试中得到 A，假如有 17 人两次考试都没有得到 A，问有多少学生在两次考试中都得到 A？

解 设第一次考试得 A 的是集合 A_1，第二次考试得 A 的是集合 A_2，则

$$|A_1 \bigcup A_2| = 50 - 17 = 33$$

但

$$|A_1 \bigcup A_2| = |A_1| + |A_2| - |A_1 \bigcap A_2|$$

所以

$$|A_1 \bigcap A_2| = |A_1| + |A_2| - |A_1 \bigcup A_2| = 26 + 21 - 33 = 14$$

故两次考试都得 A 的有 14 人。

（2）某教研室有 30 名老师，可供他们选修的第二外语是日语、法语、德语。已知有 15 人进修日语，8 人选修法语，6 人选修德语，而且其中 3 人选修三门外语，我们希望知道至少有多少人一门也没有选修。

解 设 A_1、A_2、A_3 分别表示选修日语、法语和德语的人，因此

$$|A_1| = 15, |A_2| = 8, |A_3| = 6, |A_1 \bigcap A_2 \bigcap A_3| = 3$$
$$|A_1 \bigcup A_2 \bigcup A_3| = 15 + 8 + 6 - |A_1 \bigcap A_2| - |A_1 \bigcap A_3| - |A_2 \bigcap A_3| + 3$$
$$= 32 - |A_1 \bigcap A_2| - |A_1 \bigcap A_3| - |A_2 \bigcap A_3|$$

因为

$$|A_1 \bigcap A_2| \geqslant |A_1 \bigcap A_2 \bigcap A_3|$$
$$|A_1 \bigcap A_3| \geqslant |A_1 \bigcap A_2 \bigcap A_3|$$
$$|A_2 \bigcap A_3| \geqslant |A_1 \bigcap A_2 \bigcap A_3|$$

我们得

$$|A_1 \bigcup A_2 \bigcup A_3| \leqslant 32 - 3 - 3 - 3 = 23$$

即至多有 23 人在进修第二外语，因此至少有 7 人没有进修第二外语。

习 题

1. 给定自然数集合 **N** 的下列子集：

$$A = \{1, 2, 7, 8\}$$
$$B = \{i \mid i^2 < 50\}$$
$$C = \{i \mid i \text{ 可被 30 整除}\}$$
$$D = \{i \mid i = 2^k \wedge k \in \mathbf{I} \wedge 0 \leqslant k \leqslant 6\}$$

求出下列集合：

(1) $A\bigcup(B\bigcup(C\bigcup D))$

(2) $A\bigcap(B\bigcap(C\bigcap D))$

(3) $B-(A\bigcup C)$

(4) $(\overline{A}\bigcap B)\bigcup D$

2. 考察正整数集合 $\mathbf{I}_+$ 的下列子集：

$$A = \{x \mid x < 12\}$$
$$B = \{x \mid x \leqslant 8\}$$
$$C = \{x \mid x = 2k, k \in \mathbf{I}_+\}$$
$$D = \{x \mid x = 3k, k \in \mathbf{I}_+\}$$
$$E = \{x \mid x = 2k-1, k \in \mathbf{I}_+\}$$

试用 A、B、C、D 和 E 表达下列集合：

(1) $\{2, 4, 6, 8\}$

(2) $\{3, 6, 9\}$

(3) $\{10\}$

(4) $\{x \mid x$ 是偶数 $\bigwedge x > 10\}$

(5) $\{x \mid x$ 是偶数且 $x \leqslant 10$，或 x 是奇数且 $x \geqslant 9\}$

3. 设 x 和 y 是实数，定义运算 $x \triangle y$ 是 x^y（x 的 y 次幂）。

(1) 证明运算 $\triangle$ 既非可交换的也非可结合的。

(2) 设 $*$ 代表乘法运算，确定下列分配律哪些是成立的：

① $x * (y \triangle z) = (x * y) \triangle (x * z)$

② $(y \triangle z) * x = (y * x) \triangle (z * x)$

③ $x \triangle (y * z) = (x \triangle y) * (x \triangle z)$

④ $(y * z) \triangle x = (y \triangle x) * (z \triangle x)$

4. (1) 对下列各式构造文氏图：

① $\overline{A} \bigcap B$

② $A - (\overline{B \bigcup C})$

③ $(A \oplus B) \otimes C$

(2) 给出一公式，它表示图 2.2-4 中各文氏图中的阴影部分。

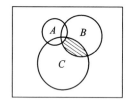 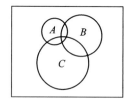 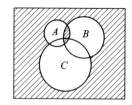

图 2.2-4

5. 设 A、B、C 是任意集合，把 $A\bigcup B\bigcup C$ 表示为不相交集合之并。

6. 设 A、B 和 C 是集合。

(1) 证明如果 $C \supseteq A$ 且 $C \supseteq B$，那么 $C \supseteq A\bigcup B$（也就是 $A\bigcup B$ 是包含 A 和 B 的最小集合）。

(2) 证明如果 $C\subseteq A$ 且 $C\subseteq B$，那么 $C\subseteq A\bigcap B$(也就是 $A\bigcap B$ 是包含在 A 和 B 中的最大集合)。

7. 证明定理 2.2-2 的(2)。

8. 假定 $A\neq\varnothing$ 和 $A\bigcup B=A\bigcup C$，证明这不能得出 $B=C$，假设中增加 $A\bigcap B=A\bigcap C$，你能得出 $B=C$ 吗？

9. (1) 证明"相对补"不是一个可交换运算，即证明存在一个论述域包含集合 A 和 B，使 $A-B\neq B-A$。

(2) $A-B=B-A$ 可能吗？刻画此式出现的全部条件。

(3) "相对补"是一个可结合的运算吗？证明你的断言。

10. 证明定理 2.2-3 的其余部分。

11. 设 A、B 和 C 是论述域 U 的任意子集，证明下列各式：

(1) $A\bigcap(B-A)=\varnothing$

(2) $A\bigcup(B-A)=A\bigcup B$

(3) $A-(B\bigcup C)=(A-B)\bigcap(A-C)$

(4) $A-(B\bigcap C)=(A-B)\bigcup(A-C)$

12. 证明下列恒等式：

(1) $A\bigcup(A\bigcap B)=A$

(2) $A\bigcap(A\bigcup B)=A$

(3) $A-B=A\bigcap\bar{B}$

(4) $A\bigcup(\bar{A}\bigcap B)=A\bigcup B$

(5) $A\bigcap(\bar{A}\bigcup B)=A\bigcap B$

13. 证明 $A\subseteq B$、$\bar{A}\bigcup B=U$ 和 $A\bigcap\bar{B}=\varnothing$ 三者是等价的。

14. 在下列每题中找出 $\bigcup\limits_{S\in C}S$ 和 $\bigcap\limits_{S\in C}S$：

(1) $C=\{\varnothing\}$

(2) $C=\{\varnothing,\{\varnothing\}\}$

(3) $C=\{\{a\},\{b\},\{a,b\}\}$

(4) $C=\{\{i\}\,|\,i\in\mathbf{I}\}$

15. 设 A、B 和 C 是某论述域 U 的子集合，D 是下述搜集：
$$D=\{\bar{A}\bigcap\bar{B}\bigcap\bar{C},\bar{A}\bigcap\bar{B}\bigcap C,\bar{A}\bigcap B\bigcap\bar{C},\bar{A}\bigcap B\bigcap C,A\bigcap\bar{B}\bigcap\bar{C},$$
$$A\bigcap\bar{B}\bigcap C,A\bigcap B\bigcap\bar{C},A\bigcap B\bigcap C\}$$

(1) 对搜集 D 的元素构造文氏图。

(2) 证明 $\bar{A}\bigcap\bar{B}\bigcap\bar{C}$ 和 $\bar{A}\bigcap B\bigcap C$ 是不相交的。D 是不相交搜集吗？

(3) 证明 $\bigcup\limits_{S\in D}S=U$。

16. 设 C 是一非空的某论述域 U 的子集的搜集，证明下列德·摩根定律的推广：

(1) $\overline{\bigcup\limits_{S\in C}S}=\bigcap\limits_{S\in C}\bar{S}$

(2) $\overline{\bigcap\limits_{S\in C}S}=\bigcup\limits_{S\in C}\bar{S}$

17. 设 C 是一非空的某论述域 U 的子集的搜集，B 是 U 的子集，证明下列分配律的推广：

(1) $B \cap (\bigcup_{S \in C} S) = \bigcup_{S \in C} (B \cap S)$

(2) $B \cup (\bigcap_{S \in C} S) = \bigcap_{S \in C} (B \cup S)$

18. 指出下列集合的幂集合：

(1) $\{a, b, c\}$

(2) $\{\{a, b\}, \{c\}\}$

(3) 设 $A = \{a\}$，求 A 和 $\rho(A)$ 的幂集合。

19. 设 $S_n = \{a_0, a_1, \cdots, a_n\}$ 和 $S_{n+1} = \{a_0, a_1, \cdots, a_n, a_{n+1}\}$，试用 $\rho(S_n)$ 和 a_{n+1} 表达出 $\rho(S_{n+1})$。

20. 证明下列各式：

(1) $A \oplus A \oplus B = B$

(2) $(A - B) \oplus B = A \cup B$

(3) $C \cap (A \oplus B) = (C \cap A) \oplus (C \cap B)$

(4) $C \cup (A \otimes B) = (C \cup A) \otimes (C \cup B)$

*21. 试决定在 1 到 250 之间能被 2、3、5、7 任何一数整除的整数个数。

*22. 某班学生 50 人，会 FORTRAN—Ⅳ 语言的 40 人，会 ALGOL—60 语言的 35 人。会 PL/1 语言的 10 人，以上三门都会的 5 人，都不会的没有，问仅会两门的有几人？

2.3 归纳法和自然数

2.3.1 集合的归纳定义

我们在 2.1 节介绍了指定集合的两种最常用方法——列举法和描述法。但仍然有许多集合难以用这两种方法表示出来，诸如算术表达式集合，命题演算公式集合，ALGOL 程序集合等等，这些集合用归纳定义来指定较为方便。归纳定义习惯上称为**递归定义**。

一个集合的**归纳定义**由 3 部分组成：

(1) **基础条款**(简称**基础**)。它指出某些事物属于集合。它的功能是给集合以基本元素，使所定义的集合非空。

(2) **归纳条款**(简称**归纳**)。它指出由集合的已有元素构造新元素的方法。归纳条款的形式总是断言：如果事物 $x, y, \cdots, z$ 是集合的元素，那么用某种方法组合它们而成的一种新事物也在集合中。它的功能是指出为了构造集合的新元素，能够在事物上进行的运算。

(3) **极小性条款**(简称**极小性**)。它断言一个事物除非能有限次应用基础和归纳条款构成外，那么这个事物不是集合的成员。

集合 S 的归纳定义的极小性条款还有其它形式，常见的有：

(i) "集合 S 是满足基础和归纳条款的最小集合"。

(ii) "如果 T 是 S 的子集，使 T 满足基础和归纳条款，那么 $T = S$"。其意义是：S 满足基础和归纳条款，但没有 S 的真子集满足它们。

这些极小性条款虽然形式不同，结果是等价的，全部服务于一个目的，即指明所定义的集合是满足基础和归纳条款的最小集合，即通常所谓极小性。

例 2.3-1 如果论述域是整数 I，那么能为 3 整除的正整数集合 S 的谓词定义如下：
$$S = \{x \mid x > 0 \wedge \exists y(x = 3y)\}$$
同样集合能归纳地定义如下：

(1)（基础）$3 \in S$，

(2)（归纳）如果 $x \in S$ 和 $y \in S$，那么 $x + y \in S$，

(3)（极小性）没有一个整数是 S 的元素，除非它是有限次应用条款(1)和(2)得出的。

为了得出更多的利用归纳定义指定的集合的例子，我们现在介绍一些关于符号串方面的术语和记号。设 Σ 表示一个有限的非空的符号（字符）集合，我们称 Σ 为**字母表**。由字母表 Σ 中有限个字符拼接起来的符号串叫做字母表 Σ 上的一个**字**（或叫**串**）。

例 2.3-2

(1) 如果 $\Sigma = \{a, b, \cdots, z\}$，那么 is，then 都是 Σ 上的字。

(2) 如果 $\Sigma = \{你，我，人，工，\cdots，是\}$，那么"你是工人"是 Σ 上的串。

(3) 如果 $\Sigma = \{a, b, \cdots, z, \sqcup\}$，这里 $\sqcup$ 是代表空白。那么 that $\sqcup$ was $\sqcup$ long $\sqcup$ ago 是 Σ 上的串，习惯上写成 that was long ago。

设 x 是 Σ 上的一个字，如果 $x = a_1 a_2 \cdots a_n$，这里 $n \in N$，对每一 $1 \leqslant i \leqslant n$，$a_i \in \Sigma$，那么 x 中的符号个数 n 称为 x 的长度，记为 $\Vert x \Vert$。长度为 0 的串表示为 Λ，叫做**空串**。注意空串不是空白符，前者长度为 0，后者长度是 1。如果 x 和 y 都是在 Σ 上的符号串，$x = a_1 a_2 \cdots a_n$ 和 $y = b_1 b_2 \cdots b_m$，这里，对所有 i 和 j，$a_i \in \Sigma$ 和 $b_j \in \Sigma$，那么 x **连结**（或叫**并置**，**毗连**）y，记为 xy，是串。
$$xy = a_1 a_2 \cdots a_n b_1 b_2 \cdots b_m$$
如果 $x = \Lambda$，那么 $xy = y$；如果 $y = \Lambda$，那么 $xy = x$。如果 $z = xy$，那么 x 是 z 的**词头**，y 是 z 的**词尾**。如果 $x \neq z$，那么 x 是**真词头**；如果 $y \neq z$，那么 y 是**真词尾**。如果 $w = xyz$，那么 y 是 w 的**子串**；如果 $y \neq w$，那么 y 是**真子串**。

显然，串的连结运算满足结合律，但不可交换。

现在转回到归纳定义。下述两个定义描述的集合对从事计算机工作的人是极为重要的。

定义 2.3-1 设 Σ 是一个字母表，Σ 上的非空串的集合 Σ^+ 定义如下：

(1)（基础）如果 $a \in \Sigma$，那么 $a \in \Sigma^+$。

(2)（归纳）如果 $x \in \Sigma^+$ 且 $a \in \Sigma$，那么 $ax \in \Sigma^+$。（ax 表示串，它由符号 a 和串 x 连结组成。）

(3)（极小性）集合 Σ^+ 仅包含这些元素：它能由有限次应用条款(1)和(2)构成。

集合 Σ^+ 包含长度为 1，2，3，$\cdots$ 的串，所以是无限集合。然而，在 Σ^+ 中没有一个串包含无限数目的符号，这是极小性条款限制的结果。

例 2.3-3 如果 $\Sigma = \{a, b\}$，那么 $\Sigma^+ = \{a, b, aa, ab, ba, bb, aaa, aab, \cdots\}$。

Σ 上的所有有限符号串的集合记为 Σ^*。集合 Σ^* 包含空串，其归纳定义如下：

定义 2.3-2 设 Σ 是字母表，那么 Σ^* 定义如下：

(1)（基础）$\Lambda \in \Sigma^*$。

(2)（归纳）如果 $x \in \Sigma^*$ 和 $a \in \Sigma$，那么 $ax \in \Sigma^*$ 。

(3)（极小性）没有一个串可以是集合 Σ^* 的元素，除非它能有限次应用条款(1)和条款(2)构成。

当然，Σ^* 也可这样定义：

$$\Sigma^* = \Sigma^+ \bigcup \{\Lambda\}$$

例 2.3 - 4

(1) 如果 $\Sigma = \{a, b\}$，那么 $\Sigma^* = \{\Lambda, a, b, aa, ab, \cdots\}$ 。

(2) 如果 $\Sigma = \{0, 1\}$，那么 Σ^* 是有限二进制序列的集合，包括空序列。

归纳定义常用来刻画数学中的**合式公式**，或叫**成形公式**（Well-Formed Formula）。这方面我们已见过一些例子。如第 1 章的命题公式定义和谓词公式定义等。现在我们再举一个算术表达式集合的例子。

例 2.3 - 5 为简明起见，我们将算术表达式集合限制于仅包含整数，一元运算＋和－，二元运算＋、－、＊和／。

(1)（基础）如果 $D = \{0, 1, 2, 3, 4, 5, 6, 7, 8, 9\}$ 和 $x \in D^+$，那么 x 是一算术表达式。

(2)（归纳）如果 x 和 y 都是算术表达式，那么

①（＋x）是一算术表达式，

②（－x）是一算术表达式，

③（$x + y$）是一算术表达式，

④（$x - y$）是一算术表达式，

⑤（$x * y$）是一算术表达式，

⑥（x/y）是一算术表达式。

(3)（极小性）一个符号序列是一算术表达式当且仅当它能得自有限次应用条款(1)和(2)。

用这个定义刻画的算术表达式集合包括 $45,000, (-321), (3+7), (3*(-35))$ 和 $(+(-(+(7/2))))$ 等，不包括诸如＋)和＋6＋之类的符号串。

有些归纳定义是以其它归纳定义的集合作基础建立起来的，我们称这样的归纳定义为"二次归纳定义"，二次归纳定义不需要极小性条款，因为基础集合的极小性条款保证了所定义的集合的极小性。作为基础集合最常见的是自然数集合 **N**（下一小节即将说明 **N** 是归纳定义的集合）。因此，以自然数集合为基础集合的归纳定义常不需极小性条款。

例 2.3 - 6 设 $a \in \mathbf{R}_+$ 且 $n \in \mathbf{N}$。a^n 的归纳定义如下：

(1)（基础）$a^0 = 1$

(2)（归纳）$a^{n+1} = a^n \cdot a$

这个归纳定义的基础集合是 **N**，所以不需要极小性条款。

程序设计语言，诸如 ALGOL，它们的语法也常用归纳定义（以巴科斯范式形式给出）描述，有了上述知识作基础，相信读者可以自己看懂，我们不举这方面的例子了。

2.3.2 自然数

自然数可应用后继集合的概念归纳地定义。

定义 2.3-3 设 A 是任意集合，A 的**后继集合**记为 A'，定义为
$$A' = A \bigcup \{A\}$$

例 2.3-7

(1) $\{a,b\}$ 的后继集合是 $\{a,b\} \bigcup \{\{a,b\}\} = \{a,b,\{a,b\}\}$。

(2) $\{\varnothing\}$ 的后继集合是 $\{\varnothing\} \bigcup \{\{\varnothing\}\} = \{\varnothing, \{\varnothing\}\}$。

定义 2.3-4 自然数 **N** 是如下集合：

(1)（基础）$\varnothing \in \mathbf{N}$。

(2)（归纳）如果 $n \in \mathbf{N}$，那么 $n \bigcup \{n\} \in \mathbf{N}$。

(3)（极小性）如果 $S \subseteq \mathbf{N}$ 且满足条款(1)和(2)，那么 $S = \mathbf{N}$。

按照这个定义，自然数集合的元素是：

$$\varnothing,$$
$$\varnothing \bigcup \{\varnothing\},$$
$$\varnothing \bigcup \{\varnothing\} \bigcup \{\varnothing \bigcup \{\varnothing\}\},$$
$$\varnothing \bigcup \{\varnothing\} \bigcup \{\varnothing \bigcup \{\varnothing\}\} \bigcup \{\varnothing \bigcup \{\varnothing\} \bigcup \{\varnothing \bigcup \{\varnothing\}\}\},$$
$$\vdots$$

化简后是

$$\varnothing, \{\varnothing\}, \{\varnothing, \{\varnothing\}\}, \{\varnothing, \{\varnothing\}, \{\varnothing, \{\varnothing\}\}\}, \cdots$$

为了书写方便依次记为 $0, 1, 2, 3, \cdots$。其结构如图 2.3-1 所示。

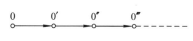

图 2.3-1

可能有人会想出这样的定义：

(1)（基础）$0 \in \mathbf{N}$，

(2)（归纳）如果 $n \in \mathbf{N}$，那么 $n+1 \in \mathbf{N}$，

(3)（极小性）如果 $S \subseteq \mathbf{N}$ 且满足条款(1)和(2)，那么 $S = \mathbf{N}$。

以上 3 条一般称为归纳特征，下面可以看到它将帮助我们对论述域 **N** 讨论归纳证明，但作为定义则是不完善的。因为自然数的加法定义是建立在集合 **N** 上，现在又用加法定义自然数，这就犯了循环定义的错误，所以定义自然数必须不用加法。

可能有人会想：用 n' 来表示自然数 n 的"后继者"，把第(2)条改为：

(2)（归纳）如果 $n \in \mathbf{N}$，那么 $n' \in \mathbf{N}$。这样总是可以了吧！其实这样也不行，例如，规定 $0' = 0$，即模型（图 2.3-2）也符合这个定义，显然不是自然数。

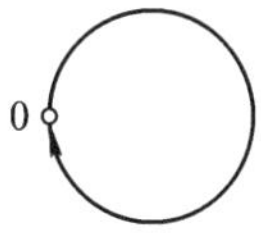

图 2.3-2

这些想法也不是完全错的，只要再补上一些条款，也可定义出自然数集合 **N**。可这样定义：

(1) $0 \in \mathbf{N}$，

(2) 如果 $n \in \mathbf{N}$，则恰存在一个 n 的后继者 $n' \in \mathbf{N}$，

(3) 0 不是任何自然数的后继者，

(4) 如果 $n' = m'$，那么 $n = m$，

(5) 如果 S 是 **N** 的子集，使

① $0 \in S$；

② 如果 $n \in S$，那么 $n' \in S$

那么，$S=\mathbf{N}$。

这就是有名的皮亚诺(Peano)公设。其中(2)保证后继者是唯一的，(3)保证 0 只作开端，(4)保证除 0 外的每一个自然数只有一个直接前趋。

常用(2)和(4)来检查一个序列有没有自然数性质。例如，序列

$$0，2，4，\cdots，1，3，5，\cdots$$

不具有自然数性质，因为其中 1 没有直接前趋。

2.3.3　归纳证明

归纳定义不仅提供了定义无限集合的一种方法，也为证明定理形成某些有效技术的基础。对于 $\forall xP(x)$ 形式的命题，如果其论述域 S 是归纳定义的集合，则归纳法往往是有效的证明方法。归纳法证明通常由基础步骤和归纳步骤两部分组成，它们分别对应于 S 的定义的基础和归纳条款。

(1) 基础步骤。这一步证明 S 的定义中基础条款指定的每一元素 $x\in S$，$P(x)$ 是真。

(2) 归纳步骤。这一步证明如果事物 $x,y,z,\cdots$ 有性质 P，那么用归纳条款指定的方法，组合它们所得的新元素也具有性质 P。

归纳定义的极小性条款保证 S 的所有元素仅仅应用基础和归纳条款才能构成，因此证明了以上两步，就足以推出 $\forall xP(x)$。

现在举例说明这一方法。回顾定理 1.2-1：设 A 和 A^* 是对偶式。$P_1，P_2，\cdots，P_n$ 是出现于 A 和 A^* 中的所有命题变元，于是

$$\neg A(P_1,P_2,\cdots,P_n)\Leftrightarrow A^*(\neg P_1，\neg P_2，\cdots，\neg P_n) \qquad ①$$

因为根据对偶式定义，公式 A 中仅含有联结词 $\wedge$、$\vee$、$\neg$，因此公式 A 可归纳定义如下：

(1) $P_i(1\leqslant i\leqslant n)$ 是公式；T 是公式；F 是公式。

(2) 若 A 和 B 是公式，则 $\neg A$、$(A\wedge B)$、$(A\vee B)$ 是公式。

(3) 只有有限次运用条款(1)和(2)生成的才是公式。

定理 1.2-1 是建立在归纳定义的公式集合上，因此可以用上述一般的归纳法证明。

(1) (基础步骤) $\neg P_i\Leftrightarrow\neg P_i(1\leqslant i\leqslant n)$，$\neg T\Leftrightarrow F$，$\neg F\Leftrightarrow T$，所以当 A 是由一个变元或常元构成时，公式① 成立。

(2) (归纳步骤) 设 $A_1(P_1,P_2,\cdots,P_n)$、$A_2(P_1,P_2,\cdots,P_n)$ 对公式① 成立，即

$$\neg A_1(P_1,P_2,\cdots,P_n)\Leftrightarrow A_1^*(\neg P_1,\neg P_2,\cdots,\neg P_n)$$
$$\neg A_2(P_1,P_2,\cdots,P_n)\Leftrightarrow A_2^*(\neg P_1,\neg P_2,\cdots,\neg P_n)$$

现证明下述三种情况时公式① 也成立。

情况一：$(A_1\wedge A_2)$

记 $(A_1\wedge A_2)$ 为 A。

$$\neg(A(P_1,P_2,\cdots,P_n)\Leftrightarrow\neg(A_1(P_1,P_2,\cdots,P_n)\wedge A_2(P_1,P_2,\cdots,P_n))$$
$$\Leftrightarrow\neg A_1(P_1,P_2,\cdots,P_n)\vee\neg A_2(P_1,P_2,\cdots,P_n) \qquad E_{11}$$
$$\Leftrightarrow A_1^*(\neg P_1,\neg P_2,\cdots,\neg P_n)\vee A_2^*(\neg P_1,\neg P_2,\cdots,\neg P_n) \qquad 归纳前提$$
$$\Leftrightarrow A^*(\neg P_1,\neg P_2,\cdots,\neg P_n)$$

情况二：$(A_1\vee A_2)$

方法与情况一类似，留给读者自证。

情况三：$\neg A_1$

记 $\neg A_1$ 为 A。

$$\neg A(P_1, P_2, \cdots, P_n) \Leftrightarrow \neg \neg (A_1(P_1, P_2, \cdots, P_n))$$
$$\Leftrightarrow \neg A_1^*(\neg P_1, \neg P_2, \cdots, \neg P_n)$$
$$\Leftrightarrow A^*(\neg P_1, \neg P_2, \cdots, \neg P_n)$$

故对 n 个命题变元的一切公式，公式①成立。

以上证明就是以最一般的归纳法给出的。但通常的归纳证明是涉及自然数的，自然数具有以下归纳特征：

(1)（基础）$0 \in \mathbf{N}$。

(2)（归纳）如果 $n \in \mathbf{N}$，那么 $n+1 \in \mathbf{N}$。

(3)（极小性）如果 $S \subseteq \mathbf{N}$，且 S 有以下性质：

(i) $0 \in S$，

(ii) 对每一 $n \in \mathbf{N}$，如果 $n \in S$，那么 $(n+1) \in S$。

那么，$S = \mathbf{N}$。

这里，极小性条款是习惯上用于自然数定义中的形式，它叫做**数学归纳法第一原理**。我们适当地改变一下这个条款的形式，就可得到以自然数为论述域的 $\forall x P(x)$ 形式的断言的归纳证明过程。

令 $S = \{n \mid P(n)\}$ 是 $\mathbf{N}$ 的子集，于是极小性条款可改为"如果①$P(0)$为真，②$\forall n(P(n) \to P(n+1))$为真，那么，对一切 n，$P(n)$为真。"根据这一条款，立即得出归纳证明的过程如下：

(1)（基础）先证明 $P(0)$ 是真。可用任意证明技术。

(2)（归纳）再证明 $\forall n(P(n) \to P(n+1))$ 是真。为此，一般先假设"$P(n)$对任意 $n \in \mathbf{N}$ 是真"，这叫**归纳假设**（或**归纳前提**），由此再推出 $P(n+1)$ 也真，一旦证明了 $P(n) \to P(n+1)$ 对任意 n 是真，用全称推广规则得 $\forall n(P(n) \to P(n+1))$。

再根据数学归纳法第一原理得出 $\forall x P(x)$。

例 2.3 - 8 证明对所有 $n \in \mathbf{N}$，$\sum\limits_{i=0}^{n} i = \dfrac{n(n+1)}{2}$。这里的定理是 $\forall n P(n)$ 的形式。

$P(n)$是断言 $\sum\limits_{i=0}^{n} i = \dfrac{n(n+1)}{2}$。

证

(1)（基础）证明 $P(0)$。

因为 $\sum\limits_{i=0}^{n} i = \dfrac{0(0+1)}{2}$，即 $0 = 0$，显然成立。

(2)（归纳）证明 $\forall n(P(n) \to P(n+1))$。

假设对一切 $n \in N$，$P(n)$是真，即 $\sum\limits_{i=0}^{n} i = \dfrac{n(n+1)}{2}$，我们希望证明 $P(n+1)$，也就是

$$\sum_{i=0}^{n+1} i = \frac{(n+1)(n+2)}{2}$$

因为

$$\sum_{i=0}^{n+1} i = (n+1) + \sum_{i=0}^{n} i$$

$$= (n+1) + \frac{n(n+1)}{2} \quad （根据归纳假设）$$

$$= \frac{(n+1)(n+2)}{2}$$

而 n 是任意的，得出 $\forall n(P(n) \to P(n+1))$，应用归纳法第一原理得 $\forall x P(x)$，即对一切自然数 n，$\sum_{i=0}^{n} i = \frac{n(n+1)}{2}$ 成立。

数学归纳法第一原理，事实上是自然数域上的一个推理规则。用 1.5 节的符号，规则的形式如下：

$$\frac{\begin{array}{c} P(0) \\ \forall n[P(n) \to P(n+1)] \end{array}}{所以 \ \forall x P(x)}$$

规则可以有各种变形，例如，我们通常希望证明对某整数 k，谓词 P 对所有 $x \geq k$ 成立。这时，基础步骤必须换为证明 $P(k)$。于是推理规则是：

$$\frac{\begin{array}{c} P(k) \\ \forall n[P(n) \to P(n+1)] \end{array}}{所以 \ \forall x[(x \geq k) \to P(x)]} \quad (n \geq k)$$

容易证明这两种形式的推理规则是等价的。

例 2.3 - 9 证明 $n > 4$ 时，$2^n > n^2$。

证

(1)（基础）$n = 5$ 时，$2^5 > 5^2$，显然成立。

(2)（归纳）设 n 时，$2^n > n^2$ 成立，现证 $n+1$ 时命题也成立，这里 $n \geq 5$。因为

$$2^{n+1} = 2 \cdot 2^n$$

$$> 2 \cdot n^2 \quad （根据归纳假设）$$

$$\geq n^2 + 5n$$

$$> n^2 + 2n + 1$$

$$= (n+1)^2$$

所以，对一切 $n > 4$，$2^n > n^2$。证毕。

如果令 $n = m + 5$，上题就成为"证明对一切自然数 m，$2^{m+5} > (m+5)^2$"，这样，本题就成为基本形式了。

有时命题中含有自然数域上的两个变元，对于这种命题也可用归纳法证明。

例 2.3 - 10 设 a^n 如例 2.3 - 6 所定义，试证明 $\forall m \forall n(a^m \cdot a^n = a^{m+n})$。

证 设 m 是任意的，对 n 作归纳，证明断言 $\forall n(a^m \cdot a^n = a^{m+n})$。

(1)（基础）如果 $n = 0$，那么

$$a^m \cdot a^n = a^m \cdot a^0 = a^m \cdot 1 = a^m = a^{m+0} = a^{m+n}$$

(2)（归纳）设 $a^m \cdot a^n = a^{m+n}$ 对任意 n 成立，那么

$$a^m \cdot a^{n+1} = a^m \cdot (a^n \cdot a) \qquad a^n \text{ 的定义}$$
$$= (a^m \cdot a^n) \cdot a \qquad \text{乘法结合律}$$
$$= (a^{m+n}) \cdot a \qquad \text{归纳假设}$$
$$= a^{(m+n)+1} \qquad a^n \text{ 的定义}$$
$$= a^{m+(n+1)} \qquad \text{加法结合律}$$

所以，$\forall n[a^m \cdot a^n = a^{m+n}]$。

因为 m 是任意的，由全称推广规则得

$$\forall m \forall n[a^m \cdot a^n = a^{m+n}] \qquad \text{证毕}$$

自然数域上的归纳法证明还有另一形式，称为**数学归纳法第二原理**，第二原理作为推理规则的形式如下：

$$\frac{\forall n[\forall k[k < n \rightarrow P(k)] \rightarrow P(n)]}{\text{所以 } \forall x P(x)}$$

应用这一推理规则的证明的归纳假设是

$$\forall k[k < n \rightarrow P(k)]$$

即对一切 $k < n$，$P(k)$ 是真。从这一假设出发，我们必须证明 $P(n)$。一旦在归纳假设的前提下证明了 $P(n)$，就可得出 $\forall x P(x)$。

应用第二原理仅需我们证明单一的前提，但它通常需要分情况证明。首先证明 $n = 0$ 的情况。

$n = 0$ 时，$k < 0$ 对一切 $k \in \mathbf{N}$ 常假，所以

$$\forall k[k < 0 \rightarrow P(k)]$$

常真。所以，证明 $\forall k[k < 0 \rightarrow P(k)] \rightarrow P(0)$ 是真，等价于证明 $P(0)$ 是真。

其次证明：对任意 $n > 0$，如果 $P(k)$ 对一切 $k < n$ 成立，那么 $P(n)$ 是真。

这样，用第二原理证明和用第一原理证明的唯一不同是：用"对一切 $k < n$，$P(k)$ 是真"的归纳假设代替"$P(n-1)$ 是真"的归纳假设。

虽然两个数学归纳法原理是不同的，但如果论述域是自然数集 $\mathbf{N}$，则它们的前提是逻辑等价的，因此它们也是等效的。但有其它论述域存在，那里第二原理更有效。第 3 章会看到这方面的例子。

通常，如果证明 $P(n+1)$ 为真，即证明元素 $n+1$ 具有性质 P，不仅可能依赖于元素 n 的性质，还可能依赖于 n 以前各元素的性质时，应选用第二原理。第二原理和第一原理一样，也有各种变形。

例 2.3 - 11 有数目相等的两堆棋子，两人轮流从任一堆里取几颗棋子，但不能不取也不能同时在两堆里取。规定凡取得最后一颗者胜。求证后取者可以必胜。

证 对每堆棋子数目 n 作归纳证明。为了便于叙述，设甲为先取者，乙为后取者。

$n = 1$ 时，甲必须在某堆中取一颗。于是另一堆中的一颗必为乙所得，乙胜。

设 $n < k$ 时，后取者胜。现证 $n = k$ 时也是后取者胜。

设第一轮甲在某堆先取 r 颗，$0 < r \leqslant k$。乙的对策是在另一堆中也取 r 颗。这里有两种可能。

（1）若 $r < k$，经过两人各取一次之后，两堆都只有 $k - r$ 颗，$k - r < k$，现在又是甲先取，根据归纳假设乙胜。

（2）若 $r=k$，显然是乙胜。证毕。

本例不仅说明了归纳法第二原理的应用，还说明有些问题虽然与自然数无直接关系，也可引入自然数作参数，利用有关自然数的归纳法证明。

习　题

1. 对下列集合给出归纳定义：

（1）十进制无符号整数集合，定义的集合将包含 6，235，0045 等等。

（2）十进制的以小数部分为结束的实数集合，定义的集合将包含 5.3，453.，01.2700，0.480 等等。

（3）二进制形式的不以 0 开头的正偶数和 0 所组成的集合，定义的集合包含 0，110，1010 等等。

（4）把算术表达式中的运算符和运算对象全删去，所得的括号叫成形括号串。例如 [ ]、[[ ]]、[ ][ ]、[[[ ]]][ ] 等都是成形括号串（例中用 [ ] 代 ( ) 是为了明晰），试定义成形括号串集合。

＊2. 将皮亚诺公设交替地删去其中第（5）条、第（4）条或第（2）条的唯一性，为这样所得的公理系统分别构造模型，说明它们都不是自然数。

＊3. 我们已经给出的自然数定义仅仅含有"后继者"的概念。自然数论述域上"小于"关系，加和乘等运算可用"后继者"概念的术语加以定义。例如，加法运算能归纳地定义如下：① 对每个自然数 m，$m+0=m$；② 对每一对自然数 m 和 n，$m+n'=(m+n)'$。

（1）证明用以上定义的加法是可结合的。

（2）用类似方法归纳地定义乘法（可以引用上边定义的加法运算）。

（3）用乘法运算归纳地定义幂运算。

（4）给出关于"小于"的一个归纳定义。

4. 用 $\{a\}$ 代替 $\mathbf{N}$ 的定义中的 $\varnothing$，但仍用这一定义，可否生成自然数集合？有何不同？

5. 证明成形括号串的左右括号个数相等。

6. 我们有 3 分和 5 分两种不同票值的邮票，试证明用这两种邮票就足以组成 8 分或更多的任意邮资。

7. 用归纳法证明，对一切 $n\in \mathbf{I}_+$，有

$$(1+2+\cdots +n)^2 = 1^3 + 2^3 + \cdots + n^3$$

8. 设 a 是一正数，证明

$$\forall m\forall n[(a^m)^n = a^{mn}]，这里 m，n \in \mathbf{N}$$

9. 对所有 $n\in \mathbf{N}$，证明下列每一关系式：

（1）$\sum_{i=0}^{n} i^2 = \dfrac{n(n+1)(2n+1)}{6}$

（2）$\sum_{i=0}^{n} (2i+1) = (n+1)^2$

（3）$\sum_{i=0}^{n} i(i!) = (n+1)! - 1$

$$(4) \sum_{i=0}^{n} ir^i = \begin{cases} \dfrac{n(n+1)}{2} & r = 1 \text{ 时} \\ \dfrac{nr^{n+2} - (n+1)r^{n+1} + r}{(r-1)^2} & r \neq 1 \text{ 时} \end{cases}$$

(5) $1 + 2n \leqslant 3^n$

10. 如果每根直线连接多边形的两个点，且位于多边形上，那么这个多边形叫凸的，证明对一切 $n \geqslant 3$，n 边的凸多边形内角之和等于 $(n-2) \cdot 180°$。(提示：多边形能用连结两个非邻接的顶角划分为两部分。)

11. 找出自然数域上的两个谓词 P 和 Q 以证明归纳证明的基础步骤和归纳步骤是独立的，也就是没有一个逻辑地蕴含另一个。特别地，要找出一谓词 P 使 $P(0)$ 是真而 $\forall n(P(n) \rightarrow P(n+1))$ 是假，和一谓词 Q，使 $Q(0)$ 是假而 $\forall n(Q(n) \rightarrow Q(n+1))$ 是真。

12. 我们意欲证明，对一切 n 和一切 S，如果 S 是 n 个人的集合，那么在 S 中的所有人都有同样的身材。下面"所有人都有同样的身材"的证明错在哪里？

(1)(基础)设 S 是一空集合，那么对所有的 x 和 y，如果 $x \in S$ 和 $y \in S$，那么 x 和 y 有同样的身材。

(2)(归纳)假定对所有包含 n 个人的集合断言是真。我们证明对包含 $n+1$ 个人的集合也真。任何由 $n+1$ 个人组成的集合包含两个 n 个人组成的不同的但交搭的子集。用 S' 和 S'' 表示这两个子集。那么根据归纳前提，在 S' 中的所有人有相同的身材，在 S'' 中的所有人有相同的身材，因为 S' 和 S'' 是交搭的，所以，所有在 $S = S' \bigcup S''$ 中的人都有相同的身材。

13. 设 $\{A_1, A_2, \cdots, A_n\}$ 是集合的非空搜集，对 n 作归纳证明下述推广的德·摩根定律：

(1) $\overline{\bigcup_{i=1}^{n} A_i} = \bigcap_{i=1}^{n} \overline{A_i}$

(2) $\overline{\bigcap_{i=1}^{n} A_i} = \bigcup_{i=1}^{n} \overline{A_i}$

14. 证明所有大于 1 的整数 n 都能写成若干个质数之积。

15. 如果 $a * (b * c) = (a * b) * c$，那么二元运算 $*$ 称为可结合的。从它可推得更强的结果，即在任何仅含运算 $*$ 的表达式中，括号的位置不影响结果，就是，仅仅出现于表达式中的运算对象和次序是重要的。为了证明这个"推广的结合律"，我们定义"$*$ 表达式集合"如下：

(1)(基础)单个运算对象 a 是 $*$ 表达式。

(2)(归纳)设 e_1 和 e_2 是 $*$ 表达式，那么 $(e_1 * e_2)$ 是一个 $*$ 表达式。

(3)(极小性)只有有限次应用 (1) 和 (2) 构成的式子才是 $*$ 表达式。

推广的结合律陈述如下：

设 e 是一个表达式，它有 $a_1, a_2, \cdots, a_n$ 个运算对象，且以此次序出现于表达式中，那么

$$e = (a_1 * (a_2 * (a_3 * (\cdots(a_{n-1} * a_n))\cdots))))$$

证明这个推广的结合律。(提示：用数学归纳法第二原理。)

*2.4 语言上的运算

语言是某些符号串的集合。符号串在计算机科学中扮演着重要角色。计算机程序、实

录的文本、数学公式、形式系统中的定理都是某些语言中的符号串。为了写出处理这些事物的程序，我们必须有处理单个串和语言的工具。本节介绍处理单个串和语言的重要运算，为研究计算模型、形式语言等提供数学基础。

前已指出，通常用 Σ 表示有限字母表，Σ^* 表示 Σ 上的有限长的全体符号串集合。Σ^* 元素上的主要运算是连结。现在定义串的另一种运算——幂运算，即一个串自身连结 n 次。

定义 2.4 - 1 设 x 是 Σ^* 的一个元素，对每一 $n \in \mathbf{N}$，串 x^n 定义如下：

(1) $x^0 = \Lambda$

(2) $x^{n+1} = x^n \cdot x$

例 2.4 - 1

(1) 如果 $\Sigma = \{a, b, c\}$ 和 $x = ac$，那么 $x^0 = \Lambda$，$x^1 = ac$，$x^2 = acac$，$x^3 = acacac$。

(2) 集合 $\{1^n 0^n \mid n \geqslant 0\}$ 表示集合 $\{\Lambda, 10, 1100, 111000, \cdots\}$。

在串的运算的基础上可以定义语言上的运算。

定义 2.4 - 2 设 Σ 是有限字母表，Σ 上的**语言**是 Σ^* 的一个子集。

例 2.4 - 2

(1) 集合 $\{b, ab, aab, aaab\}$ 是 $\Sigma = \{a, b\}$ 上的一个语言。

(2) 一个由 1 的序列跟随着 0 的序列组成的串的集合 $\{1^n \ 0^m \mid n, m \in \mathbf{N}\}$ 是 $\{0, 1\}$ 上的语言。

(3) FORTRAN 程序的集合是 FORTRAN 字符组成的字母表上的语言。

定义 2.4 - 3 设 A 和 B 是 Σ 上语言，A 和 B 的**连结积**记为 $A \cdot B$ 或 AB，是语言 $AB = \{xy \mid x \in A \land y \in B\}$，即语言 AB 是由 A 的一个元素连结 B 的一个元素所形成的所有串组成的集合。

例 2.4 - 3 设 $\Sigma = \{a, b\}$，$A = \{\Lambda, a\}$ 和 $B = \{b, ab\}$，那么

$$AB = \{b, ab, aab\}$$
$$BA = \{b, ba, ab, aba\}$$

从上例可看出，一般地，$AB \neq BA$，也就是说语言的连结积运算是不可交换的。但有以下性质。

定理 2.4 - 1 设 A、B、C 和 D 是 Σ 上的任意语言，那么

(1) $A\varnothing = \varnothing A = \varnothing$

(2) $A\{\Lambda\} = \{\Lambda\}A = A$

(3) $(AB)C = A(BC)$

(4) 如果 $A \subseteq B$ 和 $C \subseteq D$，那么 $AC \subseteq BD$

证

(1) 根据定义，$A\varnothing = \{xy \mid x \in A \land y \in \varnothing\}$，但对每一 $y \in \Sigma^*$，$y \in \varnothing$ 常假。所以合取式 $x \in A \land y \in \varnothing$ 对一切 x 和 y 是假。因为没有元素 x 和 y 满足这谓词，集合 $A\varnothing$ 没有成员，即 $A\varnothing = \varnothing$。类似地可证 $\varnothing A = \varnothing$。

(4) 用直接证明。设 z 是 AC 的任意元素，那么 $z = xy$，这里 $x \in A$ 和 $y \in C$，因为 $A \subseteq B$ 和 $C \subseteq D$，得出 $x \in B$ 和 $y \in D$。因此 $z = xy \in BD$。因为 z 是 AC 的任意元素，得 $AC \subseteq BD$。

(2)和(3)的证明留作练习。

因为每一语言是一集合，前边介绍过的集合运算能应用于语言。语言的连结积对 $\bigcup$ 和 $\bigcap$ 满足以下定理所说的关系式。

定理 2.4 - 2 设 A、B、C 和 D 是 Σ 上的任意语言，那么

(1) $A(B\bigcup C)=AB\bigcup AC$

(2) $(B\bigcup C)A=BA\bigcup CA$

(3) $A(B\bigcap C)\subseteq AB\bigcap AC$

(4) $(B\bigcap C)A\subseteq BA\bigcap CA$

证

(1) 先证 $AB\bigcup AC\subseteq A(B\bigcup C)$。

因为 $A\subseteq A$，$B\subseteq B\bigcup C$ 和 $C\subseteq B\bigcup C$，由定理 2.4 - 1 的(4)得 $AB\subseteq A(B\bigcup C)$ 和 $AC\subseteq A(B\bigcup C)$。因此，$AB\bigcup AC\subseteq A(B\bigcup C)$。

再证 $A(B\bigcup C)\subseteq AB\bigcup AC$。

如果 z 是 $A(B\bigcup C)$ 的任一元素，那么 $z=xy$，这里 $x\in A$ 和 $y\in B\bigcup C$。因此，$x\in A \wedge y\in B$ 或 $x\in A \wedge y\in C$，得出 $z\in AB$ 或 $z\in AC$。所以，$z\in AB\bigcup AC$。z 是任意的，故 $A(B\bigcup C)\subseteq AB\bigcup AC$。

(2)、(3)、(4)的证明留作练习。

定理 2.4 - 2(3)和(4)中的包含可能是真包含。例如，如果 $A=\{\Lambda,0,01\}$，$B=\{01,11\}$ 和 $C=\{101\}$。那么 $A(B\bigcap C)=\varnothing$，但 $AB\bigcap AC=\{0101\}$。

定义 2.4 - 4 设 A 是 Σ 上的一个语言，语言 A^n 归纳地定义如下：

(1) $A^0=\{\Lambda\}$，

(2) $A^{n+1}=A^n \cdot A$，对 $n\in \mathbf{N}$。

语言 A^n 是集合 A 自身连结 n 次。所以，如果 $z\in A^n(n\geqslant 1)$，那么 $z=x_1x_2\cdots x_n$，这里 $x_i\in A$，$1\leqslant i\leqslant n$。

例 2.4 - 4 设 $\Sigma=\{a,b\}$ 和 $A=\{\Lambda,b,ab\}$，那么

$$A^0=\{\Lambda\}$$
$$A^1=A=\{\Lambda,b,ab\}$$
$$A^2=A \cdot A=\{\Lambda,b,ab,bb,bab,abb,abab\}$$

定理 2.4 - 3 设 A 和 B 是 Σ^* 的子集合，并设 m 和 n 是 $\mathbf{N}$ 的任意元素，那么

(1) $A^m \cdot A^n=A^{m+n}$

(2) $(A^m)^n=A^{mn}$

(3) $A\subseteq B\Rightarrow A^n\subseteq B^n$

证 (1)、(2)部分留作练习。现用归纳法证明(3)。

(i)（基础）$n=0$ 时，$A^0=\{\Lambda\}$ 和 $B^0=\{\Lambda\}$，所以 $A^n\subseteq B^n$。

(ii)（归纳）设对任一 n，$A^n\subseteq B^n$，现证 $A^{n+1}\subseteq B^{n+1}$。根据定理 2.4 - 1(4)，如果 $A^n\subseteq B^n$ 和 $A\subseteq B$，那么 $A^n \cdot A\subseteq B^n \cdot B$，即 $A^{n+1}\subseteq B^{n+1}$。证毕。

在语言的幂运算的基础上，我们可以定义语言上的另一种叫闭包的重要运算。

定义 2.4 - 5 设 A 是 Σ^* 的子集，那么集合 A^* 定义为

$$A^* = \bigcup_{n \in \mathbf{N}} A^n$$
$$= A^0 \bigcup A^1 \bigcup A^2 \bigcup \cdots$$
$$= \{\Lambda\} \bigcup A \bigcup A^2 \bigcup A^3 \cdots$$

集合 A^* 通常称为 A 的**星闭包**，读做"A 星"。集合 A^+ 定义为

$$A^+ = \bigcup_{n=1}^{\infty} A^n = A \bigcup A^2 \bigcup A^3 \bigcup \cdots$$

集合 A^+ 通常叫做 A 的**正闭包**，读做"A 正"。

闭包运算是语言上的一元运算。注意 $x \in A^+$ 当且仅当对某些正的 $n \in \mathbf{N}$，$x \in A^n$。$x \in A^*$，当且仅当对某些 $n \in \mathbf{N}$，$x \in A^n$。

例 2.4 – 5

(1) 如果 $A = \{a\}$，那么

$$A^+ = \{a\} \bigcup \{aa\} \bigcup \{aaa\} \bigcup \cdots$$
$$= \{a^n \mid n \geqslant 1\}$$
$$A^* = \{\Lambda\} \bigcup A^+$$
$$= \{a^n \mid n \geqslant 0\}$$

(2) $\quad\quad \varnothing^* = \{\Lambda\} \bigcup \varnothing \bigcup \varnothing^2 \bigcup \varnothing^3 \bigcup \cdots = \{\Lambda\}$

$$\varnothing^+ = \varnothing$$

如果 Σ^* 的子集 A 取为 Σ，那么 A^* 就是 Σ^*，A^+ 就是 Σ^+。这说明我们把 Σ 上所有有限长串的集合记为 Σ^*，把 Σ 上不含空串的所有有限长串的集合记为 Σ^+，是因为这样的记法正和闭包运算的定义相一致。

由定义 2.4 – 5 即得下列定理。

定理 2.4 – 4 设 A 是 Σ 上的语言，且 $n \in \mathbf{N}$，那么

(1) $A^* = \{\Lambda\} \bigcup A^+$

(2) $A^n \subseteq A^*$，对 $n \geqslant 0$

(3) $A^n \subseteq A^+$，对 $n \geqslant 1$

由定理 2.4 – 4 可推出下列定理。

定理 2.4 – 5 设 A 和 B 是 Σ 上的语言，那么下列关系式成立：

(1) $A \subseteq AB^*$

(2) $A \subseteq B^* A$

(3) $(A \subseteq B) \Rightarrow (A^* \subseteq B^*)$

(4) $(A \subseteq B) \Rightarrow (A^+ \subseteq B^+)$

证

(1) 根据定理 2.4 – 4(1)，$B^* = \{\Lambda\} \bigcup B^+$。所以，$AB^* = A(\{\Lambda\} \bigcup B^+) = A \bigcup AB^+$，它含有 A。类似地可证(2)。

(3) 如果 $x \in A^*$，那么 $x \in A^n$，对某些 $n \geqslant 0$，但 $A \subseteq B$，所以根据定理 2.4 – 3(3)，$A^n \subseteq B^n$，所以 $x \in B^n$。根据定理 2.4 – 4(2)得 $x \in B^*$，故 $A^* \subseteq B^*$，一个类似的论证使(4)成立。证毕。

语言的连结积运算和闭包运算间满足以下关系。

定理 2.4 – 6 设 A 和 B 是 Σ 上的语言，那么下列关系式成立：

(1) $AA^* = A^* A = A^+$

(2) $\Lambda \in A \Leftrightarrow A^+ = A^*$

(3) $(A^*)^* = A^* A^* = A^*$

(4) $(A^*)^+ = (A^+)^* = A^*$

(5) $A^* A^+ = A^+ A^* = A^+$

(6) $(A^* B^*)^* = (A \cup B)^* = (A^* \cup B^*)^*$

证

(1) 我们仅证 $A^* A = A^+$。

$$
\begin{aligned}
x \in A^* A &\Leftrightarrow x = yz & \text{对某 } y \in A^* \text{ 和 } z \in A \\
&\Leftrightarrow x = yz & \text{对某 } y \in A^n \text{ 和 } z \in A, n \in \mathbf{N} \\
&\Leftrightarrow x \in A^n \cdot A & \text{对某 } n \in \mathbf{N} \\
&\Leftrightarrow x \in A^{n+1} & \text{对某 } n \in \mathbf{N} \\
&\Leftrightarrow x \in A^m & \text{对某 } m \in \mathbf{I}_+, \text{这里 } m = n+1 \\
&\Leftrightarrow x \in A^+
\end{aligned}
$$

所以，$A^* A = A^+$。

(6) 我们仅证 $(A^* B^*)^* = (A \cup B)^*$。

先证 $(A^* B^*)^* \subseteq (A \cup B)^*$。

因为 $A \subseteq A \cup B$，所以 $A^* \subseteq (A \cup B)^*$。类似地，$B^* \subseteq (A \cup B)^*$，这得出

$$A^* B^* \subseteq (A \cup B)^* (A \cup B)^*$$

根据本定理(3)得

$$A^* B^* \subseteq (A \cup B)^*$$
$$(A^* B^*)^* \subseteq ((A \cup B)^*)^* = (A \cup B)^*$$

再证 $(A \cup B)^* \subseteq (A^* B^*)^*$。

根据定理 2.4-4(2)，$A \subseteq A^*$。根据定理 2.4-5(1)，$A^* \subseteq A^* B^*$，因此 $A \subseteq A^* B^*$。类似地，$B \subseteq A^* B^*$。所以，$A \cup B \subseteq A^* B^*$，再根据定理 2.4-5(3)得

$$(A \cup B)^* \subseteq (A^* B^*)^*$$

其余部分的证明留作练习。

习 题

1. 设 $A = \{\Lambda, a\}$，$B = \{a, b\}$，$C = \{ab\}$，列出下列集合：

(1) A^2

(2) C^3

(3) CAB

(4) A^+

(5) C^*

2. 证明定理 2.4-1 的 (2) 和 (3) 部分。

3. 证明定理 2.4-2 的 (2)、(3)、(4) 部分。

4. 证明定理 2.4-3 的 (1)、(2) 部分。

5. 如果 $A = \{\Lambda, a, a^2, \cdots, a^n, \cdots\}$，$B = A - \{a^2\}$，能推出 $A^2 = B^2$ 吗？一般地，若 $A^n = B^n$，$n > 2$，能推出 $A = B$ 吗？

6. 虽然 $A^* = A^+ \bigcup \{\Lambda\}$，但 $A^+ = A^* - \{\Lambda\}$ 一般不成立。设 $\Sigma = \{a\}$，试找出 Σ^* 的最小子集 A，使 $A^+ \neq A^* - \{\Lambda\}$。

7. 设 A、B、$B_i (i = 1, 2, \cdots)$ 都是语言，证明

(1) $A(\bigcup_{i=1}^{\infty} B_i) = \bigcup_{i=1}^{\infty} (AB_i)$

(2) $A^* B = \bigcup_{i=0}^{\infty} (A^i B)$

8. 证明定理 2.4 - 6 的 (2)、(3)、(4)、(5) 及 (6) 中未证明的部分。

9. 设 A、B、C 和 D 是语言，证明以下等式成立：

(1) $(A^* B^*)^* = (B^* A^*)^*$

(2) $A \bigcup B \bigcup C \subseteq A^* B^* C^*$

(3) $(A^+)^+ = A^+$

(4) $(AB)^* A = A(BA)^*$

(5) $(A^* B^* C^* D^*)^* = (A \bigcup B \bigcup C \bigcup D)^*$

10. 设 A、B、C 是 Σ 上的语言，举例说明以下等式不成立：

(1) $(A^*)^n = (A^n)^*$，$n \in \mathbf{N}$

(2) $(AB)^* = (BA)^*$

(3) $(A - B)C = AC - BC$

(4) $A^* \subseteq B^* \Leftrightarrow A \subseteq B$

(5) $(\bar{A})^* = \overline{(A^*)}$，这里 $\bar{A} = \Sigma^* - A$

(6) $(A^* B^*) A^* = (A^* \bigcup B^*)^*$

(7) $A^+ = A^+ A^+$

*11. 证明如果 $A \neq \varnothing$ 且 $A^2 = A$，那么 $A^* = A$。

12. 用有限集合和集合运算描述 $\Sigma = \{a, b\}$ 上的下述语言（例如偶数长度的串的集合是 $\{aa, ab, ba, bb\}^*$）：

(1) 奇数长度的串的集合。

(2) 恰好包含一个 a 的串的集合。

(3) 或者以一个 a 开始，或者以两个 b 结束，或者两者都具备的串的集合。

(4) 至少含有 3 个连接 a 的串的集合。

(5) 包含子串 "$bbab$" 的串的集合。

2.5　集合的笛卡尔乘积

定义 2.5 - 1

(1) 两个元素 a_1、a_2 组成的序列记作 $\langle a_1, a_2 \rangle$，称为**二重组**或**序偶**。a_1 和 a_2 分别称为二重组 $\langle a_1, a_2 \rangle$ 的第一和第二个分量。

(2) 两个二重组 $\langle a, b \rangle$ 和 $\langle c, d \rangle$ 相等当且仅当 $a = c$ 并且 $b = d$。

(3) 设 $a_1, a_2, \cdots, a_n$ 是 n 个元素，定义

$$\langle a_1, a_2, \cdots, a_n \rangle = \langle \langle a_1, a_2, \cdots, a_{n-1} \rangle, a_n \rangle$$

为 **n 重组**，这里 $n > 2$。

让我们对定义作些说明：

(1) 由两个二重组相等的定义可以看出，二重组中元素的次序是重要的，例如 $\langle 2,3\rangle\neq\langle 3,2\rangle$，这一点和集合相等的定义不同，在集合中元素的次序是无关紧要的，例如 $\{2,3\}=\{3,2\}$。

(2) n 重组是一个二重组，其第一分量是 $n-1$ 重组。$\langle 2,3,5\rangle$ 代表 $\langle\langle 2,3\rangle,5\rangle$ 而不代表 $\langle 2,\langle 3,5\rangle\rangle$，按定义后者不是三重组，并且 $\langle\langle 2,3\rangle,5\rangle\neq\langle 2,\langle 3,5\rangle\rangle$。

(3) 由二重组相等的定义容易推得两个 n 重组 $\langle a_1,a_2,\cdots,a_n\rangle$ 和 $\langle b_1,b_2,\cdots,b_n\rangle$ 相等当且仅当 $a_i=b_i$，$1\leqslant i\leqslant n$。

例如，由二重组相等的定义得 $\langle\langle a,b\rangle,c\rangle=\langle\langle d,e\rangle,f\rangle$ 当且仅当 $c=f\wedge\langle a,b\rangle=\langle d,e\rangle$，再由二重组相等的定义得 $\langle a,b\rangle=\langle d,e\rangle$ 当且仅当 $a=d\wedge b=e$。这样，$\langle\langle a,b\rangle,c\rangle=\langle\langle d,e\rangle,f\rangle$ 当且仅当 $a=d\wedge b=e\wedge c=f$。

我们通常需要由集合族 $A_1,A_2,\cdots,A_n$ 的元素生成所有 n 重组，因而有以下定义。

定义 2.5－2

(1) 集合 A 和 B 的**叉积**记为 $A\times B$，是二重组集合 $\{\langle a,b\rangle\mid a\in A\wedge b\in B\}$。

(2) 集合 $A_1,A_2,\cdots,A_n$ 的**叉积**记为 $A_1\times A_2\times\cdots\times A_n$ 或 $\mathop{\times}\limits_{i=1}^{n}A_i$，定义为

$$\mathop{\times}\limits_{i=1}^{n}A_i=(A_1\times A_2\times\cdots\times A_{n-1})\times A_n$$

这里 $n>2$。

叉积又叫做集合的**笛卡尔乘积**。

由定义可看出，$\mathop{\times}\limits_{i=1}^{n}A_i$ 是 n 重组集合

$$\{\langle a_1,a_2,\cdots,a_n\rangle\mid a_i\in A_i\wedge 1\leqslant i\leqslant n\}$$

另外，对一切 i，$A_i=A$ 时，$\mathop{\times}\limits_{i=1}^{n}A_i$ 可简记为 A^n。

例 2.5－1 设 $A=\{a,b\}$，$B=\{1,2,3\}$，$C=\{p,q\}$，$D=\{0\}$，$E=\varnothing$。

(1) $A\times B=\{\langle a,1\rangle,\langle a,2\rangle,\langle a,3\rangle,\langle b,1\rangle,\langle b,2\rangle,\langle b,3\rangle\}$

(2) $A\times B\times C=\{\langle a,1,p\rangle,\langle a,1,q\rangle,\langle a,2,p\rangle,\langle a,2,q\rangle,\langle a,3,p\rangle,\langle a,3,q\rangle,\langle b,1,p\rangle,$
$\qquad\qquad\qquad\langle b,1,q\rangle,\langle b,2,p\rangle,\langle b,2,q\rangle,\langle b,3,p\rangle,\langle b,3,q\rangle\}$

如图 2.5－1 所示。

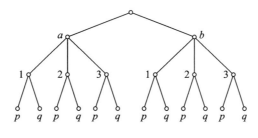

图　2.5－1

(3) $C\times D=\{\langle p,o\rangle,\langle q,o\rangle\}$

(4) $D\times(C^2)=D\times\{\langle p,p\rangle,\langle p,q\rangle,\langle q,p\rangle,\langle q,q\rangle\}$
$\qquad\qquad=\{\langle 0,\langle p,p\rangle\rangle,\langle 0,\langle p,q\rangle\rangle,\langle 0,\langle q,p\rangle\rangle,\langle 0,\langle q,q\rangle\rangle\}$

注意,这里的$\langle 0,\langle p,p\rangle\rangle$等不能写成$\langle 0,p,p\rangle$等,因为按照上述定义,它只是二重组而不是三重组。

(5) $A\times E=\varnothing$

当A和B是实数集合,那么$A\times B$能代表笛卡尔平面的点的集合。

例 2.5-2 设$A=\{x|1\leqslant x\leqslant 2\}$和$B=\{y|0\leqslant y\}$。

(1) $A\times B=\{\langle x,y\rangle|1\leqslant x\leqslant 2\wedge 0\leqslant y\}$

(2) $B\times A=\{\langle y,x\rangle|1\leqslant x\leqslant 2\wedge 0\leqslant y\}$

(1)和(2)的图像如图2.5-2所示。

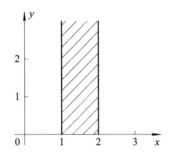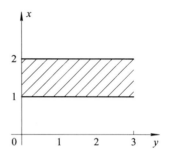

图 2.5-2

由例2.5-2可看出,集合的笛卡尔乘积运算是不可交换的。另外,结合律也不成立,因为$(A_1\times A_2)\times A_3$和$A_1\times(A_2\times A_3)$的元素的形式分别是$\langle\langle a_1,a_2\rangle,a_3\rangle$和$\langle a_1,\langle a_2,a_3\rangle\rangle$,按定义2.5-1,二者不可能相等。但二元笛卡尔乘积在并与交上可分配。

定理 2.5-1 如果A、B和C都是集合,那么

(1) $A\times(B\cup C)=(A\times B)\cup(A\times C)$

(2) $A\times(B\cap C)=(A\times B)\cap(A\times C)$

(3) $(A\cup B)\times C=(A\times C)\cup(B\times C)$

(4) $(A\cap B)\times C=(A\times C)\cap(B\times C)$

证 (1) 设$\langle x,y\rangle$是$A\times(B\cup C)$的任一元素,那么

$$\langle x,y\rangle\in A\times(B\cup C)\Leftrightarrow x\in A\wedge y\in(B\cup C)$$
$$\Leftrightarrow x\in A\wedge(y\in B\vee y\in C)$$
$$\Leftrightarrow x\in A\wedge y\in B\vee x\in A\wedge y\in C$$
$$\Leftrightarrow\langle x,y\rangle\in A\times B\vee\langle x,y\rangle\in A\times C$$
$$\Leftrightarrow\langle x,y\rangle\in(A\times B)\cup(A\times C)$$

所以,$A\times(B\cup C)=(A\times B)\cup(A\times C)$。

(2)、(3)、(4)部分留给读者自证。

定理 2.5-2 如果所有$A_i(i=1,2,\cdots,n)$都是有限集合,则

$$|A_1\times A_2\times\cdots\times A_n|=|A_1|\cdot|A_2|\cdots|A_n|$$

证 $n=1$时,$|A_1|=|A_1|$显然成立。对$n\geqslant 2$用归纳法证明。

$n=2$时,设$|A_1|=p$,$|A_2|=q$,A_1中的每一个元素与A_2中的q个不同元素可构成q个不同序偶,故共可构成pq个不同序偶,所以

$$|A_1\times A_2|=pq=|A_1|\cdot|A_2|$$

设对任意 $n \geqslant 2$ 定理成立，现证 $n+1$ 也成立。
$$| A_1 \times A_2 \times \cdots \times A_n \times A_{n+1} | = | A_1 \times A_2 \times \cdots \times A_n | \cdot | A_{n+1} |$$
$$= | A_1 | \cdot | A_2 | \cdots | A_n | \cdot | A_{n+1} |$$

这里第一步是根据叉积定义和基础步骤，第二步是根据归纳假设。所以，对一切 $n \geqslant 1$，定理成立。

最后说明一点：n 重组的概念可以推广到 $n=1$ 的情况，称 $\langle a \rangle$ 为**一重组**。这主要为了在一些场合能方便地与多重组统一叙述，它实质上仍代表一个元素。

习　题

1. 证明定理 $2.5-1$ 中的 (2)、(3)、(4)。

2. 如果 $A=\{a,b\}$ 和 $B=\{c\}$，试确定下列集合：

(1) $A \times \{0,1\} \times B$

(2) $B^2 \times A$

(3) $(A \times B)^2$

3. 设 $A=\{0,1\}$，构成集合 $\rho(A) \times A$。

4. 设 A、B、C 和 D 是任意集合，试证明：
$$(A \cap B) \times (C \cap D) = (A \times C) \cap (B \times D)$$

5. 试证明：$A \times B = B \times A \Leftrightarrow A = \varnothing \vee B = \varnothing \vee A = B$。

*6. 指出下列各式是否成立：

(1) $(A \cup B) \times (C \cup D) = (A \times C) \cup (B \times D)$

(2) $(A-B) \times (C-D) = (A \times C) - (B \times D)$

(3) $(A \oplus B) \times (C \oplus D) = (A \times C) \oplus (B \times D)$

(4) $(A-B) \times C = (A \times C) - (B \times C)$

(5) $(A \oplus B) \times C = (A \times C) \oplus (B \times C)$

第 3 章 二 元 关 系

给定一个集合，其成员间往往存在某些关系，如对某一家庭集合{父，母，老大，老二}，集合的成员间存在夫妻关系和上下辈关系等。一个集合及其成员上的关系称为该集合所代表的事物的结构。研究事物的结构主要是研究关系，关系概念的应用十分广泛。关系在计算机科学中起着重要作用，本章将给以较详尽的介绍。

3.1 基 本 概 念

3.1.1 关系

关系的数学概念是建立在日常生活中关系的概念之上的。让我们先看两个例子。

例 3.1-1 设 $A=\{a, b, c, d\}$ 是某乒乓球队的男队员集合，$B=\{e, f, g\}$ 是女队员集合。如果 A 和 B 元素之间有混双配对关系的是 a 和 g，d 和 e。我们可表达为

$$R=\{\langle a, g\rangle, \langle d, e\rangle\}$$

这里 R 表示具有混双配对关系的序偶集合。所有可能具有混双配对关系的序偶集合是：

$$A\times B=\{\langle x, y\rangle \mid x\in A \wedge y\in B\}$$
$$=\{\langle a, e\rangle, \langle a, f\rangle, \langle a, g\rangle, \langle b, e\rangle, \langle b, f\rangle, \langle b, g\rangle,$$
$$\langle c, e\rangle, \langle c, f\rangle, \langle c, g\rangle, \langle d, e\rangle, \langle d, f\rangle, \langle d, g\rangle\}$$

例 3.1-2 设学生集合 $A_1=\{a, b, c, d\}$，选修课集合 $A_2=\{日语，法语\}$，成绩等级集合 $A_3=\{甲，乙，丙\}$。如果四人的选修内容及成绩如下：

a	日	乙
b	法	甲
c	日	丙
d	法	乙

我们可表达为

$$S=\{\langle a, 日, 乙\rangle, \langle b, 法, 甲\rangle, \langle c, 日, 丙\rangle, \langle d, 法, 乙\rangle\}$$

这里 S 表示学生和选修课及成绩间的关系。而可能出现的全部情况为

$$A_1\times A_2\times A_3=\{\langle x, y, z\rangle \mid x\in A_1 \wedge y\in A_2 \wedge z\in A_3\}$$
$$=\{\langle a, 日, 甲\rangle, \langle a, 日, 乙\rangle, \langle a, 日, 丙\rangle, \langle a, 法, 甲\rangle, \langle a, 法, 乙\rangle,$$
$$\langle a, 法, 丙\rangle, \langle b, 日, 甲\rangle, \langle b, 日, 乙\rangle, \langle b, 日, 丙\rangle, \langle b, 法, 甲\rangle,$$
$$\langle b, 法, 乙\rangle, \langle b, 法, 丙\rangle, \langle c, 日, 甲\rangle, \langle c, 日, 乙\rangle, \langle c, 日, 丙\rangle,$$
$$\langle c, 法, 甲\rangle, \langle c, 法, 乙\rangle, \langle c, 法, 丙\rangle, \langle d, 日, 甲\rangle, \langle d, 日, 乙\rangle,$$
$$\langle d, 日, 丙\rangle, \langle d, 法, 甲\rangle, \langle d, 法, 乙\rangle, \langle d, 法, 丙\rangle\}$$

考察以上两个例子，现在我们给出关系的数学定义。

定义 3.1-1

(1) $A \times B$ 的子集叫做 A 到 B 的一个**二元关系**。

(2) $A_1 \times A_2 \times \cdots \times A_n (n \geqslant 1)$ 的子集叫做 $A_1 \times A_2 \times \cdots \times A_n$ 上的一个 **n 元关系**。

(3) $A^n = \underbrace{A \times A \times \cdots \times A}_{n个} (n \geqslant 1)$ 的子集叫做 **A 上的 n 元关系**。

从定义可看出，关系是一个集合，所有定义集合的方法，都可用来定义关系。

例 3.1-1 和例 3.1-2 是列举法的例子。

一个谓词 $P(x_1, x_2, \cdots, x_n)$ 可以定义一个 n 元关系 R：

$$R = \{\langle x_1, x_2, \cdots, x_n \rangle \mid P(x_1, x_2, \cdots, x_n)\}$$

例如，实数 **R** 上的二元关系 > 可定义如下：

$$> = \{\langle x, y \rangle \mid x \in \mathbf{R} \wedge y \in \mathbf{R} \wedge x > y\}$$

反之，一个 n 元关系也可定义一个谓词：

$$P(x_1, x_2, \cdots, x_n) = \begin{cases} 1 \text{（真），当} \langle x_1, x_2, \cdots, x_n \rangle \in R \text{ 时} \\ 0 \text{（假），当} \langle x_1, x_2, \cdots, x_n \rangle \notin R \text{ 时} \end{cases}$$

当 $n=1$ 时，$R = \{\langle x \rangle \mid P(x)\}$ 称为**一元关系**。它是一重组集合，表示论述域上具有性质 P 的元素集合，其意义与 $R = \{x \mid P(x)\}$ 相同，仅记法不同而已。

例如，设 $P(x)$ 表示"x 是质数"，论述域是 **N**，则质数集合可表示为

$$\{\langle x \rangle \mid P(x)\}$$

或

$$\{x \mid P(x)\}$$

关系也可归纳地定义。自然数上的小于关系可定义如下：

(1)（基础）$\langle 0, 1 \rangle \in <$，

(2)（归纳）如果 $\langle x, y \rangle \in <$，那么

(i) $\langle x, y+1 \rangle \in <$，

(ii) $\langle x+1, y+1 \rangle \in <$，

(3)（极小性）对一切 $x, y \in \mathbf{N}$，$x < y$ 当且仅当 $\langle x, y \rangle$ 是由有限次应用条款(1)和(2)构成。

如果 S 是 k 个元素的有限集，那么 S 的不同子集有 $|\rho(S)| = 2^k$ 个。如果每个集合 A_i 是有限的，且 $|A_i| = r_i$，那么 $\underset{i=1}{\overset{n}{\times}} A_i$ 共有 $r_1 r_2 \cdots r_n$ 个元素，它的不同子集个数是 $2^{r_1 r_2 \cdots r_n}$ 个。所以，根据关系的定义，$\underset{i=1}{\overset{n}{\times}} A_i$ 上有 $2^{r_1 r_2 \cdots r_n}$ 个不同的 n 元关系。

定义 3.1-2 设 R 是 $\underset{i=1}{\overset{n}{\times}} A_i$ 的子集，如果 $R = \varnothing$，则称 R 为**空关系**，如果 $R = \underset{i=1}{\overset{n}{\times}} A_i$，则称 R 为**全域关系**。

现在定义关系相等的概念，在关系相等的概念中不仅需要 n 重组集合相等，还需其叉积扩集也相同。

定义 3.1-3 设 R_1 是 $\underset{i=1}{\overset{n}{\times}} A_i$ 上的 n 元关系，R_2 是 $\underset{i=1}{\overset{m}{\times}} B_i$ 上的 m 元关系。那么 $R_1 = R_2$，当且仅当 $n = m$，且对一切 i，$1 \leqslant i \leqslant n$，$A_i = B_i$，并且 R_1 和 R_2 是相等的有序 n 重组集合。

在实用中，关系的叉积扩集 $A_1 \times A_2 \times \cdots \times A_n$ 中某些 A_i 可能没有明晰指定，例如，在关系数据库中。此时，若须处理这些关系，一般都当作它们有相同的叉积扩集。

3.1.2 二元关系

最重要的关系是二元关系。本章主要讨论二元关系，今后术语"关系"都指二元关系。若非二元关系将用"三元"或"n 元"一类术语指出。

二元关系有自己专用的记法和若干新术语。

设 $A=\{x_1, x_2, \cdots, x_7\}$，$B=\{y_1, y_2, \cdots, y_6\}$，$R=\{\langle x_3, y_1\rangle, \langle x_3, y_2\rangle, \langle x_4, y_4\rangle, \langle x_6, y_2\rangle\}$，$A$ 到 B 的二元关系 R 可如图 3.1-1 那样形象地表示。$\langle x_3, y_1\rangle \in R$，也可写成 $x_3 R y_1$，称为**中缀记法**，读做 x_3 和 y_1 有关系 R。中缀记法常用来表示诸如"$=$"、"$<$"、"$>$"等关系，例如 $\langle 3, 5\rangle \in <$，通常写作 $3 < 5$。

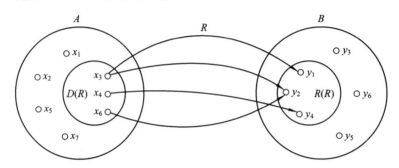

图 3.1-1

A 叫做关系 R 的**前域**，B 叫做关系 R 的**陪域**。

$D(R)=\{x \mid \exists y(\langle x, y\rangle \in R)\}$ 叫做关系 R 的**定义域**。

$R(R)=\{y \mid \exists x(\langle x, y\rangle \in R)\}$ 叫做关系 R 的**值域**。

关系是序偶的集合，对它可进行集合运算，运算结果定义一个新关系。设 R 和 S 是给定集合上的两个二元关系，则 $R \cup S$，$R \cap S$，$R-S$，$\overline{R}$ 等可分别定义如下：

$$x(R \cup S)y \Leftrightarrow xRy \vee xSy$$
$$x(R \cap S)y \Leftrightarrow xRy \wedge xSy$$
$$x(R-S)y \Leftrightarrow xRy \wedge x\not{S}y$$
$$x\overline{R}y \Leftrightarrow x\not{R}y$$

例 3.1-3 平面上的几何图形是平面 $\mathbf{R}^2$ 的子集，也是一种关系。设（参看图 3.1-2）

$$R_1=\{\langle x, y\rangle \mid \langle x, y\rangle \in \mathbf{R}^2 \wedge x^2+y^2 \leqslant 9\}$$
$$R_2=\{\langle x, y\rangle \mid \langle x, y\rangle \in \mathbf{R}^2 \wedge 1 \leqslant x \leqslant 3) \wedge (0 \leqslant y \leqslant 3)\}$$
$$R_3=\{\langle x, y\rangle \mid \langle x, y\rangle \in \mathbf{R}^2 \wedge x^2+y^2 \geqslant 4\}$$

则

$$R_1 \cup R_2=\{\langle x, y\rangle \mid \langle x, y\rangle \in \mathbf{R}^2 \wedge (x^2+y^2 \leqslant 9 \vee (1 \leqslant x \leqslant 3 \wedge 0 \leqslant y \leqslant 3))\}$$
$$R_1 \cap R_3=\{\langle x, y\rangle \mid \langle x, y\rangle \in \mathbf{R}^2 \wedge (x^2+y^2 \leqslant 9 \wedge x^2+y^2 \geqslant 4)\}$$
$$R_1 - R_3=\{\langle x, y\rangle \mid \langle x, y\rangle \in \mathbf{R}^2 \wedge (x^2+y^2 \leqslant 9 \wedge \neg(x^2+y^2 \geqslant 4))\}$$
$$\overline{R_3}=\{\langle x, y\rangle \mid \langle x, y\rangle \in \mathbf{R}^2 \wedge \neg(x^2+y^2 \geqslant 4)\}$$

不仅对二元关系可进行集合运算，而且对多元关系也可进行集合运算。

可把 A 到 B 上的二元关系看成是 $A \cup B$ 上的二元关系，即 $(A \cup B)^2$ 上的关系。有时，这可简化问题的讨论。

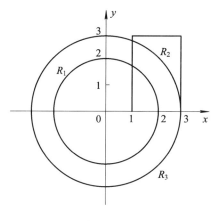

图 3.1－2

A 上的二元关系 $R=\{\langle x,x\rangle\mid x\in A\}$ 称为**相等关系**，常记为 I_A 或 E_A。

3.1.3 关系矩阵和关系图

表达有限集合到有限集合的二元关系时，矩阵是一有力工具。

定义 3.1－4 给定集合 $A=\{a_1,a_2,\cdots,a_m\}$ 和 $B=\{b_1,b_2,\cdots,b_n\}$，及一个 A 到 B 的二元关系 R，使

$$r_{ij}=\begin{cases}1,\text{ 如果 }a_iRb_j\\0,\text{ 如果 }a_i\not\!R b_j\end{cases}$$

则称 $\boldsymbol{M}_R=[r_{ij}]$ 矩阵是 R 的**关系矩阵**。

例 3.1－4 设 $A=\{a_1,a_2\}$，$B=\{b_1,b_2,b_3\}$，$R=\{\langle a_1,b_1\rangle,\langle a_2,b_1\rangle,\langle a_1,b_3\rangle,\langle a_2,b_2\rangle\}$，则其关系矩阵为

$$\begin{array}{ccc}& b_1 & b_2 & b_3\\ a_1 & 1 & 0 & 1\\ a_2 & 1 & 1 & 0\end{array}\qquad 即\qquad \boldsymbol{M}_R=\begin{bmatrix}1 & 0 & 1\\1 & 1 & 0\end{bmatrix}$$

例 3.1－5 设 $A=\{1,2,3,4\}$，A 上的二元关系 $R=\{\langle x,y\rangle\mid x>y\}$，试求出关系矩阵。

解 $\qquad R=\{\langle 4,1\rangle,\langle 4,2\rangle,\langle 4,3\rangle,\langle 3,1\rangle,\langle 3,2\rangle,\langle 2,1\rangle\}$

$$\boldsymbol{M}_R=\begin{bmatrix}0 & 0 & 0 & 0\\1 & 0 & 0 & 0\\1 & 1 & 0 & 0\\1 & 1 & 1 & 0\end{bmatrix}$$

利用关系矩阵 $\boldsymbol{M}_R$，也可写出关系 R。

集合 A 上的二元关系也可用有向图表示。具体方法如下：一般用小圆圈标上 a_i 表示元素 a_i，小圆圈叫图的**结点**（node），如果 $\langle a_i,a_j\rangle\in R$，则从结点 a_i 到 a_j 画一带箭头的弧（注意 a_i 是始点，a_j 是终点，次序不能颠倒）；如果 $\langle a_i,a_i\rangle\in R$，则通过结点 a_i 画一个叫做**自回路**的带箭头的圆弧。称带箭头的弧为**弧**或**边**。这样所得的图叫做关系 $\boldsymbol{R}$ 的图示，又称**关系图**。正规的说法应该是**有向图$\langle\boldsymbol{A},\boldsymbol{R}\rangle$的图示**，所谓有向是指每条边都有方向。

例 3.1-6 设 $A = \{1, 2, 3, 4, 5\}$，$R = \{\langle 1, 2\rangle, \langle 2, 2\rangle, \langle 3, 2\rangle, \langle 3, 4\rangle, \langle 4, 3\rangle\}$，其图示如图 3.1-3 所示。图中结点 5 叫做**孤立点**。

利用关系 R 的图示，也可写出关系 R。

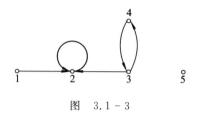

图　3.1-3

3.1.4　关系的特性

在研究各种二元关系中，关系的某些特性扮演着重要角色，我们将定义这些特性，并给出它的图示和矩阵的特点。

定义 3.1-5 设 R 是 A 上的二元关系，

(1) 如果对 A 中每一 x，xRx，那么 R 是**自反的**。即

$$A \text{ 上的关系 } R \text{ 是自反的} \Longleftrightarrow \forall x(x \in A \to xRx)$$

例如，$A = \{1, 2, 3\}$，$R_1 = \{\langle 1, 1\rangle, \langle 2, 2\rangle, \langle 3, 3\rangle, \langle 1, 2\rangle\}$ 是自反的。其关系图和关系矩阵的特点如图 3.1-4 所示。

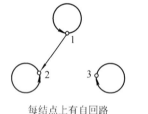

$$\begin{bmatrix} 1 & 1 & 0 \\ 0 & 1 & 0 \\ 0 & 0 & 1 \end{bmatrix}$$

每结点上有自回路　　　　　　　　　主对角线上元素均为1

图　3.1-4

(2) 如果对 A 中每一 x，$x\bar{R}x$，那么 R 是**反自反的**。即

$$A \text{ 上的关系 } R \text{ 是反自反的} \Longleftrightarrow \forall x(x \in A \to x\bar{R}x)$$

例如，$A = \{1, 2, 3\}$，$R_2 = \{\langle 2, 1\rangle, \langle 1, 3\rangle, \langle 3, 2\rangle\}$ 是反自反的，其关系图和关系矩阵的特点如图 3.1-5 所示。

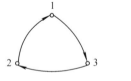

$$\begin{bmatrix} 0 & 0 & 1 \\ 1 & 0 & 0 \\ 0 & 1 & 0 \end{bmatrix}$$

每结点上都无自回路　　　　　　　　主对角线上元素全为0

图　3.1-5

有些关系既不是自反的，又不是反自反的（如图 3.1-6），例如，$R_3 = \{\langle 1, 1\rangle, \langle 1, 2\rangle$，$\langle 3, 2\rangle, \langle 2, 3\rangle, \langle 3, 3\rangle\}$。

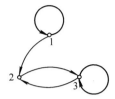

$$\begin{bmatrix} 1 & 1 & 0 \\ 0 & 0 & 1 \\ 0 & 1 & 1 \end{bmatrix}$$

图 3.1-6

(3) 如果对每一 $x, y \in A$，xRy 蕴含着 yRx，那么 R 是**对称的**。即

A 上的关系 R 是对称的 $\Leftrightarrow \forall x \forall y(x \in A \wedge y \in A \wedge xRy \rightarrow yRx)$

例如，$A = \{1, 2, 3\}$，$R_4 = \{\langle 1, 2 \rangle, \langle 2, 1 \rangle, \langle 1, 3 \rangle, \langle 3, 1 \rangle, \langle 1, 1 \rangle\}$ 是对称的。其关系图和关系矩阵的特点如图 3.1-7 所示。

如果有 a 到 b 的弧，
一定有 b 到 a 的弧

$$\begin{bmatrix} 1 & 1 & 1 \\ 1 & 0 & 0 \\ 1 & 0 & 0 \end{bmatrix}$$

关于主对角线对称

图 3.1-7

(4) 如果对每一 $x, y \in A$，xRy，yRx 蕴含着 $x = y$，那么 R 是**反对称的**。即

A 上的关系 R 是反对称的 $\Leftrightarrow \forall x \forall y(x \in A \wedge y \in A \wedge xRy \wedge yRx \rightarrow x = y)$

例如，$A = \{1, 2, 3\}$，$R_5 = \{\langle 1, 2 \rangle, \langle 2, 3 \rangle\}$ 是反对称的，其关系图和关系矩阵的特点如图 3.1-8 所示。

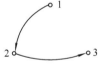

如果存在 a 到 b 的弧，
就不存在 b 到 a 的弧
(注意逆命题不成立)

$$\begin{bmatrix} 0 & 1 & 0 \\ 0 & 0 & 1 \\ 0 & 0 & 0 \end{bmatrix}$$

如果 $a_{ji}=1$，则 $a_{ij}=0$，这里 $i \neq j$
(注意 $a_{ji}=0$，不一定 $a_{ij}=1$)

图 3.1-8

有些关系既非对称的，也非反对称的。例如，图 3.1-9 所示的关系。

有些关系既是对称的，也是反对称的，例如空关系。

(5) 如果对每一 $x, y, z \in A$，xRy，yRz 蕴含着 xRz，那么 R 是**传递的**。即

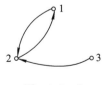

图 3.1-9

A 上的关系 R 是传递的 $\Leftrightarrow \forall x \forall y \forall z(x \in A \wedge y \in A \wedge z$
$\in A \wedge xRy \wedge yRz \rightarrow xRz)$

例如，$A = \{1, 2, 3, 4\}$，$R_5 = \{\langle 4, 1 \rangle, \langle 4, 3 \rangle, \langle 4, 2 \rangle, \langle 3, 2 \rangle, \langle 3, 1 \rangle, \langle 2, 1 \rangle\}$ 是传递的。其关系图和关系矩阵如图 3.1-10 所示。

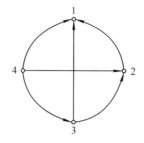

$$\begin{bmatrix} 0 & 0 & 0 & 0 \\ 1 & 0 & 0 & 0 \\ 1 & 1 & 0 & 0 \\ 1 & 1 & 1 & 0 \end{bmatrix}$$

图　3.1－10

关系图的特点是：如果从 a 到 b 存在一条有向路径，则 a 到 b 也存在一条弧。所谓 a 到 b 的有向路径是指存在一结点序列 $a=a_0$，a_1，a_2，$\cdots$，$a_n=b$，对每一 i，$0 \leqslant i \leqslant n-1$，$a_i$ 到 a_{i+1} 都存在一条弧。传递性很难从关系矩阵直接看出，但关系图的特点隐含在关系矩阵中。

例 3.1－7

（1）任何集合上的相等关系是自反的、对称的、反对称的和传递的，但不是反自反的。

（2）整数集合 **I** 上，关系 $\leqslant$ 是自反的、反对称的、可传递的。但不是反自反的和对称的。关系 $<$ 是反自反的、反对称的、可传递的，但不是自反的和对称的。

（3）设 $\Sigma=\{a, b\}$，试考察 Σ^* 上的下列关系：

① 关系"与……有同样长度"是自反的、对称的、可传递的，但不是反自反的和反对称的。

② "xRy 当且仅当 x 是 y 的真词头"，这里 R 是反自反的、反对称的、可传递的，但不是自反的和对称的。

③ "xRy 当且仅当 x 的某真词头是 y 的一个真词尾"，这里 R 既不是自反的又不是反自反的，因为 $aaRaa$，但 $abRab$，既不是对称的也不是反对称的，并且不是传递的。

（4）非空集合上的空关系是反自反的、对称的、反对称的和传递的，但不是自反的。空集合上的空关系则是自反的、反自反的、对称的、反对称的和可传递的。

（5）基数大于 1 的集合上的全域关系是自反的、对称的和传递的，但不是反自反的和反对称的，例如图 3.1－11 所示的关系。

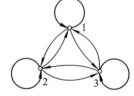

图　3.1－11

习　题

1. 用列举法表达下列 $A \times B$ 上的二元关系 S：

（1）$A=\{0, 1, 2\}$，$B=\{0, 2, 4\}$，$S=\{\langle x, y\rangle \mid x, y \in A \cap B\}$

（2）$A=\{1, 2, 3, 4, 5\}$，$B=\{1, 2, 3\}$，$S=\{\langle x, y\rangle \mid x=y^2 \wedge x \in A \wedge y \in B\}$

2. 设 $A=\{0, 1, 2, 3, 4\}$，试用列举法表达由下列谓词确定的 A 上的 n 元关系。如果是二元关系，并画出其关系图。

（1）$P(x) \Leftrightarrow x \leqslant 1$

（2）$P(x) \Leftrightarrow 3 > 2$

(3) $P(x) \Leftrightarrow 2>3$

(4) $P(x, y) \Leftrightarrow x+y=4$

(5) $P(x, y) \Leftrightarrow \exists k(x=ky \wedge k<2)$

(6) $P(x, y) \Leftrightarrow (x=0 \vee 2x<3)$

(7) $P(x, y, z) \Leftrightarrow x^2+y=z$

3. 对下列关系 R，求出关系矩阵 $\boldsymbol{M}_R$：

(1) $A=\{1, 2, 3\}$, $R=\{\langle 2, 2\rangle, \langle 1, 2\rangle, \langle 3, 1\rangle\}$

(2) $A=\{0, 1, 2, 3\}$, $R=\{\langle x, y\rangle | x \leqslant 2 \wedge y \geqslant 1\}$

(3) $A=\{5, 6, 7, 8\}$, $B=\{1, 2, 3\}$

　　$R=\{\langle x, y\rangle | x \in A \wedge y \in B \wedge 3 \leqslant x-y \leqslant 7\}$

(4) $A=\{0, 1, 2, 3, 4, 5, 6\}$, $R=\{\langle x, y\rangle | x<y \vee x$ 是质数$\}$

4. 对下列每一个 **N** 上关系 R 给出一归纳定义，用你的定义证明 $x \in R$。

(1) $R=\{\langle a, b\rangle | a \geqslant b\}$, $x=\langle 3, 1\rangle$

(2) $R=\{\langle a, b\rangle | a=2b\}$, $x=\langle 6, 3\rangle$

(3) $R=\{\langle a, b, c\rangle | a+b=c\}$, $x=\langle 1, 1, 2\rangle$

5. 设 $A=\{1, 2, 3, 4\}$, $R=\{\langle 1, 2\rangle, \langle 2, 4\rangle, \langle 3, 3\rangle\}$, $S=\{\langle 1, 3\rangle, \langle 2, 4\rangle, \langle 4, 2\rangle\}$。

(1) 求出 $R \cup S$, $R \cap S$, $R-S$, $\overline{R}$。

(2) 求出 $D(R)$, $R(S)$, $D(R \cup S)$, $R(R \cap S)$。

6. 证明对任意集合 A，和 A 上的任意二元关系 R 和 S，有
$$D(R \cup S) = D(R) \cup D(S)$$
$$R(R \cap S) \subseteq R(R) \cap R(S)$$

7. 设 A 是 n 个元素的集合。

(1) 证明 A 上有 2^n 个一元关系。

(2) 证明 A 上有 2^{n^2} 个二元关系。

(3) A 上有多少个三元关系呢？

8. 写出图 3.1-12 所表示的关系具有定义 3.1-5 所指出的哪些特性。

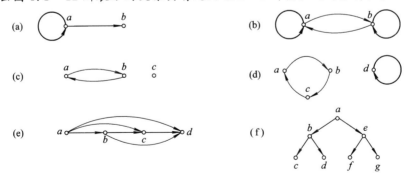

图　3.1-12

9. 设 $P_1(x, y) \Leftrightarrow xy>0$, $P_2(x, y) \Leftrightarrow |x-y|=4$, $P_3(x, y) \Leftrightarrow x+y=10$, $P_4(x, y) \Leftrightarrow x$ 整除 y。试确定由这些谓词所指定的整数集合 **I** 上的二元关系是否具有定义 3.1-5 中所指出的特性。将结果用 Y(yes) 和 N(no) 填入表 3.1-1 中。

表 3.1 - 1

	自反的	反自反的	对称的	反对称的	传递的
P_1					
P_2					
P_3					
P_4					

10. 确定整数集合 I 上的相等关系、$\leqslant$ 关系、$<$ 关系、全域关系、空关系是否具有定义 3.1 - 5 中指出的特性。试将结果用类似于上题的表列出。

11. 设 $A = \{1, 2, 3, 4\}$，A 上的下列关系是否可传递？如果是不可传递的，举出反例证明它，然后找出一个具有最少序偶的关系 R，使 R 包含原关系并且是可传递的。

(1) $R_1 = \{\langle 1, 1\rangle\}$

(2) $R_2 = \{\langle 1, 2\rangle, \langle 2, 2\rangle\}$

(3) $R_3 = \{\langle 1, 2\rangle, \langle 2, 3\rangle, \langle 1, 3\rangle, \langle 2, 1\rangle\}$

(4) $R_4 = \{\langle 1, 2\rangle, \langle 4, 3\rangle, \langle 2, 2\rangle, \langle 2, 1\rangle, \langle 3, 1\rangle\}$

12. (1) 找出一个非空最小集合，并在其上定义一个既不是自反的也不是反自反的关系。

(2) 找出一个非空的最小集合，并在其上定义一个既不是对称的也不是反对称的关系。

(3) 若(1)、(2)二题中允许用空集合，结果将怎样？

13. 考虑任意集合 A 上的二元关系的集合，如果某一集合运算施于关系后，所得关系仍具有相同的性质，那么说一个关系的性质在该集合运算下是保持的。例如自反性质在二元运算并之下是保持的，因为两个自反关系的并是自反的。然而，自反性质在集合的求补运算下是不保持的，因为一个非空集合上的一个自反关系的绝对补不是一个自反关系。按照在指出的集合运算下给出的性质是否保持，填充表 3.1 - 2。对每一非(N)的回答，给出反例。

表 3.1 - 2

	并 $R_1 \cup R_2$	交 $R_1 \cap R_2$	相对补 $R_1 - R_2$	绝对补 $A \times A - R_1$
自 反 的	Y			N
反自反的				
对 称 的				
反对称的				
传 递 的				

14. 在 $\mathbf{R}^2$ 平面上画出下述关系的图，对每一关系确定定义 3.1 - 5 中的哪些性质成立。

(1) $\{\langle x, y\rangle \mid x = y\}$

(2) $\{\langle x, y\rangle \mid x^2 - 1 = 0 \wedge y > 0\}$

(3) $\{\langle x, y\rangle \mid |x| \leqslant 1 \wedge |y| \geqslant 1\}$

3.2 关系的合成

3.2.1 基本概念

前边已经指出,关系是序偶的集合,因此可以进行集合运算。本节介绍一种对关系来说更为重要的运算——合成运算。假设 R_1 是 A 到 B 的关系,R_2 是 B 到 C 的关系(参看图 3.2-1)。合成关系 R_1R_2 是一个 A 到 C 的关系:如果在关系图上,从 $a \in A$ 到 $c \in C$ 有一长度(路径中弧的条数)为 2 的路径,其第一条弧属于 R_1,其第二条弧属于 R_2,那么 $\langle a, c \rangle \in R_1R_2$。合成关系 R_1R_2 就是由 $\langle a, c \rangle$ 这样的序偶组成的集合。

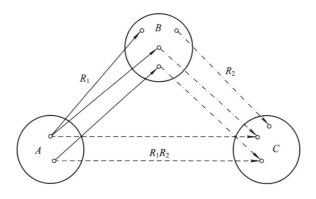

图 3.2-1

我们把合成关系 R_1R_2 看做是对 R_1 和 R_2 执行合成这个二元运算的结果。合成运算的定义蕴含在合成关系的定义中。

定义 3.2-1 设 R_1 是从 A 到 B 的关系,R_2 是从 B 到 C 的关系,从 A 到 C 的**合成关系**记为 R_1R_2,定义为

$R_1R_2 = \{\langle a, c \rangle \mid a \in A \wedge c \in C \wedge \exists b[b \in B \wedge \langle a, b \rangle \in R_1 \wedge \langle b, c \rangle \in R_2]\}$[①]

R_1R_2 有时记为 $R_1 \cdot R_2$,$\cdot$ 表示合成运算。

例 3.2-1

(1) 如果 R_1 是关系"…是…的兄弟",R_2 是关系"…是…的父亲",那么 R_1R_2 是关系"…是…的叔伯"。R_2R_2 是关系"…是…的祖父"。

(2) 给定集合 $A=\{1, 2, 3, 4\}$,$B=\{2, 3, 4\}$,$C=\{1, 2, 3\}$,设 R 是 A 到 B 的关系;S 是 B 到 C 的关系。

$$R = \{\langle x, y \rangle \mid x + y = 6\}$$
$$= \{\langle 2, 4 \rangle, \langle 3, 3 \rangle, \langle 4, 2 \rangle\}$$
$$S = \{\langle y, z \rangle \mid y - z = 1\}$$
$$= \{\langle 2, 1 \rangle, \langle 3, 2 \rangle, \langle 4, 3 \rangle\}$$

则 $R \cdot S = \{\langle 2, 3 \rangle, \langle 3, 2 \rangle, \langle 4, 1 \rangle\}$,如图 3.2-2 所示。

---

① 合成关系的定义可以扩充到"R_1 是 A 到 E 的关系,R_2 是 D 到 C 的关系,而 $E \cap D = B$"这种情况,但意义不大,故略。

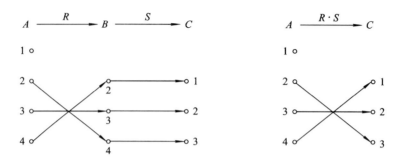

图 3.2-2

(3) 设 $A=\{1,2,3,4,5\}$，R 和 S 都是 A 上的二元关系。如果

$$R=\{\langle 1,2\rangle,\langle 3,4\rangle,\langle 2,2\rangle\},$$
$$S=\{\langle 4,2\rangle,\langle 2,5\rangle,\langle 3,1\rangle,\langle 1,3\rangle\}$$

则

$$R\cdot S=\{\langle 1,5\rangle,\langle 3,2\rangle,\langle 2,5\rangle\}$$
$$S\cdot R=\{\langle 4,2\rangle,\langle 3,2\rangle,\langle 1,4\rangle\}$$
$$(R\cdot S)\cdot R=\{\langle 3,2\rangle\}$$
$$R\cdot (S\cdot R)=\{\langle 3,2\rangle\}$$
$$R\cdot R=\{\langle 1,2\rangle,\langle 2,2\rangle\}$$
$$S\cdot S=\{\langle 4,5\rangle,\langle 3,3\rangle,\langle 1,1\rangle\}$$

(4) 设 R 是 A 到 B 的二元关系，I_A、I_B 分别是 A 和 B 上的相等关系，则

$$I_A\cdot R=R\cdot I_B=R$$

(5) 如果关系 R 的值域与关系 S 的定义域的交集是空集，则合成关系 $R\cdot S$ 是空关系。

下边介绍合成关系的性质。

定理 3.2-1 设 R_1 是从 A 到 B 的关系，R_2 和 R_3 是从 B 到 C 的关系，R_4 是从 C 到 D 的关系，那么

(1) $R_1(R_2\cup R_3)=R_1R_2\cup R_1R_3$

(2) $R_1(R_2\cap R_3)\subseteq R_1R_2\cap R_1R_3$

(3) $(R_2\cup R_3)R_4=R_2R_4\cup R_3R_4$

(4) $(R_2\cap R_3)R_4\subseteq R_2R_4\cap R_3R_4$

(1)、(3)、(4)部分的证明留作练习，我们仅证明(2)部分。

证 先证明公式。因为

$$\langle a,c\rangle\in R_1(R_2\cap R_3)$$
$$\Leftrightarrow \exists b[\langle a,b\rangle\in R_1\wedge(\langle b,c\rangle\in R_2\cap R_3)]$$
$$\Leftrightarrow \exists b[\langle a,b\rangle\in R_1\wedge(\langle b,c\rangle\in R_2\wedge\langle b,c\rangle\in R_3)]$$
$$\Leftrightarrow \exists b[(\langle a,b\rangle\in R_1\wedge\langle b,c\rangle\in R_2)\wedge(\langle a,b\rangle\in R_1\wedge\langle b,c\rangle\in R_3)]$$
$$\Rightarrow \exists b[\langle a,b\rangle\in R_1\wedge\langle b,c\rangle\in R_2]\wedge\exists b[\langle a,b\rangle\in R_1\wedge\langle b,c\rangle\in R_3]$$
$$\Leftrightarrow \langle a,c\rangle\in R_1R_2\wedge\langle a,c\rangle\in R_1R_3$$
$$\Leftrightarrow \langle a,c\rangle\in R_1R_2\cap R_1R_3$$

即
$$\langle a,c\rangle \in R_1(R_2\bigcap R_3)\Rightarrow\langle a,c\rangle \in R_1R_2\bigcap R_1R_3$$

所以，$R_1(R_2\bigcap R_3)\subseteq R_1R_2\bigcap R_1R_3$。

再证包含可能是真包含。举反例证明。

如果
$$A=\{a\}，B=\{b_1，b_2，b_3\}，C=\{c\}$$

A 到 B 的关系：　　　　　　$R_1=\{\langle a,b_1\rangle，\langle a,b_2\rangle\}$

B 到 C 的关系：　　　　　　$R_2=\{\langle b_1,c\rangle，\langle b_3,c\rangle\}$

B 到 C 的关系：　　　　　　$R_3=\{\langle b_2,c\rangle，\langle b_3,c\rangle\}$

那么
$$R_1(R_2\bigcap R_3)=\varnothing，R_1R_2\bigcap R_1R_3=\{\langle a,c\rangle\}$$

此时 $R_1(R_2\bigcap R_3)\neq R_1R_2\bigcap R_1R_3$。证毕。

从例 3.2-1 可看出合成运算是不可交换的，但合成运算是可结合的，有以下定理。

定理 3.2-2　设 R_1、R_2 和 R_3 分别是从 A 到 B，B 到 C 和 C 到 D 的关系，那么 $(R_1R_2)R_3=R_1(R_2R_3)$。

证　先证 $(R_1R_2)R_3\subseteq R_1(R_2R_3)$。

设 $\langle a,d\rangle \in (R_1R_2)R_3$，那么对某 $c\in C$，$\langle a,c\rangle \in R_1R_2$ 和 $\langle c,d\rangle \in R_3$。因为 $\langle a,c\rangle \in R_1R_2$，存在 $b\in B$ 使 $\langle a,b\rangle \in R_1$ 和 $\langle b,c\rangle \in R_2$。因为 $\langle b,c\rangle \in R_2$ 和 $\langle c,d\rangle \in R_3$，得 $\langle b,d\rangle \in R_2R_3$，所以 $\langle a,d\rangle \in R_1(R_2R_3)$。这样，就证明了 $(R_1R_2)R_3\subseteq R_1(R_2R_3)$。

$R_1(R_2R_3)\subseteq (R_1R_2)R_3$ 的证明是类似的，留给读者自证。上述证明也可用等价序列表达。

因为合成是可结合的，因此通常不用括号，如同其它可结合的二元运算一样，括号的位置对运算结果是不起作用的。

3.2.2　关系 R 的幂

当 R 是 A 上的一个关系时，R 可与自身合成任意次而形成 A 上的一个新关系。在这种情况下，RR 常表示为 R^2，RRR 表示为 R^3 等等，我们能归纳地定义这一符号如下。

定义 3.2-2　设 R 是集合 A 上的二元关系，$n\in\mathbf{N}$，那么 R 的 n 次幂记为 R^n，定义如下：

(1) R^0 是 A 上的相等关系，$R^0=\{\langle x,x\rangle|x\in A\}$。

(2) $R^{n+1}=R^n\cdot R$。

定理 3.2-3　设 R 是 A 上的二元关系，并设 m 和 n 是 $\mathbf{N}$ 的元素，那么

(1) $R^m\cdot R^n=R^{m+n}$

(2) $(R^m)^n=R^{mn}$

可用归纳法证明。请读者自证。

定理 3.2-4　设 $|A|=n$，R 是集合 A 上的一个关系，那么存在 i 和 j 使 $R^i=R^j$ 而 $0\leqslant i<j\leqslant 2^{n^2}$。

证　A 上的每一二元关系是 $A\times A$ 的子集，因为 $|A\times A|=n^2$，$|\rho(A\times A)|=2^{n^2}$，因此 A 上有 2^{n^2} 个不同关系。所以，R 的不同的幂不会超过 2^{n^2} 个。但序列 R^0，R^1，…，$R^{2^{n^2}}$ 有

$2^{n^2}+1$ 项，因此 R 的这些幂中至少有两个是相等的。证毕。

本定理对无限集不一定成立。例如 $A=\mathbf{I}$ 且 $\langle x,y\rangle\in R\Leftrightarrow y=2x$ 时，$\langle x,z\rangle\in R^i\Leftrightarrow z=2^ix$，只要 $i\neq j$，$R^i\neq R^j$，$\{R^n\mid n\in\mathbf{N}\}$ 是无限的。但不管集合 A 是有限或无限，成立以下定理。

定理 3.2-5 设 R 是集合 A 上的一个二元关系。若存在 i 和 j，$i<j$，使 $R^i=R^j$。记 $d=j-i$，那么

(1) 对所有 $k\geqslant 0$，$R^{i+k}=R^{j+k}$。

(2) 对所有 $k,m\geqslant 0$，$R^{i+md+k}=R^{i+k}$。

(3) 记 $S=\{R^0,R^1,R^2,\cdots,R^{j-1}\}$，那么 R 的每一次幂是 S 的元素，即对 $n\in\mathbf{N}$，$R^n\in S$。

证 (1)和(2)部分用归纳法证明，留作练习。

(3) 设 $n\in\mathbf{N}$，如果 $n<j$，那么根据 S 的定义，$R^n\in S$。假设 $n\geqslant j$，那么我们能将 n 表示为 $i+md+k$，这里 $k<d$，根据(2)得 $R^n=R^{i+k}$，因为 $i+k<j$，故 $R^n\in S$。

定理中的 i、j 在实用时宜取最小的非负整数，以保证 S 中无重复元素。

例 3.2-2 设 $A=\{a,b,c,d\}$，$R=\{\langle a,b\rangle,\langle c,b\rangle,\langle b,c\rangle,\langle c,d\rangle\}$，其关系图如图 3.2-3所示，则
$$R^0=\{\langle a,a\rangle,\langle b,b\rangle,\langle c,c\rangle,\langle d,d\rangle\}$$
$$R^2=\{\langle a,c\rangle,\langle b,b\rangle,\langle b,d\rangle,\langle c,c\rangle\}$$
$$R^3=\{\langle a,b\rangle,\langle a,d\rangle,\langle b,c\rangle,\langle c,b\rangle,\langle c,d\rangle\}$$
$$R^4=\{\langle a,c\rangle,\langle b,b\rangle,\langle b,d\rangle,\langle c,c\rangle\}$$
它们的关系图如图 3.2-4 所示。

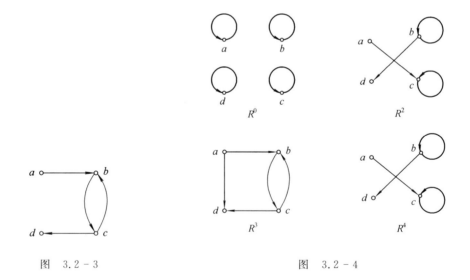

图 3.2-3   图 3.2-4

由于 $R^4=R^2$，根据定理 3.2-5(3)，对所有 $n\in\mathbf{N}$，$R^n\in\{R^0,R^1,R^2,R^3\}$，可见不必再算了。事实上易证 $R^5=R^3$，$R^6=R^4=R^2$，用归纳法可得 $R^{2n+1}=R^3$ 和 $R^{2n}=R^2$，这里 $n\geqslant 1$。

从本例还可看出 R^n 的关系图的意义。因为按照合成关系的定义，如果 $\langle a,c \rangle \in R^2$，则存在某一结点 b，使 $\langle a,b \rangle \in R$ 和 $\langle b,c \rangle \in R$。可见在 R^2 的图形上有一条 a 到 c 的弧，则在 R 的图形上从 a 到 c 有一条长度为 2 的路径。一般地，在 R^n 图形上，从 x 到 y 有一条弧，则在 R 的图形上有一条从 x 到 y 长度为 n 的路径。

3.2.3 合成关系的矩阵表达

定理 3.2 - 6 设 $X=\{x_1,x_2,\cdots,x_m\}$，$Y=\{y_1,y_2,\cdots,y_n\}$，$Z=\{z_1,z_2,\cdots,z_p\}$，R 是 X 到 Y 的关系，$\boldsymbol{M}_R=[a_{ij}]$ 是 $m \times n$ 矩阵，S 是 Y 到 Z 的关系，$\boldsymbol{M}_S=[b_{ij}]$ 是 $n \times p$ 矩阵。则 $\boldsymbol{M}_{R \cdot S}=[c_{ij}]=\boldsymbol{M}_R \cdot \boldsymbol{M}_S$，这里

$$c_{ij}=\bigvee_{k=1}^{n} a_{ik} \wedge b_{kj} \qquad i=1,2,\cdots,m;\ j=1,2,\cdots,p$$

证 因为如果存在某 k 使 a_{ik} 和 b_{kj} 都等于 1，则 $c_{ij}=1$。但 a_{ik} 和 b_{kj} 都等于 1 意味着 x_iRy_k 和 y_kSz_j。所以 $x_i(R \cdot S)z_j$。可见如此求得的 $\boldsymbol{M}_{R \cdot S}$ 确实表达了 $R \cdot S$ 的关系。因此上述等式是正确的。

如果不仅存在一个 k 使 a_{ik} 和 b_{kj} 都是 1，此时 c_{ij} 仍为 1，只是从 x_i 到 z_j 不止一条长度为 2 的路径，但等式仍然正确。上段的论证，已隐含了不止一个 k 的情况。

本定理说明合成关系矩阵可用关系矩阵（布尔矩阵）的乘法表达。

例 3.2 - 3 设 $X=\{1,2\}$，$Y=\{a,b,c\}$，$Z=\{\alpha,\beta\}$，$R=\{\langle 1,a \rangle,\langle 1,b \rangle,\langle 2,c \rangle\}$，$S=\{\langle a,\beta \rangle,\langle b,\beta \rangle\}$，则

$$\boldsymbol{M}_R = \begin{bmatrix} 1 & 1 & 0 \\ 0 & 0 & 1 \end{bmatrix}, \qquad \boldsymbol{M}_S = \begin{bmatrix} 0 & 1 \\ 0 & 1 \\ 0 & 0 \end{bmatrix}$$

$$\boldsymbol{M}_{R \cdot S} = \boldsymbol{M}_R \cdot \boldsymbol{M}_S = \begin{bmatrix} 1 & 1 & 0 \\ 0 & 0 & 1 \end{bmatrix} \cdot \begin{bmatrix} 0 & 1 \\ 0 & 1 \\ 0 & 0 \end{bmatrix} = \begin{bmatrix} 0 & 1 \\ 0 & 0 \end{bmatrix}$$

即 $R \cdot S=\{\langle 1,\beta \rangle\}$（见图 3.2 - 5）。

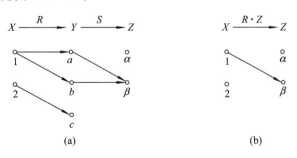

图 3.2 - 5

定理 3.2 - 7 关系矩阵的乘法是可结合的。

证 利用关系合成的可结合性证明。

$$(\boldsymbol{M}_R \cdot \boldsymbol{M}_S) \cdot \boldsymbol{M}_T = \boldsymbol{M}_{R \cdot S} \cdot \boldsymbol{M}_T = \boldsymbol{M}_{(R \cdot S) \cdot T} = \boldsymbol{M}_{R \cdot (S \cdot T)}$$
$$= \boldsymbol{M}_R \cdot \boldsymbol{M}_{S \cdot T} = \boldsymbol{M}_R \cdot (\boldsymbol{M}_S \cdot \boldsymbol{M}_T)$$

不仅合成关系可用关系矩阵表达，而且关系的集合运算也可用关系矩阵表达。设 R 和

S 是 X 到 Y 上的二元关系，$\boldsymbol{M}_R = [a_{ij}]$，$\boldsymbol{M}_S = [b_{ij}]$，$c_{ij}$ 是运算后所得新关系之关系矩阵的元素，则

$$\boldsymbol{M}_{R \cap S} = \boldsymbol{M}_R \wedge \boldsymbol{M}_S \qquad c_{ij} = a_{ij} \wedge b_{ij}$$

$$\boldsymbol{M}_{R \cup S} = \boldsymbol{M}_R \vee \boldsymbol{M}_S \qquad c_{ij} = a_{ij} \vee b_{ij}$$

$$\boldsymbol{M}_{\overline{R}} \qquad\qquad\qquad c_{ij} = \neg a_{ij}$$

$$\boldsymbol{M}_{R-S} = \boldsymbol{M}_R \wedge \boldsymbol{M}_{\overline{S}} \qquad c_{ij} = a_{ij} \wedge (\neg \{b_{ij}\})$$

习 题

1. 设 R_1 和 R_2 是集合 $A = \{a, b, c, d\}$ 上的关系，这里

$$R_1 = \{\langle b, b \rangle, \langle b, c \rangle, \langle c, a \rangle\}$$
$$R_2 = \{\langle b, a \rangle, \langle c, d \rangle, \langle c, a \rangle, \langle d, c \rangle\}$$

找出 $R_1 R_2$，$R_2 R_1$，R_1^2，R_2^3。

2. 设 R_1 和 R_2 是集合 $A = \{0, 1, 2, 3\}$ 上的关系，这里

$$R_1 = \{\langle i, j \rangle \mid j = i + 1 \text{ 或 } j = i/2\}$$
$$R_2 = \{\langle i, j \rangle \mid i = j + 2\}$$

求出 $R_1 R_2$，$R_2 R_1$，$R_1 R_2 R_1$，R_1^2，R_2^3。

3. 证明如果 R 是集合 A 上的空关系或全域关系，那么 $R^2 = R$。

4. 证明定理 $3.2 - 1(1)$ 部分。

5. 证明定理 $3.2 - 5$ 的 (1)、(2) 部分。

6. 设 R 由图 $3.2 - 6$ 所示的有向图代表，试画出 R^n 的有向图，$n \in \mathbf{N}$。

7. 设 $A = \{a, b, c, d, e, f, g\}$，$R$ 是如图 $3.2 - 7$ 所示的 A 上的二元关系，试找出最小的整数 m 和 n，使 $m < n$ 和 $R^m = R^n$。

图 $3.2 - 6$ 图 $3.2 - 7$

8. 设 R_1 和 R_2 是集合 A 上的任意关系，证明或否定下列断言：

(1) 如果 R_1 和 R_2 都是自反的，那么 $R_1 R_2$ 是自反的。

(2) 如果 R_1 和 R_2 都是反自反的，那么 $R_1 R_2$ 是反自反的。

(3) 如果 R_1 和 R_2 都是对称的，那么 $R_1 R_2$ 是对称的。

(4) 如果 R_1 和 R_2 都是反对称的，那么 $R_1 R_2$ 是反对称的。

(5) 如果 R_1 和 R_2 都是传递的，那么 $R_1 R_2$ 是传递的。

9. R_1、R_2 和 R_3 是集合 A 中的二元关系，试证明如果 $R_1 \subseteq R_2$，则

(1) $R_1 \cdot R_3 \subseteq R_2 \cdot R_3$

(2) $R_3 \cdot R_1 \subseteq R_3 \cdot R_2$

10. 设 $A = \{1, 2, \cdots, 5\}$，$R = \{\langle 1, 2\rangle, \langle 3, 4\rangle, \langle 2, 2\rangle\}$，$S = \{\langle 4, 2\rangle, \langle 2, 5\rangle, \langle 3, 1\rangle, \langle 1, 3\rangle\}$，试求出 $M_{R \cdot S}$。

11. 设 $A = \{1, 2, 3, 4\}$，

$$M_R = \begin{bmatrix} 0 & 0 & 0 & 1 \\ 0 & 0 & 0 & 0 \\ 1 & 1 & 0 & 0 \\ 0 & 0 & 1 & 0 \end{bmatrix}$$

求 M_{R^n}，$n \in \mathbf{N}$。

3.3 关系上的闭包运算

3.3.1 逆关系

在讨论闭包运算时，要用到逆关系的概念，因此我们先介绍逆关系。

定义 3.3 - 1 设 R 是从 A 到 B 的二元关系，关系 R 的**逆**（或叫 R 的**逆关系**）记为 $\tilde{R}$，是一从 B 到 A 的二元关系，定义如下：

$$\tilde{R} = \{\langle y, x\rangle \mid \langle x, y\rangle \in R\}$$

若把 R 中的每个序偶的第一和第二成分都加以交换，就可以求得逆关系 $\tilde{R}$ 中的所有序偶。对于 x∈A 和 y∈B 来说，这意味着

$$xRy \Longleftrightarrow y\tilde{R}x$$

将 M_R 的行和列交换即可求得 $M_{\tilde{R}}$，即

$$M_{\tilde{R}} = M_R^{\mathrm{T}}$$

M_R^{T} 表示 M_R 的转置。

颠倒 R 的关系图中每条弧的箭头，就得 $\tilde{R}$ 的关系图。

例 3.3 - 1

(1) $\mathbf{I}$ 上的关系＜的逆是＞。

(2) 集合族上的关系⊑的逆是关系⊒。

(3) 空关系的逆是空关系。

(4) $A\widetilde{\times}B = B\times A$，即 $A\times B$ 的全域关系的逆等于 $B\times A$ 的全域关系。

定理 3.3 - 1 设 R 是从 A 到 B 的关系，而 S 是从 B 到 C 的关系，则

$$\widetilde{R \cdot S} = \tilde{S} \cdot \tilde{R}$$

证明留给读者作练习。

定理 3.3 - 2 设 R、R_1 和 R_2 都是从 A 到 B 的二元关系，那么下列各式成立：

(1) $(\tilde{\tilde{R}}) = R$

(2) $\widetilde{R_1 \bigcup R_2} = \tilde{R}_1 \cup \tilde{R}_2$

(3) $\widetilde{R_1 \bigcap R_2} = \tilde{R}_1 \cap \tilde{R}_2$

(4) $\widetilde{\overline{R}} = \overline{\tilde{R}}$，这里 $\overline{R}$ 表示 $A\times B - R$

(5) $R_1 \widetilde{-} R_2 = \widetilde{R}_1 - \widetilde{R}_2$

(6) $R_1 \subseteq R_2 \Rightarrow \widetilde{R}_1 \subseteq \widetilde{R}_2$

证

(1) 设 $\langle a, b \rangle$ 是 R 的任一元素，那么

$$\langle a, b \rangle \in R \Leftrightarrow \langle b, a \rangle \in \widetilde{R} \Leftrightarrow \langle a, b \rangle \in (\widetilde{\widetilde{R}})$$

所以，$(\widetilde{\widetilde{R}}) = R$。

(2) $\langle a, b \rangle \in (R_1 \widetilde{\cup} R_2) \Leftrightarrow \langle b, a \rangle \in R_1 \cup R_2$

$$\Leftrightarrow \langle b, a \rangle \in R_1 \vee \langle b, a \rangle \in R_2$$

$$\Leftrightarrow \langle a, b \rangle \in \widetilde{R}_1 \vee \langle a, b \rangle \in \widetilde{R}_2$$

$$\Leftrightarrow \langle a, b \rangle \in \widetilde{R}_1 \cup \widetilde{R}_2$$

(4) $\langle a, b \rangle \in \widetilde{\overline{R}} \Leftrightarrow \langle b, a \rangle \in \overline{R}$

$$\Leftrightarrow \langle b, a \rangle \notin R$$

$$\Leftrightarrow \langle a, b \rangle \notin \widetilde{R}$$

$$\Leftrightarrow \langle a, b \rangle \in \overline{\widetilde{R}}$$

(5) 由于 $R_1 - R_2 = R_1 \cap \overline{R}_2$，所以

$$R_1 \widetilde{-} R_2 = R_1 \widetilde{\cap} \overline{R}_2 = \widetilde{R}_1 \cap \widetilde{\overline{R}}_2 = \widetilde{R}_1 \cap \overline{\widetilde{R}}_2 = \widetilde{R}_1 - \widetilde{R}_2$$

(3)和(6)部分的证明留作练习。

定理 3.3 - 3 设 R 是 A 上的二元关系，那么 R 是对称的当且仅当 $R = \widetilde{R}$。

证明留作练习。

3.3.2 关系的闭包运算

关系的闭包运算是关系上的一元运算，它把给出的关系 R 扩充成一新关系 R'，使 R' 具有一定的性质，且所进行的扩充又是最"节约"的。

定义 3.3 - 2 设 R 是 A 上的二元关系，R 的**自反(对称，传递)闭包**是关系 R'，使

① R' 是自反的(对称的、传递的)。

② $R' \supseteq R$。

③ 对任何自反的(对称的、传递的)关系 R''，如果 $R'' \supseteq R$，那么 $R'' \supseteq R'$。

R 的自反、对称和传递闭包分别记为 $r(R)$、$s(R)$ 和 $t(R)$。由定义可以看出，R 的自反(对称、传递)闭包是含有 R 并且具有自反(对称、传递)性质的最小关系。如果 R 已经是自反的(对称的、传递的)，那么，具有该性质并含有 R 的最小关系就是 R 自身。下一定理说明这一点。

定理 3.3 - 4 设 R 是集合 A 上的二元关系，那么

(1) R 是自反的当且仅当 $r(R) = R$。

(2) R 是对称的当且仅当 $s(R) = R$。

(3) R 是传递的当且仅当 $t(R) = R$。

证 (1) 如果 R 是自反的，那么 R 具有定义 3.3 - 2 对 R' 所要求的性质，因此 $r(R) =$

R。反之，如果 $r(R)=R$。那么，根据定义 3.3－2 的性质①，R 是自反的。

（2）和（3）的证明是类似的，略。

构造 R 的自反、对称和传递闭包的方法就是给 R 补充必要的序偶，使它具有所希望的特性。下面我们用关系图来说明如何实现这一点。

一个有向图代表一自反关系当且仅当它在每一结点上有自回路。这样，如果 G 是集合 A 上二元关系 R 的有向图，我们给 G 中没有自回路的结点加上自回路后，就得到 R 的自反闭包 $r(R)$ 的有向图。下一定理体现了这一想法。

定理 3.3－5　设 R 是集合 A 上的二元关系。那么，$r(R)=R \cup E$（这里 E 是 A 上相等关系，在本节中均如此）。

证　设 $R'=R \cup E$。显然，R' 是自反的且 $R' \supseteq R$。余下只需证明最小性。现假设 R'' 是 A 上的自反关系且 $R'' \supseteq R$。因 R'' 是自反的，所以 $R'' \supseteq E$，又 $R'' \supseteq R$，所以 $R'' \supseteq R \cup E = R'$。这样，定义 3.3－2 都满足。所以，$R'=r(R)$。证毕。

设 G 是集合 A 上二元关系 R 的关系图。我们把 G 的所有弧都画成"有来有往"，即如果有从 a 到 b 的弧，那么也有从 b 到 a 的弧，就得到了 R 的对称闭包的有向图。下一定理体现了这一想法。

定理 3.3－6　设 R 是集合 A 上的二元关系，那么 $s(R)=R \cup \tilde{R}$。

证　设 $R'=R \cup \tilde{R}$，显然 $R' \supseteq R$。又 $\widetilde{R'}=\widetilde{R \cup \tilde{R}}=\tilde{R} \cup \tilde{\tilde{R}}=\tilde{R} \cup R=R'$，根据定理 3.3－3 知 R' 是对称的。现假设 R'' 是对称的且 $R'' \supseteq R$，我们证明 $R'' \supseteq R'$。设 $\langle a, b \rangle \in R \cup \tilde{R}$，如果 $\langle a, b \rangle \in R$，那么根据前提有 $\langle a, b \rangle \in R''$。如果 $\langle a, b \rangle \in \tilde{R}$，那么 $\langle b, a \rangle \in R$，所以 $\langle b, a \rangle \in R''$，但 R'' 是对称的，所以 $\langle a, b \rangle \in R''$，这得出 $R \cup \tilde{R} \subseteq R''$。这样，定义 3.3－2 都满足。所以，$s(R)=R \cup \tilde{R}$。证毕。

设 G 是集合 A 上二元关系 R 的关系图，G' 是 R 的传递闭包 $t(R)$ 的关系图。如果 G 有从 a 到 b 的非零长度 n 的路径，那么 G' 有一条从 a 到 b 的弧。上节已指出该弧出现在 R^n 的关系图中，因此传递闭包 $t(R)$ 可用 R 的幂的术语表达出来。

定理 3.3－7　设 R 是集合 A 上的二元关系，那么

$$t(R) = \bigcup_{i=1}^{\infty} R^i = R \cup R^2 \cup R^3 \cup \cdots$$

证　证明分两部分。

（1）$\bigcup_{i=1}^{\infty} R^i \subseteq t(R)$。

我们首先用归纳法证明对每一 $n>0$，$R^n \subseteq t(R)$。

（i）（基础）从定义 3.3－2 第②条，立即得到 $R \subseteq t(R)$。

（ii）（归纳）假设 $R^n \subseteq t(R)$，$n \geqslant 1$。设 $\langle a, b \rangle \in R^{n+1}$。因为 $R^{n+1}=R^n \cdot R$，存在 $c \in A$，使 $\langle a, c \rangle \in R^n$ 和 $\langle c, b \rangle \in R$。根据归纳前提和基础步骤，$\langle a, c \rangle \in t(R)$ 和 $\langle c, b \rangle \in t(R)$。因为 $t(R)$ 是传递的，得 $\langle a, b \rangle \in t(R)$。这证明了 $R^{n+1} \subseteq t(R)$。所以对一切 $n>0$，$R^n \subseteq t(R)$。再者，若 $\langle a, b \rangle$ 是 $\bigcup_{i=1}^{\infty} R^i$ 的任一元素，则存在一 n，使 $\langle a, b \rangle \in R^n$，但 $R^n \subseteq t(R)$，所以 $\langle a, b \rangle \in t(R)$。这样，就证明了 $\bigcup_{i=1}^{\infty} R^i \subseteq t(R)$。

(2) $t(R) \subseteq \bigcup\limits_{i=1}^{\infty} R^i$。

我们首先证明 $\bigcup\limits_{i=1}^{\infty} R^i$ 是传递的。设 $\langle a, b \rangle$ 和 $\langle b, c \rangle$ 是 $\bigcup\limits_{i=1}^{\infty} R^i$ 的任意元素，那么对某整数 $s \geq 1$ 和 $t \geq 1$，$\langle a,b \rangle \in R^s$ 和 $\langle b,c \rangle \in R^t$，那么，$\langle a,c \rangle \in R^s R^t$，而 $R^s R^t = R^{s+t}$，这样，$\langle a,c \rangle \in \bigcup\limits_{i=1}^{\infty} R^i$，所以 $\bigcup\limits_{i=1}^{\infty} R^i$ 是传递的。因为 $t(R)$ 包含于每一含有 R 的传递关系中，故得出 $t(R) \subseteq \bigcup\limits_{i=1}^{\infty} R^i$。证毕。

例 3.3 – 2

(1) 整数集合 $\mathbf{I}$ 上的关系 $<$ 的自反闭包是 $\leq$，对称闭包是关系 $\neq$，传递闭包是关系 $<$ 自身。

(2) 整数集合 $\mathbf{I}$ 上的关系 $\leq$ 的自反闭包是自身，对称闭包是全域关系，传递闭包是自身。

(3) E 的自反闭包、对称闭包和传递闭包都是 E。

(4) $\neq$ 的自反闭包是全域关系，对称闭包是 $\neq$，$\neq$ 的传递闭包是全域关系。

(5) 空关系的自反闭包是相等关系，对称闭包和传递闭包是自身。

(6) 设 R 是 $\mathbf{I}$ 上的关系，xRy 当且仅当 $y=x+1$，那么 $t(R)$ 是关系 $<$。

当 A 是具有 n 个元素的有限集合，从定理 3.2 – 4 和定理 3.2 – 5 可得出 $t(R) = \bigcup\limits_{i=1}^{2^{n^2}} R^i$，但这个结论可以改善。

定理 3.3 – 8 设 R 是集合 A 上的二元关系，这里 A 有 n 个元素，那么 $t(R) = \bigcup\limits_{i=1}^{n} R^i$。

证 设 $\langle x, y \rangle \in t(R)$，于是必存在最小的正整数 k，使 $\langle x, y \rangle \in R^k$。现证明 $k \leq n$。若不然，存在 A 的元素序列 $x=a_0, a_1, a_2, \cdots, a_{k-1}, a_k = y$ 使 $xRa_1, a_1Ra_2, \cdots, a_{k-1}Ry$。因 $k > n$，$a_0, a_1, \cdots, a_k$ 中必有相同者，不妨设 $a_i = a_j$，$0 \leq i < j \leq k$。于是

$$xRa_1, a_1Ra_2, \cdots, a_{i-1}Ra_i, a_jRa_{j+1}, \cdots, a_{k-1}Ry$$

成立。即 $\langle x, y \rangle \in R^s$，这里 $s = k - (j - i)$。但这与 k 是最小的假设矛盾，于是 $k \leq n$，又 $\langle x, y \rangle$ 是任意的，故定理得证。

例 3.3 – 3 设 $A = \{a, b, c, d\}$，R 如图 3.3 – 1(a)所示，则 $t(R) = R \cup R^2 \cup R^3 \cup R^4$，如图 3.3 – 1(b)所示。（本例即是例 3.2 – 2。）

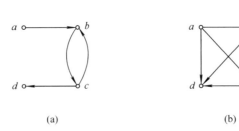

(a)   (b)

图 3.3 – 1

定理 3.3 – 9

(1) 如果 R 是自反的，那么 $s(R)$ 和 $t(R)$ 都是自反的。

(2) 如果 R 是对称的，那么 $r(R)$ 和 $t(R)$ 都是对称的。

（3）如果 R 是传递的，那么 $r(R)$ 是传递的。

以上条款都不难证明，故从略。

定理 3.3–10 设 R 是集合 A 上的二元关系，那么

（1）$rs(R)=sr(R)$

（2）$rt(R)=tr(R)$

（3）$ts(R)\supseteq st(R)$

证

（1）$sr(R)=s(R\cup E)=(R\cup E)\cup(\widetilde{R\cup E})$

$$=R\cup E\cup\widetilde{R}\cup\widetilde{E}=R\cup\widetilde{R}\cup E$$

$$=r(R\cup\widetilde{R})=rs(R)$$

（2）注意到 $ER=RE=R$ 和对一切 $n\in\mathbf{N}$，$E^n=E$，可得

$$(R\cup E)^n=E\cup\bigcup_{i=1}^{n}R^i$$

于是

$$tr(R)=t(R\cup E)=\bigcup_{i=1}^{\infty}(R\cup E)^i=\bigcup_{i=1}^{\infty}(E\cup\bigcup_{j=1}^{i}R^j)$$

$$=E\cup t(R)=rt(R)$$

（3）不难证明如果 $R_1\supseteq R_2$，那么 $s(R_1)\supseteq s(R_2)$ 和 $t(R_1)\supseteq t(R_2)$。现相继地应用这一结论于对称闭包的性质：$s(R)\supseteq R$，得

$$ts(R)\supseteq t(R)\quad 和\quad sts(R)\supseteq st(R)$$

但根据定理 3.3–9，$ts(R)$ 是对称的，有 $sts(R)=ts(R)$。因此，$ts(R)\supseteq st(R)$。证毕。

一般地，$st(R)\neq ts(R)$，例如，整数集合 $\mathbf{I}$ 上的关系 $<$。

$st(<)=s(<)=\neq$（即 $st(<)$ 是不等关系），而 $ts(<)=t(\neq)=\mathbf{I}\times\mathbf{I}$（即 $ts(<)$ 是全域关系）。

通常用 R^+ 表示 R 的传递闭包 $t(R)$，读做"R 正"；用 R^* 表示 R 的自反传递闭包 $tr(R)$，读做"R 星"。在研究形式语言和计算模型时经常使用 R^+ 和 R^*。

习　题

1. 试证明定理 3.3–1。

2. 试证明定理 3.3–2(3)、(6)部分。

3. 试证明定理 3.3–3。

4. 试证明如果关系 R 是自反的，则 $\widetilde{R}$ 也是自反的；如果 R 是可传递的、反自反的、对称的或反对称的，则 $\widetilde{R}$ 亦然。

5. 如果关系 R 是反对称的，则在 $R\cap\widetilde{R}$ 的关系矩阵中有多少个非零记入值。

6. 设 $A=\{a,b,c\}$，R、S 是 A 上的二元关系，其关系矩阵是

$$\boldsymbol{M}_R=\begin{bmatrix}1&1&0\\0&1&0\\0&0&1\end{bmatrix}\qquad\boldsymbol{M}_S=\begin{bmatrix}1&1&0\\0&1&0\\0&1&1\end{bmatrix}$$

试求出 $\boldsymbol{M}_R$、$\boldsymbol{M}_S$、$\boldsymbol{M}_{R \cap S}$ 和 $\boldsymbol{M}_{R \cdot R}$。

7. 找出图 3.3-2 中每个关系的自反、对称和传递闭包。

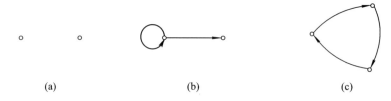

(a)   (b)   (c)

图 3.3-2

8. 设 R 是 $A=\{1, 2, 3, 4\}$ 上的二元关系, 其关系矩阵是

$$
\boldsymbol{M}_R = \begin{bmatrix} 1 & 0 & 1 & 0 \\ 0 & 0 & 1 & 1 \\ 1 & 0 & 1 & 0 \\ 1 & 0 & 1 & 0 \end{bmatrix}
$$

试求出:(1) $\boldsymbol{M}_{r(R)}$;(2) $\boldsymbol{M}_{s(R)}$;(3) $\boldsymbol{M}_{R^2}$、$\boldsymbol{M}_{R^3}$、$\boldsymbol{M}_{R^4}$ 和 $\boldsymbol{M}_{t(R)}$。

9. 设 R_1 和 R_2 是集合 A 上的关系且 $R_1 \supseteq R_2$, 证明下列各式:

(1) $r(R_1) \supseteq r(R_2)$

(2) $s(R_1) \supseteq s(R_2)$

(3) $t(R_1) \supseteq t(R_2)$

10. 设 R_1 和 R_2 是 A 上的关系, 证明下列各式:

(1) $r(R_1 \bigcup R_2) = r(R_1) \bigcup r(R_2)$

(2) $s(R_1 \bigcup R_2) = s(R_1) \bigcup s(R_2)$

(3) $t(R_1 \bigcup R_2) \supseteq t(R_1) \bigcup t(R_2)$

(4) 用反例证明 $t(R_1 \bigcup R_2) \neq t(R_1) \bigcup t(R_2)$

11. 找出 n 个元素的集合 A 和 A 上的关系 R, 使 $R^1, R^2, R^3, \cdots, R^n$ 都是不相交的, 以表明定理 3.3-8 给出的界限是不可改善的。

12. 找出 n 个元素的集合 A 和 A 上的二元关系 R, 使 $R^1, R^2, \cdots, R^n, R^{n+1}$ 都是有区别的, 这可能吗? 如有可能试举出例子, 并说明该现象为什么与定理 3.3-8 不矛盾。

13. 证明定理 3.3-9。

14. 设 $A=\{a, b, c, d, e\}$, R 是 A 上如图 3.3-3 所示的二元关系。

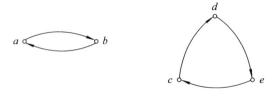

图 3.3-3

(1) 画出 $t(R)$;

(2) 画出 $tsr(R)$。

15.(1) 用反例证明语句"如果 R 是传递的, 那么 $s(R)$ 是传递的"是假。

(2) 举一实例证明即使 R 是一有限集，st(R)和 ts(R)也可以不相等。

16. 设 R 是集合 A 上的一个任意关系，证明下列各式：

(1) $(R^+)^+ = R^+$

(2) $RR^* = R^+ = R^* \cdot R$

(3) $(R^*)^* = R^*$

*17. 设 $A = \{a\}^* = \{a^n \mid n \geqslant 0\}$，$B$ 是单元素集合 $B = \{z\}$，这里 z 是 a 的无限串，即 $B = \{aaa\cdots\}$，设 R 是 $A \bigcup B$ 上的关系，定义如下：

$$\langle x, y \rangle \in R \Leftrightarrow y = xa$$

证明或否定 $\langle \Lambda, z \rangle \in R^+$。

3.4 次 序 关 系

次序关系是集合上的传递关系，它提供了比较集合元素的工具。本节将讨论各种形式的次序关系。

3.4.1 偏序集合

定义 3.4-1 如果集合 A 上的二元关系 R 是自反的，反对称的和传递的，那么称 R 为 A 上的**偏序**，称序偶 $\langle A, R \rangle$ 为**偏序集合**。

如果 R 是偏序，$\langle A, R \rangle$ 常记为 $\langle A, \leqslant \rangle$，$\leqslant$ 是偏序符号，由于 $\leqslant$ 难以书写，通常写作 $\leqslant$，读做"小于或等于"，因为"小于或等于"也是一种偏序，故不会产生混乱。R 是偏序时，aRb 就记成 $a \leqslant b$。

如果 R 是集合 A 上的偏序，则 $\widetilde{R}$ 也是 A 上的偏序；如果用 $\leqslant$ 表示 R，可用 $\geqslant$ 表示 $\widetilde{R}$。$\langle A, \leqslant \rangle$ 和 $\langle A, \geqslant \rangle$ 都是偏序集合，并互为对偶。

例 3.4-1

(1) $\langle I, \leqslant \rangle$ 是偏序集合，这里 $\leqslant$ 表示整数中的"小于或等于"关系。

(2) $\langle \rho(A), \subseteq \rangle$ 是偏序集合，这里 $\subseteq$ 是集合间的包含关系。

(3) $A = \{2, 4, 6, 8\}$，D 代表整除关系，M 代表整倍数关系，则

$D = \{\langle 2, 2 \rangle, \langle 4, 4 \rangle, \langle 6, 6 \rangle, \langle 8, 8 \rangle, \langle 2, 4 \rangle, \langle 2, 6 \rangle, \langle 2, 8 \rangle, \langle 4, 8 \rangle\}$

$M = \{\langle 2, 2 \rangle, \langle 4, 4 \rangle, \langle 6, 6 \rangle, \langle 8, 8 \rangle, \langle 4, 2 \rangle, \langle 6, 2 \rangle, \langle 8, 2 \rangle, \langle 8, 4 \rangle\}$

$\langle A, D \rangle$、$\langle A, M \rangle$ 都是偏序集合，且互为对偶。

偏序集合可以用关系图表示。如例 3.4-1(3)中 $\langle A, D \rangle$ 可表示为图 3.4-1(a)。然而，习惯上偏序集合用**哈斯(Hasse)图**表示。图中不明晰地表示偏序中的所有序偶，仅画出符合条件"$x \leqslant y$，$x \neq y$，且不存在其它元素 z 使 $x \leqslant z, z \leqslant y$"的那些序偶 $\langle x, y \rangle$，即仅表示出 $(R')^* = \mathrm{rt}(R') = R$ 的最小关系 R'。这样，哈斯图中不存在表示自反特性的自回路，也不表示由传递性所蕴含的边，即仅当没有其它元素 c 使 $a \leqslant c$ 和 $c \leqslant b$ 时，才有一条从 a 到 b 的弧。最后，由偏序的反对称性，哈斯图中没有有向回路。按照惯例，哈斯图的每条弧都向上画，并把箭头略去。用哈斯图表示偏序集合比用有向图显得更简明，我们可自由地使用它们。

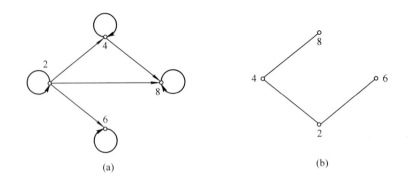

(a)   (b)

图　3.4－1

例 3.4－1(3)中〈A，D〉的哈斯图见图 3.4－1(b)，将图(b)的边方向朝上，构造它的自反传递闭包，可将图(b)还原为图(a)。

例 3.4－2

(1) $P=\{1,2,3,4\}$，〈P，$\leqslant$〉的哈斯图为图 3.4－2。

(2) $A=\{2,3,6,12,24,36\}$，〈A，整除〉的哈斯图为图 3.4－3。

(3) $A=\{1,2,\cdots,12\}$，〈A，整除〉的哈斯图为图 3.4－4。

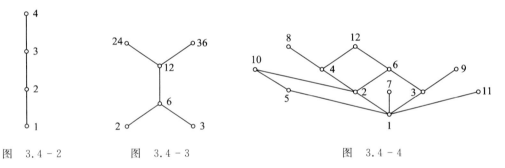

图　3.4－2　　　　图　3.4－3　　　　　　图　3.4－4

现在介绍偏序集合的子集的特异元素。它们不仅是进一步讨论次序关系所必需的，而且在第 7 章格论中还将扮演重要角色。

定义 3.4－2 设〈A，$\leqslant$〉是一偏序集合，B 是 A 的子集。

(1) 元素 $b\in B$ 是 B 的**最大元素**，如果对每一元素 $x\in B$，$x\leqslant b$。

(2) 元素 $b\in B$ 是 B 的**最小元素**，如果对每一元素 $x\in B$，$b\leqslant x$。

例 3.4－3 考虑在偏序"整除"下整数 1 到 6 的集合，其哈斯图为图 3.4－5。

(1) 如果 $B=\{1,2,3,6\}$，那么 1 是 B 的最小元素，6 是 B 的最大元素。

(2) 如果 $B=\{2,3\}$，因为 2 和 3 互相不能整除，那么 B 没有最小元素和最大元素。

(3) 如果 $B=\{4\}$，那么 4 是 B 的最大元素，也是 B 的最小元素。

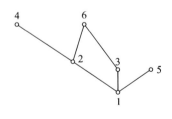

图　3.4－5

定理 3.4－1 设〈A，$\leqslant$〉是一偏序集合且 $B\subseteq A$，如果 B 有最大(最小)元素，那么它

是唯一的。

证 假设 a 和 b 都是 B 的最大元素，那么 $a \leqslant b$ 和 $b \leqslant a$。从 $\leqslant$ 的反对称性得到 $a = b$。当 a 和 b 都是 B 的最小元素时，证明是类似的。

定义 3.4-3 设 $\langle A, \leqslant \rangle$ 是一偏序集合，B 是 A 的子集。

(1) 如果 $b \in B$，且 B 中不存在元素 x，使 $b \neq x$ 且 $b \leqslant x$，那么元素 $b \in B$ 叫做 B 的**极大元素**。

(2) 如果 $b \in B$，且 B 中不存在元素 x，使 $b \neq x$ 且 $x \leqslant b$，那么元素 $b \in B$ 叫做 B 的**极小元素**。

定义 3.4-4 设 $\langle A, \leqslant \rangle$ 是一偏序集合，B 是 A 的子集。

(1) 如果对每一 $b \in B$，$b \leqslant a$，那么元素 $a \in A$ 叫做 B 的**上界**；如果对每一 $b \in B$，$a \leqslant b$，那么元素 $a \in A$ 叫做 B 的**下界**。

(2) 如果 a 是一上界并且对每一 B 的上界 a' 有 $a \leqslant a'$，那么元素 $a \in A$ 叫做 B 的**最小上界**，记为 lub；如果 a 是一下界并且对每一 B 的下界 a' 有 $a' \leqslant a$，那么元素 $a \in A$ 叫做 B 的**最大下界**，记为 glb。

注意，B 的最大（小）元素和极大（小）元素都必须是子集 B 的元素，而 B 的上界（下界）和最小上界（最大下界）可以是也可以不是 B 的元素。在定义中并没有保证这些元素的存在。在许多情况下它们是不存在的。

例 3.4-4

(1) 考虑偏序集合 $\langle \{\langle 1, 1 \rangle, \langle 1, 0 \rangle, \langle 0, 1 \rangle, \langle 0, 0 \rangle\}, \leqslant \rangle$，这里 $\leqslant$ 按
$$\langle a, b \rangle \leqslant \langle c, d \rangle \Leftrightarrow a \leqslant c \wedge b \leqslant d$$
规定，其哈斯图如图 3.4-6 所示。

如果 $B = \{\langle 1, 0 \rangle\}$，那么 $\langle 1, 0 \rangle$ 是 B 的最小和最大元素，也是 B 的极大和极小元素。B 的上界是 $\langle 1, 0 \rangle$ 和 $\langle 1, 1 \rangle$，$\langle 1, 0 \rangle$ 是最小上界。B 的下界是 $\langle 0, 0 \rangle$ 和 $\langle 1, 0 \rangle$，$\langle 1, 0 \rangle$ 是最大下界。

(2) 考虑偏序集合 $\langle \mathbf{I}, \leqslant \rangle$，设 $B = \{2i \mid i \in \mathbf{N}\}$，那么 B 既没有最大元素和极大元素，也没有上界和最小上界。B 的最小元素和极小元素是 0，B 的下界集合是 $\{i \mid i \in \mathbf{I} \wedge i \leqslant 0\}$，0 是最大下界。

(3) 考虑偏序集合 $\langle \{2, 5, 6, 10, 15, 30\}, 整除 \rangle$，其哈斯图如图 3.4-7 所示。

设 B 是全集合 $\{2, 5, 6, 10, 15, 30\}$，那么 2 和 5 都是 B 的极小元素，但 B 没有最小元素。集合 B 没有下界，所以没有最大下界。元素 30 是 B 的最大元素、极大元素、上界、最小上界。

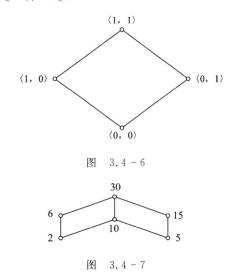

图 3.4-6

图 3.4-7

上边给出的例子说明：极大元素和上界可以存在也可以不存在，且当它们存在时，既可能是唯一的也可能是不唯一的，对极小元素和下界类似的陈述成立。但对非空有限偏序集合，其极大元素和极小元素总是存在的。

定理 3.4-2 如果 $\langle A, \leqslant \rangle$ 是非空有限的偏序集合，则 A 的极小（大）元素常存在。

证明留作练习。

最大下界和最小上界也可能存在或不存在,但如果它们存在,则是唯一的。

定理 3.4-3　设$\langle A, \leqslant \rangle$是偏序集合且 $B \subseteq A$,如果 B 的最小上界(最大下界)存在,那么是唯一的。

证明留作练习。

下述定理描述了存在于诸特异元素之间的某些关系。

定理 3.4-4　设$\langle A, \leqslant \rangle$是偏序集合,$B$ 是 A 的子集。

(1) 如果 b 是 B 的最大元素,那么 b 是 B 的极大元素。

(2) 如果 b 是 B 的最大元素,那么 b 是 B 的 lub。

(3) 如果 b 是 B 的一个上界且 $b \in B$,那么 b 是 B 的最大元素。

证明可由最大元素、极大元素和 lub 的定义直接得出,故略去。另外,读者不难给出表达最小元素、极小元素和 glb 间关系的定理。

3.4.2　拟序集合

定义 3.4-5　如果集合 A 上的二元关系 R 是传递的和反自反的,那么 R 叫做 A 上的**拟序**。$\langle A, R \rangle$称为**拟序集合**。常借用符号<表示拟序。

拟序是反对称的,虽然定义中没有明确指出,但容易证明这一点。因为如果 xRy 和 yRx 可由 R 的传递性得 xRx,但这与 R 的反自反性矛盾,所以 $xRy \wedge yRx$ 常假,于是 $xRy \wedge yRx \rightarrow x = y$ 常真,即 R 是反对称的。

例 3.4-5

(1) 实数集合中的<是拟序关系。

(2) 集合族中的真包含是拟序关系。

拟序集合和偏序集合是紧密相关的,唯一区别是相等关系 E。下述定理将说明这一点。

定理 3.4-5　在集合 A 上,

(1) 如果 R 是一拟序,那么 $r(R) = R \cup E$ 是偏序。

(2) 如果 R 是一偏序,那么 $R - E$ 是一拟序。

证明留作练习。

由于拟序和偏序之间的类似性,这就为使用同样的哈斯图表示两者提供了方便。

3.4.3　线序集合和良序集合

如果$\leqslant$是一偏序,或 $a \leqslant b$ 或 $b \leqslant a$,我们说 a 和 b 是**可比较的**。偏序集合中的元素不一定都可比较,所以叫"偏"序。下面介绍的都是可比较的情况。

定义 3.4-6　在偏序集合$\langle A, \leqslant \rangle$中,如果每一 $a, b \in A$,或者 $a \leqslant b$,或者 $b \leqslant a$,那么$\leqslant$叫做 A 上的**线序**(或**全序**),这时的序偶$\langle A, \leqslant \rangle$叫做**线序集合**或**链**。

如果 A 是有限集合,我们能在 A 的元素上构造一线序,方法是将 A 的元素列表。如果在表中 a 位于 b 之前,则指定 $a \leqslant b$。这样,每一有限集合都能使之成为线序集合。

如果$\langle A, \leqslant' \rangle$是非空有限的偏序集合,我们能在 A 上构造一个线序$\leqslant$,使得每当$a \leqslant' b$ 有 $a \leqslant b$。这个过程叫**拓扑分类**,方法如下:

选取 A 的极小元素 x(定理 3.4-2 保证这是可能的),使这个元素是$\langle A, \leqslant \rangle$列表表示中的第一个元素。现在对子集 $A-\{x\}$ 重复这一过程（习题第 10 题（2）保证 $\langle A-\{x\},\leqslant'\rangle$ 是一偏序集合），每次一新的极小元素被找到，它在 $\langle A,\leqslant\rangle$ 的列表表示中成为下一元素。重复该过程，直到 A 的元素被抽完。

线序集合的哈斯图是一竖立的结点序列，每一对毗邻结点都用一条弧连通。

例 3.4 - 6

（1）$P=\{\varnothing,\{a\},\{a,b\},\{a,b,c\}\}$，$\langle P,\subseteq\rangle$ 是线序集合，其哈斯图如图 3.4 - 8(a) 所示。

（2）$\langle \mathbf{I},\leqslant\rangle$ 是线序集合，其哈斯图（不完全）如图 3.4 - 8(b) 所示。

（3）设 S 是区间套的集合 $\{[0,a)\,|\,a\in\mathbf{R}_+\}$，则 $\langle S,\subseteq\rangle$ 是线序集合。

（4）$\langle\{1,2,3,6\},整除\rangle$ 不是线序集合；如果 A 是多于一个元素的集合，那么 $\langle\rho(A),\subseteq\rangle$ 不是线序集合。

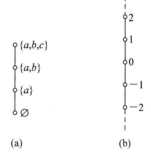

图 3.4 - 8

例 3.4 - 7 某慈善基金会的一个分会共有 7 个会员，按照总会规定需要给每个会员排定在分会中的座次，以便需要时按座次分配权益。排定座次的主要依据是两项：会龄 a 和捐款额 b。如甲和乙的会龄和捐款额分别是 $\langle a_1,b_1\rangle$ 和 $\langle a_2,b_2\rangle$，若 $a_1\geqslant a_2$ 并且 $b_1\geqslant b_2$，则甲的座次不能低于乙。已知分会的 7 名会员的会龄和捐款额如下：

会　员	A	B	C	D	E	F	G
会龄（年）	3	10	4	8	4	5	4
捐款额（万元）	5	15	2	7	6	10	3

试问一个怎样的座次是允许的？

解 容易看出，若甲的会龄和捐款额不都高于等于乙，或不都低于等于乙，则甲、乙座次不能确定。因为主要条件仅能确定一个偏序，而座次是线序，本题就是要把这个偏序扩展为线序，即拓扑分类。拓扑分类最简捷的方法是给出偏序集合的哈斯图。上表给出的偏序集合的哈斯图如图 3.4 - 9 所示。

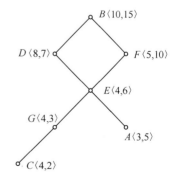

从图中可以看出，它有两个极小元素 $C\langle 4,2\rangle$ 和 $A\langle 3,5\rangle$，二者可任意排序，我们不妨把 $C\langle 4,2\rangle$ 排在左侧（左低右高）得如下序列

$$C\langle 4,2\rangle,\ A\langle 3,5\rangle$$

删去这两个极小元素后，$G\langle 4,3\rangle$ 是余下图中唯一的极小元素。把 $G\langle 4,3\rangle$ 加入已排序的序列得

$$C\langle 4,2\rangle,\ A\langle 3,5\rangle,\ G\langle 4,3\rangle$$

如此以往，相继出现的元素是 $E\langle 4,6\rangle$、$D\langle 8,7\rangle$ 和 $F\langle 5,10\rangle$，最后是 $B\langle 10,15\rangle$。删除 $B\langle 10,15\rangle$ 后成为空图，完成拓扑分类，所得的序列是

图 3.4 - 9

$$C\langle 4,2\rangle,\ A\langle 3,5\rangle,\ G\langle 4,3\rangle,\ E\langle 4,6\rangle,\ D\langle 8,7\rangle,\ F\langle 5,10\rangle,\ B\langle 10,15\rangle$$

这个序列符合要求，但不是唯一的。

定义 3.4-7 如果 A 上的二元关系 R 是一线序，且 A 的每一非空子集都有一最小元素，那么 R 叫做 A 上的**良序**，序偶 $\langle A, R \rangle$ 叫做**良序集合**。

定理 3.4-6 $\langle \mathbf{N}, \leqslant \rangle$ 是良序集合。

证 我们必须证明 $\mathbf{N}$ 的每一非空子集 S，在关系 $\leqslant$ 之下，都有一最小元素。因为 S 非空，所以在 S 中可以取一个数 n，显然，S 中所有不大于 n 的数形成非空集 $T \subseteq S$。如果 T 有最小数，那么这最小数就是 S 中的最小数，但从 0 到 n 只有 $n+1$ 个自然数，于是 T 中所含的数最多是 $n+1$ 个，所以 T 有最小数。因此定理成立。

例 3.4-8

（1）每一有限线序集合是良序的。

（2）线序集合 $\langle \mathbf{I}, \leqslant \rangle$ 不是良序集合，因为 $\mathbf{I}$ 的某些子集（诸如 $\mathbf{I}$ 自身）不包含最小元素。

（3）关系 $\leqslant$ 是实数集 $\mathbf{R}$ 的线序，但不是良序。例如子集 $A = (0, 1]$ 无最小元素。如果 A 中的 a 是最小元素，那么 $\frac{a}{2}$ 也在 A 中，而 $\frac{a}{2} \leqslant a$ 且不相等。这与假设 a 是线序关系 $\leqslant$ 下 A 的最小元素矛盾。

3.4.4 词典序和标准序

由已知的线序和良序集合可以诱导出新集合 S 上的线序和良序。常见的有以下几种方法。

（1）首先，使集合 S 上的每个元素与集合 $\mathbf{N}$（也可选其它已知的良序或线序集合）的唯一不同的元素对应，然后应用 $\mathbf{N}$ 上的良序 $\leqslant$ 定义 S 上的良序 R。

定义方法如下：

如果 $a, b \in S$，且 a 对应于 n_1，b 对应于 n_2，那么 $aRb \Leftrightarrow n_1 \leqslant n_2$。

例如，$i < 0$ 时，把 $\mathbf{I}$ 的元素 i 对应于 $2|i|-1$，$i \geqslant 0$ 时，对应于 $2|i|$。即

$$\mathbf{N}: \quad 0 \quad 1 \quad 2 \quad 3 \quad 4 \quad 5 \quad 6 \quad \cdots$$
$$\mathbf{I}: \quad 0 \quad -1 \quad 1 \quad -2 \quad 2 \quad -3 \quad 3 \quad \cdots$$

可诱导出 $\mathbf{I}$ 上的良序 R，R 用式子表示是

$$aRb \Leftrightarrow |a| < |b| \lor (|a| = |b| \land a \leqslant b)$$

（2）应用 $\mathbf{N}$ 上的良序定义出 $\mathbf{N}^n$ 上的良序。

例如 $n = 2$ 时，$\mathbf{N}^2$ 上的次序关系可如下定义：

$$\langle a, b \rangle \leqslant \langle c, d \rangle \Leftrightarrow a < c \lor (a = c \land b \leqslant d) \qquad \langle \mathbf{N}^2, \leqslant \rangle \text{ 是良序集合。}$$

关系"严格小于"可如下定义：

$$\langle a, b \rangle < \langle c, d \rangle \Leftrightarrow \langle a, b \rangle \leqslant \langle c, d \rangle \land \langle a, b \rangle \neq \langle c, d \rangle$$

类似地，应用 $\mathbf{I}$ 上的线序能定义出线序集合 $\langle \mathbf{I}^n, \leqslant \rangle$。

（3）应用字母表 Σ 上的线序，可定义出 Σ^* 上的通常叫词典序的线序。

定义 3.4-8 设 Σ 是一有限字母表，指定了字母表序（线序）。如果 $x, y \in \Sigma^*$，

（i）x 是 y 的词头，或

（ii）$x = zu$ 和 $y = zv$，这里 $z \in \Sigma^*$ 是 x 和 y 的最长公共词头，且在字母表序中 u 的第一个字符前于 v 的第一个字符，那么 $x \leqslant y$。$\leqslant$ 叫做**词典序**。

（4）由于〈**N**，≤〉和有限线序集合都是良序集合，可应用它们定义出 Σ^* 上的一个良序，通常叫标准序。

定义 3.4－9 设 Σ 是一有限字母表，指定了字母表序，$\|x\|$ 表示 $x \in \Sigma^*$ 的长度，如果 x、$y \in \Sigma^*$，有

（i）$\|x\| < \|y\|$，或

（ii）$\|x\| = \|y\|$ 且在 Σ^* 的词典序中 x 前于 y。那么 $x \leq y$，≤ 叫做**标准序**。

下面说明 $|\Sigma| > 1$ 时，为什么词典序仅是线序而不是良序，而标准序是良序。

对〈Σ^*，标准序〉的任意非空子集 S，可取出其中一个元素 x，把 S 中长度小于等于 $\|x\|$ 的所有元素（含 x）组成集合 T。因定长的串的个数有限，因而不长于 $\|x\|$ 的元素个数也有限，T 是个有限集。所以，在标准序下，T 中存在最小元素，它就是 S 中的最小元素。实际上它就是集合 S 中的最短元素，且是在 Σ^* 的词典序中最早出现者。这就证明了标准序是良序。

要证明词典序非良序，只需找出一个 Σ^* 的子集，它没有最小元素即可。例如，$\Sigma = \{a, b\}$，$a \leq b$ 时，$\{b, ab, aab, aaab, \cdots\}$ 就是。

不论在词典序还是标准序下，Σ^* 的每一元素都有直接后继者。设 $\Sigma = \{a, b, c\}$ 且 $a \leq b \leq c$，$x \in \Sigma^*$。

在标准序下，xa 和 xb 的直接后继者分别是 xb 和 xc；

xc 的直接后继者是 ya，这里 y 是 x 的直接后继者。

在词典序下，x 的直接后继者是 xa。

在标准序下，xb 和 xc 的直接前趋分别是 xa 和 xb；

xa 的直接前趋是 yc，这里 y 是 x 的直接前趋。

在词典序下，xa 的直接前趋是 x，非 a 结尾的串都无直接前趋，例如 b，ab，aab，$\cdots$，但有无限个前趋。

由于标准序有较好的结构，在科学中获得较多的应用。

＊**3.4.5 数学归纳法的推广**

前章我们把数学归纳法第一、第二原理看做是自然数域上的一个推理规则，本小节我们将把它推广到一般的良序集合。

对任一个自然数 n，我们先取 0，如果 $n \neq 0$，取 0 的后继者 1，如果 $n \neq 1$，再取 1 的后继者 2，如此进行下去，最终会得出 n。

给定一个良序集合，如果对它的任一元素 x，我们先取该集合的最小元素 m_0，如果 $x \neq m_0$，取 m_0 的后继者 m_1，如果 $x \neq m_1$，再取 m_1 的后继者 m_2，如此以往，最终会得出 x，那么就称这样的良序集合是"像自然数"的。

例 3.4－9

（1）设 $\Sigma = \{a, b\}$，良序集合〈Σ^*，标准序〉是像自然数的。因为定长的串的个数有限，给定任一个串 x，在 x 之前的串的个数有限，所以从 Λ 开始，反复取后继者，终可得出 x。

（2）良序集合〈**N**×**N**，≤〉不像自然数，这里 ≤ 按上一小节规定。因为有许多元素没有直接前趋，例如〈5，0〉就是这样，因而有无限个元素前于〈5，0〉，所以，从〈0，0〉开始，反

复地取后继者,不可能取得$\langle 5,0 \rangle$。

像自然数的良序集合,可以应用数学归纳法第一原理。因为第一原理是建立在后继运算上,而这种良序集合的每一元素都可通过重复地取后继者得到,设 m_0 是该良序集合 $\langle S, \leqslant \rangle$ 的最小元素,$S(x)$ 是元素 x 的后继者,则推理规则如下:

$$P(m_0)$$
$$\frac{\forall x [P(x) \rightarrow P(S(x))]}{\text{所以} \quad \forall x P(x)}$$

这样,如果我们能证明 m_0 有性质 P,和当 x 有性质 P 时,则 $S(x)$ 有同样性质,那么我们能得出 S 的每一元素有性质 P。

对不像自然数的良序集合,不能应用数学归纳法第一原理,因为这种良序集合的有些元素不能由后继运算得到。但对它可应用数学归纳法第二原理。第二原理是建立在良序集合上的,适用于一切良序集合。设 $\langle S, \leqslant \rangle$ 是良序集合,$<$ 表示 $\leqslant -E$(即 $x<y$ 表示 $x \leqslant y$ 且 $x \neq y$),则推理规则如下:

$$\frac{\forall x [\forall y (y < x \rightarrow P(y)) \rightarrow P(x)]}{\text{所以} \quad \forall x P(x)}$$

这样,若每一小于 x 的元素有性质 P,如果我们能证明任意元素 x 有性质 P,那么我们能得出 S 的每一元素有性质 P。

下面证明良序集合上这个推理规则是有效的。

假设我们能证明前提 $\forall x [\forall y (y<x \rightarrow P(y)) \rightarrow P(x)]$,并假设 T 是 S 的子集,由 S 中没有性质 P 的所有元素组成。因为 S 是良序的,如果 $T \neq \varnothing$,那么 T 必有最小元素 m;这得出对所有 $x<m$,$P(x)$ 是真。可是,前提断言如果对所有 $x<m$,$P(x)$ 是真,那么 $P(m)$ 是真,导致矛盾,我们得出 T 必须是空。因此,第二原理结论 $\forall x P(x)$ 是真,这得出对任意良序集合 $\langle S, \leqslant \rangle$,数学归纳法第二原理是有效的推理规则。

最后,必须指出数学归纳法第二原理不能应用于非良序集合。

例 3.4 - 10 $\langle \mathbf{Q}_+, \leqslant \rangle$ 是线序集合。现说明在此线序集合中第二原理不是有效推理规则。

设谓词 $P(x)$ 表示"x 小于或等于 5"。

(i)当 $x \leqslant 5$ 时,$\forall y [y<x \rightarrow P(y)]$ 是真,$P(x)$ 也真。所以
$$\forall x [\forall y (y < x \rightarrow P(y)) \rightarrow P(x)]$$
是真。

(ii)当 $x>5$ 时,由于 $x>5$,所以存在有理数 y_0,使 $5<y_0<x$。这样 $P(y_0)$ 是假,因而
$$\forall y (y < x \rightarrow P(y))$$
是假,所以
$$\forall x [\forall y (y < x \rightarrow P(y)) \rightarrow P(x)]$$
是真。

综合(i)和(ii)得:在论述域 $\mathbf{Q}_+$ 上,$\forall x [\forall y (y<x \rightarrow P(y)) \rightarrow P(x)]$ 是真,但结论 $\forall x P(x)$ 是假。这说明第二原理不能应用于线序集合 $\langle \mathbf{Q}_+, \leqslant \rangle$。

习　　题

1. 图 3.4 - 10 中给出了偏序集合 $\langle A, R \rangle$ 的哈斯图，这里 $A = \{a, b, c, d, e\}$。

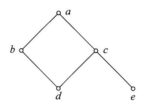

图　3.4 - 10

（1）下列关系式哪个是真？

  aRb,　　　dRa,　　　cRe,

  bRe,　　　aRa,　　　bRc,　　　dRe

（2）把哈斯图改为有向图。

（3）求出 A 的最小元素和最大元素，如果不存在，则指出不存在。

（4）求出 A 的极大元素和极小元素。

（5）求出子集 $\{b, c, d\}$、$\{c, d, e\}$ 和 $\{a, b, c\}$ 的上界和下界，并指出这些子集的 lub 和 glb，如果它们存在的话。

2. 对下述每一条件，构造有限集和无限集的例子各一个：

（1）非空偏序集合，其中某些子集没有最大元素。

（2）非空偏序集合，其中有一子集存在最大下界，但没有最小元素。

（3）非空偏序集合，其中有一子集存在上界，但没有最小上界。

3. 证明定理 3.4 - 2。

4. 证明定理 3.4 - 3。

5. 说明图 3.4 - 11 的有向图哪些代表偏序集合，拟序集合，线序集合，良序集合？哪些不属于以上 4 种集合？

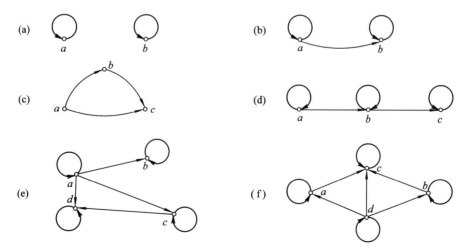

图　3.4 - 11

6. 将上题(e)、(f)两个有向图改成哈斯图。

7. 下述 4 个集合哪些是拟序集合、偏序集合、线序集合、良序集合？

(1) $\langle \rho(\mathbf{N}), \subset \rangle$

(2) $\langle \rho(\mathbf{N}), \subseteq \rangle$

(3) $\langle \rho(\{a\}), \subseteq \rangle$

(4) $\langle \rho(\varnothing), \subseteq \rangle$

8. (1) 对集合 $\mathbf{I} \times \mathbf{I}$ 构造一良序。

(2) 对集合 $\mathbf{I} \times \mathbf{I}$ 构造一拟序。

9. 证明下列断言：

(1) 如果 R 是拟序，那么 $\tilde{R}$ 也是拟序。

(2) 如果 R 是偏序，那么 $\tilde{R}$ 也是偏序。

(3) 如果 R 是线序，那么 $\tilde{R}$ 也是线序。

(4) 存在一集合 S 和 S 上的关系 R，使 $\langle S, R \rangle$ 是良序集合，但 $\langle S, \tilde{R} \rangle$ 不是。

10. 设 R 是集合 S 上的关系，S' 是 S 的子集，定义 S' 上的关系 R' 如下：

$$R' = R \cap (S' \times S')$$

确定下述每一断言是真还是假：

(1) 如果 R 在 S 上是传递的，那么 R' 在 S' 上是传递的。

(2) 如果 R 是 S 上的偏序，那么 R' 是 S' 上的偏序。

(3) 如果 R 是 S 上的拟序，那么 R' 是 S' 上的拟序。

(4) 如果 R 是 S 上的线序，那么 R' 是 S' 上的线序。

(5) 如果 R 是 S 上的良序，那么 R' 是 S' 上的良序。

11. (1) 证明 R 是一拟序当且仅当 $R \cap \tilde{R} = \varnothing$ 且 $R = R^{+}$。

(2) 证明 R 是一偏序当且仅当 $\tilde{R} \cap R = E$ 且 $R = R^{*}$。

12. 证明定理 3.4-5。

13. 证明下述断言：

(1) 对任意线序集合，每一子集的极小元素是一最小元素，每一极大元素是最大元素。

(2) 一线序集合的每一非空有限子集有一最小和最大元素。

14. 设 $\langle A, \leqslant \rangle$ 是非空有限线序集合，$|A| \geqslant 2$，R 是 $A \times A$ 上的关系，根据 R 的不同定义，指出 $\langle A \times A, R \rangle$ 是拟序集合、偏序集合、线序集合、良序集合，还是其它集合？

对任意 $\langle a_1, b_1 \rangle$、$\langle a_2, b_2 \rangle \in A \times A$，

(1) $\langle a_1, b_1 \rangle R \langle a_2, b_2 \rangle \Leftrightarrow a_1 \leqslant a_2 \wedge b_1 \leqslant b_2$

(2) $\langle a_1, b_1 \rangle R \langle a_2, b_2 \rangle \Leftrightarrow a_1 < a_2 \vee a_1 = a_2 \wedge b_1 \leqslant b_2$

(3) $\langle a_1, b_1 \rangle R \langle a_2, b_2 \rangle \Leftrightarrow a_1 \leqslant a_2$

(4) $\langle a_1, b_1 \rangle R \langle a_2, b_2 \rangle \Leftrightarrow a_1 < a_2$

15. 设 $\Sigma = \{a, b, c\}$，规定 $a \leqslant b \leqslant c$。

(1) 求出 $\langle \Sigma^{*}, 词典序 \rangle$ 中下列各串的直接后继者和直接前趋者，如果它们存在的话。

① $x = abc$　　② $y = abaa$　　③ $z = bb$

(2) 对⟨Σ*，标准序⟩重复(1)。

16. 设 Σ＝{a, b}，规定 a⩽b，⟨Σ，词典序⟩是一线序集合，但不是良集序合。在论述域 Σ* 上找出谓词 P，以证明在该域上，应用词典序则数学归纳法第二原理不是一个有效的推理规则。

3.5　等价关系和划分

3.5.1　等价关系

二元关系的另一重要类型是等价关系，其定义如下：

定义 3.5 - 1　如果集合 A 上的二元关系 R 是自反的、对称的和传递的，那么称 R 是**等价关系**。

设 R 是 A 上的等价关系，a、b、c 是 A 的任意元素。如果 aRb（即⟨a, b⟩∈R），通常我们记作 a∼b，读做"a 等价于 b"。

(1) 因为 R 具有自反性，所以 A 上每一元素都和自己等价。反映到 R 的有向图上，每一结点都有一自回路。

(2) 因为 R 具有对称性，所以如果 a 等价于 b，则 b 也等价于 a，反映在有向图上，如果有从 a 到 b 的弧，那么也有从 b 到 a 的弧。

(3) 因为 R 具有传递性，所以如果 a 等价于 b，b 等价于 c，则 a 等价于 c。反映在有向图上，如果从 a 到 c 有一条路径，则从 a 到 c 有一条弧。

综上所述，等价关系的有向图的每一分图是完全图（指每一结点有自回路，每两结点间有两条不同方向的边的图形）。

例 3.5 - 1

(1) 同学集合 A＝{a, b, c, d, e, f, g}，A 中的关系 R 是"住在同一房间"。这是等价关系，因为

① 任一个人和自己同住一间，具有自反性。

② 若甲和乙同住一间，则乙和甲也同住一间，具有对称性。

③ 若甲和乙同住一间，乙和丙同住一间，则甲和丙也同住一间，具有传递性。

现假设 a 和 b 同住一间，d、e、f 同住一间，c 住一间，则

R＝{⟨a, a⟩, ⟨a, b⟩, ⟨b, a⟩, ⟨b, b⟩, ⟨c, c⟩, ⟨d, d⟩, ⟨e, e⟩, ⟨f, f⟩, ⟨d, e⟩,
　　⟨e, d⟩, ⟨e, f⟩, ⟨f, e⟩, ⟨d, f⟩, ⟨f, d⟩}

其有向图如图 3.5 - 1 所示。

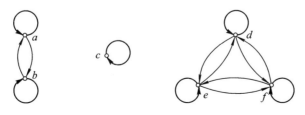

图　3.5 - 1

（2）数中的相等关系、集合中的相等关系、命题演算中的⇔关系等都是等价关系。

（3）空集合∅中的二元关系 R 是等价关系，因为

(i) $\forall x(x\in\varnothing\rightarrow xRx)$

(ii) $\forall x\forall y[x\in\varnothing\land y\in\varnothing\land xRy\rightarrow yRx]$

(iii) $\forall x\forall y\forall z[x\in\varnothing\land y\in\varnothing\land z\in\varnothing\land xRy\land yRz\rightarrow xRz]$

都无义地真，所以 R 是等价关系。集合 A 上的全域关系 $R=A\times A$ 是等价关系。

模数等价是整数域或其子集上的等价关系，并且是等价关系中极为重要的一类。

定义 3.5－2 设 k 是一正整数而 $a,b\in\mathbf{I}$。如果对某整数 m，$a-b=m\cdot k$，那么 a 和 b 是**模 k 等价**，写成

$$a\equiv b\ (\text{mod }k)$$

整数 k 叫做等价的**模数**。

定理 3.5－1 模 k 等价是任何集合 $A\subseteq\mathbf{I}$ 上的等价关系。

证 如果 $A=\varnothing$，例 3.5－1(3)已指出它是等价关系。如果 $A\neq\varnothing$，则

(i) 自反的。因为对任一 a，$a-a=0\cdot k$，得出 $a\equiv a\ (\text{mod }k)$。

(ii) 对称的。因为 $a\equiv b\ (\text{mod }k)$时，存在某 $m\in\mathbf{I}$，使 $a-b=m\cdot k$，于是 $b-a=-m\cdot k$，因此 $b\equiv a\ (\text{mod }k)$。

(iii) 传递的。设 $a\equiv b(\text{mod }k)$ 和 $b\equiv c\ (\text{mod }k)$，那么存在 $m_1,m_2\in\mathbf{I}$，使 $a-b=m_1k$ 和 $b-c=m_2\cdot k$，将两等式两边相加，得 $a-c=(m_1+m_2)\cdot k$，所以 $a\equiv c\ (\text{mod }k)$。

例 3.5－2

（1）若 R 是 $\mathbf{I}$ 上模 4 等价关系，则

$$[0]_4=\{\cdots-8,-4,0,4,8,\cdots\}$$
$$[1]_4=\{\cdots-7,-3,1,5,9,\cdots\}$$
$$[2]_4=\{\cdots-6,-2,2,6,10,\cdots\}$$
$$[3]_4=\{\cdots-5,-1,3,7,11,\cdots\}$$

每一集合中的数相互等价，例如 4 和 8、-3 和 1、-2 和 2 等等是模 4 等价的。

（2）若 R 是 $\mathbf{I}$ 上模 2 等价关系，则

$$[0]_2=\{\cdots-4,-2,0,2,4,\cdots\}$$
$$[1]_2=\{\cdots-3,-1,1,3,5,\cdots\}$$

每一集合中的数相互等价。

（3）时钟是按模 12 方式记数的设备，13 点钟和 1 点钟有相同的记数。

模 k 等价概念在一些科学领域（如编码）和日常生活中应用十分广泛，这里不多举例了。我们在习题中（第 22、23 题）给出两个例子，可参阅。

定义 3.5－3 设 R 是集合 A 上等价关系，对每一 $a\in A$，a 关于 R 的**等价类**是集合 $\{x|xRa\}$，记为 $[a]_R$，简记为 $[a]$；称 a 为等价类 $[a]$ 的**表示元素**。如果等价类个数有限，则 R 的不同等价类的个数叫做 R 的**秩**；否则秩是无限的。

对每一 $a\in A$，等价类 $[a]_R$ 非空，因为 $a\in[a]_R$。

例 3.5 - 3

(1) 如图 3.5 - 2，设 $A=\{a,b,c,d,e,f\}$，$R=\{\langle a,a\rangle,\langle b,b\rangle,\langle c,c\rangle,\langle a,b\rangle,$ $\langle b,a\rangle,\langle a,c\rangle,\langle c,a\rangle,\langle b,c\rangle,\langle c,b\rangle,\langle d,d\rangle,\langle e,e\rangle,\langle d,e\rangle,\langle e,d\rangle,\langle f,f\rangle\}$，则等价关系 R 的等价类如下：

$$[a]=[b]=[c]=\{a,b,c\}$$
$$[d]=[e]=\{d,e\}$$
$$[f]=\{f\}$$

等价关系 R 的秩是 3。

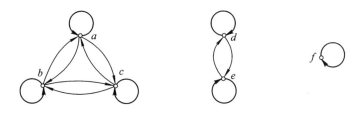

图 3.5 - 2

(2) **I** 上模 4 等价的等价类是 $[0]_4$、$[1]_4$、$[2]_4$、$[3]_4$（参看例 3.5 - 2(1)），**I** 上模 2 等价的等价类是 $[0]_2$、$[1]_2$（参看例 3.5 - 2(2)）。

(3) 集合 A 上相等关系的秩等于 A 的元素个数。

定理 3.5 - 2 设 R 是非空集合 A 上的等价关系，aRb 当且仅当 $[a]=[b]$。

证 充分性。因为 $a\in[a]=[b]$，即 $a\in[b]$，所以，aRb。

必要性。已知 aRb，考虑 $[a]$ 的任意元素 x，有 xRa。根据 R 的传递性，有 xRb，因此 $x\in[b]$。这就证明了 $[a]\subseteq[b]$。类似可证明 $[b]\subseteq[a]$，所以 $[a]=[b]$。证毕。

本定理说明一个等价类中的任一元素都可作为此等价类的表示元素，因为对同一等价类中的任两个元素 a 和 b，都有 aRb。

定理 3.5 - 3 设 R 是集合 A 上的等价关系，则对所有 $a,b\in A$，或者 $[a]=[b]$，或者 $[a]\cap[b]=\varnothing$。

证 如果 $A=\varnothing$，断言无义地真，现设 $A\neq\varnothing$。若 $[a]\cap[b]\neq\varnothing$，则存在某元素 $c\in[a]$ 和 $c\in[b]$。根据定理 3.5 - 2 得 $[a]=[c]=[b]$。又因 $[a]$ 和 $[b]$ 都非空，$[a]\cap[b]=\varnothing$ 和 $[a]=[b]$ 不能兼得。因而定理得证。

本定理说明不同的等价类是不相交的。

定义 3.5 - 4 给定非空集合 A 和非空集合族 $\pi=\{A_1,A_2,\cdots,A_m\}$，如果 $A=\bigcup\limits_{i=1}^{m}A_i$，那么称集合族 π 是 A 的**覆盖**。

下一定理说明 A 上等价关系 R 的等价类集合是 A 的覆盖。

定理 3.5 - 4 设 R 是集合 A 上的等价关系，则 $A=\bigcup\limits_{x\in A}[x]$。

证 先证 $\bigcup\limits_{x\in A}[x]\subseteq A$。设 $c\in\bigcup\limits_{x\in A}[x]$，那么对某 $a\in A$，$c\in[a]$，因为 $[a]\subseteq A$，得 $c\in A$。所以，$\bigcup\limits_{x\in A}[x]\subseteq A$。再证 $A\subseteq\bigcup\limits_{x\in A}[x]$。设 $c\in A$，那么 $c\in[c]\subseteq\bigcup\limits_{x\in A}[x]$。所以 $A\subseteq\bigcup\limits_{x\in A}[x]$。证毕。

下一定理说明不同的等价关系诱导出不同的等价类集合。

定理 3.5 - 5　设 R_1 和 R_2 是集合 A 上的等价关系，那么 $R_1=R_2$ 当且仅当 $\{[a]_{R_1} \mid a \in A\}=\{[a]_{R_2} \mid a \in A\}$。

证　必要性。因为 $R_1=R_2$，所以对任意 $a \in A$，有

$$[a]_{R_1} = \{x \mid xR_1a\} = \{x \mid xR_2a\} = [a]_{R_2}$$

故 $\{[a]_{R_1} \mid a \in A\}=\{[a]_{R_2} \mid a \in A\}$。

充分性。因为 $\{[a]_{R_1} \mid a \in A\}=\{[a]_{R_2} \mid a \in A\}$，得 $[a]_{R_1}=[a]_{R_2}$，所以，对任意 $x \in A$，有

$$xR_1a \Leftrightarrow x \in [a]_{R_1} \Leftrightarrow x \in [a]_{R_2} \Leftrightarrow xR_2a$$

又 a 是任意的，故 $R_1=R_2$。证毕。

定理 3.5 - 6　设 R 是 A 上的二元关系，设 $R'=\mathrm{tsr}(R)$ 是 R 的自反对称传递闭包，那么

(1) R' 是 A 上的等价关系，叫做 **R 诱导的等价关系**。

(2) 如果 R'' 是一等价关系且 $R'' \supseteq R$，那么 $R'' \supseteq R'$。就是说，R' 是包含 R 的最小等价关系。

证

(1) 根据闭包运算的定义和定理 3.3 - 9 可得

　　$\mathrm{r}(R)$ 是自反的，

　　$\mathrm{sr}(R)$ 是自反的和对称的，

　　$\mathrm{tsr}(R)$ 是自反的、对称的和传递的。

因此，$R'=\mathrm{tsr}(R)$ 是 A 上的等价关系。

(2) 设 R'' 是任意的包含 R 的等价关系，那么 R'' 是自反的和对称的，所以 $R'' \supseteq R \cup \tilde{R} \cup E = \mathrm{sr}(R)$。因为 R'' 是传递的且包含 $\mathrm{sr}(R)$，所以 R'' 包含 $\mathrm{tsr}(R)$。证毕。

例 3.5 - 4　设 $A=\{a,b,c\}$ 且 A 上的二元关系 R 如图 3.5 - 3 所示，则 $\mathrm{tsr}(R)$ 如图 3.5 - 4 所示。

图　3.5 - 3　　　　　　　　图　3.5 - 4

$\mathrm{tsr}(R)$ 的等价类是 $\{a\}$ 和 $\{b,c\}$，诱导出的等价关系的每一等价类是 $\langle A,R \rangle$ 有向图的一个分图的结点集合。

3.5.2　划分

定义 3.5 - 5　给定非空集合 A 和非空集合族 $\pi=\{A_1,A_2,\cdots,A_m\}$，如果

(i) π 是 A 的覆盖，即 $A=\bigcup\limits_{i=1}^{m}A_i$，

(ii) $A_i \cap A_j=\varnothing$ 或 $A_i=A_j(i,j=1,2,\cdots,m)$

那么集合族 π 叫做集合 A 的一个**划分**。

划分的元素 A_i 称为划分 π 的**块**，如果划分是有限集合，则不同块的个数叫划分的**秩**。若划分是无限集合，则它的秩是无限的。划分的秩就是划分的大小。

例 3.5－5

(1) 设 $S=\{1,2,3\}$，有

$$A=\{\{1,2\},\{2,3\}\}, \quad B=\{\{1\},\{1,2\},\{1,3\}\}$$
$$C=\{\{1\},\{2,3\}\}, \qquad D=\{\{1,2,3\}\}$$
$$E=\{\{1\},\{2\},\{3\}\}, \quad F=\{\{1\},\{1,2\}\}$$

则 C、D、E 都是 S 的划分，它们的秩分别是 2、1、3，A、B 是 S 的覆盖但不是划分，F 不是 S 的覆盖也不是 S 的划分。

(2) 将一张纸撕成几片，则所得的各个碎片是该纸的一个划分(参看图 3.5－5)。$\pi=\{A_1,A_2,A_3,A_4\}$ 是 A 的划分，秩是 4。

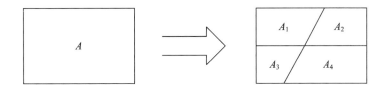

图 3.5－5

(3) 集合族 $\{\{x,-x\}\mid x\in\mathbf{I}\}$ 是 $\mathbf{I}$ 的秩无限的一个划分。

(4) 设 A 是非空集合，那么 $\rho(A)-\{\varnothing\}$ 是非空集合族，这个集合族是 A 的一个覆盖，而不是 A 的划分，除非 A 是单元素集合。

根据划分的定义和定理 3.5－3、定理 3.5－4 立即可得下述定理：

定理 3.5－7 设 A 是非空集合，R 是 A 上的等价关系。R 的等价类集合 $\{[a]_R\mid a\in A\}$ 是 A 的划分。

定义 3.5－6 设 R 是非空集合 A 上的等价关系，称划分 $\{[a]_R\mid a\in A\}$ 为**商集** A/R，也叫 ***A* 模 *R***。

由商集的定义和定理 3.5－5 立即可得下述定理：

定理 3.5－8 设 R_1 和 R_2 是非空集合 A 上的等价关系，那么 $R_1=R_2$ 当且仅当 $A/R_1=A/R_2$。

以上两定理说明 A 上的等价关系可以诱导出 A 的划分，且是唯一的。反之，A 的划分也可诱导出 A 上的等价关系。即划分和等价关系可相互诱导。

定理 3.5－9 设 π 是非空集合 A 的一个划分，则 A 上的二元关系：

$$R=\bigcup_{B\in\pi}B\times B$$

或写成

$$aRb \iff \exists B[B\in\pi \wedge a\in B \wedge b\in B]$$

是 A 上的等价关系。

证

(1) R 是自反的。因为 A 的每一元素是在 π 的某块 B 中，所以，对每一 $a\in A$，aRa。

(2) R 是对称的。假设 aRb，那么有某块 $B\in\pi$，使 $a\in B$ 和 $b\in B$。所以 bRa。

（3）R 是传递的。假设 aRb 和 bRc，那么存在 $B_1 \in \pi$ 和 $B_2 \in \pi$，使 a，$b \in B_1$ 和 b，$c \in B_2$，即 $b \in B_1 \cap B_2$，由划分的定义，要么 $B_1 \cap B_2 = \varnothing$，要么 $B_1 = B_2$，所以 $B_1 = B_2$。因此，$c \in B_1$，aRc。

综上所述，R 是等价关系。证毕。

定理 3.5 - 10　设 π 是非空集合 A 上的划分，R 是 A 上的等价关系，那么，π 诱导出 R 当且仅当 R 诱导出 π。

证　必要性。假设 π 诱导出 R，R 诱导出 π'。

设 a 是 A 的任一元素，并设 B 和 B' 分别是 π 和 π' 的块，使 $a \in B$ 和 B'。那么对任一 b，有

$$b \in B \Leftrightarrow aRb \qquad\qquad R \text{ 的定义}$$
$$\Leftrightarrow [a]_R = [b]_R \qquad\qquad \text{定理 } 3.5 - 2$$
$$\Leftrightarrow b \in B' \qquad\qquad b \in [b]_R = [a]_R = B'$$

所以，$B = B'$。因为 a 是 A 的任一元素，而 π 和 π' 都是 A 的覆盖，故 $\pi = \pi'$。

充分性。假设 R 诱导出 π，π 诱导出等价关系 R'。那么对任意 a、$b \in A$

$$aRb \Leftrightarrow [a]_R = [b]_R \qquad\qquad \text{定理 } 3.5 - 2$$
$$\Leftrightarrow a \text{、} b \in [a]_R \qquad\qquad b \in [b]_R = [a]_R \text{ 和 } a \in [a]_R$$
$$\Leftrightarrow \exists B(B \in \pi \wedge a \in B \wedge b \in B) \qquad\qquad \text{上一行的改述}$$
$$\Leftrightarrow aR'b \qquad\qquad R' \text{ 的定义}$$

因此，$R = R'$。证毕。

例 3.5 - 6　设 $A = \{a, b, c, d, e\}$，$R = \{\langle a, a \rangle, \langle a, b \rangle, \langle a, c \rangle, \langle b, b \rangle, \langle b, a \rangle,$
$\langle b, c \rangle, \langle c, c \rangle, \langle c, a \rangle, \langle c, b \rangle, \langle d, d \rangle, \langle d, e \rangle, \langle e, e \rangle, \langle e, d \rangle\}$，其有向图如图 3.5 - 6
所示，则 R 诱导的划分 $\pi = \{\{a,b,c\}, \{d,e\}\}$。反之，若 A 的划分 $\pi = \{\{a,b,c\}, \{d,e\}\}$，
则 π 所诱导的等价关系 $R = \{a, b, c\} \times \{a, b, c\} \cup \{d, e\} \times \{d, e\} = \{\langle a, a \rangle, \langle a, b \rangle, \langle a,$
$c \rangle, \langle b, b \rangle, \langle b, a \rangle, \langle b, c \rangle, \langle c, c \rangle, \langle c, a \rangle, \langle c, b \rangle, \langle d, d \rangle, \langle d, e \rangle, \langle e, e \rangle, \langle e, d \rangle\}$。

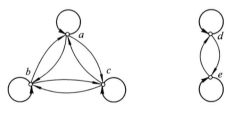

图　3.5 - 6

从以上讨论可以看出，除了等价关系可以对空集定义，而划分不能外，等价关系和划分是相同概念的不同描述，它们紧密相连。

3.5.3　划分的积与和

定义 3.5 - 7　设 π 和 π' 是非空集合 A 上的划分。如果 π' 的每一块都包含于 π 的一块中，那么说 π' 细分 π，或说 π' 是 π 的**细分**。如果 π' 细分 π，且 $\pi \neq \pi'$，那么说 π' 是 π 的**真细分**。

例 3.5 - 7

(1) 设 $A=\{a, b, c\}$，$\pi=\{\{a, b\}, \{c\}\}$，$\pi'=\{\{a\}, \{b\}, \{c\}\}$，则 π' 细分 π。

(2) 把一张纸 A 撕碎得 A 的划分 π，再撕碎，就是将 π 细分，所得之 π' 仍是 A 的划分（参看图 3.5 - 7）。

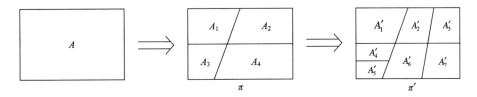

图 3.5 - 7

(3) **I** 上模 4 等价诱导出的划分 $\{[0]_4, [1]_4, [2]_4, [3]_4\}$ 细分模 2 等价诱导出的划分 $\{[0]_2, [1]_2\}$。因为 $[0]_4$ 和 $[2]_4$ 两者包含于 $[0]_2$ 中，$[1]_4$ 和 $[3]_4$ 两者包含于 $[1]_2$ 中。

定理 3.5 - 11 设 π 和 π' 是非空集合 A 上的划分，并设 R 和 R' 分别是由 π 和 π' 诱导的等价关系。那么 π' 细分 π 当且仅当 $R'\subseteq R$。

证 我们首先证明如果 π' 细分 π，那么 $R'\subseteq R$。

假设 $aR'b$，那么有 π' 的某块 B' 使 $a, b\in B'$。因为 π' 细分 π，有 π 的一块 B 使 $B'\subseteq B$。所以 $a, b\in B$。这得出 aRb，因此 $R'\subseteq R$。

其次证明如果 $R'\subseteq R$，那么 π' 细分 π。

设 B' 是 π' 的一块，且 $a\in B'$，那么 $B'=[a]_{R'}=\{x\mid xR'a\}$。但对每一 x，如果 $xR'a$，那么 xRa，因为 $R'\subseteq R$。所以 $\{x\mid xR'a\}\subseteq\{x\mid xRa\}$，即 $[a]_{R'}\subseteq[a]_R$；用 B 表示 $[a]_R$，那么 B 是 π 的一块且 $B'\subseteq B$，这证明了 π' 细分 π。

等价关系的大小，由该关系所含的序偶个数计算；划分的大小，由划分的秩计算，本定理说明大的等价关系诱导出小的划分。大的划分诱导出小的等价关系，但这是在 π' 细分 π 或 $R'\subseteq R$ 的条件下才能成立，如无此条件，一般不成立。

定理 3.5 - 12 设 F 是非空集合 A 上划分的族，则关系细分是 F 上的偏序。

证明留作练习。

定义 3.5 - 8 设 π_1 和 π_2 是非空集合 A 的划分。π_1 和 π_2 的**积**，表示为 $\pi_1\cdot\pi_2$，是 A 的划分 π，它使

(i) π 细分 π_1 和 π_2 两者。

(ii) 如果 π' 细分 π_1 和 π_2，那么 π' 细分 π。

本定义概括地说就是 $\pi_1\cdot\pi_2$ 是细分 π_1 和 π_2 的最小划分。

下述二定理表明两个划分的积常存在且是唯一的。

定理 3.5 - 13 设 R_1 和 R_2 是非空集合 A 的划分 π_1 和 π_2 所诱导出的等价关系。那么 $R=R_1\bigcap R_2$ 诱导出 π_1 和 π_2 的积的划分 π。

证

(i) 因为 $R=R_1\bigcap R_2$，得出 $R_1\supseteq R$ 和 $R_2\supseteq R$，所以根据定理 3.5 - 11，π 细分 π_1 和 π_2。

(ii) 假设 π' 细分 π_1 和 π_2 两者，如果 π' 诱导出 R'，那么根据定理 3.5 - 11，$R_1\supseteq R'$ 和 $R_2\supseteq R'$，那么 $R_1\bigcap R_2\supseteq R'$，所以 $R\supseteq R'$，π' 细分 π。

以上结果满足了定义 3.5－8，所以 π 是 $\pi_1 \cdot \pi_2$。证毕。

定理 3.5－14 设 π_1 和 π_2 是非空集合 A 的划分，则 π_1 和 π_2 的积是唯一的。

证 假设 π 和 π' 都是 π_1 和 π_2 的积划分，那么从定义 3.5－8 知 π 和 π' 彼此细分，根据定理 3.5－12，关系"细分"是反对称的，所以，$\pi = \pi'$。

例 3.5－8 假定一张纸画上红线和绿线，按红线剪开得划分 π_1，按绿线剪开得划分 π_2，那么按红线和绿线剪开产生积划分 $\pi_1 \cdot \pi_2$（见图 3.5－8）。

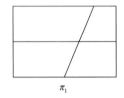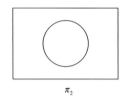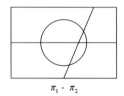

图 3.5－8

定义 3.5－9 设 π_1 和 π_2 是非空集合 A 的划分，π_1 与 π_2 的**和**记为 $\pi_1 + \pi_2$，是一划分 π，它使

(i) π_1 和 π_2 细分 π。

(ii) 如果 π' 是 A 的划分，使 π_1 和 π_2 细分 π'，那么 π 细分 π'。

本定义概括地说就是 $\pi_1 + \pi_2$ 是 π_1 和 π_2 所细分的最大划分。

下述二定理表明二划分之和常存在且唯一。

定理 3.5－15 设 R_1 和 R_2 是非空集合 A 上的划分 π_1 和 π_2 所诱导出的等价关系。定义关系 R 是 $R_1 \cup R_2$ 的传递闭包。

$$R = (R_1 \cup R_2)^+ = t(R_1 \cup R_2)$$

那么，R 是 A 上的等价关系，划分 A/R 是 π_1 和 π_2 的和。

证 $R_1 \cup R_2$ 是自反的和对称的，因为并运算保持这些特性。所以根据定理 3.5－6，

$$R = t(R_1 \cup R_2) = tsr(R_1 \cup R_2)$$

是包含 R_1 和 R_2 的最小的等价关系。因为 $R \supseteq R_1$ 和 $R \supseteq R_2$，π_1 和 π_2 两者细分 A/R。再者，任何被 π_1 和 π_2 所细分的划分诱导出的等价关系包含 R_1 和 R_2，因为 $t(R_1 \cup R_2)$ 是最小这样的等价关系，这得出 A/R 细分所有的这样的划分。所以，A/R 是 π_1 和 π_2 之和。

定理 3.5－16 设 π_1 和 π_2 是非空集合 A 的划分，π_1 和 π_2 的和是唯一的。

证明留作练习。

例 3.5－9 假定一张纸上的红线表示划分 π_1，绿线表示划分 π_2，那么，按既是红线又是绿线的线剪开就产生和划分 $\pi_1 + \pi_2$（图 3.5－9）。

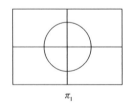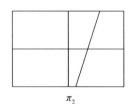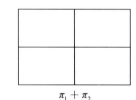

图 3.5－9

习　题

1. 设 R 是 A 上的等价关系，将 A 的元素按照 R 的等价类顺序排列，则等价关系的关系矩阵 M_R 有何特征？

2. 证明集合 A 上的全域关系 $R=A \times A$ 是等价关系。

3. 假设 A 是 n 个元素的有限集合（$n \in \mathbf{N}$），问：

（1）有多少个元素在 A 上的最大等价关系中？

（2）A 上的最大等价关系的秩是什么？

（3）有多少个元素在 A 上的最小等价关系中？

（4）A 上的最小等价关系的秩是什么？

4. 设 R 和 R' 是集合 A 上的等价关系。

（1）证明 $R \cap R'$ 是 A 上的等价关系。

（2）用例子证明 $R \cup R'$ 不一定是等价关系，要尽可能小地选取集合 A。

本题说明等价关系的交运算保持自反、对称和传递特性，并运算保持自反和对称特性但不保持传递特性。

5. 设 R_1 和 R_2 是非空集合 A 上的等价关系，确定下述各式，哪些是 A 上的等价关系，对不是的举例说明。

（1）$A \times A - R_1$

（2）$R_1 - R_2$

（3）R_1^2

（4）$r(R_1 - R_2)$　　（$R_1 - R_2$ 的自反闭包）

（5）$R_1 \cdot R_2$

6. R 是整数集合 $\mathbf{I}$ 上的等价关系，将 R 中的每一序偶 $\langle x, y \rangle$ 标在 $\mathbf{I} \times \mathbf{I}$ 笛卡尔平面上，所得图形有何特点？（提示：联系第一题思考。）

7. 应用上题的结论说明下述 $\mathbf{I}$ 集合上的二元关系是否是等价关系，对不是的说明为什么，并找出 R 诱导的等价关系。

（1）$R=<$

（2）$R=\{\langle a, b \rangle \mid (a>0 \wedge b>0) \vee (a<0 \wedge b<0)\}$

（3）$R=\{\langle a, b \rangle \mid (a \geqslant 0 \wedge b>0) \vee (a<0 \wedge b \leqslant 0)\}$

（4）$R=\{\langle a, b \rangle \mid \exists x[x \in \mathbf{I} \wedge 10x<a<10(x+1) \wedge 10x \leqslant b<10(x+1)]\}$

（5）$R=\{\langle a, b \rangle \mid a$ 整除 $b\}$

8. R 是集合 A 上的二元关系。对于所有的 a、b、$c \in A$，如果 aRb，bRc 则 cRa，那么称 R 是**循环关系**。试证明 R 是自反和循环的当且仅当 R 是一等价关系。

9. 下述论证意味着每一个对称的和传递的关系是一等价关系。设 R 是一对称的和传递的关系。

（i）因为 R 是对称的，如果 $\langle x, y \rangle \in R$，那么 $\langle y, x \rangle \in R$。

（ii）因为 R 是传递的，如果 $\langle x, y \rangle \in R \wedge \langle y, x \rangle \in R$，那么 $\langle x, x \rangle \in R$，所以 R 是自反的。这得出 R 是一等价关系。

这个论证有什么错误？

10. 设 $A=\{a, b, c\}$，作出 A 的所有划分；设 A 的所有划分构成的集合是 P，画出 $\langle P$，细分$\rangle$ 的哈斯图。

11. 假设 $A=\{a, b, c, d\}$，π_1 是 A 上的划分，$\pi_1=\{\{a, b, c\}, \{d\}\}$。

（1）列出 π_1 诱导出的等价关系的序偶。

（2）对划分

$$\pi_2 = \{\{a\}, \{b\}, \{c\}, \{d\}\}$$
$$\pi_3 = \{\{a, b, c, d\}\}$$

做同样工作。

（3）画出偏序集合 $\langle\{\pi_1, \pi_2, \pi_3\}$，细分$\rangle$ 的哈斯图。

12. 设 π_1 和 π_2 是非空集合 A 的划分，说明下列各式哪些是 A 的划分，哪些可能是 A 的划分，哪些不是 A 的划分。

（1）$\pi_1 \bigcup \pi_2$

（2）$\pi_1 \bigcap \pi_2$

（3）$\pi_1 - \pi_2$

（4）$[\pi_1 \bigcap (\pi_2 - \pi_1)] \bigcup \pi_1$

13. 设 $\{A_1, A_2, \cdots, A_m\}$ 是集合 A 的划分，若 $A_i \bigcap B \neq \varnothing$，$i=1, 2, \cdots, m$，试证明 $\{A_1 \bigcap B, A_2 \bigcap B, \cdots, A_m \bigcap B\}$ 是 $A \bigcap B$ 的划分。

14. 设 A 是 n 个元素的有限集，假设 $\pi_1, \pi_2, \cdots, \pi_k$ 是 A 上划分序列，使 π_{i+1} 真细分 π_i，找出最大可能的序列长度。

15. 证明定理 3.5 - 12。

16. 设 $A=\mathbf{I}$，定义 A 上的 R_1、R_2、R_3 如下：

$$aR_1b \Leftrightarrow a \equiv b \pmod{3}$$
$$aR_2b \Leftrightarrow a \equiv b \pmod{5}$$
$$aR_3b \Leftrightarrow a \equiv b \pmod{6}$$

（1）对偏序集合 $\langle\{A/R_1, A/R_2, A/R_3\}$，细分$\rangle$ 画出哈斯图。

（2）描述以下各式所诱导的等价关系。它们的秩是什么？

$(A/R_1) \cdot (A/R_2)$， $(A/R_1) + (A/R_3)$，

$(A/R_1) \cdot (A/R_3)$， $(A/R_1) + (A/R_2)$

17. 设 R_j 表示 $\mathbf{I}$ 上模 j 等价，R_k 表示 $\mathbf{I}$ 上模 k 等价。

（1）证明 $\mathbf{I}/R_k$ 细分 $\mathbf{I}/R_j$ 当且仅当 k 是 j 的整倍数。

（2）描述划分 $\mathbf{I}/R_j + \mathbf{I}/R_k$。

（3）描述划分 $\mathbf{I}/R_j \cdot \mathbf{I}/R_k$。

18. 证明如果 π_1 细分 π_2，那么 $\pi_1 \cdot \pi_2 = \pi_1$ 和 $\pi_1 + \pi_2 = \pi_2$。

19. 证明定理 3.5 - 16。

20. 设 P 表示非空集合 A 的所有划分的集合，考虑偏序集合 $\langle P$，细分$\rangle$，设 π_1 和 π_2 是 P 的成员。

（1）证明 $\pi_1 \cdot \pi_2$ 是集合 $\{\pi_1, \pi_2\}$ 的最大下界。

（2）证明 $\pi_1 + \pi_2$ 是集合 $\{\pi_1, \pi_2\}$ 的最小上界。

*21. 设 R 是集合 A 上的二元关系，如果 R 是自反的和对称的，则称 R 是**相容关系**。设

$$A = \{316, 347, 204, 678\}$$

$$R = \{\langle x, y \rangle \mid x \in A \land y \in A \land x \text{ 和 } y \text{ 有相同的数字}\}$$

(1) R 是相容关系吗?

(2) 画出 R 的关系图。

(3) 所有等价关系都是相容关系吗?

(4) 相容关系的关系图和等价关系的关系图有何不同?

22. 每本书都有书号,《中学数学用表》的书号是 ISBN 7 - 107 - 00334 - 8。ISBN 是国际标准书号(International Standard Book Number)的缩写。数字分 4 组,第一组 7,表示此书是汉语国家或地区出版的,第二组 107 是出版单位号,第三组 00334 是该书的标识号(由出版单位指定),第四组 8 是校验码。校验码由以下方法得出,即书号的前 9 位数字分别乘以 10、9、8、7…2 所得积再加上校验码所得的和应当被 11 整除(即模 11 等于 0)。设置校验码是为了便于检出复制或传输过来的书号是否有误。请核对书号 ISBN 7 - 5606 - 0459 - 5,它是否符合上述规则。(书号有不同编法,这是最常见的一种)。

23. 公元 2010 年 3 月 21 日是星期几?(提示:① 根据闰年规律——每 4 年一闰,每 100 年不闰,每 400 年要闰和公元 1 年 1 月 1 日是星期一,你可以想出一个公式,它能计算出公元 x 年 1 月 1 日是星期几。② 计算出公元 2010 年 1 月 1 日是星期几后,再计算出 3 月 21 日是星期几。)

第4章 函　　数

函数是具有特殊性质的二元关系。我们可以把函数看做输入、输出关系；它把一个集合(输入集合)的元素变成另一个集合(输出集合)的元素，例如计算机中的程序，可以把一定范围内的任一组数据变化成另一组数据。它就是一个函数。

函数是许多最有效的数学工具的基础，在计算机科学中，获得了广泛地应用。本章我们将定义一般函数类和各种特殊子类，而侧重讨论离散函数。

4.1　函数的基本概念

4.1.1　函数的定义

函数亦称**映射**或**变换**，其定义如下：

定义 4.1-1　设 X 和 Y 是集合，一个从 X 到 Y 的**函数** f 记为 $f: X \rightarrow Y$，是一个满足以下条件的关系：对每一 $x \in X$，都存在唯一的 $y \in Y$，使 $\langle x, y \rangle \in f$。

$\langle x, y \rangle \in f$ 通常记作 $f(x) = y$，X 叫做函数 f 的**前域**，Y 叫做 f 的**陪域**。在表达式 $f(x) = y$ 中，x 叫做函数的**自变元**，y 叫做对应于自变元 x 的**函数值**。

从定义可看出，X 到 Y 的函数 f 和一般 X 到 Y 的二元关系的不同有以下两点：

(1) X 的每一元素都必须作为 f 的序偶的第一个成分出现。

(2) 如果 $f(x) = y_1$ 和 $f(x) = y_2$，那么 $y_1 = y_2$。

通常我们也把函数 f 看做是一个映射(变换)规则，它把 X 的每一元素映射到(变换为) Y 的一个元素，因而 $f(x)$ 又叫做 x 的**映象**。

在定义一个函数时，我们必须指定前域、陪域和变换规则，变换规则必须覆盖所有可能的自变元的值。例如

$$f: \mathbf{I} \rightarrow \mathbf{I}, \ f(x) = 0, \text{如果 } x \leqslant 0; \ f(x) = x - 1, \text{如果 } x > 0$$

定义了一个函数。

如果函数的前域是有限的，那么可以通过列表或画有向图表述变换规则。例如
$g: \{a, b, c, d\} \rightarrow \{1, 2, 3\}$

		x	$g(x)$		
$g(a) = 1$		a	1		
$g(b) = 2$	或	b	2	或	
$g(c) = 2$		c	2		
$g(d) = 1$		d	1		

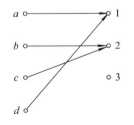

定义了一函数。

表示函数的有向图的特征是：有且仅有一条弧从表示前域元素的每个结点射出。因此如图 4.1-1 所示的有向图不是函数，而是一个关系。

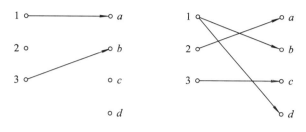

图 4.1-1

定义 4.1-2 设 $f:X{\to}Y$，$g:W{\to}Z$，如果 $X{=}W$，$Y{=}Z$，且对每一 $x{\in}X$ 有 $f(x){=}g(x)$，则称 $f{=}g$。

函数相等的定义和关系相等的定义是一致的，它们必须有相同的前域与陪域和相等的序偶集合。例如

$$\text{函数 } f:\mathbf{I}{\to}\mathbf{I},\ f(x){=}x^2$$

和

$$\text{函数 } f:\{1,2,3\}{\to}\mathbf{I},\ f(x){=}x^2$$

是两个不同的函数。

定义 4.1-3 设 f 是从 X 到 Y 的函数，X' 是前域 X 的子集，那么 $f(X')$ 表示 Y 的子集，$f(X'){=}\{y\mid \exists x(x{\in}X'{\wedge}y{=}f(x))\}$ **叫做函数 f 下 X' 的映象**。整个前域的映象 $f(X)$ **叫做函数 f 的映象**（或叫 f 的值域）。

对任何函数 $f:X{\to}Y$，定义 4.1-3 含蓄地指定了另一函数 F，$F:\rho(X){\to}\rho(Y)$，对任一 $X'{\subseteq}X$，$F(X'){=}\{y\mid \exists x(x{\in}X'{\wedge}y{=}f(x))\}$。$f$ 和 F 显然不是相同的函数，f 的前域和陪域是集合 X 和 Y，f 映射 X 的元素到 Y 的元素；F 的前域和陪域是集合 $\rho(X)$ 和 $\rho(Y)$，F 映射 X 的子集到 Y 的子集，如图 4.1-2 所示。

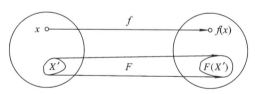

图 4.1-2

但通常仍将 $F(X')$ 写成 $f(X')$，因为自变元已指明 f 是代表原函数 f，还是代表诱导出的函数 F，不仅不会产生二义性，还有指明诱导者的优点。

例 4.1-1

(1) 假定 $f:\{a,b,c,d\}{\to}\{1,2,3,4\}$ 用图 4.1-3 定义。那么

$$f(\{a\}){=}\{1\}$$
$$f(\{a,b\}){=}\{1,3\}$$
$$f(\{a,b,c\}){=}\{1,3\}$$

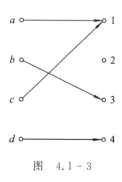

图 4.1-3

$$f(\{a,b,c,d\})=\{1,3,4\}$$
$$f(\varnothing)=\varnothing$$

（2）设 f：$\mathbf{I}\to\mathbf{I}$，$x\leqslant0$ 时，$f(x)=0$；$x>0$ 时，$f(x)=x-1$，那么

$$f(-1)=0,\qquad f(\{-1\})=\{0\}$$
$$f(0)=0,\qquad f(\{0\})=\{0\}$$
$$f(1)=0,\qquad f(\{1\})=\{0\}$$
$$f(2)=1,\qquad f(\{1,2,3,\cdots\})=\mathbf{N}$$
$$f(3)=2,\qquad f(\{2,4,6,8,\cdots\})=\{1,3,5,7,\cdots\}$$
$$f(4)=3,\qquad f(\{0,-1,-2,\cdots\})=\{0\}$$
$$\vdots$$

通常用 Y^X 表示从集合 X 到集合 Y 的所有函数的集合，应用这样的符号有其方便之处，因为如果 X 和 Y 都是有限集合时，设 $|X|=m$，$|Y|=n$，则 $|Y^X|=n^m=|Y|^{|X|}$。这是因为对每个自变元，它的函数值都有 n 种取法，故共有 n^m 种从 X 到 Y 的函数。

函数的前域 X 时常是某个集合叉积。具有前域 $X=\underset{i=1}{\overset{n}{\times}}X_i$ 的函数 f 叫做 **n 个变元的函数**，在 $\langle x_1,x_2,\cdots,x_n\rangle$ 上的 f 值用 $f(x_1,x_2,\cdots,x_n)$ 表示，这里 $x_i\in X_i$。算术运算，诸如加、减、乘等都是二元函数的例子。这些函数通常用固定的符号表示。例如加法可表示为 $+(x,y)$，或 $x+y$。

为加深对函数概念的理解，下边我们举一些例子。

例 4.1-2

（1）设 $X=\{a,b,\cdots,z\}$，$Y=\{01,02,\cdots,26\}$，f：$X\to Y$。$f(a)=01$，$f(b)=02$，$\cdots$，$f(z)=26$。f 是一个简单的编码函数。

（2）S：$\mathbf{N}\to\mathbf{N}$，$S(n)=n+1$。S 叫**皮亚诺后继函数**。

（3）X 和 Y 是非空集合，P：$X\times Y\to X$，$P(x,y)=x$。P 称为**投影函数**。

（4）X 和 Y 是非空集合，f：$X\to\rho(X\times Y)$，$f(x)=\{x\}\times Y$。函数值 $\{x\}\times Y$ 代表 $X\times Y$ 在 x 处的截痕，f 叫**截痕函数**。

（5）如果 $X=\varnothing$，Y 是任意集合，那么空关系是从 X 到 Y 的无义的函数，叫**空函数**。如果 $X\neq\varnothing$ 而 $Y=\varnothing$，那么从 X 到 Y 的唯一关系是空关系，但这空关系不是从 X 到 Y 的函数。没有一个函数，它有非空的前域和空的陪域。

4.1.2 合成函数

关系可以合成。函数是关系，也可以合成，下述定理将证明由合成所得的关系确是一个函数。合成是获得新函数的常用方法之一，因为直接去定义一个具有一定性质的函数，有时不如利用两个具有一定性质的已知函数合成得出来得方便。

定理 4.1-1 设 g：$X\to Y$ 和 f：$Y\to Z$ 是函数，那么合成函数 $f\cdot g$ 是从 X 到 Z 的函数[①]，对一切 $x\in X$，$(f\cdot g)(x)=f(g(x))$。

证 因为 f 和 g 都是关系，$f\cdot g$ 是从 X 到 Z 的关系。所以我们只须证明对每一

---

① g：$X\to Y$ 和 f：$W\to Z$ 且 $Y\subseteq W$ 时，如果需要也可定义合成函数 $f\cdot g$，不一定要求 $Y=W$。

$x \in X$，有一个唯一的 $z \in Z$ 使 $\langle x, z \rangle \in f \cdot g$，那么 $f \cdot g$ 就是函数了。

因为 g 是函数，对每一 $x \in X$，有一 $y \in Y$ 使 $g(x) = y$。因为 f 是函数，对每一 $y \in Y$，有一 $z \in Z$ 使 $f(y) = z$。因为 $\langle x, y \rangle \in g$，$\langle y, z \rangle \in f$，这得出 $\langle x, z \rangle \in f \cdot g$。再者，由于 g 和 f 都是函数，x 唯一地确定 y，y 唯一地确定 z，于是 x 唯一地确定 z。所以，$\langle x, z \rangle$ 是以 x 为第一分量的合成关系 $f \cdot g$ 的唯一序偶。这样，$f \cdot g$ 是一函数，而 $(f \cdot g)(x) = z = f(y) = f(g(x))$。证毕。

注意 g 和 f 的合成函数记为 fg，记法中的次序与关系不一致，其原因是习惯上放置自变元于函数符号的右侧，近自变元的函数先发生作用。

例 4.1 - 3

(1) 设 $g : \{a, b, c\} \to \{A, B, C, D\}$ 和 $f : \{A, B, C, D\} \to \{1, 2, 3\}$，用图 4.1 - 4 定义，那么 $f \cdot g : \{a, b, c\} \to \{1, 2, 3\}$，如图 4.1 - 5 所示。

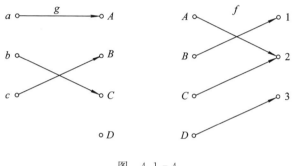

图 4.1 - 4

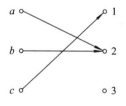

图 4.1 - 5

(2) 设 $g : \{0, 1, 2\} \to \mathbf{N}$ 定义为 $g(x) = x + 1$，$f : \mathbf{N} \to \mathbf{N}$ 定义为 $f(x) = 3x + 2$，则合成函数 $g \cdot f$ 没有定义，因为 g 的前域不等于 f 的陪域。然而，合成函数 $f \cdot g$ 是有定义的：
$$f \cdot g : \{0, 1, 2\} \to \mathbf{N}, \qquad f \cdot g(x) = 3x + 5$$

定理 4.1 - 2 函数合成是可结合的。即 f、g 和 h 都是函数，那么 $(fg)h = f(gh)$。

本定理是定理 3.2 - 2 的一个特殊情况。另外附带指出，今后讨论一个合成函数时，我们总是假定它是有定义的，对此不再说明。

如果对某集合 X，$f : X \to X$，那么函数 f 能同自身合成任意次。f 的 n 次合成定义如下：

(1) $f^0(x) = x$，

(2) $f^{n+1}(x) = f(f^n(x))$，$n \in \mathbf{N}$。

4.1.3 归纳定义的函数

当函数的前域是用归纳定义的集合时，归纳法也是指定函数的方便和有效方法。函数的定义随着前域的定义自然地得出。

例 4.1-4

（1）阶乘 $n!$ 的归纳定义如下：

$f: \mathbf{N} \rightarrow \mathbf{N}$

(i)（基础）$f(0)=1$。

(ii)（归纳）$f(n+1)=(n+1)f(n)$。

注意这里极小性条款是不必需的，函数已经随着 $\mathbf{N}$ 的归纳定义而在整个前域上定义。

（2）$\mathbf{N}$ 上的算术运算能利用后继函数归纳地定义。例如加法运算可如下定义：

$+: \mathbf{N} \times \mathbf{N} \rightarrow \mathbf{N}$

(i)（基础）$+(m,0)=m$，对任一 $m \in \mathbf{N}$。

(ii)（归纳）$+(m,S(n))=S(+(m,n))$，或写成 $+(m,n+1)=+(m,n)+1$，$m,n \in \mathbf{N}$。

（3）斐波那契（Fibonacci）序列

$$0, \quad 1, \quad 1, \quad 2, \quad 3, \quad 5, \quad 8, \quad 13, \quad 21, \cdots$$

它具有如下性质，即第二项之后的每一项都是前两项之和。它能作为 $\mathbf{N}$ 上的函数 F 归纳地定义。

$F: \mathbf{N} \rightarrow \mathbf{N}$

(i)（基础）$F(0)=0$，$F(1)=1$。

(ii)（归纳）$F(n+2)=F(n+1)+F(n)$，对所有 $n \in \mathbf{N}$。

以上都是归纳定义的例子，例子的归纳步骤中函数值都用较"早"变元的函数值指定。对 $k \neq n$，$f(n)$ 用 $f(k)$ 表达的式子叫**递归公式**，用递归公式定义叫**递归定义**。递归定义时 k 不一定都小于 n。例如以下著名的麦克卡茜（McCarthy）"91 函数"是递归地（但不是归纳地）定义的。

例 4.1-5 $f: \mathbf{N} \rightarrow \mathbf{N}$

$$f(x)=x-10, \text{ 对 } x>100$$
$$f(x)=f(f(x+11)), \text{ 对 } x \leqslant 100$$

这个函数有如下特性，对所有 $0 \leqslant x \leqslant 100$，$f(x)=91$，其它情况 $f(x)=x-10$。

在归纳定义的集合上用递归（包括归纳）方法定义一函数，所得未必是函数。特别，当前域的归纳定义允许某些元素能用多种方法构造时，更易出现这一情况。如果定义得满足函数定义，我们说这函数是**良定的**。当一函数是递归定义时，常需证明它是良定的。

例 4.1-6 设 $\Sigma=\{a, b, c\}$，Σ^+ 定义如下：

（1）（基础）$a \in \Sigma^+$，$b \in \Sigma^+$，$c \in \Sigma^+$；

（2）（归纳）如果 $x \in \Sigma^+$ 和 $y \in \Sigma^+$，那么 $xy \in \Sigma^+$；

（3）（极小性）Σ^+ 是满足条款（1）和（2）的最小集合。

上述 Σ^+ 的定义允许用多于一种方法构造某些元素，例如 abc，在归纳步骤中，可以让 x 是 a，y 是 bc，再形成 abc；也可以让 x 是 ab，y 是 c，再形成 abc。

现在 Σ^+ 上如下地定义一函数 f：

$$f: \Sigma^+ \rightarrow \mathbf{N}$$

(i)（基础）$f(a)=1$，$f(b)=2$，$f(c)=3$；

(ii)（归纳）如果 $x \in \Sigma^+$ 和 $y \in \Sigma^+$，那么 $f(xy)=f(x)^{f(y)}$。

这个函数不是良定的，例如，

$$f(bac)=f(b)^{f(ac)}=2^{f(a)^{f(c)}}=2^{1^3}=2$$
$$f(bac)=f(ba)^{f(c)}=(f(b)^{f(a)})^{f(c)}=(2^1)^3=8$$

如果 Σ^+ 像 2.3 节那样定义，那么以上这样定义的函数就是良定的了。

递归定义的函数常能写出计算程序。

4.1.4 偏函数

有时函数 $f: X' \rightarrow Y$ 的前域 X' 没有明晰指定，但 $X' \subseteq X$ 和 X 却是明确的。对于这种情况，有以下定义。

定义 4.1-4 X 和 Y 是集合，$X' \subseteq X$，从 X' 到 Y 的任一函数 f 称为**具有前域 X、陪域 Y 的偏函数**。而对任一 $x \in X-X'$，说 $f(x)$ **无定义**。

$X'=X$ 时，也符合以上定义，故函数也可看做偏函数。有时为了强调此种情况而称为**全函数**。但通常仍称全函数为函数，仅当 $X' \subset X$ 时称为偏函数。

例 4.1-7

(1) 求实数方根的运算是从 $\mathbf{R}$ 到 $\mathbf{R}$ 的偏函数 $\sqrt{x}$，对 $x<0$ 无定义。

(2) 从 $\mathbf{R}$ 到 $\mathbf{R}$ 的偏函数 $f(x)=\dfrac{1}{x(x-1)}$，对自变元 $x=0$ 和 $x=1$ 无定义。

(3) 计算机程序是偏函数，此偏函数的自变元是程序的输入，偏函数的值是程序的输出，如果输入使程序不终止或不正常终止，则对这样的输入偏函数无定义。

有关函数的术语和定理都可应用于偏函数，这里不重复了。

4.1.5 函数前域的扩大和缩小

有时我们需要缩小所给函数的前域，或扩大所给函数的前域以创建新的函数。为此有以下定义。

定义 4.1-5 设 $f: X \rightarrow Y$，$X' \subseteq X$，f 到 X' 的限制是一函数，记为 $f|_{X'}$，定义如下：
$$f|_{X'}: X' \rightarrow Y$$
$$f|_{X'}(x)=f(x)$$

定义 4.1-6 设 $f: X' \rightarrow Y$，$g: X \rightarrow Y$ 而 $X' \subseteq X$。如果 $g|_{X'}=f$，那么，g 是 f 到前域 X 的开拓。

例 4.1-8 设 $f: \mathbf{N} \rightarrow \mathbf{N}$，$f(x)=2x$，$g: \mathbf{I} \rightarrow \mathbf{N}$，$g(x)=\begin{cases} 2x, & x \geqslant 0 \text{ 时} \\ 1, & x<0 \text{ 时} \end{cases}$，那么，$f$ 是 g 到 $\mathbf{N}$ 的限制，即 $f=g|_{\mathbf{N}}$；g 是 f 到 $\mathbf{I}$ 的开拓。

习　题

1. 由有向图(图 4.1-6)指定的关系，哪些是从 $X=\{a, b, c\}$ 到 $Y=\{0, 1, 2\}$ 的函数。对这些函数找出子集 $\{a, b\}$ 的像；对不是函数的，说明函数的什么性质不满足。

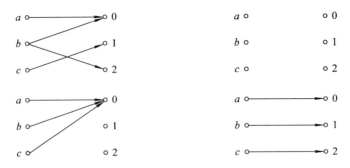

图　4.1-6

2. 给出前域 A 和陪域 B，试指出以下关系是否构成函数，如果是函数，并指出其值域。

(1) $A=\mathbf{N}$，$B=\mathbf{N}$，$\{\langle x,\ y\rangle\,|\,x\in A\wedge y\in B\wedge x+y<10\}$

(2) $A=\mathbf{R}$，$B=\mathbf{R}$，$\{\langle x,\ y\rangle\,|\,x\in A\wedge y\in B\wedge x^2=y\}$

(3) $A=\{1,2,3,4\}$，$B=A\times A$，$\{\langle 1,\langle 2,3\rangle\rangle,\ \langle 2,\langle 3,4\rangle\rangle,\ \langle 3,\langle 1,4\rangle\rangle,\ \langle 4,\langle 1,4\rangle\rangle\}$

(4) $A=\{1,\ 2,\ 3,\ 4\}$，$B=A\times A$，$\{\langle 1,\ \langle 2,\ 3\rangle\rangle,\ \langle 2,\ \langle 3,\ 4\rangle\rangle,\ \langle 3,\ \langle 2,\ 1\rangle\rangle\}$

3. 设 $f\colon U\to C$ 是函数，A、B、是 U 的子集，试证明：

(1) $f(A\bigcup B)=f(A)\bigcup f(B)$

(2) $f(A\bigcap B)\subseteq f(A)\bigcap f(B)$

(3) $f(A)-f(B)\subseteq f(A-B)$

4. 考虑下述从 $\mathbf{R}$ 到 $\mathbf{R}$ 的函数：

$$f(x)=2x+5,$$
$$g(x)=x+7,$$
$$h(x)=x/3,$$
$$k(x)=x-4$$

试构造 $g\cdot f,\ f\cdot g,\ f\cdot f,\ g\cdot g,\ f\cdot k,\ g\cdot h$。

5. 设 $X=\{0,\ 1,\ 2\}$，找出 X^X 中满足下式的所有函数。

(1) $f^2(x)=f(x)$

(2) $f^2(x)=x$

(3) $f^3(x)=x$

（满足 $f^2=f$ 的函数称为等幂函数。）

6. 设 f 是从 X 到 X 的函数，证明对于所有 $m,\ n\in\mathbf{N}$，$f^m\cdot f^n=f^{m+n}$。

7. 设 Σ 是有限字母表。

(1) 串 x 的长度 $\|x\|$ 归纳地定义如下：

(i) $\|\Lambda\|=0$。

(ii) 如果 $x\in\Sigma^*$ 和 $a\in\Sigma$，那么 $\|ax\|=\|x\|+1$。

试证明 $\forall x\forall y[(x\in\Sigma^*\wedge y\in\Sigma^*)\to\|xy\|=\|x\|+\|y\|]$。

(2) 串 $x\in\Sigma^*$ 的**反向**记为 $\tilde{x}$，归纳地定义如下：

(i) $\tilde{\Lambda}=\Lambda$。

(ii) $\widetilde{ax}=\tilde{x}a$，这里 $a\in\Sigma$ 和 $x\in\Sigma^*$。

试证明 $\forall x \forall y [(x \in \Sigma^* \wedge y \in \Sigma^*) \to \widetilde{xy} = \tilde{y}\tilde{x}]$。

8. 定义 $f: \mathbf{N}^2 \to \mathbf{N}$ 如下：

(1) $f(0, n) = 1$，对所有 $n \in \mathbf{N}$。

(2) $f(m+1, n) = f(m, n) \cdot n$。

找出 f 的代数表达式，用归纳法证明它代表 f。

9. 用加法归纳地定义一个函数 $f: \mathbf{N}^2 \to \mathbf{N}$ 使 $f(x, y) = x \cdot y$。

10. 对例 4.1-4 的 91 函数，

(1) 证明 $f(99) = 91$。

(2) 对从 0 到 100 的一切 x，证明 $f(x) = 91$。

(3) 请递归地定义一个类似于 91 函数的函数。

11. 考虑从 $\mathbf{R}$ 到 $\mathbf{R}$ 的下述偏函数：

$$g(x) = 1/x$$
$$h(x) = x^2$$
$$k(x) = \sqrt{x}$$

对下述每一个合成偏函数，刻画出偏函数有定义的 $\mathbf{R}$ 的子集，给出偏函数的代数表达式，刻画出偏函数的象。

(1) $g \cdot g$

(2) $h \cdot k$

(3) $k \cdot h$

12. 考虑函数 $f: A \to B$，这里 $A = \{-1, 0, 1\}^2$，且

$$f(x_1, x_2) = \begin{cases} 0, & x_1 x_2 > 0 \\ x_1 + x_2, & x_1 x_2 \leqslant 0 \end{cases}$$

(1) f 的值域是什么？

(2) 用序偶集合表达出 f 到 $\{0, 1\}^2$ 的限制。

(3) 有多少同 f 具有同样的前域和值域的函数？

13. 递归方法能用来定义增长很快的函数。下面定义的**阿克曼(Ackermann)函数**就是这样。

$$A: \mathbf{N}^2 \to \mathbf{N}$$
$$A(n, 0) = n + 1$$
$$A(0, m+1) = A(1, m)$$
$$A(n+1, m+1) = A(A(n, m+1), m)$$

试计算 $A(n, 1)$，$A(n, 2)$，$A(n, 3)$，$A(4, 4)$。

4.2 特 殊 函 数 类

本节介绍具有一定性质的函数，因为今后应用中遇到最多的正是它们。

定义 4.2-1 设 f 是从 X 到 Y 的函数。

(1) 如果 $f(X) = Y$，那么 f 是**满射的(映到的)**。

（2）如果 $x \neq x'$ 蕴含着 $f(x) \neq f(x')$（即 $f(x)=f(x')$，那么 $x=x'$），那么 f 是**单射的**（一对一的）。

（3）如果 f 是满射的且是单射的（一对一和映到的），那么 f 是**双射的**。

具有这些性质的函数分别叫做**满射函数**、**单射函数**和**双射函数**。

如果 $f: X \rightarrow Y$ 是满射的，那么每一元素 $y \in Y$ 是在 f 的象中。如果 f 是单射的，那么前域不同的元素映射到陪域不同的元素。如果 f 是双射的，那么 Y 的每一元素 y 是且仅是 X 的某个元素 x 的映象，常称双射为一一对应。

图 4.2-1 用以说明定义 4.2-1 中各类函数的概念，函数的前域和陪域分别用左边的和右边的一列小圆圈表示。图（a）是单射的但不满射，图（b）是满射的但不单射，图（c）是双射的。显然，如果 f 是满射的，那么至少有一条弧终止于陪域的每一个元素。如果 f 是单射的，那么终止于陪域的每一元素的弧不多于一条。如果 f 是双射的，那么有且只有一条弧终止于陪域的每一元素。

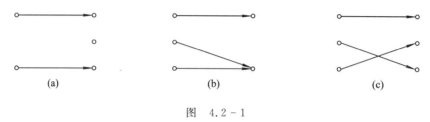

(a)   (b)   (c)

图 4.2-1

例 4.2-1

（1）皮亚诺函数 $S: \mathbf{N} \rightarrow \mathbf{N}$，$S(n)=n+1$ 是单射函数但不满射，S 的映象是 $\mathbf{N}$ 的真子集 $\{1, 2, \cdots\}$。

（2）$g: [0, 1] \rightarrow [a, b]$，这里 $a < b$，$g(x)=(b-a)x+a$ 是双射函数。

（3）$h: \mathbf{R} \rightarrow \mathbf{R}$，$f(x)=x^3+2x^2$ 是满射函数但不单射。因为每一水平线横截图形至少一次，而有些地方多于一次（参看图 4.2-2）。

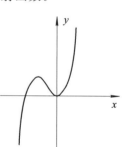

定理 4.2-1 设 $g: X \rightarrow Y$ 和 $f: Y \rightarrow Z$ 是函数，fg 是合成函数。

（1）如果 f 和 g 是满射的，那么 fg 是满射的。

（2）如果 f 和 g 是单射的，那么 fg 是单射的。

（3）如果 f 和 g 是双射的，那么 fg 是双射的。

图 4.2-2

证（1）任取 $z \in Z$，因 f 是满射的，存在 $y \in Y$，使 $f(y)=z$；又因 g 是满射的，存在 $x \in X$，使 $g(x)=y$。于是 $fg(x)=f(g(x))=f(y)=z$，所以 $z \in fg(X)$。因为 z 是任意的，这就证明了（1）部分。

（2）设 x_1、x_2 是 X 的两个不同的元素，因为 g 是单射的，推得 $g(x_1) \neq g(x_2)$；又因 f 是单射的且 $g(x_1) \neq g(x_2)$，推得 $fg(x_1) \neq fg(x_2)$。所以，$x_1 \neq x_2$ 蕴含着 $fg(x_1) \neq fg(x_2)$。这证明了（2）部分。

（3）因为 f 和 g 是双射的，它们都是满射和单射的。从（1）和（2）得 fg 是满射和单射的，所以是双射的。证毕。

例 4.2 - 2

(1) 设 E 是偶整数集合，M 是奇整数集合。双射函数 f 和 g 定义如下：

$$g: \mathbf{I} \to E, \ g(x) = 2x$$
$$f: E \to M, \ f(x) = x + 1$$

因为 f 和 g 都是双射函数，故合成函数

$$fg: \mathbf{I} \to M, \ fg(x) = 2x + 1$$

也是双射函数。

(2) 设

$$g: [0, 1] \to \left[0, \frac{1}{2}\right], \ g(x) = \frac{x}{2}$$

$$f: \left[0, \frac{1}{2}\right] \to (0, 1), \ f(x) = x + \frac{1}{4}$$

则 g，f 都是单射函数，于是

$$fg: [0, 1] \to (0, 1), \ fg(x) = \frac{x}{2} + \frac{1}{4}$$

也是单射函数，其值域 $\left[\frac{1}{4}, \frac{3}{4}\right]$ 包含于 $(0, 1)$ 中。

定理 4.2 - 1 的每一部分的逆定理都不真，但有下述"部分逆定理"。

定理 4.2 - 2 设 fg 是合成函数，

(1) 如果 fg 是满射的，那么 f 是满射的。

(2) 如果 fg 是单射的，那么 g 是单射的。

(3) 如果 fg 是双射的，那么 f 是满射的而 g 是单射的。

证明留作练习。

定义 4.2 - 2 对函数 $f: X \to Y$，如果存在 $y \in Y$ 使对每一 $x \in X$ 有 $f(x) = y$，即 $f(X) = \{y\}$，那么 f 称为**常函数**。

定义 4.2 - 3 如果函数 $f: X \to X$ 对一切 $x \in X$ 有 $f(x) = x$，则称 f 为 X 上的**恒等函数**，通常记为 1_X。

恒等函数是双射函数。

定理 4.2 - 3 设 $f: X \to Y$ 是函数，那么，$f = f \cdot 1_X = 1_Y \cdot f$。

证明留作练习。

本定理说明，X 上的恒等函数是 f 的"右么元"，Y 上的恒等函数是 f 的"左么元"。

定义 4.2 - 4 X 上的双射函数称为 X 上的**置换**或**排列**。

例 4.2 - 3

(1) 一集合 X 上的恒等函数是一个置换，并被称作**么置换**，或**恒等置换**。

(2) 函数 $f: \{1, 2, 3\} \to \{1, 2, 3\}$，这里 $f(1) = 2, f(2) = 1, f(3) = 3$ 是一置换。

(3) 函数 $f: \mathbf{I} \to \mathbf{I}, f(x) = x + 5$，是整数集合上的一个置换。

当集合 X 是无限集时，X 上的置换称为**无限次的**，当集合 X 是有限集时，若 $|X| = n$，则 X 上的置换称为 **n 次的**。n 次置换常写成

$$P = \begin{pmatrix} x_1 & x_2 & \cdots & x_n \\ P(x_1) & P(x_2) & \cdots & P(x_n) \end{pmatrix}$$

的形式(可以任意交换列的次序)。如例 4.2 - 3(2)可写成

$$P = \begin{pmatrix} 1 & 2 & 3 \\ 2 & 1 & 3 \end{pmatrix}$$

定理 4.2 - 4   在 n 个元素的集合中,不同的 n 次置换有 $n!$ 个。

证   用归纳法。为了叙述方便,我们把 $P:X{\to}X$ 记成 $P:X{\to}Y$。

当 $n=1$ 时,$X=\{x_1\}$,$Y=\{y_1\}$,于是 $X{\to}Y$ 的双射函数的数目等于 $1!=1$。

设从 n 个元素的集合到 n 个元素的集合的双射函数的数目等于 $n!$ 个。现在考察 $X=\{x_1, x_2, \cdots, x_n, x_{n+1}\}$,$Y=\{y_1, y_2, \cdots, y_n, y_{n+1}\}$。我们可以把从 X 到 Y 的所有双射函数分割成如下 $n+1$ 个不相交的集合,第 i 个集合($i=1, 2, \cdots, n+1$)将包括 $P:X{\to}Y$ 而 $P(x_{n+1})=y_i$ 的每一双射函数,其数目等于集合 $\{x_1, x_2, \cdots, x_n\}$ 到集合 $\{y_1, y_2, \cdots, y_n, y_{n+1}\}-\{y_i\}$ 的所有双射函数的数目,根据归纳假设它等于 $n!$ 。对每一 i($i=1, 2, \cdots, n+1$) 有 $n!$ 个函数,所以共有 $(n+1)n!=(n+1)!$ 个函数,故定理得证。

例 4.2 - 4   设 $A=\{1, 2, 3\}$,则 A 上的所有置换为:

$$P_1 = \begin{pmatrix} 1 & 2 & 3 \\ 1 & 2 & 3 \end{pmatrix}, \qquad P_2 = \begin{pmatrix} 1 & 2 & 3 \\ 1 & 3 & 2 \end{pmatrix}, \qquad P_3 = \begin{pmatrix} 1 & 2 & 3 \\ 2 & 1 & 3 \end{pmatrix}$$

$$P_4 = \begin{pmatrix} 1 & 2 & 3 \\ 3 & 2 & 1 \end{pmatrix}, \qquad P_5 = \begin{pmatrix} 1 & 2 & 3 \\ 2 & 3 & 1 \end{pmatrix}, \qquad P_6 = \begin{pmatrix} 1 & 2 & 3 \\ 3 & 1 & 2 \end{pmatrix}$$

因为置换是双射函数,而双射函数的合成是双射函数,所以置换的合成是置换。换言之,置换在合成运算下封闭。例如

$$P_2 \diamondsuit P_3 = \begin{pmatrix} 1 & 2 & 3 \\ 1 & 3 & 2 \end{pmatrix} \diamondsuit \begin{pmatrix} 1 & 2 & 3 \\ 2 & 1 & 3 \end{pmatrix} = \begin{pmatrix} 1 & 2 & 3 \\ 2 & 3 & 1 \end{pmatrix} = P_5$$

$\diamondsuit$ 表示合成。注意这里的记法 $P_2 \diamondsuit P_3$,其次序习惯上仍与关系相同。

显然,置换的合成是可结合的。

为了把集合和函数联系起来,现在我们研究 $\{0, 1\}^U$ 类型的函数。

定义 4.2 - 5   设 U 是全集合(论述域),对每一 $A \subseteq U$,函数 $\Psi_A:U{\to}\{0, 1\}$ 定义为

$$\Psi_A(x) = \begin{cases} 1 & \text{如果 } x \in A \\ 0 & \text{如果 } x \notin A \end{cases}$$

称它是集合 A 的**特征函数**。

特征函数 $\Psi_A(x)$ 的前域 U 一般隐含在讨论的问题中,不明确指定。

例 4.2 - 5

(1)设

$$U=\{a, b, c, d\}, A=\{b, d\}, \Psi_A:U{\to}\{0, 1\}$$

则

$$\Psi_A(a)=0, \Psi_A(b)=1, \Psi_A(c)=0, \Psi_A(d)=1$$

(2)设

$$U=[0, 1], A=\left[\frac{1}{2}, 1\right], \Psi_A:U{\to}\{0, 1\}$$

则

$$\Psi_A(x)=\begin{cases}1 & \text{当 } \dfrac{1}{2}\leqslant x\leqslant 1 \text{ 时}\\[2mm]0 & \text{当 } 0\leqslant x<\dfrac{1}{2} \text{ 时}\end{cases}\qquad(\text{参看图 }4.2-3)$$

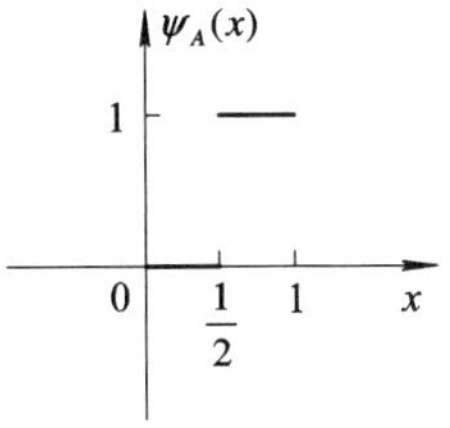

图 4.2 - 3

特征函数建立了函数与集合间的一一对应关系。于是，可通过函数的计算去研究集合上的命题，这有利于计算机处理集合上的命题。

定理 4.2 - 5 设 A 和 B 是全集合 U 的任意两个子集，于是，对所有 $x\in U$，下列关系式成立。

(1) $\forall x(\Psi_A(x)=0)\Leftrightarrow A=\varnothing$

(2) $\forall x(\Psi_A(x)=1)\Leftrightarrow A=U$

(3) $\forall x(\Psi_A(x)\leqslant\Psi_B(x))\Leftrightarrow A\subseteq B$

(4) $\forall x(\Psi_A(x)=\Psi_B(x))\Leftrightarrow A=B$

(5) $\Psi_{\overline{A}}(x)=1-\Psi_A(x)$

(6) $\Psi_{A\cap B}(x)=\Psi_A(x)*\Psi_B(x)$

(7) $\Psi_{A\cup B}(x)=\Psi_A(x)+\Psi_B(x)-\Psi_{A\cap B}(x)$

(8) $\Psi_{A-B}(x)=\Psi_{A\cap\overline{B}}(x)=\Psi_A(x)-\Psi_{A\cap B}(x)$

证 只证(6)，其它留作练习。

当 $x\in A\cap B$ 时，$x\in A$ 且 $x\in B$，所以 $\Psi_{A\cap B}(x)=1$，$\Psi_A(x)=1$，$\Psi_B(x)=1$，公式成立。

当 $x\notin A\cap B$ 时，$x\notin A$ 或 $x\notin B$，所以 $\Psi_{A\cap B}(x)=0$，$\Psi_A(x)=0$ 或 $\Psi_B(x)=0$，公式也成立。证毕。

例 4.2 - 6

(1) 利用特征函数证明集合上的命题。

① 证明 $\overline{\overline{A}}=A$。

证 $$\Psi_{\overline{\overline{A}}}(x)=1-\Psi_{\overline{A}}(x)=1-(1-\Psi_A(x))=\Psi_A(x)$$

所以

$$\overline{\overline{A}}=A$$

② 证明 $A\cap(B\cup C)=A\cap B\cup A\cap C$。

证
$$\begin{aligned}\Psi_{A\cap(B\cup C)}(x)&=\Psi_A(x)*\Psi_{B\cup C}(x)\\&=\Psi_A(x)*(\Psi_B(x)+\Psi_C(x)-\Psi_B(x)*\Psi_C(x))\\&=\Psi_A(x)*\Psi_B(x)+\Psi_A(x)*\Psi_C(x)-\Psi_A(x)*\Psi_B(x)*\Psi_C(x)\\&=\Psi_{A\cap B}(x)+\Psi_{A\cap C}(x)-\Psi_{A\cap B\cap C}(x)\\&=\Psi_{A\cap B}(x)+\Psi_{A\cap C}(x)-\Psi_{(A\cap B)\cap(A\cap C)}(x)\\&=\Psi_{A\cap B\cup A\cap C}(x)\end{aligned}$$

所以，$A\cap(B\cup C)=A\cap B\cup A\cap C$

(2) 若 $f(x)$ 只有有穷个值，则称 $f(x)$ 是**简单函数**，可用特征函数表达简单函数。

设 $f: A\to B$ 是函数，而 $B=\{b_1, b_2, \cdots, b_n\}$，$b_1, b_2, \cdots, b_n$ 互不相同。

定义 $A_i=\{x\mid f(x)=b_i\}$，$1\leqslant i\leqslant n$。显然 $A=\bigcup_{i=1}^{n}A_i$，而 $i\neq j$ 时 $A_i\cap A_j=\varnothing$。这样 $f(x)$

可表示为

$$f(x) = \sum_{i=1}^{n} b_i * \Psi_{A_i}(x)$$

习　题

1. 下述函数哪些是满射的、单射的和双射的？求出 $f(S)$，S 是前域的子集合。

(1) $f: \mathbf{N} \to \mathbf{N}$

　　$f(x) = 2x$

　　$S = \{1, 3, 5\}$

(2) $f: \mathbf{N} \to \{0, 1\}$

　　$f(i) = \begin{cases} 1 & i \text{ 是奇数} \\ 0 & i \text{ 是偶数} \end{cases}$

　　$S = \{2, 4, 6\}$

(3) $f: \mathbf{R} \to \mathbf{R}$

　　$f(x) = x^2 + 2x - 15$

　　$S = [-1, 1]$

(4) $f: \mathbf{N} \times \mathbf{N} \to \mathbf{N}$

　　$f(m, n) = m^n$

　　$S = \{\langle 0, 1 \rangle, \langle 0, 2 \rangle, \langle 1, 0 \rangle, \langle 2, 0 \rangle\}$

(5) $f: \mathbf{R} \to \mathbf{R}_+$

　　$f(x) = 3^x$

　　$S = [0, 1]$

2. (1) 设 $f: X \to Y$ 是函数而 $X = \varnothing$，问 f 可能是单射函数吗？可能是双射函数吗？

(2) 在什么条件下，Σ^* 到 $\mathbf{N}$ 的长度函数是双射的？

3. 证明存在一个从 X 到 $\rho(X)$ 的单射函数，这里 X 是任意集合。

4. 设 A 是一任意集合，$n \in \mathbf{I}_+$。定义 S 是从 $\{0, 1, 2, \cdots, n-1\}$ 到 A 的所有映射的集合，定义 T 是 A 的元素的所有 n 重组集合。

$$T = \{\langle a_0, a_1, \cdots, a_{n-1} \rangle \mid a_i \in A\}$$

证明存在一从 S 到 T 的双射函数。（由于这个双射函数，有的书上符号 A^n 既用于表示 T，又用于表示 S，即用 n 表示集合 $\{0, 1, 2, \cdots, n-1\}$。）

5. 设 A 和 B 都是有限集合，假定 A 有 m 个元素，B 有 n 个元素，说明使下述断言为真，m 和 n 之间必须成立的关系。

(1) 存在从 A 到 B 的单射函数。

(2) 存在从 A 到 B 的满射函数。

(3) 存在从 A 到 B 的双射函数。

6. (1) 证明：对一切 $n \in \mathbf{N}$，如果 $f \in A^A$ 和 f 是单射的（满射的，双射的），那么 f^n 也是单射的（满射的，双射的）。

(2) 找出一集合 A 和函数 $f, g \in A^A$，使 f 是单射的，g 是满射的，但都不是双射的，选用 A 尽可能地小。

7. 对下述每一组集合 X 和 Y，构造一从 X 到 Y 的双射函数。

(1) $X=(0,1)$ $Y=(0,2)$

(2) $X=\mathbf{I}$ $Y=\mathbf{N}$

(3) $X=\mathbf{N}$ $Y=\mathbf{N}\times\mathbf{N}$

(4) $X=\mathbf{I}\times\mathbf{I}$ $Y=\mathbf{N}$

(5) $X=\mathbf{R}$ $Y=(0,\infty)$

(6) $X=(-1,1)$ $Y=\mathbf{R}$

(7) $X=\rho(\{a,b,c\})$ $Y=\{0,1\}^{\{a,b,c\}}$

(8) $X=\mathbf{N}$ $Y=\Sigma^*$，这里 $\Sigma=\{a,b\}$

(9) $X=[0,1)$ $Y=\left(\dfrac{1}{4},\dfrac{1}{2}\right]$

8. 证明定理 4.2-2。

9. 证明定理 4.2-3。

10. 若

$$P_1=\begin{pmatrix}1 & 2 & 3 & 4\\ 2 & 4 & 1 & 3\end{pmatrix},\qquad P_2=\begin{pmatrix}1 & 2 & 3 & 4\\ 4 & 3 & 1 & 2\end{pmatrix}$$

求出 $P_1\diamondsuit P_2$，$P_2\diamondsuit P_1$，$P_1\diamondsuit P_1$。（注意置换的合成一般不可交换。）

11. 设 X 是线序集合，如果 $x_1\leqslant x_2$ 蕴含着 $f(x_1)\leqslant f(x_2)$，称函数 $f:X\to X$ 是**单调增加的**。如果 $x_1<x_2$ 蕴含着 $f(x_1)<f(x_2)$，则称 f 是**严格单调增加的**。现设 f 和 g 是 $\mathbf{R}$ 上的单调增加函数。

(1) 证明 $f+g$ 是单调增加的。

(2) 证明合成函数 fg 是单调增加的。

(3) 证明 f 和 g 的积可以不是单调增加的。

12. (1) 证明如果 $f:X\to Y$ 是单射的，X' 是 X 的任意子集，那么 $f|_{X'}:X'\to Y$ 是一单射函数。

(2) 假定 $f:X'\to Y$ 是一满射函数。证明如果 g 是 f 到 $X\supseteq X'$ 的开拓，那么 $g:X\to Y$ 是一满射函数。

(3) 证明如果 $f:X\to Y$ 是一满射函数，那么存在 $X'\subseteq X$，使 $f|_{X'}:X'\to Y$ 是一双射函数。

13. 证明定理 4.2-5(1)、(3)、(5)、(7)、(8)。

14. 设 $S=(A\cap B)\cup(\overline{A}\cap C)\cup(B\cap C)$，试用 $\Psi_A(x)$、$\Psi_B(x)$、$\Psi_C(x)$ 表达 $\Psi_S(x)$。

4.3 逆 函 数

4.3.1 基本概念

给定一个关系 R，颠倒 R 的所有序偶，得到逆关系 $\widetilde{R}$。给定一个函数 f，颠倒 f 的所有序偶，得到的关系 $\widetilde{f}$ 却未必是函数。例如，$X=\{1,2,3\}$，$Y=\{a,b,c\}$，$f=\{\langle 1,a\rangle,\langle 2,a\rangle,\langle 3,c\rangle\}$ 是一函数。而 $\widetilde{f}=\{\langle a,1\rangle,\langle a,2\rangle,\langle c,3\rangle\}$ 不是从 Y 到 X 的函数。但如果 f 是从 X

到 Y 的双射函数，则定理 $4.3-1$ 说明 $\tilde{f}$ 是 Y 到 X 的双射函数。

定理 4.3 - 1　设 $f: X \rightarrow Y$ 是一双射函数，那么 f 的逆关系 $\tilde{f}$ 是一双射函数，$\tilde{f}: Y \rightarrow X$。

证　考虑对应于 f 和 $\tilde{f}$ 的序偶集合

$$f = \{\langle x, y \rangle \mid x \in X \wedge y \in Y \wedge f(x) = y\}$$
$$\tilde{f} = \{\langle y, x \rangle \mid \langle x, y \rangle \in f\}$$

因为 f 是满射的，每一 $y \in Y$ 出现于一序偶 $\langle x, y \rangle \in f$ 中，因此，出现于一序偶 $\langle y, x \rangle \in \tilde{f}$ 中。再者，因 f 是单射的，对每一 $y \in Y$，最多有一个 $x \in X$ 使 $\langle x, y \rangle \in f$，因此，仅有一个 $x \in X$ 使 $\langle y, x \rangle \in \tilde{f}$。这两断言就证明了 $\tilde{f}$ 是一函数且 $\tilde{f}: Y \rightarrow X$。

因为每一 $x \in X$ 都有 $\langle x, y \rangle \in f$，因而有 $\langle y, x \rangle \in \tilde{f}$，所以 $\tilde{f}$ 是满射的。再者，对 Y 的任意两个不同元素 y_1 和 y_2，有 $\langle y_1, x_1 \rangle$ 和 $\langle y_2, x_2 \rangle \in \tilde{f}$，因而有 $\langle x_1, y_1 \rangle$ 和 $\langle x_2, y_2 \rangle \in f$，$f$ 是双射函数，所以 $x_1 \neq x_2$，$\tilde{f}$ 是单射的。故 $\tilde{f}$ 是双射的。证毕。

定义 4.3 - 1　设 $f: X \rightarrow Y$ 是双射函数，称逆关系 $\tilde{f}$ 为 f 的**逆函数**[①]，记为 f^{-1}，称 f 是**可逆的**。

注意仅当 f 是双射函数时逆函数才有定义。

定理 4.3 - 2　设 $f: X \rightarrow Y$ 是可逆的，则 $f^{-1} \cdot f = 1_X$，$f \cdot f^{-1} = 1_Y$。

证　设 x 是 X 的任一元素，如果 $f(x) = y$，则 $f^{-1}(y) = x$。

$$f^{-1} \cdot f(x) = f^{-1}(f(x)) = f^{-1}(y) = x$$

所以，$f^{-1} \cdot f = 1_X$。

类似地，设 y 是 Y 的任一元素，如果 $f^{-1}(y) = x$，则 $f(x) = y$。

$$f \cdot f^{-1}(y) = f(f^{-1}(y)) = f(x) = y$$

所以，$f \cdot f^{-1} = 1_Y$。

注意：合成 f 和 f^{-1} 得恒等函数，但其前域可以是 X 或 Y，决定于合成的次序。

定理 4.3 - 3　如果 f 是可逆的，那么 $(f^{-1})^{-1} = f$。

证明留作练习。

4.3.2　规范映射

设 $f: X \rightarrow Y$ 是一函数，$X' \subseteq X$，$Y' \subseteq Y$。前已介绍过 $f(X')$ 的意义，现在建立 $f^{-1}(Y')$ 的意义。

定义 4.3 - 2　设 $f: X \rightarrow Y$ 是函数且 $Y' \subseteq Y$，那么

$$f^{-1}(Y') = \{x \mid f(x) \in Y'\}$$

表示 X 的子集，叫做 f 下 Y' 的**逆象**或**前象**。

这样，符号 f^{-1} 有两种用途，一是用来表示双射函数 f 的逆函数，一是用来表示在任意函数 f 下一个集合的逆象。与 f 类似，主要由自变元来区分，当自变元是 $Y' \subseteq Y$ 时，f^{-1}

[①]　习惯上称为**反函数**，但按数学术语中"逆"和"反"的意义，此处用"逆"为是。

表示一个从 $\rho(Y)$ 到 $\rho(X)$ 的函数，不过当自变元 Y' 是陪域的一个子集又是陪域的一个元素时，符号 f^{-1} 有二义性，使用时应注意。

例 4.3-1

（1）考虑图 4.3-1 表示的函数，那么 $f^{-1}(\{0\})=\{b\}$，$f^{-1}(\{0,1\})=\{a,b,c\}$，$f^{-1}(\{2,3\})=\{d\}$，$f^{-1}(\{2,4\})=\varnothing$。注意 f 没有逆函数。

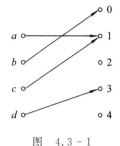

图 4.3-1

（2）假定 $f: X \to Y$，这里 $X=\{0,1\}$，$Y=\{\varnothing,\{\varnothing\}\}$，$f(0)=\varnothing$，$f(1)=\{\varnothing\}$，那么 f^{-1} 用作双射函数 f 的逆函数时
$$f^{-1}(\{\varnothing\})=1$$
但是用作诱导出的从 $\rho(Y)$ 到 $\rho(X)$ 的函数时
$$f^{-1}(\{\varnothing\})=\{0\}$$
如上所述这种场合 f^{-1} 有二义性，使用时要注意。

如果函数 $f: X \to Y$ 的前域 X 非空，那么集合族 $\{f^{-1}(\{y\})\,|\,y\in Y \wedge f^{-1}(\{y\})\neq\varnothing\}$ 形成 X 的一个划分，与此划分相关联的等价关系 R 可如下定义：
$$x_1 R x_2 \Leftrightarrow f(x_1)=f(x_2)$$
容易证明 R 符合等价条件。我们称 R 为 **f 诱导的等价关系**。

定义 4.3-3 设 R 是一集合 X 上的等价关系，函数
$$g: X \to X/R,\ g(x)=[x]_R$$
叫做从 X 到商集 X/R 的**规范映射**。

例 4.3-2 设 $X=\{a,b,c,d\}$，$Y=\{0,1,2,3,4\}$，$f: X \to Y$，$f(a)=1$，$f(b)=0$，$f(c)=1$，$f(d)=3$，那么 f 诱导的 X 上的等价关系 R 有等价类 $\{a,c\}$、$\{b\}$ 和 $\{d\}$（参看图 4.3-1）。

从 X 到 X/R 的规范映射是函数 g。
$$g: \{a,b,c,d\} \to \{\{a,c\},\{b\},\{d\}\}$$
$$g(a)=\{a,c\},\ g(b)=\{b\},\ g(c)=\{a,c\},\ g(d)=\{d\}$$

从这个例子可以看出，给定一个函数 $f: X \to Y$，可以在 f 自身前域 X 上诱导出一个等价关系，对此等价关系可以定义一个规范映射。在计算机科学上这些概念有许多应用。

4.3.3 单侧逆函数

定义 4.3-4 设 $h: X \to Y$ 和 $k: Y \to X$，如果 $kh=1_X$，那么 k 是 h 的**左逆元**（或**左逆函数**），h 是 k 的**右逆元**（或**右逆函数**）。

业已证明：如果 $f: X \to Y$ 是双射函数，那么函数 f^{-1} 存在且 $f^{-1}\cdot f=1_X$ 和 $f\cdot f^{-1}=1_Y$。因此，f^{-1} 既是 f 的左逆元又是 f 的右逆元，为了强调也称它为**双侧逆元**。仅双射函数才有双侧逆元，而某些其它函数仅有单侧逆元。下一定理说明单射函数存在左逆元，满射函数存在右逆元。

定理 4.3-4 设 $f: X \to Y$，$X \neq \varnothing$，那么

（1）f 有左逆元当且仅当 f 是单射的。

（2）f 有右逆元当且仅当 f 是满射的。

（3）f 有左逆元和右逆元当且仅当 f 是双射的。

（4）如果 f 是双射的，那么 f 的左逆元和右逆元相等。

证 （1）必要性。假设 g 是 f 的左逆元，那么 $gf=1_X$ 是单射的，根据定理 4.2-2(2)，f 是单射的。

充分性。用构造性证明。选取任意元素 $x_0\in X$，定义 g 如下：

$$g:Y\to X$$
$$g(y)=x \text{ 如果 } y\in f(X) \text{ 和 } f(x)=y$$
$$g(y)=x_0 \text{ 如果 } y\notin f(X)$$

函数 g 是良定的，因为对每一自变元 $y\in Y$ 恰有一个值被指定。再者，如果 $f(x)=y$，那么 $gf(x)=g(f(x))=g(y)=x$。所以 g 是 f 的左逆元。证毕。

由左逆元的构造方法可知，左逆元不唯一。例如在图 4.3-2 中，函数 g 和 h 都是 f 的左逆元。

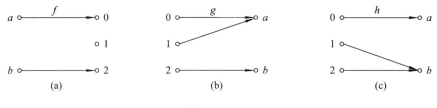

图 4.3-2

（2）必要性。假设 g 是 f 的右逆元，那么 $fg=1_Y$ 是满射的，根据定理 4.2-2(1)，f 是满射的。

充分性。用构造性证明。定义 g 如下：

$$g:Y\to X, g(y)=x$$

这里的 x 是满足 $f(x)=y$ 的任意一个确定的 x。函数 g 显然是良定的。再者，如果 $f(x)=y$，那么 $fg(y)=f(g(y))=f(x)=y$。所以 g 是 f 的右逆元。证毕。

由以上构造方法可知，右逆元也不唯一，请读者自己举出例子。

（3）部分从（1）和（2）立即得出，现在证明（4）部分。

（4）假定 f 是双射的，具有右逆元 h 和左逆元 g；那么 $g\cdot f=1_X$ 和 $f\cdot h=1_Y$，根据定理4.2-3，有 $g=g\cdot 1_Y=g\cdot f\cdot h=1_X\cdot h=h$。证毕。

定理 4.3-5 设 $f:X\to Y$ 和 $g:Y\to X$，f^{-1} 存在且 $g=f^{-1}$ 当且仅当 $g\cdot f=1_X$，$f\cdot g=1_Y$。

证 必要性是显然的，因为 $f^{-1}\cdot f=1_X$ 和 $f\cdot f^{-1}=1_Y$。现证明充分性。

g 是 f 的左逆元，所以 f 是单射的；g 是 f 的右逆元，所以 f 是满射的。因而 f 是双射的，f^{-1} 存在。再者

$$g=1_X\cdot g=(f^{-1}\cdot f)g=f^{-1}\cdot(f\cdot g)=f^{-1}\cdot 1_Y=f^{-1}$$

证毕。

本定理说明逆函数是唯一的。

定理 4.3-6 设 $f:X\to Y$ 和 $g:Y\to Z$ 且 f 和 g 都是可逆的，则

$$(g\cdot f)^{-1}=f^{-1}\cdot g^{-1}$$

证明留作练习。

习　　题

1. 对下述每一函数确定：

(1) 函数是单射的、满射的还是双射的。

(2) 给定的集合 S 的逆象。

(3) 函数诱导出的等价关系。

① $f: \mathbf{R} \to \mathbf{R}_+$，$f(x) = 2^x$，$S = \{1, 2\}$。

② $f: \mathbf{I} \to \mathbf{N}$，$f(x) = |x|$，$S = \{0, 1\}$。

③ $f: \mathbf{R} \to \mathbf{R}$，$f(x) = 3$，$S = \mathbf{N}$。

④ $f: [0, \infty) \to \mathbf{R}$，$f(x) = \dfrac{1}{1+x}$，$\quad S = \left\{0, \dfrac{1}{2}\right\}$。

⑤ $f: \{a, b\}^* \to \{a, b\}^*$，$f(x) = xa$，$S = \{\Lambda, b, ba\}$。

⑥ $f: (0, 1) \to (0, \infty)$，$f(x) = \dfrac{1}{x}$，$S = (0, 1)$。

2. 求出下列各函数的逆函数：

(1) $f: \mathbf{R} \to \mathbf{R}$，$f(x) = x$。

(2) $f: [0, 1] \to \left[\dfrac{1}{4}, \dfrac{3}{4}\right]$，$f(x) = \dfrac{x}{2} + \dfrac{1}{4}$。

(3) $f: \mathbf{R} \to \mathbf{R}$，$f(x) = x^3 - 2$。

(4) $f: \mathbf{R} \to \mathbf{R}_+$，$f(x) = 2^x$。

3. 置换是双射函数，双射函数的逆函数存在且仍为双射函数，置换的逆函数叫**逆置换**。

(1) 已知 $P = \begin{pmatrix} 1 & 2 & 3 \\ 3 & 1 & 2 \end{pmatrix}$，求逆置换 P^{-1}。

(2) 若 $P = \begin{pmatrix} x_1 & x_2 & \cdots & x_n \\ P(x_1) & P(x_2) & \cdots & P(x_n) \end{pmatrix}$，求 P^{-1} 和 $P \diamondsuit P^{-1}$。

4. 设 $A = \{1, 2, 3, 4\}$。

(1) 试作一函数 $f: A \to A$，使 $f = f^{-1}$ 且 $f \neq 1_A$。

(2) 试作一函数 $f: A \to A$，使 $f^2 = f$ 且 $f \neq 1_A$。

5. $f: A \to B$，$C \subseteq A$ 和 $D \subseteq B$，证明或否定以下各等式，否定时要举出反例。

(1) $f^{-1}(B - D) = A - f^{-1}(D)$。

(2) $f(C \cap f^{-1}(D)) = f(C) \cap D$。

(3) $f(f^{-1}(D)) = D$。

(4) $f^{-1}(f(C)) = C$。

6. 证明定理 $4.3 - 3$。

7. 设 f_1、f_2、f_3、f_4 是从 $\mathbf{N}$ 到 $\mathbf{N}$ 的下述函数：

$$f_1(x) = \begin{cases} 1 & \text{如果 } x \text{ 是质数} \\ 0 & \text{如果 } x \text{ 不是质数} \end{cases}$$

$$f_2(x) = x$$

$$f_3(x) = \begin{cases} 1 & \text{如果 } x \text{ 是奇数} \\ 0 & \text{如果 } x \text{ 是偶数} \end{cases}$$

$$f_4(x) = 0$$

设 E_i 是函数 f_i 诱导出的等价关系。

(1) 画出一有向图代表下述偏序集合：

$$\langle \{\mathbf{N}/E_1, \mathbf{N}/E_2, \mathbf{N}/E_3, \mathbf{N}/E_4\}, \text{细分} \rangle$$

(2) 对每一 i，找出在从 $\mathbf{N}$ 到 $\mathbf{N}/E_i$ 的规范映射下 3 的象。

8. 设 f 是从 X 到 Y 的函数，这里 X 有 $n \geq 2$ 个元素，说明 Y 和 f 上的必要条件，如果要使 f 诱导出的 X 上的等价关系的秩是

(1) 1, (2) 2, (3) n。

9. 设 R 是集合 X 上的等价关系，在什么条件下，规范映射 $g: X \to X/R$ 是双射函数。

10. 设 $f: X \to Y$，定义 X 上的关系 R 如下：

$$x_1 R x_2 \Leftrightarrow f(x_1) = f(x_2)$$

证明 R 是等价关系。

11. 对图 4.3-3 所表示的函数确定其左或右逆元，如果它们存在。指明函数诱导的前域上的等价关系，并构造规范映射。

12. 证明定理 4.3-6。

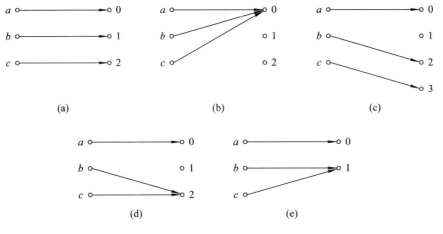

图 4.3-3

第 5 章　无　限　集　合

许多有趣的和重要的集合，诸如自然数集合和所有 ALGOL 程序集合，都不是有限的。探讨无限集合的目的是使我们进一步明确这些集合和它的元素的结构，以便我们去证明数学中和计算机科学中的许多理论问题。

5.1　可数和不可数集合

5.1.1　有限和无限集合

我们首先定义有限集和无限集。

定义 5.1-1　**N** 的**初始段**是前 n 个（包括 0 个）自然数的集合 $\{0, 1, \cdots, n-1\}$ 或 **N** 自身。

定义 5.1-2　如果有从 **N** 的初始段 $\{0, 1, \cdots, n-1\}$ 到 A 的双射函数，那么集合 A 是**有限的**，具有**基数** $n \in \mathbf{N}$。如果集合 A 不是有限的，那么它是**无限的**。

定理 5.1-1　自然数集合 **N** 是无限的。

证　为了证明 **N** 不是有限的，我们必须证明没有 $n \in \mathbf{N}$ 使从 $\{0, 1, 2, \cdots, n-1\}$ 到 **N** 的双射函数存在。设 n 是 **N** 的任意元素，f 是任意从 $\{0, 1, \cdots, n-1\}$ 到 **N** 的函数，令 $k = 1 + \max\{f(0), f(1), \cdots, f(n-1)\}$，那么 $k \in \mathbf{N}$，但对每一 $x \in \{0, 1, 2, \cdots, n-1\}$，$f(x) \neq k$。这说明 f 不是一个满射函数，所以 f 不是一个双射函数。因为 n 和 f 都是任意选取的，我们得出 **N** 是无限的。证毕。

定理 5.1-2　有限集合的每一子集是有限的。

证　设 S 是有限集 T 的任一子集，

(1) 如果 S 是空集，那么存在 $\varnothing$ 到 S 的双射函数——空函数，根据定义 5.1-2，S 是有限的。

(2) 如果 S 是非空集，那么 T 也是非空集。因为 T 是有限的，所以存在双射函数使 T 的每一元素和某个 **N** 的初始段中的数对应。我们把和数 i 对应的元素就记为 a_i，于是 T 的元素是

$$a_0, a_1, a_2, \cdots, a_{n-1}$$

现在我们要构造出一个双射函数 g，使某一 **N** 的初始段和 S 的元素对应。构造方法如下：

① 置 $i=0$，$j=0$。

② 先检查 a_i 是否在 S 中，如果在 S 中，转第③步；否则转第④步。

③ 使 $g(j) = a_i$，把 j 的值加 1，把 i 的值加 1，加 1 后如果 $i < n$ 转第②步，否则结束。

④ 把 i 的值加 1，加 1 后如果 $i<n$ 转第②步，否则结束。

容易看出这样构造的函数 g 是从初始段 $\{0,1,2,\cdots,j-1\}$ 到 S 的双射函数。按定义 5.1-2，S 是有限集。

推论 5.1-2 设 S 是 T 的子集，如果 S 是无限集，那么 T 是无限集。

本推论是上一定理的逆反。

例 5.1-1 设 A 表示永不停机的 ALGOL 程序集合，我们通过构造永不停机的程序集合 A 的一个子集 A'，证明 A 是无限集合。

```
begin
    B：go to B
end
```

这个程序我们记作 p_0，是 A 的一个元素。在紧接于 begin 的后边，我们插入语句

```
go to B
```

我们得到一个不同的程序 p_1，它也在 A 中。考虑程序 p_n，它是由 p_0 插入 n 个语句 "go to B" 于 begin 之后得到的。那么 $A'=\{p_0,p_1,p_2,\cdots\}$ 是 A 的一个无限子集，因此，根据推论 5.1-2，A 是无限集合。

我们能用类似的结构去证明总要停机的 ALGOL 程序集合也是无限的。

5.1.2 可数集合

度量集合大小的数叫基数或势。为确定有限集的大小，我们把称作 $\mathbf{N}$ 的初始段的集合 $\{0,1,\cdots,n-1\}$ 作为"标准集合"，用双射函数做工具，对它们进行比较。当且仅当从 $\{0,1,2,\cdots,n-1\}$ 到集合 A 存在一双射函数时，称集合 A 具有基数 n，记为 $|A|=n$，这就是日常生活中的数数的概念。现在我们将这种想法加以推广。通过选取一些新的"标准集合"，建立无限集合的基数的概念。

第一个选作"标准集合"的无限集，就是定理 5.1-1 已证明了是无限的自然数集 $\mathbf{N}$。

定义 5.1-3 如果存在一个从 $\mathbf{N}$ 到 A 的双射函数，那么集合 A 的基数是 $\aleph_0$，记为 $|A|=\aleph_0$。

显然，存在从 $\mathbf{N}$ 到 $\mathbf{N}$ 的双射函数，所以，$|\mathbf{N}|=\aleph_0$。$\aleph_0$ 读做阿列夫零，$\aleph$ 是希伯来文第一个字母。

例 5.1-2

(1) $|\mathbf{I}_+|=\aleph_0$：

函数 $f:\mathbf{N}\to\mathbf{I}_+$，$f(x)=x+1$ 是一双射函数。

(2) $|\mathbf{I}|=\aleph_0$：

函数 $f:\mathbf{N}\to\mathbf{I}$，$f(x)=\begin{cases}\dfrac{x}{2}, & \text{当 } x \text{ 是偶数时}\\[2mm] -\dfrac{x+1}{2}, & \text{当 } x \text{ 是奇数时}\end{cases}$，是一双射函数。

如果存在从 $\mathbf{N}$ 的初始段到集合 A 的双射函数，则示意 A 的元素是可"数"的，虽然"数"的过程可能不终止。这导致了以下定义。

定义 5.1-4 如果存在从 **N** 的初始段到集合 A 的双射函数，则称集合 A 是**可数的**或**可列的**；如果 $|A| = \aleph_0$，则称集合 A 是**可数无限的**；如果集合 A 不是可数的，则称集合 A 是**不可数的**或不可数无限的。

可数和枚举的概念十分密切，下边介绍枚举的概念。

一个集合 A，如果它的元素可列成表，我们说这个集合是可枚举的。这个表可以是有限的也可以是无限的，A 的元素也可以在表中重复出现，即不要求表中的所有项都是有别的。如果一张表列出集合 A，那么表的每一项是 A 的一个元素，而 A 的每一元素是表的一项。这些思想概括成以下定义。

定义 5.1-5 设 A 是一集合，A 的**枚举**是从 **N** 的初始段到 A 的一个满射函数 f。如果 f 也是单射的(所以是双射的)，那么 f 是一个**无重复枚举**；如果 f 不是单射的，那么 f 是**重复枚举**。

枚举函数 f 通常是用给出序列 $\langle f(0), f(1), f(2), \cdots \rangle$ 含蓄地指定。

例 5.1-3

(1) 如果 $A = \varnothing$，仅有一个 A 的枚举，它是空函数。

(2) 如果 $A = \{x, y\}$，那么 $\langle x, y, x \rangle$ 和 $\langle y, x \rangle$ 都是 A 的有限枚举，第一个是重复枚举，第二个是无重复枚举。

(3) 设 A 是非负的 3 的整倍数集合，那么 $\langle 0, 3, 6, \cdots \rangle$ 和 $\langle 3, 0, 9, 6, 15, 12, \cdots \rangle$ 都是 A 的无重复枚举，后者的枚举函数是

$$f(n) = \begin{cases} 3(n+1), & \text{如果 } n \text{ 是偶数} \\ 3(n-1), & \text{如果 } n \text{ 是奇数} \end{cases}$$

定理 5.1-3 一个集合 A 是可数的当且仅当存在 A 的枚举。

证 必要性。如果 A 是可数的，那么根据定义，存在一从 **N** 的初始段到 A 的双射函数，这证明了存在 A 的枚举。

充分性。我们考虑两种情况：

情况一：如果 A 是有限的，那么根据有限集合的定义和可数集合的定义，A 是可数的。

情况二：假设 A 不是有限的而 f 是 A 的枚举，枚举 f 必须以 **N** 的全集作为它的前域。如果 f 是双射函数，那么根据可数无限集合的定义，A 的基数是 $\aleph_0$，而 A 是可数的。如果 f 不是双射函数。我们可利用下述办法，根据枚举 f 构造一个从 **N** 到 A 的双射函数 g，以证明 A 是可数的。构造的方法类似于定理 5.1-2 证明中所用的，不过这里的过程是不终止的。

① 置 $g(0) = f(0)$，$i = 1$，$j = 1$。

② 检查 $f(i)$ 是否已出现在 $S = \{g(0), g(1), \cdots, g(j-1)\}$ 中，如果 $f(i)$ 不在 S 中，转第③步，否则转第④步。

③ 置 $g(j) = f(i)$，把 j 的值加 1，把 i 的值加 1，然后转第②步。

④ 把 i 的值加 1，再转第②步。

如此进行下去，就可得出任意 $n \in \mathbf{N}$ 的 $g(n)$ 值。因为 A 的每一元素是某整数 i 的对应

值 $f(i)$，这得出 A 的这个元素是函数 g 对某自变元 j 的值 $g(j)$，这里 $j \leqslant i$。因此 g 是满射的。又根据构造方法，$g(0)$、$g(1)$、$g(2)$…中无重复的，另外，因为 A 是无限的，g 的前域将是整个集合 $\mathbf{N}$。所以 g 是 $\mathbf{N}$ 到 A 的双射函数。这证明了 $|A| = \aleph_0$ 和 A 是可数的。

例 5.1 - 4

(1) 设 $\Sigma = \{a, b\}$，则 Σ^* 是可数无限的。不妨设 $a \leqslant b$，这样，Σ^* 的元素能用标准序列出，Σ^* 的枚举是

$$\langle \Lambda, a, b, aa, ab, ba, bb, aaa, aab, \cdots \rangle$$

所以，Σ^* 是可数无限的。

对任何有限字母表 Σ，以上结论均成立。但注意，如果 $|\Sigma| > 1$，那么 Σ^* 不能按词典序枚举。

(2) 正有理数集合 $\mathbf{Q}_+$ 是可数无限的。显然 $\mathbf{Q}_+$ 不是有限的，因为其真子集正整数集合 $\mathbf{I}_+$ 是无限的。可如图 5.1 - 1 那样，对 $\mathbf{Q}_+$ 进行重复枚举，枚举的次序用有向路径指出。所以，$\mathbf{Q}_+$ 是可数无限的。

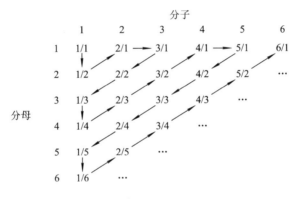

图 5.1 - 1

图 5.1 - 2 给出 $\mathbf{Q}_+$ 的另一种枚举次序。

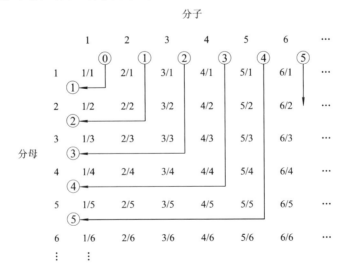

图 5.1 - 2

定理 5.1－4 可数个可数集合的并是可数的。

证 设 S 是 $\mathbf{N}$ 的初始段,集合 $A=\bigcup_{i\in S}A_i$,这里每一 A_i 是可数的。如果 $S=\varnothing$ 或对每一 $i\in S$, $A_i=\varnothing$,那么 $A=\varnothing$,结论成立。现在假定 $S\neq\varnothing$ 且至少有一非空集合 A_i;不失一般性,我们假定 $A_0\neq\varnothing$。我们用非空集合的枚举构造一无限数组。如果 $A_i\neq\varnothing$,那么数组第 i 行是 A_i 的枚举;如果 A_i 是有限的,我们用无限重复枚举。如果 $A_i=\varnothing$,我们置第 i 行等于第 $i-1$ 行。这样,数据包含所有 A 的元素而无其它元素。A 元素的一个枚举由图 5.1－3 中的有向路径指定。从定理 5.1－3 得出 A 是可数的,于是定理得证。

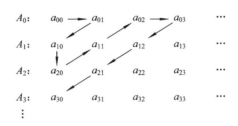

图 5.1－3

定理 5.1－5 设 A 和 B 是可数集合,那么 $A\times B$ 是可数集合。

证明留作练习。

例 5.1－5 上述定理能用来证明下列每一个集合都是可数无限的。

(1) $\mathbf{N}^2=\{\langle n_1,n_2\rangle\,|\,n_i\in\mathbf{N}\}$。

(2) $\mathbf{I}^n=\{\langle x_1,x_2,\cdots,x_n\rangle\,x_i\in\mathbf{I}\}$(整数分量的 n 重组集合)。

(3) $\mathbf{Q}^n=\{\langle x_1,x_2,\cdots,x_n\rangle\,|\,x_i\in\mathbf{Q}\}$。

(4) 有理系数的所有 n 次多项式集合。

(5) 有理系数的所有多项式集合。

(6) 以有理数为元素的所有 $n\times m$ 矩阵集合。

(7) 以有理数为元素的任意有限维的所有矩阵集合。

定理 5.1－6 如果 A 是有限集合,B 是可数集合,那么 B^A 是可数的。

证 若 A 是空集,则 $|B^A|=1$,是可数的;若 A 非空,而 B 有限(包括是空集),则 $|B^A|=|B|^{|A|}$ 有限,因而是可数的。剩下只需证明 $|A|=n>0$,且 B 是可数无限的情况。设 B 的无重复枚举函数是 $g:\mathbf{N}\to B$,对每一正整数 $k\in\mathbf{N}$ 定义集合 F_k 如下:

$$F_k=\{f\mid f\in B^A\wedge f(A)\subseteq g(\{0,1,2,\cdots,k-1\})\}$$

那么 F_k 包括所有这样的函数,其象是包含在 B 的枚举的前 k 个元素组成的集合中;$|F_k|=k^n$。因为 A 是有限的,对每一函数 $f:A\to B$ 存在某 $m\in\mathbf{N}$,如果取 $k>m$,那么 $f\in F_k$;所以 $B^A=\bigcup_{k\in\mathbf{N}}F_k$。但每一集合 F_k 是有限的,因而 B^A 是可数的。证毕。

5.1.3 基数 c

不是所有无限集都是可数无限的,下一定理说明需要新的无限集基数。

定理 5.1－7 实数的子集 $[0,1]$ 不是可数无限的。

证 设 f 是从 **N** 到 $[0,1]$ 的任一函数，我们将证明 f 不是满射函数，从而证明了对 $[0,1]$ 没有枚举存在。

我们把每一 $x\in[0,1]$ 都表示为无限十进制小数，于是 $f(0)$，$f(1)$，$f(2)\cdots$ 可表示为

$$f(0)：\quad .x_{00}\quad x_{01}\quad x_{02}\quad x_{03}\quad\cdots$$
$$f(1)：\quad .x_{10}\quad x_{11}\quad x_{12}\quad x_{13}\quad\cdots$$
$$f(2)：\quad .x_{20}\quad x_{21}\quad x_{22}\quad x_{23}\quad\cdots$$
$$\vdots$$
$$f(n)：\quad .x_{n0}\quad x_{n1}\quad x_{n2}\quad x_{n3}\quad\cdots$$
$$\vdots$$

这里 x_{ni} 是 $f(n)$ 小数展开式的第 i 个数字。现在我们指定实数 $y\in[0,1]$ 如下：

$$y=.\ y_0\quad y_1\quad y_2\quad\cdots$$

这里

$$y_i=\begin{cases}1 & \text{如果 } x_{ii}\neq 1\\ 2 & \text{如果 } x_{ii}=1\end{cases}$$

数 y 是决定于数组对角线上的数字。显然，$y\in[0,1]$，然而，y 与每一 $f(n)$ 的展开式至少有一个数字(即第 n 个数字)不同。因此，对一切 n，$y\neq f(n)$。我们得出映射 $f：\mathbf{N}\rightarrow[0,1]$ 不是一个满射函数。所以 f 不是 $[0,1]$ 的枚举。因为 f 是任意的，这证明 $|[0,1]|\neq\aleph_0$。

这个定理和证明是康脱给出的。这种证明方法叫"康脱对角线法"，被广泛地应用于可计算理论。

现在我们选用 $[0,1]$ 作为新的"标准集合"，并给出以下定义。

定义 5.1-6 如果有从 $[0,1]$ 到集合 A 的双射函数，那么 A 的基数是 c。

选用字母 c 是根据集合 $[0,1]$ 常叫做 **连续统**(Continuum) 这个事实。

例 5.1-6

(1) $|[a,b]|=c$。这里 $[a,b]$ 是 **R** 中的任意闭区间，$a<b$。注意到 $f(x)=(b-a)x+a$ 是从 $[0,1]$ 到 $[a,b]$ 的双射函数，即可证明。

(2) $|(0,1)|=|[0,1]|$。这两个集合的不同仅在于区间的两端点；为了构造从 $[0,1]$ 到 $(0,1)$ 的一个双射函数，我们必须在 $(0,1)$ 中找出 0 和 1 的象而保持映射是满射的。定义集合 A 是 $\left\{0,1,\dfrac{1}{2},\dfrac{1}{3},\cdots,\dfrac{1}{n}\cdots\right\}$，定义映射 f 如下：

$$f：[0,1]\rightarrow(0,1)$$
$$f(0)=\frac{1}{2}$$
$$f\left(\frac{1}{n}\right)=\frac{1}{n+2}，\text{对 } n\geq 1$$
$$f(x)=x，\text{对 } x\in[0,1]-A$$

那么 f 是双射函数。所以 $|(0,1)|=c$。

图 5.1-4 是函数 f 的图示。

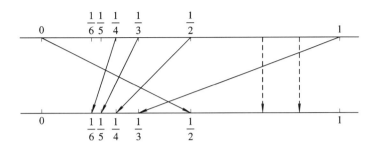

$$图 \quad 5.1-4$$

(3) $|\mathbf{R}|=c$。我们定义一个从 $(0,1)$ 到 $\mathbf{R}$ 的双射函数如下：

$$g：(0,1) \rightarrow \mathbf{R}，\quad g(x)=\frac{\dfrac{1}{2}-x}{x(1-x)}$$

因为前例中的 f 是从 $[0,1]$ 到 $(0,1)$ 的双射函数，而 g 是 $(0,1)$ 到 $\mathbf{R}$ 的双射函数，合成函数 gf 是从 $[0,1]$ 到 $\mathbf{R}$ 的双射函数。因此 $|\mathbf{R}|=c$。

习　题

1. 用定义 5.1 - 2 证明集合 $[0,1]$ 是无限集合。

2. 若 A 和 B 都是无限集合，C 是有限集合，回答下述问题。对肯定的答复要讲出理由，对否定的答复要举出反例。

(1) $A \bigcap B$ 是无限集合吗？

(2) $A-B$ 是无限集合吗？

(3) $A \bigcup C$ 是无限集合吗？

3. 确定下述集合哪些是有限的，哪些是无限的。如果集合是有限的，对它的基数找出表达式。

(1) 在 $\{a,b\}^{*}$ 中，质数长度的所有串的集合。

(2) 在 $\{a,b,c\}^{*}$ 中，长度不大于 k 的所有串的集合。

(3) n 个结点的所有关系图集合。

(4) 矩阵的项取自 $\{0,1,2,\cdots,k\}$ 的所有 $m \times n$ 矩阵集合，这里 m,n,k 是给定的正整数。

(5) 命题变元 P、Q、R 和 S 上所有命题公式集合。

(6) 从 $\{0,1\}$ 到 $\mathbf{I}$ 的所有函数集合。

(7) $\mathbf{N}^{\varnothing}$。

4. 证明定理 5.1 - 5。

5. 证明下述每一个集合是可数无限的。

(1) Σ^{*}，这里 $\Sigma=\{a\}$。

(2) $\{\langle x_1,x_2,x_3\rangle \mid x_i \in \mathbf{I}\}$。

(3) $\{a,b\}^{*}$ 的所有有限子集的集合。

(4) 所有整系数的一次多项式集合。

(5) 具有自然数结点的所有关系图集合。

*6. $\mathbf{I}_+ \times \mathbf{I}_+$ 集合用图 5.1－2 那样无重复地枚举，试写出其枚举函数和逆函数。

7. 构造从 $[0，1]$ 到下述各集合的一个双射函数以证明它们有基数 c。

(1) $(a，b)$，这里 $a<b$，$a,b\in\mathbf{R}$。

(2) $\{x \mid x\in\mathbf{R} \wedge x\geqslant 0\}$

(3) $(0，1]$

(4) $\{\langle x，y\rangle \mid x,y\in\mathbf{R} \wedge x^2+y^2=1\}$

8. 设 $|A|=c$，$|B|=c$，$|D|=\aleph_0$，$|E|=n>0$，这里 $A，B，D$ 和 E 是彼此不相交的，证明下列各式：

(1) $|A\bigcup B|=c$

(2) $|A\bigcup D|=c$

(3) $|D\times E|=\aleph_0$

9. 证明由 0 及 1 构成的序列的集合，其基数是 c。

*10. 试找出一集合 S，使 $|\rho(S)|=\aleph_0$，如果你不成功，描述所遇到的困难。

11. (1) 在定理 5.1－7 的证明中，假设对 $f(i)$ 用二进制展开式并定义 y 的数字为

$$y_i = \begin{cases} 0 & \text{如果 } x_{ii}=1 \\ 1 & \text{如果 } x_{ii}=0 \end{cases}$$

证明可能存在某 $j\in\mathbf{N}$，使 $y=f(j)$。

(2) 由于 $[0，1]$ 中某些数的十进制表示的非唯一性，能否产生类似上边 (1) 中的问题？在定理 5.1－7 的证明中，应如何定义 y 才能避免？

12. 以下是从 $\mathbf{N}$ 到 $\mathbf{N}$ 不存在双射函数的证明。试指出其错误。

假设 f 是从 $\mathbf{N}$ 到 $\mathbf{N}$ 的一个双射函数，$f(k)=i_k$。对每一 i_k，颠倒 i_k 的数字并放小数点于左边以构成一个在 $[0，1]$ 中的数。例如若 $i_k=123$，则被构成 .32100…。这样，定义了一个从 $\mathbf{N}$ 到 $[0，1]$ 的单射函数 g。例如

$$g(123) = .321000\cdots$$

应用康脱对角线技术于数组

$$g \cdot f(0) = .x_{00} \quad x_{01} \quad x_{02}\cdots$$
$$g \cdot f(1) = .x_{10} \quad x_{11} \quad x_{12}\cdots$$
$$\vdots$$

来构造数 $y\in[0，1]$。现在把 y 的数字颠倒，并把小数点放在右边。其结果是一个不出现在表 $f(0)$、$f(1)$、$f(2)$…中的数，这与断言 f 是满射函数矛盾。因此，从 $\mathbf{N}$ 到 $\mathbf{N}$ 没有双射函数存在。

5.2 基 数 的 比 较

前边我们已介绍了基数的直观意义和两个最常见的无限集基数。现在我们要在集合的基数上建立相等关系和次序关系，并证明它们有类似于实数上通常次序关系的性质。

5.2.1 基本概念

我们知道，如果 A 和 B 是有限集，$|A|=n$，$|B|=m$，那么

(1) 如果存在一个从 A 到 B 的双射函数，那么 $n=m$。

(2) 如果存在一个从 A 到 B 的单射函数，那么 $n \leqslant m$。

(3) 如果存在一个从 A 到 B 的单射函数，但不存在双射函数，那么 $n < m$。

现在我们把函数和基数之间的这些关系自然地推广到任意集合。

定义 5.2 - 1 设 A 和 B 是任意集合。

(1) 如果有一个从 A 到 B 的双射函数，那么称 A 和 B 有**相同的基数**（或**等势**），记为 $|A|=|B|$。

(2) 如果有一个从 A 到 B 的单射函数，那么称 A 的基数小于等于 B 的基数，记为 $|A| \leqslant |B|$。

(3) 如果有一个从 A 到 B 的单射函数，但不存在双射函数，那么称 A 的基数小于 B 的基数，记为 $|A| < |B|$。

现在我们先考虑定义 5.2 - 1 的(1)部分。

因为在合成运算下双射函数是封闭的，双射函数的逆函数是双射函数，因此等势关系有以下性质。

定理 5.2 - 1 等势是任何集合族上的等价关系。

证明留作练习。

从以上定义和定理，我们可得出一个有理论意义的和一个有实用意义的结论。

(i) 等势是集合族上的等价关系，它把集合族划分成等价类，在同一等价类中的集合有相同的基数。因此可以说"基数是在等势关系下集合的等价类的特征"，或者干脆说"基数是在等势关系下集合的等价类的名称"，这实际上就是基数的一般定义。例如，3 是等价类 $\{\{a, b, c\}, \{0, 1, 2\}, \{r, s, t\}, \cdots\}$ 的名称（或特征），$\aleph_0$ 是 $\mathbf{N}$ 所属等价类的名称。

(ii) 要证明一个集合 S 有基数 α，只需选基数为 α 的任意集合 S'，证明从 S 到 S' 或从 S' 到 S 存在一双射函数。选取集合 S' 的原则是使证明尽可能容易。

例 5.2 - 1

(1) 设 E 是正偶数集合，考虑 E 的基数。因为

$$f: \mathbf{I}_+ \to E, \quad f(x) = 2x$$

是从 $\mathbf{I}_+$ 到 E 的双射函数，所以，$|E|=|\mathbf{I}_+|=\aleph_0$。

(2) 设 $\Sigma = \{a, b\}$，S 是 Σ 上以 a 带头的有限串集合，考虑 S 的基数。因为

$$f: \Sigma^* \to S, \quad f(x) = ax$$

是一个双射函数，所以，$|S|=|\Sigma^*|=\aleph_0$。

现在我们考虑定义 5.2 - 1 的(2)和(3)部分。

我们选用符号 $<$ 和 $\leqslant$，是因为上述定义的次序关系具有这些符号的通常性质。然而，要证明这些性质是冗长和复杂的。我们将不加证明地引入说明这些性质的两个定理。第一个定理叫做**三歧性定律**。

定理 5.2 - 2(Zermelo) 设 A 和 B 是集合，那么下述情况恰有一个成立：

(1) $|A| < |B|$

(2) $|B| < |A|$

(3) $|A| = |B|$

第二个定理断言关系$\leqslant$是反对称的。

定理 5.2 - 3(Cantor-Schroder-Bernstein) 设A和B是集合，如果$|A| \leqslant |B|$和$|B| \leqslant A$，那么，$|A| = |B|$。

这个定理对证明两个集合具有相同的基数提供了有效方法。如果我们能够构造一单射函数$f：A \to B$，以证明$|A| \leqslant |B|$；构造另一单射函数$g：B \to A$，以证明$|B| \leqslant |A|$，则按照定理即可得出$|A| = |B|$。注意f和g不必是满射的。这样，定理 5.2 - 3 实际上等价于"若存在从A到B和从B到A的单射函数，则存在从A到B的双射函数"。通常构造这样的两个单射函数比构造一个双射函数要容易。

有了以上两个定理，就容易得出：

定理 5.2 - 4 设S是一基数集合，S上的次序关系$\leqslant$是一线序。S上的次序关系$<$是一拟序。

证明留作练习。

例 5.2 - 2

(1) 证明$|(0，1)| = |[0，1]|$。

证 因为$f：(0，1) \to [0，1]$，$f(x) = x$是单射函数，所以$|(0，1)| \leqslant |[0，1]|$。又$g：[0，1] \to (0，1)$，$g(x) = \dfrac{x}{2} + \dfrac{1}{4}$是单射函数，所以，$|[0，1]| \leqslant |(0，1)|$。故$|(0，1)| = |[0，1]|$。

(2) 证明$|(0，1]| = c$。

证 作函数$f：(0，1) \to (0，1]$，$f(x) = x$。这是单射函数，所以，$c \leqslant |(0，1]|$。

作函数$g：(0，1] \to [0，1]$，$g(x) = x$。这也是单射函数，所以，$|(0，1]| \leqslant c$。故$|(0，1]| = c$。

定理 5.2 - 5 设A是有限集合，那么$|A| < \aleph_0 < c$。

证 假定$|A| = n$。我们证明对每一n，有$|\{0，1，2，\cdots，n-1\}| < |\mathbf{N}| < |[0，1]|$。

作函数$f：\{0，1，2，\cdots，n-1\} \to \mathbf{N}$，$f(x) = x$。这是一单射函数，所以，$|\{0，1，2，\cdots，n-1\}| \leqslant |\mathbf{N}|$。定理 5.1 - 1 已证明没有从$\mathbf{N}$到$\{0，1，2，\cdots，n-1\}$的双射函数，所以，$|\{0，1，2，\cdots，n-1\}| \neq |\mathbf{N}|$，故$|\{0，1，2，\cdots，n-1\}| < |\mathbf{N}|$，即$n < \aleph_0$。

作函数$g：\mathbf{N} \to [0，1]$，$f(x) = \dfrac{1}{x+1}$，这也是一单射函数，所以，$|\mathbf{N}| \leqslant |[0，1]|$。定理 5.1 - 7 已证明$|\mathbf{N}| \neq |[0，1]|$，所以，$|\mathbf{N}| < |[0，1]|$，即$\aleph_0 < c$。

*5.2.2 应用举例

例 5.2 - 3 证明$|\rho(\mathbf{N})| = c$。

证

① 作函数$h：\rho(\mathbf{N}) \to [0，1]$。$h$的变换规则是：对每一子集$S \subseteq \mathbf{N}$，

$$h(S) = . x_0 x_1 x_2 x_3 \cdots （十进制小数）^①$$

$$x_i = \begin{cases} 1 & i \in S \\ 0 & i \notin S \end{cases}$$

例如，$h(\varnothing) = 0$

$h(\mathbf{N}) = 0.111\cdots$

$h(\{1, 4, 5\}) = 0.010011$

h 是单射的，所以，$|\rho(\mathbf{N})| \leqslant |[0, 1]|$。

② 作函数 $k: [0, 1] \to \rho(\mathbf{N})$，设 $x = . x_0 x_1 x_2 \cdots$ 是 $x \in [0, 1]$ 的二进制表示（如果 x 没有唯一表示，可任意选取其中之一）。k 的变换规则是

$$k(x) = \{i \mid x_i = 1\}$$

例如，

$$k(0) = \varnothing, \ k(1) = k(0.111\cdots) = \mathbf{N}, \ k(0.01101) = \{1, 2, 4\}$$

则 k 是单射的（注意不满射，例如 $\frac{1}{2}$ 如果用 0.1 表达，则其象是 $\{0\}$，如果用 $0.0111\cdots$ 表达，则其象是 $\{1, 2, 3, \cdots\}$，两者不能兼得），所以，$c \leqslant |\rho(\mathbf{N})|$。

由①和②得 $\rho(\mathbf{N}) = c$。

例 5.1 - 4 证明 $|\rho(\Sigma^*)| = c$，这里 $\Sigma = \{a, b\}$。

证 上例已证明 $|\rho(\mathbf{N})| = c$，我们只需证明 $|\rho(\Sigma^*)| = |\rho(\mathbf{N})|$。

① 作函数 $f: \Sigma^* \to \mathbf{N}$，$f$ 的变换规则是把 Σ^* 中的字符串变为 $\{1, 2\}^*$ 中的字符串，串中的 a 变 1，b 变 2，然后将所得串作为 $\mathbf{N}$ 中的自然数，例如 $f(aab) = 112$，$f(abab) = 1212$，$\cdots$ 另外定义 $f(\Lambda) = 0$。

f 把 Σ^* 中不同字符串映射到 $\mathbf{N}$ 中不同自然数，f 是单射的。因而 f 诱导的函数（仍记为 f）$f: \rho(\Sigma^*) \to \rho(\mathbf{N})$ 也是单射的，所以 $|\rho(\Sigma^*)| \leqslant |\rho(\mathbf{N})|$。

② 作函数 $g: \mathbf{N} \to \Sigma^*$，设 $n \in \mathbf{N}$ 用二进制表示，表示式中除 0 外均由 1 打头，例如 5 写成 101 不能写成 0101 等。g 的变换规则是：把 n 看做 $\{0, 1\}$ 上的字符串，再把串中的 0 变 a、1 变 b，得出 Σ 上的字符串，例如 $g(0) = a$，$g(101) = bab$。

g 把 $\mathbf{N}$ 中不同的自然数变为 Σ^* 中不同的串，g 是单射的，因而 g 诱导的函数（仍记为 g）$g: \rho(\mathbf{N}) \to \rho(\Sigma^*)$ 也是单射的，所以 $|\rho(\mathbf{N})| \leqslant |\rho(\Sigma^*)|$。

由①和②得出 $|\rho(\Sigma^*)| = |\rho(\mathbf{N})|$。

例 5.2 - 5 证明 $|\mathbf{N}^{\mathbf{N}}| = c$。

证 ① 作函数 $F: \mathbf{N}^{\mathbf{N}} \to (0, 1)$，设 f 是 $\mathbf{N}^{\mathbf{N}}$ 的元素，对每一变元 $i \in \mathbf{N}$，$f(i) = x_i$，这里 x_i 是二进制数，应用数字"2"作函数值的间隔符，我们定义

$$F(f) = . x_0 2 x_1 2 x_2 2 \cdots$$

并解释 $F(f)$ 为对应于自变元 f 的三进制小数。例如，若 $h: \mathbf{N} \to \mathbf{N}$，$h(x) = 2x$，那么 $h \in \mathbf{N}^{\mathbf{N}}$，而

---

① 这里不能作为二进制小数，不然 $h(\{0\}) = 0.1$；$h(\{1, 2, \cdots, n, \cdots\}) = 0.0111\cdots$ 而 $0.1 = 0.0111\cdots$，函数 h 不是单射的。

$$F(h) = .0210210021102\cdots$$

F 是入射函数，所以，$|\mathbf{N}^{\mathbf{N}}| \leqslant c$。

② 作函数 $G: (0,1) \to \mathbf{N}^{\mathbf{N}}$，设 x 是 $(0,1)$ 的一个元素，$x = .x_0 x_1 x_2 \cdots$ 是 x 的无限十进制展开式，定义

$$G(x) = f$$

其中 $f \in \mathbf{N}^{\mathbf{N}}$，$f(0) = x_0$，$f(1) = x_1$，$\cdots$，$f(n) = x_n$，$\cdots$。$G$ 是从 $(0,1)$ 到 $\mathbf{N}^{\mathbf{N}}$ 的入射函数。所以 $c \leqslant |\mathbf{N}^{\mathbf{N}}|$。

由①和②得出 $|\mathbf{N}^{\mathbf{N}}| = c$。

例 5.1-6 对一个数 $x \in (0,1)$，如果存在一个 ALGOL(或 PL/1，或 FORTRAN 等等)程序 P，当给出任一非负整数 i(作为输入)，经过有限但可任意长的时间，它恰好输出 x 的十进制展开式的第 i 个数字后停机，则称 x 是**可计算的**。所谓数 $x = .x_0 x_1 x_2 \cdots$ 是可计算的，意指存在程序 P 能用来确定 x 到任意精确度，或产生 x 的展开式的任意一位数字。反之，则称数 $x \in (0,1)$ 是**不可计算的**。例如，循环小数 $.5141414\cdots$ 是可计算的，因为存在以下计算它的过程。

```
Procedure Comp(i)
if   i=1   then return 5
else
      if i≡0(mod 2) then return 1
      else return 4
```

现在我们证明区间 $(0,1)$ 中存在不可计算的数。所用的证明方法叫**基数论证**，是非构造性的，将涉及以下集合：

Σ：ALGOL 的字符集合，

A：所有 ALGOL 程序集合，

C：计算 $(0,1)$ 中某个数的 ALGOL 程序集合，

S：在 $(0,1)$ 中能被某 ALGOL 程序计算的数的集合。

因为 Σ 是一有限集合，字母表 Σ 上非空串的集合有基数 $\aleph_0$，即 $|\Sigma^+| = \aleph_0$。因为任何 ALGOL 程序是 Σ 上的有限串，所以

$$|A| \leqslant |\Sigma^+|$$

因为 C 是 A 的真子集，所以

$$|C| \leqslant |A|$$

任一程序 P 至多能计算 S 的一个元素的数字，但不同程序能计算同样数的数字。这得出

$$|S| \leqslant |C|$$

这样，我们有

$$|S| \leqslant |C| \leqslant |A| \leqslant \aleph_0$$

但在 5.1 节中，我们已证明 $|(0,1)| = c$，本节中已证明 $\aleph_0 < c$。因此，$|S| < |(0,1)|$。即在 $(0,1)$ 中某些数是不可计算的。

5.2.3 无限集合的特性

定理 5.2 - 6 每一无限集合包含一可数无限集合。

证 设 A 是无限集合，应用选择公理[①]于 A 的子集的序列，我们构造一无限序列 $\langle a_0, a_1, a_2, \cdots \rangle$ 如下：

$$
\begin{array}{ll}
\text{从 } A \text{ 中} & \text{选取 } a_0 \\
\text{从 } A - \{a_0\} \text{ 中} & \text{选择 } a_1 \\
\text{从 } A - \{a_0, a_1\} \text{ 中} & \text{选择 } a_2 \\
\text{从 } A - \{a_0, a_1, a_2\} \text{ 中} & \text{选择 } a_3 \\
\quad\quad\quad\quad\vdots &
\end{array}
$$

集合 $A - \{a_0, a_1, a_2, \cdots, a_n\}$ 的每一个都是无限的。若不然，A 将等于两个有限集合 $A - \{a_0, a_1, \cdots, a_n\}$ 和 $\{a_0, a_1, \cdots, a_n\}$ 的并，而两个有限集合的并是有限集合，与 A 是无限集合矛盾。这样，我们能从 $A - \{a_0, a_1, \cdots, a_n\}$ 中选取一个新元素 a_{n+1}，从而能够构造一无限序列 $a_0, a_1, a_2, \cdots$ 而没有重复。这个序列的元素组成一个 A 的可数无限子集 B。于是定理得证。

定理 5.2 - 7 $\aleph_0$ 是最小的无限集基数。

证 根据定理 5.2 - 6，如果 A 是无限集合，那么 A 包含一可数无限子集 B。因为映射
$$f: B \to A, \quad f(x) = x, \quad x \in B$$
是从 B 到 A 的单射函数，这得出 $|B| \leqslant |A|$，而 $|B| = \aleph_0$，我们得 $\aleph_0 \leqslant |A|$。证毕。

定理 5.2 - 8 集合 A 是无限集合，当且仅当存在一单射函数 $f: A \to A$，使 $f(A)$ 是 A 的真子集。

证 必要性。为减少叙述，我们应用定理 5.2 - 6 的符号和结果。

记 $A' = A - \{a_0\}$。作函数 $f: A \to A'$，$f(x) = x$，当 $x \notin B$ 时；$f(x_i) = x_{i+1}$，当 $x \in B$ 时，显然，A' 是 A 的真子集，f 是 A 到真子集 A' 的单射函数。

充分性。我们要证明"如果存在单射函数 $f: A \to A$，使 $f(A)$ 是 A 的真子集，那么 A 是无限集"。用逆反证明法，即要证明"如果 A 是有限集，那么不存在单射函数 $f: A \to A$，使 $f(A)$ 是 A 的真子集"。但这是显然的，因为 A 的元素个数多于真子集 $f(A)$ 的元素个数，函数 f 至少要把 A 的两个元素映射到 $f(A)$ 的同一元素，所以 f 不是单射函数。证毕。

本定理说明了无限集的最基本的特性，有的课本就是用本定理作为无限集的定义。应用这一定理能很容易地证明许多集合是无限集。

例 5.2 - 7

（1）证明 **N** 是无限集。

函数 $f: \mathbf{N} \to \mathbf{N}$，$f(x) = 2x$ 是单射函数，它的象是偶数集合，是 **N** 的真子集，所以 **N** 是无限集。

---

① **选择公理**：如果 C 是非空集合族，那么存在一集合 T，使 T 恰好包含每个集合 $S \in C$ 中的一个元素 x。选择公理有多种叙述形式，以上是最易明了的一种叙述。

（2）证明 Σ^* 是无限集，这里 $\Sigma = \{a, b\}$。

函数 $f: \Sigma^* \to \Sigma^*$，$f(x) = ax$ 是单射函数，它的象是以字母 a 开头的所有有限串，它是 Σ^* 的真子集，所以 Σ^* 是无限集。

5.2.4 基数的无限性和连续统假设

我们首先说明没有最大的基数和没有最大的集合。

定理 5.2 - 9 （Cantor）设 A 是一集合，那么 $|A| < |\rho(A)|$。

证 容易看出，函数

$$f: A \to \rho(A), \quad f(a) = \{a\}$$

是单射的。所以，$|A| \leqslant |\rho(A)|$。

下面我们证明 $|A| \neq |\rho(A)|$。

设 $g: A \to \rho(A)$ 是任意函数，我们要证明 g 不是满射的，因而不是双射的。

函数 g 映射 A 的每一元素 x 到 A 的子集 $g(x)$，元素 x 可能在子集 $g(x)$ 中，即 $x \in g(x)$，也可能 $x \notin g(x)$。定义集合

$$S = \{x \mid x \notin g(x)\}$$

S 是 A 的子集。

现在证明对任一 $a \in A$，$g(a) \neq S$。用反证法，假设 $g(a) = S$，则

$$
\begin{aligned}
a \in S &\Leftrightarrow a \in \{x \mid x \notin g(x)\} &\qquad \text{根据 } S \text{ 的定义}\\
&\Leftrightarrow a \notin g(a) &\qquad \text{根据定义 } S \text{ 的谓词}\\
&\Leftrightarrow a \notin S &\qquad \text{根据假设 } g(a) = S
\end{aligned}
$$

这是一个矛盾，所以 $g(a) = S$ 是假。因为 a 是任意的，这得出 g 不是满射函数，因此不是双射函数。又 g 是任意函数，这证明了没有双射函数存在，所以 $|A| \neq |\rho(A)|$。证毕。

应用本定理我们能够构造一个可数无限的无限基数的集合。其中每一个都大于它前边的一个。

$$|\mathbf{N}| < |\rho(\mathbf{N})| < |\rho(\rho(\mathbf{N}))| < \cdots$$

下边介绍连续统假设。

如果集合 A 有 n 个元素，则 $\rho(A)$ 有 2^n 个元素，例 5.2 - 3 证明了 $|\rho(\mathbf{N})| = c$，于是人们认为 $c = 2^{|\mathbf{N}|} = 2^{\aleph_0}$。$A$ 是有限集时，$|A|$ 和 $|\rho(A)|$ 之间存在着其它基数，于是康脱提出 $\aleph_0$ 和 c 之间是否也存在其它基数？**连续统假设**断言不存在这样的基数。从前已经知道连续统假设和集合论公理是一致的。但 1963 年科恩（Paue Cohen）证明了连续统假设的反命题也和集合论公理一致，即连续统假设和集合论公理是独立的。这就给我们带来一个问题，例如，我们要证明所给集合 A 有基数 c，如果接受连续统假设，那么我们只需证明 $|A| \leqslant c$ 和 $|A| > \aleph_0$。如果拒绝这一假设，那么这样的证明是不充分的，可能有 $\aleph_0 < |A| < c$。我们应避开使用这一假设。

习 题

1. 证明如果 $A' \subseteq A$，那么 $|A'| \leqslant |A|$。

2. 证明如果 $|A| \leqslant |B|$ 和 $C = |A|$，那么 $|C| \leqslant |B|$。

3. 设 $f: A \rightarrow B$ 是一单射函数，假设 A 是无限的，试证明 B 是无限的。

4. 设 A 和 B 是集合，A 是无限的，试应用上一题的结果，证明

(1) $\rho(A)$ 是无限的。

(2) 若 $B \neq \varnothing$，则 $A \times B$ 是无限的。

(3) 若 $B \neq \varnothing$，则 A^B 是无限的。

5. 证明如果存在一个从 A 到 B 的满射函数，那么 $|B| \leqslant |A|$。

6. 设 π_1 和 π_2 是 A 的划分，使 π_1 细分 π_2，证明 $|\pi_2| \leqslant |\pi_1|$。

7. 证明定理 $5.2 - 1$。

8. 证明定理 $5.2 - 4$。

9. 证明 $|[0, 1] \times [0, 1]| = c$。

提示：作函数 $f(x, y) = z$，这里若

$$x = . x_0 x_1 x_2 \cdots \quad \text{（二进制数）}, \qquad y = . y_0 y_1 y_2 \cdots \quad \text{（二进制数）}$$

则

$$z = . x_0 2 y_0 2 x_1 2 y_1 2 \cdots \quad \text{（三进制数）}$$

10. 找出下述集合的基数，并证明之。

(1) $\mathbf{Q}$（有理数集合）。

(2) $\mathbf{R} \times \mathbf{R}$。

(3) x 坐标轴上所有闭区间集合。

11. 找出下述集合的基数，并证明之。

(1) $\rho(\mathbf{Q})$

(2) $\mathbf{R} - \mathbf{Q}$

*12. (1) 证明存在一个不可计算的数在任何两个有理数之间，此二有理数在 $[0, 1]$ 中。

(2) 证明所有在 $[0, 1]$ 中的有理数都是可计算的。

13. 证明如果 A 是有限集，B 是无限集，那么 $|A| < |B|$。

14. 证明可数集合的每一无限子集是可数的。

*15. 证明集合 A 是无限集的充分必要条件是对于从 A 到 A 的每个映射 f，有 A 的非空真子集 B，使 $f(B) \subseteq B$。

16. 记 $|\rho([0, 1])|$ 为 2^c，找出其它集合有基数 2^c 的例子。

17. 证明或否定下列各式：

(1) $|A| = |B| \Rightarrow |\rho(A)| = |\rho(B)|$

(2) $(|A| \leqslant |B| \wedge |C| \leqslant |D|) \Rightarrow |A^C| \leqslant |B^D|$

(3) $(|A| \leqslant |B| \wedge |C| = |D|) \Rightarrow |A \times C| \leqslant |B \times D|$

(4) $(|A| \leqslant |B| \wedge |C| \leqslant |D|) \Rightarrow |A \cup C| \leqslant |B \cup D|$

18. 设 A 是非空集合，$|B| > 1$，证明 $|A| < |B^A|$。

*5.3 基 数 算 术

本节我们对基数定义一个算术，包括加法、乘法和幂运算，并介绍基数算术的若干基

本性质，其中大多数类似于普通算术中的性质，是易记的，但证明它们是复杂的，我们不予证明。

定义 5.3－1 设 a 和 b 是基数，A 和 B 是使 $|A|=a$ 和 $|B|=b$ 的两不相交集合。a 和 b 之和定义为

$$a+b=|A\bigcup B|$$

定理 5.3－1 基数的加法是可交换的和可结合的。

证 根据和的定义和集合并的性质直接得出。

定理 5.3－2 设 a、b、d 和 e 是基数，那么

(1) 如果 $a\leqslant b$ 和 $d\leqslant e$，则 $a+d\leqslant b+e$。

(2) 如果 $a<b$ 和 $d<e$，则 $a+d<b+e$。

证 (1) 设 A、B、D 和 E 都是集合。$|A|=a$，$|B|=b$，$|D|=d$，$|E|=e$，且 $A\bigcap D\bigcup B\bigcap E=\varnothing$。因为 $a\leqslant b$，有一单射函数 $f:A\rightarrow B$；因为 $d\leqslant e$，有一单射函数 $g:D\rightarrow E$。定义映射 h 如下：

$$h:A\bigcup D\rightarrow B\bigcup E, h\mid_A=f, h\mid_D=g$$

因为 $A\bigcap D=\varnothing$，映射是良定的。因为 $B\bigcap E=\varnothing$ 且 f 和 g 两者都是单射的，得出 h 是单射的。因此，$|A\bigcup D|\leqslant|B\bigcup E|$，所以 $a+d\leqslant b+e$。

(2)部分不予证明。

本定理说明，在加法运算下次序关系 $\leqslant$ 和 $<$ 都保持。

定理 5.3－3 设 a 和 b 是基数，a 是无限基数且 $b\leqslant a$，那么 $a+b=a$。

我们不证明这一定理，然而 $a=c$ 和 $b=\aleph_0$ 的特殊情况却容易从前两节已有的结果得到证明。

设 $A=\{x\mid x\in\mathbf{R}\wedge 1\leqslant x\leqslant 2\}$，$B=\left\{\dfrac{1}{n+2}\,\middle|\,n\in\mathbf{N}\right\}$，那么 $|A|=c$，$|B|=\aleph_0$，而 $A\bigcap B=\varnothing$。根据 $A\bigcup B\subseteq[0,2]$，得 $|A\bigcup B|\leqslant c$，但 $|A\bigcup B|\geqslant|A|=c$，所以，$|A\bigcup B|=c+\aleph_0=c$。

现在考虑基数乘法。

定义 5.3－2 设 a 和 b 是基数，A 和 B 是集合，使 $|A|=a$ 和 $|B|=b$，那么 a 和 b 的积记为 $a\cdot b$，定义如下：

$$a\cdot b=|A\times B|$$

定理 5.3－4 基数的乘法是可交换的和可结合的，在加法上可分配，即 $a(b+d)=ab+ad$。

证明留作练习。

定理 5.3－5 设 a、b、d 和 e 是任意基数。

(1) 如果 $a\leqslant b$ 和 $d\leqslant e$，那么 $ad\leqslant be$；

(2) 如果 $a<b$ 和 $d<e$，那么 $ad<de$。

(1)部分的证明留作练习，(2)部分不证。

本定理说明乘法运算也保持次序关系 $\leqslant$ 和 $<$。

定理 5.3－6 设 a 和 b 是基数，a 是无限基数，$b\neq 0$ 且 $b\leqslant a$，那么 $ab=a$。

和定理 5.3－3 一样，我们不作一般证明。仅对 $a=c$ 和 $b=\aleph_0$ 的特殊情况证明本定理

成立。

设 $A=(0,1)$ 和 $B=\mathbf{N}$，那么 $|A|=c$ 和 $|B|=\aleph_0$。我们证明 $|A\times B|=c$。作函数

$$f:A\times B\to\mathbf{R}_+ \quad (\mathbf{R}_+ \text{ 是正实数集合})$$

$$f(x,n)=x+n$$

f 是单射函数。因为 $|\mathbf{R}_+|=c$，得出 $|A\times B|\leqslant c$。再者，映射

$$g:(0,1)\to A\times B, g(x)=\langle x,0\rangle$$

是单射的，得出 $c\leqslant|A\times B|$。因此 $|A\times B|=c$。

定理 5.3－3 和定理 5.3－6 说明基数算术在含有无限基数时，不同于普通算术。

最后我们讨论幂运算。

定义 5.3－3 设 a 和 b 是基数，A 和 B 是使 $|A|=a$ 和 $|B|=b$ 的集合，那么 a 的 b 次幂记为 a^b，定义如下：

$$a^b=|A^B|$$

这个定义的直接推论是 $|A^B|=|A|^{|B|}$。

例 5.3－1 考虑函数 $f:\mathbf{N}\to\{0,1\}$，它把 $\mathbf{N}$ 的元素划分为两部分，一部分对应于 0，一部分对应于 1。这个函数可用指定 $\mathbf{N}$ 的一个子集（对应于 0）来确定。因此，此种函数的个数 $|\{0,1\}^N|$ 相等于 $\mathbf{N}$ 的子集的个数 $|\rho(\mathbf{N})|$，但 $|\rho(\mathbf{N})|=c$，按定义 5.3－3 得 $2^{\aleph_0}=c$。这就证明了上节我们曾提及的公式 $c=2^{\aleph_0}$。

基数的幂也成立指数定律。

定理 5.3－7 设 a、b 和 d 是基数，那么

(1) $a^{b+d}=a^b\cdot a^d$

(2) $(ab)^d=a^d\cdot b^d$

(3) $(a^b)^d=a^{bd}$

证 （1）设 A、B 和 D 是集合，使 $|A|=a$、$|B|=b$ 和 $|D|=d$，且 $B\cap D=\varnothing$。设 $f:B\to A$ 和 $g:D\to A$，因为 B 和 D 不相交，存在一映射 $h:B\cup D\to A$，使 h 是 f 和 g 的一个开拓。这样，我们能定义函数 F 如下：

$$F:A^B\times A^D\to A^{B\cup D}, \quad F(\langle f,g\rangle)=h$$

这里 $h|_B=f$ 和 $h|_D=g$。函数 F 是单射函数，因此 $|A^B\times A^D|\leqslant|A^{B\cup D}|$。再者，我们定义函数 G 如下：

$$G:A^{B\cup D}\to A^B\times A^D, \quad G(h)=\langle h|_B,h|_D\rangle$$

这也是单射函数（容易证明 $G=F^{-1}$）。因此

$$|A^{B\cup D}|\leqslant|A^B\times A^D|$$

我们得到

$$|A^{B\cup D}|=|A^B\times A^D|$$

(2)和(3)部分的证明是类似的。

幂运算也保持次序关系。

定理 5.3－8 设 a、b、d 和 e 是基数，那么

(1) 如果 $a\leqslant b$ 和 $d\leqslant e$，那么 $a^d\leqslant b^e$；

(2) 如果 $a < b$ 和 $d < e$，那么 $a^d < b^e$。

(1)部分的证明留作练习，(2)部分不予证明。

习 题

1. 设 $|A| = |B|$、$|D| = |E|$ 且 $A \cap D = B \cap E = \varnothing$，试证明 $|A \cup D| = |B \cup E|$。

2. 设 $|A| = |B|$ 和 $|D| = |E|$，试证明 $|A \times D| = |B \times E|$。

3. 确定下列表达式的值，字母 n 表示 $\mathbf{N}$ 的任一元素。

(1) $n + \aleph_0$

(2) $\aleph_0 + \aleph_0$

(3) $n \cdot c$

(4) $c \cdot c$

(5) $0^{\aleph_0}$

(6) 1^c

(7) $\aleph_0^1$

(8) $\aleph_0^3$

(9) $\aleph_0^{\aleph_0}$

(10) c^0

(11) c^3

(12) $c + (\aleph_0 \cdot c + 3^{\aleph_0})$

4. 找出下述每一集合的基数：

(1) $\mathbf{R} \cup \mathbf{R}^2$。

(2) $S \times \Sigma^*$，这里 $|S| = n$，$n \in \mathbf{N}$。

(3) 元素在 $\mathbf{R}$ 中的所有 $m \times n$ 矩阵的集合。

(4) 整数分量的所有 n 个分量的向量集合。

(5) 所有从 Σ^* 到 $\mathbf{N}$ 的函数集合。

(6) 所有从 $\mathbf{I} \times \mathbf{I}$ 到 $\mathbf{I}$ 的函数集合。

(7) 有理数元素的所有 $n \times n$ 矩阵集合。

5. 对基数我们没有定义减法。试证明下述定义不是良定的。

定义：设 A 和 B 是集合，使 $|A| = a$，$|B| = b$ 和 $B \subseteq A$，那么 $a - b = |A - B|$。

6. 证明下列各题：

(1) 如果 A 是无限集合，B 是可数集合，则 $|A \cup B| = |A|$。

(2) 如果 A 是不可数集合，B 是可数集合，则 $|A - B| = |A|$。

(3) $[0, 1]$ 中的无理数的集合，其基数是 c。

7. 设 a、b 和 d 是基数，

(1) 证明如果 $a \leqslant b$，那么 $a + d \leqslant b + d$。

(2) 用反例表明 $a < b$ 不蕴含着 $a + d < b + d$。

(3) 证明如果 $a \leqslant b$，那么 $ad \leqslant bd$。

（4）表明 $a < b$ 不蕴含着 $ad < bd$。

8．证明定理 5.3 - 4。

9．证明定理 5.3 - 5 的(1)部分。

10．证明对任一整数 $n \geqslant 2$，$n^{\aleph_0} = c$。

11．证明定理 5.3 - 8 的(1)部分。

第6章 代　　数

代数，也称代数结构或代数系统，是指定义有若干运算的集合。例如，整数集合，在其上定义乘法和加法，就成为一个代数系统。用抽象方法研究各种代数系统的性质的理论学科叫"近世代数"。所谓抽象方法是指它并不关注组成代数系统的具体集合是什么，也不关注集合上的运算如何定义，而只假设这些运算遵循某组规则，诸如结合律、交换律、分配律等，然后根据这样的抽象代数系统，来讨论和研究该系统应有的性质，使所得结论具有普遍意义。所以，近世代数又称"抽象代数"。

近世代数的应用十分广泛，它不仅是数学专业的一些分支，如数论、范畴论等的基础，也为某些其它专业，如原子物理、系统工程等所必需。在计算机和信息科学中，也常需引用近世代数的内容，它已成为这一领域中科技人员必须掌握的基本工具。

本章介绍的内容和近世代数相似，主要有代数结构的一般概念和半群、独异点、群、环、域几类代数。但我们不用"近世代数"而用"代数"作章名，是因为我们的侧重点和近世代数有所不同。我们的目的主要是使研究计算机和信息科学的读者获得应用代数概念和方法的能力，并为他们深造提供基础。因此，我们仅侧重于和数学模型、形式语言和自动机、数据安全、编码等学科有关的部分，以及各种学科经常引用的基本概念和方法部分。

6.1　代　数　结　构

6.1.1　代数的构成和分类方法

代数通常由下述三部分组成：

(1) 一个集合，叫做代数的**载体**。

载体是我们将处理的数学目标的集合，诸如整数、实数或符号串集合等，一般是非空集合，我们不讨论载体是空集的代数。

(2) 定义在载体上的**运算**。

定义在载体 S 上的运算是从 S^m 到 S 的一个映射，自然数 m 的值叫做运算的元数。从 S 到 S 的映射，诸如给定一个实数 x 求 $[x]$，给定一个整数 y 求 $|y|$，叫做一元运算；从 S^2 到 S 的映射，诸如数的加法和乘法，都是二元运算。常见的是一元和二元运算，但理论上可定义任意的 m 元运算，例如语句 if $x \neq 0$ then y else z，可定义为运算对象是 x、y、z 的三元运算。

(3) 载体的特异元素，叫做**代数常数**。

代数常数是联系于某些运算的特异元素，在下一小节我们要作专门论述。但有些代数不含常数。这里所谓"不含"只是说我们研究该代数时并不关注这些特异元素,不一定是真的没有。

代数通常用载体、运算和常数组成的 n 重组表示。

例 6.1-1

(1) 整数、加法和常数 0 可构成一个代数。

① 载体是整数集合 $\mathbf{I}=\{\cdots,-3,-2,-1,0,1,2,3,\cdots\}$。

② 定义在 $\mathbf{I}$ 上的运算是加法(记为十)。

③ 常数是 0。

这个代数可记为 $\langle \mathbf{I},+,0\rangle$。

(2) 幂集合 $\rho(S)$、并、交、补、$\varnothing$ 和 S 可构成一个代数。

① 载体是 S 的幂集合 $\rho(S)$。

② 定义在载体上的运算是:两个二元运算 $\cup$ 和 $\cap$、一个一元运算 $^-$。

③ 常数是 $\varnothing$ 和 S。

这个代数可记为 $\langle\rho(S),\cup,\cap,{}^-,\varnothing,S\rangle$。

在不产生误解的情况下,标示代数的记号可以简化,不一定将所有成分都写出,有时常数可以不写,有时仅用载体标记该代数。

通常我们不去研究单个具体的代数,而是一个种类一个种类地去研究。为此,我们首先要知道什么样的两个代数是同一种类的。

第一,要有相同的构成成分。如果两个代数包含同样个数的运算和常数,且对应运算的元数相同,则称两个代数有相同的构成成分。

例 6.1-2

(1) 代数 $\langle \mathbf{N},\cdot,1\rangle$ 和 $\langle \mathbf{I},-,0\rangle$ 有同样的构成成分,因为都有一个二元运算和一个常数。

(2) 代数 $\langle\{0,1\},\vee,\wedge,0,1\rangle$ 和 $\langle\rho(S),\cup,\cap,\varnothing,S\rangle$ 有相同的构成成分。

两个代数有相同的构成成分,还不一定有本质的联系,如例 6.1-2(1) 就是这样。因此

第二,要有一组相同的称为公理的规则。这里每一公理是用载体元素和代数运算的符号写成的方程。

具有相同构成成分和服从相同公理集合的代数称为同种类的。对同一种类的代数,根据它的公理推出的一切定理,对该种类的一切代数都成立。

例 6.1-3

(1) 考虑具有 $\langle \mathbf{N},+,0\rangle$ 形式的构成成分和下述公理的代数类。

① $a+b=b+a$

② $(a+b)+c=a+(b+c)$

③ $a+0=a$

那么 $\langle \mathbf{I},\cdot,1\rangle$、$\langle\rho(S),\cup,\varnothing\rangle$ 和 $\langle \mathbf{R},\min,+\infty\rangle$(这里 $\mathbf{R}$ 是包含 $+\infty$ 的非负实数集)等,都是这一种类的成员。关于这一类证明了的定理,对这些特定的代数都成立。

(2) 考虑具有 $\langle \mathbf{I}, +, \cdot, -, 0, 1\rangle$ 形式构成成分和下述公理的代数类（这里"$-$"是一元运算）。

① $a + b = b + a$

② $a \cdot b = b \cdot a$

③ $(a + b) + c = a + (b + c)$

④ $(a \cdot b) \cdot c = a \cdot (b \cdot c)$

⑤ $a \cdot (b + c) = a \cdot b + a \cdot c$

⑥ $a + (-a) = 0$

⑦ $a + 0 = a$

⑧ $a \cdot 1 = a$

那么 $\langle \mathbf{Q}, +, \cdot, -, 0, 1\rangle$ 和 $\langle \mathbf{R}, +, \cdot, -, 0, 1\rangle$ 是同类代数，但 $\langle \rho(S), \cup, \cap, \bar{}, \varnothing, S\rangle$，（这里"$\bar{}$"表示集合的非）是不同类的，因为公理⑥对这个代数不成立。

6.1.2 么元和零元

前边已指出代数常数是联系于某些运算的特异元素，具体地说是指下边要介绍的么元和零元。

定义 6.1-1 设 $*$ 是 S 上的二元运算，1_l 是 S 的元素，如果对 S 中的每一元素 x，有

$$1_l * x = x$$

则称 1_l 对运算 $*$ 是**左么元**。S 中的元素 0_l，如果对 S 中的每一元素 x，有

$$0_l * x = 0_l$$

则称 0_l 对运算 $*$ 是**左零元**。

类似地可定义出**右么元** 1_r 和**右零元** 0_r。

在不发生混乱时，运算可以不指明。

例 6.1-4 代数 $A = \langle \{a, b, c\}, \circ\rangle$ 用表 6.1-1 定义，表中位于 x 行和 y 列交叉点的元素是 $x \circ y$ 的值。可以看出 a 和 b 都是右零，无左零；b 是左么，无右么；运算 $\circ$ 既不能结合也不能交换。

表 6.1-1

$\circ$	a	b	c
a	a	b	b
b	a	b	c
c	a	b	a

定义 6.1-2 设 $*$ 是 S 上的二元运算，1 是 S 的元素，如果对 S 中的每一元素 x，有

$$1 * x = x * 1 = x$$

则称 1 对运算 $*$ 是**么元**。S 中的元素 0，如果对 S 中的每一元素 x，有

$$0 * x = x * 0 = 0$$

则称 0 对运算 $*$ 是**零元**。

例 6.1-5

(1) 代数 $\langle \mathbf{I}, \cdot, 1, 0\rangle$，这里 $\cdot$ 表示乘法，有一个么元 1 和零元 0。

(2) 代数 $\langle \mathbf{N}, +\rangle$ 有一个么元 0，但无零元。

(3) 代数 $\langle K, \max, +\infty\rangle$，这里 K 是非负实数集合与 $\{+\infty\}$ 之并，有一个么元 0，有一个零元 $+\infty$。

（4）代数 $\langle \mathbf{N}, \min\rangle$ 有一个零元 0，但无么元。

（5）设 S 是非空有限集合，代数 $\langle \rho(s), \bigcup, \bigcap, \varnothing, S\rangle$ 中有两个二元运算，对运算 $\bigcup$，$\varnothing$ 是么元，S 是零元。对运算 $\bigcap$，$\varnothing$ 是零元，S 是么元。

下述定理说明么元和零元的最重要性质。

定理 6.1-1　设 $*$ 是 S 上的一个二元运算，具有左么元 1_l 和右么元 1_r，那么 $1_l = 1_r$，这元素就是么元。

证　因为 1_l 和 1_r 是左么元和右么元。

$$1_r = 1_l \cdot 1_r = 1_l$$
证毕

定理 6.1-2　设 $*$ 是 S 上的二元运算，具有左零元 0_l 和右零元 0_r，那么 $0_l = 0_r$，这元素就是零元。

证明类似于定理 6.1-1。

以上两定理有下述直接推论。

推论 6.1-2　一个二元运算的么元（零元）是唯一的。

6.1.3　逆元

如果在一代数中存在么元，那么可定义逆元。

定义 6.1-3　设 $*$ 是 S 上的二元运算，1 是对运算 $*$ 的么元。如果 $x * y = 1$，那么关于运算 $*$，x 是 y 的**左逆元**，y 是 x 的**右逆元**。如果 $x * y = 1$ 和 $y * x = 1$ 两者都成立，那么关于运算 $*$，x 是 y 的**逆元**（y 也是 x 的逆元）。x 的逆元通常记为 x^{-1}。

存在逆元（左逆元、右逆元）的元素称为**可逆的**（**左可逆的**、**右可逆的**）。

例 6.1-6

（1）代数 $A = \langle \{a, b, c\}, *\rangle$ 由表 6.1-2 定义。可以看出，b 是么元。a 的右逆元是 c，b 的逆元是自身，c 的左逆元是 a。

表 6.1-2

$*$	a	b	c
a	a	a	b
b	a	b	c
c	a	c	c

（2）代数 $\langle \mathbf{I}, +\rangle$ 有么元 0，每一元素 $x \in \mathbf{I}$，关于运算 $+$ 有一逆元 $-x$，因

$$x + (-x) = 0$$

（3）代数 $\langle \mathbf{N}, +\rangle$ 中仅有么元 0 有逆元，逆元是自身。但在代数 $\langle \mathbf{R}, \cdot\rangle$ 中，除零元 0 外，所有元素都有逆元。

（4）设 T 是 m 和 n 间的整数集合，这里 $m < n$，且 m、n 包含在 T 中，那么 $\langle T, \max\rangle$ 有一个么元 m，仅有 m 有逆元。

（5）考虑在函数的合成运算下，集合 A 上的所有函数的集合 F。那么恒等函数 1_A 是么元。每一双射函数有一逆元。每一满射函数有右逆元，每一单射函数有左逆元，左右逆元可以不唯一。

（6）设 $\mathbf{N}_k$ 是前 k 个自然数的集，这里 $k > 0$，

$$\mathbf{N}_k = \{0, 1, 2, \cdots, k-1\}$$

定义模 k 加法 $+_k$ 如下：对每一 $x, y \in \mathbf{N}_k$，有

$$x +_k y = \begin{cases} x + y & \text{如果 } x + y < k \\ x + y - k & \text{如果 } x + y \geqslant k \end{cases}$$

那么，$+_k$ 是一可结合的二元运算，具有么元 0，$\mathbf{N}_k$ 的每一元素有逆元。0 的逆元是 0，每一非 0 元素 x 的逆元是 $k-x$。

（7）设 $\mathbf{N}_k$ 是前 k 个自然数的集，这里 $k \geqslant 2$，定义模 k 乘法 $\times_k$ 如下：

$$x \times_k y = z$$

这里 $z \in \mathbf{N}_k$，且对某一 n，$xy - z = nk$。那么，对运算 $\times_k$，1 是么元。元素 $x \in \mathbf{N}_k$ 在 $\mathbf{N}_k$ 中有逆元仅当 x 和 k 互质。

定理 6.1-3 对于可结合运算，如果一个元素 x 有左逆元 l 和右逆元 r，那么 $l = r$（即逆元是唯一的）。

证 设 1 对运算。是么元，于是

$$l \circ x = x \circ r = 1$$

根据运算。的可结合性，得到

$$l = l \circ 1 = l \circ (x \circ r) = (l \circ x) \circ r = 1 \circ r = r \qquad \text{证毕}$$

与逆元概念密切相关的是可约性概念。

定义 6.1-4 设 $*$ 是 S 上的二元运算，$a \in S$，如果对于每一 $x, y \in S$，有

$$(a * x = a * y) \vee (x * a = y * a) \Rightarrow (x = y)$$

则称 a 是**可约的**或**可消去的**。

定理 6.1-4 设。是 S 上的可结合运算，如果元素 $a \in S$ 是可逆的，则 a 也是可约的。

证 设 $x, y \in S$ 是任意元素且 $a \circ x = a \circ y$（$x \circ a = y \circ a$ 时证明是类似的，故略），由于。是可结合的且 a 是可逆的，记 a 的逆元为 a^{-1}，于是

$$a^{-1} \circ (a \circ x) = (a^{-1} \circ a) \circ x = x$$
$$a^{-1} \circ (a \circ y) = (a^{-1} \circ a) \circ y = y$$

但 $a^{-1} \circ (a \circ x) = a^{-1} \circ (a \circ y)$，所以，$x = y$，即元素是可约的。证毕。

应该注意，如果元素是可约的，但未必是可逆的。例如，在整数集合 I 中，对于乘法，任何非 0 整数都是可约的，但除 1 外，都不是可逆的。

习　　题

1. 定义二元运算符 $*$ 的意义如下：

（1）$x * y = x^y$，它是正整数集合中的运算吗？

（2）$x * y = x - y$，它是正整数集合中的运算吗？它是整数集合中的运算吗？

2. 证明如果 $*$ 是定义在集合 S 上的可交换运算，那么左么元和右么元就是么元。

3. 证明定理 6.1-2。

4. 给定一张二元运算的运算表，你如何去判定这个运算是可交换的？可结合的？存在么元？存在零元？如果存在么元，如何找出每个元素的逆元？试对表 6.1-3 作以上各项的判定。

5. 设函数 $g : \mathbf{I} \times \mathbf{I} \to \mathbf{I}$ 定义为

$$g(x, y) = x * y = x + y - xy$$

试证明二元运算 $*$ 是可交换的和可结合的。求出么元，并指出每个元素的逆元。

表 6.1-3

∘	a	b	c
a	a	b	c
b	b	b	c
c	c	c	b

6. 考虑代数系统⟨**R**，＊⟩，这里 **R** 是实数集合，＊定义如下：

(1) $a_1 * a_2 = |a_1 - a_2|$

(2) $a_1 * a_2 = \frac{1}{2}(a_1 + a_2)$

试分别讨论运算＊的可交换性和可结合性，**R** 有否么元，对于运算＊，每个元素的逆元是什么？

7. 设＊是自然数集合 **N** 中的二元运算，并定义 $x * y = x$。试证明＊不可交换但可结合。有么元和逆元吗？

8. 设＊是正整数集合 $\mathbf{I}_+$ 的二元运算，且 $x * y = x$ 和 y 的最小公倍数。试证明＊是可交换和可结合的。求出么元，并指出哪些元素是**等幂的**（即符合公式 $x * x = x$）。

9. 设⟨S，＊⟩是一代数，＊是可结合的，并且对所有 $x, y \in S$，若 $x * y = y * x$，则 $x = y$。试证明对一切 $x \in S$ 有 $x * x = x$。

10. 设 $A = \{a, b\}$，S 是 A 上的所有函数集合，$S = \{f_1, f_2, f_3, f_4\}$，其中

$$f_1(a) = a \qquad f_1(b) = b$$
$$f_2(a) = a \qquad f_2(b) = a$$
$$f_3(a) = b \qquad f_3(b) = b$$
$$f_4(a) = b \qquad f_4(b) = a$$

于是⟨S，∘⟩是一代数，∘是函数的合成运算，试制出运算∘的运算表，考察运算∘是否有么元，哪些元素有逆元。

11. $S = \{a, b\}$，＋和×两个二元运算定义如表 6.1-4 所示。在代数⟨S，＋，×⟩中，＋对×可分配吗？×对＋呢？

表 6.1-4

+	a	b	×	a	b
a	a	b	a	a	a
b	b	a	b	a	b

12. 在代数⟨Σ^*，连结，Λ⟩中，这里 $\Sigma = \{a, b\}$，消去律成立吗？哪些元素有逆元？

6.2 子 代 数

在分别讨论不同种类的代数以前，我们将一般地介绍代数中最重要的概念，诸如子代数、同态、同余、商代数和积代数等，以便用类似的手法应用这些概念去研究不同种类的代数。在作一般介绍时，我们常采用典型的代数构成成分⟨S，∘，△，k⟩，这里∘是 S 上的二元运算，△是 S 上的一元运算，k 是代数常数。这是为了消除在探讨任意个数的运算和常数时所遇到的麻烦，以简化描述。但这并不影响所得的定义和概念的普遍性，因为很容易把它们推广到具有不同构成成分的代数。本节我们介绍子代数。

为了介绍子代数的概念，我们首先定义一个集合对某运算封闭的概念。

定义 6.2-1 设∘和△是集合 S 上的二元和一元运算，S' 是 S 的子集。如果 $a, b \in S'$ 蕴含着 $a \circ b \in S'$，那么 S' 对∘是**封闭的**。如果 $a \in S'$ 蕴含着 $\triangle a \in S'$，那么 S' 对△是封闭的。

例 6.2-1 考虑整数集合 **I**，设 $S' = \{0, 1, 2, 3, 4\}$，对加法 S' 不封闭，因为 $4 + 4 = 8$，$8 \notin S'$。然而对 max 和 min，求绝对值诸运算是封闭的。

因为对具有载体 S 的一个代数而言，每一运算是定义为从 S^m 到 S 的函数，所以一个

代数的载体对定义于其上的运算总是封闭的。

定义 6.2－2 设 $A=\langle S,\circ,\triangle,k\rangle$ 是一代数，如果

(1) $S'\subseteq S$

(2) S' 对 S 上的运算 $\circ$ 和 $\triangle$ 封闭

(3) $k\in S'$

那么 $A'=\langle S',\circ,\triangle,k\rangle$ 是 A 的**子代数**。

如果 A' 是 A 的子代数，那么 A' 和 A 有相同的构成成分和服从相同的公理。A 的最大可能的子代数是它自己，这个子代数是常存的。如果 A 的常数集合在 A 的运算下是封闭的，那么它组成 A 的最小子代数。这两种子代数称为 A 的**平凡子代数**，其余子代数称为**真子代数**。

例 6.2－2

(1) 设 E 表示偶数集合，那么 $\langle E,+,0\rangle$ 是 $\langle I,+,0\rangle$ 的一个子代数。

(2) 设 M 表示奇整数集合，那么 $\langle M,\cdot,1\rangle$ 是 $\langle I,\cdot,1\rangle$ 的子代数。但 $\langle M,+\rangle$ 不是 $\langle I,+\rangle$ 的子代数，因为奇整数集合 M 对加法不封闭，例如 $1+1=2$。

(3) $\langle\{0,2\},+_4,0\rangle$ 是 $\langle\{0,1,2,3\},+_4,0\rangle$ 的一个子代数。

习　题

1. 设论述域是整数 I，按照列于表 6.2－1 左侧的集合在列于顶行的运算下是否封闭，在相应处填上是(Y)或非(N)。

表 6.2－1

	$+$	$\cdot$	$-$	$\lvert x-y\rvert$	max	min	$\lvert x\rvert$	一元减法 $-$
(1) **I**								
(2) **N**								
(3) $\{x\mid 0\leqslant x\leqslant 10\}$								
(4) $\{x\mid -5\leqslant x\leqslant 5\}$								
(5) $\{x\mid -10\leqslant x\leqslant 0\}$								
(6) $\{2x\mid x\in \mathbf{I}\}$								

2. 设 $B=\{0,a,b,1\}$，$S_1=\{a,1\}$，$S_2=\{0,1\}$，$S_3=\{a,b\}$，二元运算 $\oplus$ 和 $*$ 定义如表 6.2－2 所示。

表 6.2－2

$\oplus$	0	a	b	1
0	0	a	b	1
a	a	a	1	1
b	b	1	b	1
1	1	1	1	1

$*$	0	a	b	1
0	0	0	0	0
a	0	a	0	a
b	0	0	b	b
1	0	a	b	1

试问 $\langle S_1,*,\oplus\rangle$ 是代数吗？是 $\langle B,*,\oplus,1,0\rangle$ 的子代数吗？$\langle S_2,*,\oplus,1,0\rangle$ 是 $\langle B,*,\oplus,1,0\rangle$ 的子代数吗？$\langle S_3,*,\oplus\rangle$ 是代数吗？说明理由。

6.3 同 态

什么样的两个代数在结构上是一致的呢？大致地说，有以下三点要求：

(1) 两个代数必须有相同的构成成分；

(2) 两个代数的载体必须有相同的基数；

(3) 两个代数的运算和常数必须遵循相同的规则。

这种结构上的一致性，数学上叫同构，可以用联系于运算和常数的一个双射函数来精确地刻画。为了便于表述，我们暂时仅讨论形如 $A=\langle S, *, \triangle, k \rangle$ 和 $A'=\langle S', *', \triangle', k' \rangle$ 的代数。这里 $*$ 和 $*'$ 是二元运算，$\triangle$ 和 $\triangle'$ 是一元运算，k 和 k' 是常数。

定义 6.3-1 代数 $A=\langle S, *, \triangle, k \rangle$ 和 $A'=\langle S', *', \triangle', k' \rangle$ 是同构的，如果存在一双射函数 h，使

(1) $h: S \rightarrow S'$

(2) $h(a*b) = h(a) *' h(b)$

(3) $h(\triangle a) = \triangle' h(a)$

(4) $h(k) = k'$

这里 a、b 是 S 的任意元素。映射 h 叫做从 A 到 A' 的**同构**，A' 叫做 A 在映射 h 下的**同构象**。

条件(2)和(3)常简述为"在函数 h 的作用下，A 的每一运算保持"。

上述定义被推广到具有任意构成成分的代数后就是：如果双射函数 h 是从代数 A 到 A' 的同构，那么

(1) A 和 A' 必须有相同的构成成分；

(2) 在函数 h 的作用下，A 的每一运算保持；

(3) 函数映射 A 的每一常数到 A' 的对应常数(若 A 不含常数时，不须考虑这一条)。

如果 A 和 A' 是同构的代数，它们基本上是不同名的相同结构；简单地调换符号就能从 A 得到代数 A'。

例 6.3-1

(1) 设 $\mathbf{R}_+$ 表示正实数集合，那么 $\langle \mathbf{R}_+, \cdot, 1 \rangle$ 同构于 $\langle \mathbf{R}, +, 0 \rangle$。作映射

$$h: \mathbf{R}_+ \rightarrow \mathbf{R}, \quad h(x) = \log x$$

① 对数函数单调增加，所以 h 是单射的；对 $x>0$，方程 $\log x = y$ 常有解 $x=2^y$，所以 h 是满射的。因此 h 是双射的。

② $h(a \cdot b) = \log(ab) = \log a + \log b = h(a) + h(b)$

③ $h(1) = \log 1 = 0$

所以，$\langle \mathbf{R}_+, \cdot, 1 \rangle$ 同构于 $\langle \mathbf{R}, +, 0 \rangle$。

(2) 集合 $A=\{1, 2, 3, 4\}$，函数 $f: A \rightarrow A$，

$$f = \{\langle 1, 2 \rangle, \langle 2, 3 \rangle, \langle 3, 4 \rangle, \langle 4, 1 \rangle\}$$

若用 f^0 表示 A 上的恒等函数，f^1 表示 f，f^2 表示合成函数 $f \cdot f$，f^3 表示 $f^2 \cdot f$，f^4 表示 $f^3 \cdot f$，则 $f^4 = f^0$。设 $F=\{f^0, f^1, f^2, f^3\}$，则代数 $\langle F, \cdot, f^0 \rangle$ 可以用运算表 6.3-1(左)给定，这里 f^0 是么元。

表 6.3-1

·	f^0	f^1	f^2	f^3
f^0	f^0	f^1	f^2	f^3
f^1	f^1	f^2	f^3	f^0
f^2	f^2	f^3	f^0	f^1
f^3	f^3	f^0	f^1	f^2

$+_4$	0	1	2	3
0	0	1	2	3
1	1	2	3	0
2	2	3	0	1
3	3	0	1	2

集合 $\mathbf{N}_4 = \{0, 1, 2, 3\}$，$+_4$ 是模 4 加法，代数 $\langle \mathbf{N}_4, +_4, 0 \rangle$ 用运算表 6.3-1（右）给定，这里 0 是么元。

作映射 $h: F \rightarrow \mathbf{N}_4$

$$h(f^i) = i \quad (i = 0, 1, 2, 3)$$

对比两张运算表容易看出，h 保持了运算（参看图 6.3-1），并使常数对应。所以，代数 $\langle F, \cdot, f^0 \rangle$ 和 $\langle \mathbf{N}_4, +_4, 0 \rangle$ 同构。

（3）代数 $\langle \mathbf{N}, + \rangle$ 和 $\langle \mathbf{I}_+, \cdot \rangle$ 是不同构的。我们用反证法给出证明。假设 h 是从 $\langle \mathbf{N}, + \rangle$ 到 $\langle \mathbf{I}_+, \cdot \rangle$ 的一个同构。$\mathbf{I}_+$ 中有无限多的质数，因为 h 是从 $\mathbf{N}$ 到 $\mathbf{I}_+$ 的一个双

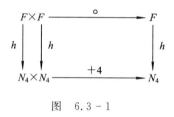

图 6.3-1

射函数，必有 $x \in \mathbf{N}$（这里 $x \geqslant 2$）和某质数 p（这里 $p \geqslant 3$），使 $h(x) = p$，如果 h 是从 $\langle \mathbf{N}, + \rangle$ 到 $\langle \mathbf{I}_+, \cdot \rangle$ 的同构，那么

① $p = h(x) = h(x+0) = h(x) \cdot h(0)$

② $p = h(x) = h((x-1)+1) = h(x-1) \cdot h(1)$

但因为 p 是一质数，唯一的因子是 p 和 1，所以，根据①，有 $h(x) = 1$ 或 $h(0) = 1$；根据②，有 $h(1) = 1$ 或 $h(x-1) = 1$，因为 $0 < 1 \leqslant x-1 < x$，这得出在映射 h 下，1 至少是两个元素的象，我们得出 h 不是双射函数，因此 $\langle \mathbf{N}, + \rangle$ 和 $\langle \mathbf{I}_+, \cdot \rangle$ 不同构。

定理 6.3-1 设 C 是代数集合，A、A' 是 C 的任意元素，R 是关系，定义 ARA' 当且仅当 A 同构于 A'，那么 R 是 C 上的等价关系。

证明留作练习。

有些代数，虽然结构上不完全一致，但在一定范围内，有其相似性。为了刻画这种关系，我们放弃同构定义中，$h: S \rightarrow S'$ 必须是双射函数的要求，但仍保持其它条件，这就得到了数学上同态的概念。

定义 6.3-2 设 $A = \langle S, *, \triangle, k \rangle$ 和 $A' = \langle S', *', \triangle', k' \rangle$ 是具有相同构成成分的代数，h 是一个函数。如果

（1）$h: S \rightarrow S'$

（2）$h(a * b) = h(a) *' h(b)$

（3）$h(\triangle a) = \triangle' h(a)$

（4）$h(k) = k'$

这里 a、b 是 S 的任意元素，则称 h 是从 A 到 A' 的**同态**，$\langle h(S), *', \triangle', k' \rangle$ 称为 A 在映射 h 下的**同态象**。

这一定义也能推广到具有任意构成成分的代数，除无"双射"要求外，其它陈述和同构相同，不再重复。

图 6.3 - 2 描绘了两个代数如何用同态联结。图中阴影部分代表 $h(S)$，是在 h 下 S 的象。

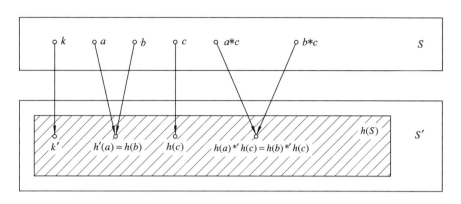

图　6.3 - 2

设 h 是从 A 到 A' 的同态，如果 h 是单射的，那么称 h 是**单一同态**；如果 h 是满射的，那么称 h 是**满同态**；只有 h 是满同态时，才称 A 和 A' 同态；如果 h 是双射的，即是定义 6.3 - 1 的同构。如果 $A=A'$，那么称 h 是**自同态**；如果 $A=A'$ 且 h 是同构，那么称 h 是**自同构**。

例 6.3 - 2

（1）映射 $f: \mathbf{I} \to \mathbf{I}$，$f(x)=kx$，这里 $k \in \mathbf{I}$，是从 $\langle \mathbf{I}, +, 0 \rangle$ 到 $\langle \mathbf{I}, +, 0 \rangle$ 的自同态，因为

① $f(x+y) = k(x+y) = kx+ky = f(x)+f(y)$

② $f(0) = 0$

成立。如果 $k \neq 0$，f 是单射的，f 是单一同态；如果 $k=1$ 或 $k=-1$，f 是双射的，f 是自同构。

（2）设 $f: \mathbf{R} \to \mathbf{R}$，$f(x)=2^x$，由于

① $f(x+y) = 2^{(x+y)} = 2^x \cdot 2^y = f(x) \cdot f(y)$

② $f(0) = 2^0 = 1$

成立，且 f 是单射函数，所以 f 是从 $\langle \mathbf{R}, +, 0 \rangle$ 到 $\langle \mathbf{R}, \cdot, 1 \rangle$ 的单一同态。

（3）设 $f: \mathbf{N} \to \mathbf{N}_k (k>0)$，$f(x)=x(\bmod\ k)$[①]。$f$ 是从 $\langle \mathbf{N}, +, 0 \rangle$ 到 $\langle \mathbf{N}_k, +_k, 0 \rangle$ 的满同态，因为

① $f(x+y) = (x+y)(\bmod\ k) = x(\bmod\ k) +_k y(\bmod\ k) = f(x) +_k f(y)$

② $f(0) = 0$

成立，且 f 是满射的。

（4）设 Σ 是有限非空字母表，并设 $\|x\|$ 表示串 $x \in \Sigma^*$ 的长度，函数 h 定义为

$$h: \Sigma^* \to \mathbf{N}, \quad h(x) = \|x\|$$

---

① $a \equiv b(\bmod\ k)$ 是指 $a-b=nk$；$a=b(\bmod\ k)$ 是指 $a=r$，这里的 r 是 b 除以 k 所得余数，即 $b=nk+r$，$0 \leqslant r < k$。a, b, n, k, r 都代表整数。

由于

① $h(xy) = \|xy\| = \|x\| + \|y\| = h(x) + h(y)$

② $h(\Lambda) = 0$

且 h 是满射的,所以 h 是从 $\langle \Sigma^*,$ 连结, $\Lambda \rangle$ 到 $\langle \mathbf{N}, +, 0 \rangle$ 的满同态。如果 Σ 是单元素集合,则 h 是同构。

下一定理说明 A 的同态象和代数 A' 的关系。

定理 6.3 - 2 设 h 是从 $A = \langle S, *, \triangle, k \rangle$ 到 $A' = \langle S', *', \triangle', k' \rangle$ 的同态,那么 A 的同态象 $\langle h(S), *', \triangle', k' \rangle$ 是 A' 的子代数。

证 为了证明 $\langle h(S), *', \triangle', k' \rangle$ 是 A' 的一个子代数,必须证明下述条件:

(1) $h(S) \subseteq S'$。这从 $h: S \to S'$ 的事实得出。

(2) 常数 k' 是 $h(S)$ 的一个元素。根据同态的定义,$h(k) = k'$,因为 $k \in S$,得出 $k' = h(k) \in h(S)$。

(3) 在运算 $*'$ 下集合 $h(S)$ 是封闭的。因为如果 $a, b \in h(S)$,那么存在元素 $x, y \in S$,使 $h(x) = a$ 和 $h(y) = b$,由于 $x * y = z \in S$,所以 $a *' b = h(x) *' h(y) = h(x * y) = h(z) \in h(S)$。

(4) 在运算 $\triangle'$ 下集合 $h(S)$ 是封闭的。因为如果 $a \in h(S)$,那么存在元素 $x \in S$,使 $h(x) = a$,由于 $\triangle x \in S$,所以

$$\triangle' a = \triangle' h(x) = h(\triangle x) \in h(S) \qquad\qquad 证毕$$

下一定理说明 A 的同态象和代数 A 的关系。这个关系概括地说就是 A 的同态象是代数 A 的缩影。A 中有关运算和常数的重要性质在 A 的同态象中被保持下来。

定理 6.3 - 3 设 h 是从代数 $A = \langle S, *, \times \rangle$ 到 $A' = \langle S', \circledast, \otimes \rangle$ 的同态,这里 $*$、$\circledast$、$\times$、$\otimes$ 都是二元运算,$A'' = \langle h(S), \circledast, \otimes \rangle$ 是 A 的同态象。

(1) 如果 $*$ 是可交换和(或)可结合的,则在 A'' 中,$\circledast$ 也是可交换和(或)可结合的。(对 $\times$ 和 $\otimes$ 可重复这一断言,为了简便,略去。在下述(2)和(3)中亦如此,以后不再声明。)

(2) 对运算 $*$,如果 A 有幺(零)元 e,则对运算 $\circledast$,代数 A'' 中有幺(零)元 $h(e)$。(注意:在不含(指不关注)常数的代数结构中,由于不要求常数对应,此时 $h(e)$ 不一定是代数 A' 中的实际幺(零)元,除非 h 是满同态。)

(3) 对于运算 $*$,如果一个元素 $x \in S$ 具有逆元 x^{-1},则对于 $\circledast$,在代数 A'' 中,元素 $h(x)$ 具有逆元 $h(x^{-1})$。(注意:在和(2)相同的情况下,这个逆元是对 A'' 中幺元 $h(e)$ 而言的。不一定是对 A' 中幺元而言,除非 h 是满同态。)

(4) 如果运算 $*$ 对运算 $\times$ 是可分配的,则在 A'' 中运算 $\circledast$ 对运算 $\otimes$ 也是可分配的。

证

$$(1) \qquad h(x_1) \circledast h(x_2) = h(x_1 * x_2) = h(x_2 * x_1) = h(x_2) \circledast h(x_1)$$

$$(h(x_1) \circledast h(x_2)) \circledast h(x_3) = h(x_1 * x_2) \circledast h(x_3)$$
$$= h((x_1 * x_2) * x_3) = h(x_1 * (x_2 * x_3))$$
$$= h(x_1) \circledast h(x_2 * x_3)$$
$$= h(x_1) \circledast (h(x_2) \circledast h(x_3))$$

所以，⊛是可交换的和(或)可结合的。

（2）e 是么元时，有

$$h(x) \circledast h(e) = h(x * e) = h(x)$$

e 是零元时，有

$$h(x) \circledast h(e) = h(x * e) = h(e)$$

所以，$h(e)$ 是 A'' 中的么(零)元。

（3）
$$h(x) \circledast h(x^{-1}) = h(x * x^{-1}) = h(e)$$
$$h(x^{-1}) \circledast h(x) = h(x^{-1} * x) = h(e)$$

因为 $h(e)$ 是 A'' 中的么元，这就说明 $h(x^{-1})$ 是 $h(x)$ 的逆元。

$$\begin{aligned}
（4）\quad h(x_1) \circledast (h(x_2) \otimes h(x_3)) &= h(x_1) \circledast h(x_2 \times x_3) \\
&= h(x_1 * (x_2 \times x_3)) \\
&= h((x_1 * x_2) \times (x_1 * x_3)) \\
&= h(x_1 * x_2) \otimes h(x_1 * x_3) \\
&= (h(x_1) \circledast h(x_2)) \otimes (h(x_1) \circledast h(x_3)) \\
(h(x_2) \otimes h(x_3)) \circledast h(x_1) &= h(x_2 \times x_3) \circledast h(x_1) \\
&= h((x_2 \times x_3) * x_1) \\
&= h((x_2 * x_1) \times (x_3 * x_1)) \\
&= h(x_2 * x_1) \otimes h(x_3 * x_1) \\
&= (h(x_2) \circledast h(x_1)) \otimes (h(x_3) \circledast h(x_1))
\end{aligned}$$

所以，在 A'' 中分配律成立。证毕。

例 6.3 - 3

（1）定义映射 $h: \mathbf{R} \rightarrow \mathbf{R}$ 为 $h(x) = e^x$，那么 h 是从代数 $A = \langle \mathbf{R}, +, 0 \rangle$ 到 $A' = \langle \mathbf{R}, \cdot, 1 \rangle$ 的同态，在 h 下 A 的同态象 $\langle \mathbf{R}_+, \cdot, 1 \rangle$ 是 A' 的子代数。

（2）设 $S = \{a, b\}$，对于幂集集合代数和开关代数，有

$$A = \langle \rho(S), \bigcup, \bigcap, ^-, \varnothing, S \rangle$$
$$B = \langle \{0, 1\}, +, \cdot, -, 0, 1 \rangle$$

下述函数 h 是从 A 到 B 的同态：

$$h: \rho(s) \rightarrow \{0, 1\}$$
$$h(T) = \begin{cases} 1 & S \text{ 的子集 } T \text{ 含有 } a \text{ 时} \\ 0 & S \text{ 的子集 } T \text{ 不含有 } a \text{ 时} \end{cases}$$

注意 $h(\varnothing) = 0$ 和 $h(S) = 1$，满足了映射一个代数的常数到另一个代数的对应常数的条件。代数 B 是代数 A 的缩影。

（3）设 $S = \{a, b, c, d\}$，$S' = \{0, 1, 2, 3\}$，代数 $A = \langle S, * \rangle$ 和 $B = \langle S', \circledast \rangle$ 由表 6.3 - 2 定义。

表 6.3 - 2

*	a	b	c	d
a	a	b	c	d
b	b	b	d	d
c	c	d	c	d
d	d	d	d	d

⊛	0	1	2	3
0	0	1	1	0
1	1	1	2	1
2	1	2	3	2
3	0	1	2	3

可以验证函数 $h: S \to S'$，$h(a)=0$，$h(b)=1$，$h(c)=0$，$h(d)=1$ 保持运算。由于代数构成成分中不考虑常数，因此，它是 A 到 B 的同态。同态象 $\langle\{0,1\}, ⊛\rangle$ 保持代数 A 的可交换性和可结合性，但代数 B 却是不可结合的。代数 A 中有么元 a 和零元 d，因此 $h(a)=0$ 和 $h(d)=1$ 分别是同态象的么元和零元，但它们不是代数 B 的么元和零元，B 中的么元是 3，无零元。

习　　题

1. (1) 证明两个代数不是同构的，如果它们的载体有不同的基数。

（2）举例证明具有相同构成成分的两个代数，甚至它们的载体有相同的基数，也可以不同构。

2. 对具有 $\langle S, *, k\rangle$ 形式的构成成分的代数证明定理 6.3 - 1。这里 * 是二元运算，k 是常数。

3. 考察代数系统 $A=\langle \mathbf{N}, \times\rangle$ 和 $B=\langle\{0,1\}, \times\rangle$，其中 $\mathbf{N}$ 是自然数集合，$\times$ 是一般乘法。给定函数 $f: \mathbf{N} \to \{0,1\}$

$$f(n) = \begin{cases} 1 & \text{如果 } n = 2^k (k \geqslant 0) \\ 0 & \text{其它情况} \end{cases}$$

试证明 f 是从 A 到 B 的同态。

4. 代数系统 $A=\langle S, *\rangle$ 和 $B=\langle P, \oplus\rangle$，由运算表 6.3 - 3 给定，试证明 A 和 B 同构。

5. 设 $A=\{a, b, c\}$，代数系统 $\langle\{\varnothing, A\}, \cup, \cap\rangle$ 和 $\langle\{\{a,b\}, \{a,b,c\}\}, \cup, \cap\rangle$ 是否同构。

6. 假定 h 是从 $\langle S, *\rangle$ 到 $\langle S', *'\rangle$ 的同态，这里 * 和 *' 是二元运算。

表 6.3 - 3

*	a	b	c
a	a	b	c
b	b	b	c
c	c	b	c

⊕	1	2	3
1	1	2	1
2	1	2	2
3	1	2	3

（1）证明 $\langle h(S), *'\rangle$ 的么元，可以不是 $\langle S', *'\rangle$ 的么元。

（2）证明 $\langle h(S), *'\rangle$ 的零元，可以不是 $\langle S', *'\rangle$ 的零元。

（3）证明 $\langle h(S), *'\rangle$ 中，$h(x)$ 的逆元 $h(x^{-1})$，这里 $x \in S$，可以不是 $\langle S', *'\rangle$ 中的 $h(x)$ 的逆元。

7. (1) 证明恰好存在 i 个从 $\langle \mathbf{N}_i, +_i, 0\rangle$ 到它自己的同态。（提示：证明它到自身的同态都有 $f(x)=px \pmod{i}$ 形式。）

（2）描述从 $\langle \mathbf{N}, +, 0\rangle$ 到 $\langle \mathbf{N}_i, +_i, 0\rangle$ 的所有同态集合。

（3）描述从 $\langle \mathbf{N}_2, +_2, 0\rangle$ 到 $\langle \mathbf{N}_3, +_3, 0\rangle$ 的所有同态集合。

8. 设 h 是从 $A=\langle S, *, k\rangle$ 到 $A'=\langle S', *', k'\rangle$ 的同态，证明如果 $\langle T, *', k'\rangle$ 是 A' 的子代数，那么 $\langle h^{-1}(T), *, k\rangle$ 是 A 的子代数。

9. 设 f_1 和 f_2 都是从代数 $\langle S, *\rangle$ 到 $\langle S', *'\rangle$ 的同态，$*$ 和 $*'$ 都是二元运算，且 $*'$ 是可交换和可结合的，证明函数

$$h: S \rightarrow S'$$
$$h(x) = f_1(x) *' f_2(x)$$

是从 $\langle S, *\rangle$ 到 $\langle S', *'\rangle$ 的同态。

10. 如果 h_1 是从代数 $\langle S, *, \triangle, k\rangle$ 到 $\langle S', *', \triangle', k'\rangle$ 的同态；h_2 是从代数 $\langle S', *', \triangle', k'\rangle$ 到 $\langle S'', *'', \triangle'', k''\rangle$ 的同态。试证明 $h_2 \cdot h_1$ 是从代数 $\langle S, *, \triangle, k\rangle$ 到 $\langle S'', *'', \triangle'', k''\rangle$ 的同态。

6.4 同 余 关 系

为了叙述简便，本节我们经常把代数 $A=\langle S, *, \triangle\rangle$ 作为讨论对象。其实，所有的定义和结论都可推广到具有任意构成成分的代数。同以往一样，$*$ 是 S 上的二元运算，$\triangle$ 是 S 上的一元运算，我们并把 $a*b$ 写成 ab。

设 $\sim$ 是代数 $A=\langle S, *, \triangle\rangle$ 的载体 S 上的一个等价关系，a、b、c 是 S 的任意元素，

（1）当 $a\sim b$ 时，若有 $ac\sim bc$ 和 $ca\sim cb$，那么我们说，等价关系 $\sim$ 在运算 $*$ 下具有**置换性质**。即置换一个运算对象为等价类中另一个，不变更结果的等价类。或者说，等价关系 $\sim$ 在运算 $*$ 下仍能保持。

（2）类似地，当 $a\sim b$ 时，若有 $\triangle a\sim \triangle b$，那么我们说等价关系 $\sim$ 在运算 $\triangle$ 下具有置换性质，或者说，等价关系在运算 $\triangle$ 下仍能保持。

定义 6.4-1 在代数载体上的等价关系 R，如果在代数运算 $\circ$ 下，仍能保持，那么称 R 是关于运算 $\circ$ 的**同余关系**。

图 6.4-1 给出了关于二元运算和一元运算的同余关系的示意图。图中每个小方格代表一个等价类。

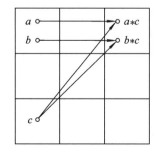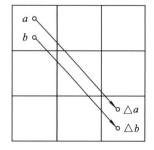

图 6.4-1

例 6.4-1

（1）我们定义一个分数为整数序偶 $\langle P, Q\rangle$，写作 P/Q，这里 $Q\neq 0$。设 F 是所有分数的集合，$*$ 和 $-$ 是普通乘法和一元减法。我们建立 F 上的等价关系如下：

$$\frac{P}{Q} \sim \frac{R}{S} \Leftrightarrow PS = RQ$$

对 F 中的任意元素

$$a = \frac{P}{Q}, \, b = \frac{R}{S}, \, c = \frac{T}{U}$$

因为

$$\frac{P}{Q} \sim \frac{R}{S} \Rightarrow PS = RQ$$
$$\Rightarrow PT \cdot SU = RT \cdot QU$$
$$\Rightarrow \frac{PT}{QU} \sim \frac{RT}{SU}$$
$$\Rightarrow \left(\frac{P}{Q}\right) \cdot \left(\frac{T}{U}\right) \sim \left(\frac{R}{S}\right) \cdot \left(\frac{T}{U}\right)$$

所以,当 $a \sim b$ 时,有 $ac \sim bc$。又乘法可交换,故等价关系~是关于乘法运算的同余关系。

又有

$$\frac{P}{Q} \sim \frac{R}{S} \Rightarrow PS = RQ$$
$$\Rightarrow -PS = -RQ$$
$$\Rightarrow \frac{-P}{Q} \sim \frac{-R}{S}$$

所以,等价关系~是关于一元减法的同余关系。另外,也可证明等价关系~是关于加法运算的同余关系。

(2) 给定代数 $A = \langle \mathbf{I}, - \rangle$ 和 $\mathbf{I}$ 上的模 $k(k \in \mathbf{I}_+)$ 关系~,即

$$x \sim y \text{ 当且仅当 } x \equiv y (\bmod \, k)$$

现在证明~是关于运算－的同余关系。由定理 3.5－1 知~是等价关系,因此只需证明若 $a \sim b$,则 $a-c \sim b-c$ 和 $c-a \sim c-b$。设 $a \sim b$,那么

$$a - b = kn \quad (n \in \mathbf{I})$$

于是

$$(a-c) - (b-c) = kn$$

因此

$$a - c \sim b - c$$

又

$$(c-a) - (c-b) = -kn$$

得

$$c - a \sim c - b$$

所以,~是关于－的同余关系。

也可以证明模 k 关系~是 $\mathbf{I}$ 上关于乘法、加法及一元减法的同余关系。

(3) 给定代数 $A = \langle \mathbf{I}, \triangle \rangle$,$\triangle$ 是如下定义的一元运算:

$$\triangle a = a^2$$

和上题一样,设~是 $\mathbf{I}$ 上模 k 等价关系。因为

$$a \sim b \Leftrightarrow a - b = nk (n \in \mathbf{I})$$

于是

$$a^2 - b^2 = (a-b)(a+b) = k \cdot n \cdot (a+b)$$

所以 $a^2 \sim b^2$，即 $\triangle a \sim \triangle b$。故 $\sim$ 是关于运算 $\triangle$ 的同余关系。

定义 6.4‑2 设 $\sim$ 是代数 $A = \langle S, *, \triangle \rangle$ 的载体 S 上的等价关系，对一切元素 $a, b, c \in S$，

(1) 若 $a \sim b$，则 $ac \sim bc$ 和 $ca \sim cb$，

(2) 若 $a \sim b$，则 $\triangle a \sim \triangle b$，

都满足，则 $\sim$ 称为**代数 A 上的同余关系**。$\sim$ 的等价类叫做关系 $\sim$ 的**同余类**。

代数 A 的载体 S 上的等价关系 $\sim$ 是代数 A 的同余关系当且仅当 $\sim$ 关于 A 的每一运算是同余的。仅当 $\sim$ 是代数 $\langle S, * \rangle$ 上的同余关系时，才和断言"$\sim$ 是关于运算 $*$ 的同余关系"等效。

例 6.4‑2

(1) 相等关系是任何代数上的同余关系（证明留给读者作练习）。虽然同余——有相同余数——是源于模 k 等价的概念，但同余关系却是相等概念的扩展，即每个同余关系都是经某些运算后，仍能保持"从某种角度看是相等的"一种关系。例如例 6.4‑1(1) 是从"分数角度看"是相等的，(2)、(3) 是从"模 k 等价角度看"是相等的。

(2) 考虑代数 $A = \langle \mathbf{N}, \circ, 1 \rangle$ 和等价关系
$$x \sim y \Leftrightarrow [(x \text{ 是偶数和 } y \text{ 是偶数}) \vee x = y]$$
这里，$\circ$ 表示普通乘法。我们证明 $\sim$ 是 A 上的同余关系。

因为乘法是可交换的，因此只需证明如果 $x \sim y$，则 $kx \sim ky$ 就可以了。

假定 $x \sim y$，那么，存在 $m, n \in \mathbf{N}$，使 $x = 2m$，$y = 2n$；或者 $x = y$。

情况 1：如果 $x = 2m$ 和 $y = 2n$，那么对任一 $k \in \mathbf{N}$，$kx = 2km$ 和 $ky = 2kn$，因此 $kx \sim ky$。

情况 2：如果 $x = y$，那么 $kx = ky$，所以 $kx \sim ky$。

这得出 $\sim$ 是 A 上的同余关系。其同余类是 $\{\{2x \mid x \in \mathbf{N}\}, \{1\}, \{3\}, \{5\}, \cdots\}$。

(3) 考虑由表 6.4‑1 定义的代数和表 6.4‑2 给出的等价关系 R，其中 aRb，但 $caRcb$，所以，R 不是该代数的同余关系。

表 6.4‑1

$*$	a	b	c	d
a	a	a	d	c
b	b	a	d	a
c	c	b	a	b
d	c	d	b	a

表 6.4‑2

R	a	b	c	d
a	$\vee$	$\vee$		
b	$\vee$	$\vee$		
c			$\vee$	$\vee$
d			$\vee$	$\vee$

下一定理给出关于一个二元运算的同余关系的另一种刻画。

定理 6.4‑1 等价关系 $\sim$ 关于二元运算 $*$ 是一个同余关系当且仅当 $a \sim b$ 和 $c \sim d$ 时，有 $ac \sim bd$。

证

必要性。设 $\sim$ 是关于运算 $*$ 的同余关系，并假设 $a \sim b$ 和 $c \sim d$。$a \sim b$ 蕴含着 $ac \sim bc$ 而 $c \sim d$ 蕴含着 $bc \sim bd$。根据 $\sim$ 的传递性，得出 $ac \sim bd$。

充分性。假定～是一等价关系，当 $a \sim b$ 和 $c \sim d$ 时，$ac \sim bd$。因为 $c \sim c$，得出如果 $a \sim b$，那么 $ac \sim bc$。类似地，如果 $a \sim b$，那么 $ca \sim cb$。这得出～关于运算 $*$ 是一同余关系。证毕。

从具有载体 S 的代数 A 到具有载体 S' 的代数 A' 的任一个同态 h 可诱导出一个 S 上的自然等价关系，这一关系定义如下：

$$a \sim b \text{ 当且仅当 } h(a) = h(b)$$

下一定理证明如果 h 是一同态，那么诱导出的等价关系是 A 上的同余关系。

定理 6.4 - 2 设 h 是从 $A = \langle S, *, \triangle \rangle$ 到 $A' = \langle S', *', \triangle' \rangle$ 的一个同态。那么 h 诱导出的 S 上的等价关系～是代数 A 上的同余关系。

证 为证明这是 A 上的同余关系，我们必须证明：

(1) 如果 $a \sim b$，那么 $\triangle a \sim \triangle b$。

如果 $a \sim b$，那么 $h(a) = h(b)$，所以

$$\triangle' h(a) = \triangle' h(b)$$

但 h 是一同态，$h(\triangle a) = \triangle' h(a)$ 和 $h(\triangle b) = \triangle' h(b)$，所以

$$h(\triangle a) = h(\triangle b)$$

因此 $\triangle a \sim \triangle b$。这证明了～关于运算 $\triangle$ 是同余关系。

(2) 如果 $a \sim b$ 和 $c \sim d$，那么 $ac \sim bd$。

假设 $a \sim b$ 和 $c \sim d$，那么 $h(a) = h(b)$ 和 $h(c) = h(d)$，所以

$$h(a) *' h(c) = h(b) *' h(d)$$

因为 h 是同态，$h(a * c) = h(a) *' h(c)$ 和 $h(b * d) = h(b) *' h(d)$，于是

$$h(a * c) = h(b * d), \quad a * c \sim b * d$$

因此～是关于运算 $*$ 的同余关系。

综上所述，～是代数 A 上的同余关系。证毕。

本定理简单地说就是"一个同态可以诱导出一个同余关系"，其逆"一个同余关系可以诱导出一个同态"将在下一节给出。

例 6.4 - 3 如果定义从代数 $\langle \Sigma^*, \text{连结}, \Lambda \rangle$ 到 $\langle \mathbf{N}, +, 0 \rangle$ 的同态 h 为 $h(x) = \parallel x \parallel$，则 h 诱导出的等价关系～如下：

$$x \sim y \Leftrightarrow h(x) = h(y) \Leftrightarrow \parallel x \parallel = \parallel y \parallel$$

因为 h 是同态，等价关系 $x \sim y \Leftrightarrow \parallel x \parallel = \parallel y \parallel$ 是 Σ^* 上关于连结运算的同余关系。这得出，如果 $\parallel x \parallel = \parallel y \parallel$ 和 $\parallel z \parallel = \parallel w \parallel$，那么 $\parallel xz \parallel = \parallel yw \parallel$。证毕。

习　题

1. 设 F 是本节定义的分数集合，证明关系 $P/Q \sim R/S \Leftrightarrow PS = RQ$ 是 $\langle F, +, -, - \rangle$ 上的同余关系，这里第一个"$-$"号是二元减法运算，第二个"$-$"号代表一元减。（注意：首先必须证明～是一等价关系。）

2. 对任一代数 $A = \langle S, *, 1 \rangle$，证明相等关系和全域关系 $S \times S$ 两者都是 A 上的同余关系。

3. 考虑代数 $A = \langle \mathbf{I}, + \rangle$，对 $\mathbf{I}$ 上如下定义的每一二元关系，证明或否定它是 A 上的同余关系。

(1) $x \sim y \Leftrightarrow (x<0 \wedge y<0) \vee (x \geqslant 0 \wedge y \geqslant 0)$

(2) $x \sim y \Leftrightarrow |x-y|<0$

(3) $x \sim y \Leftrightarrow (x=y=0) \vee (x \neq 0 \wedge y \neq 0)$

(4) $x \sim y \Leftrightarrow x \geqslant y$

4. 设代数 $A = \langle \mathbf{I}, * \rangle$，其中 $\mathbf{I}$ 是整数集合，$*$ 是如下定义的一元运算：

$$* (i) = i^k (\mathrm{mod}\ m) \qquad (m>0, k>0)$$

关系 $\sim$ 定义为

$$i_1 \sim i_2 \Leftrightarrow i_1 \equiv i_2 (\mathrm{mod}\ m)$$

$\sim$ 是 A 中的同余关系吗？

5. 在分数集合 F 上定义一元运算 $\triangle$ 为

$$\triangle \left(\frac{P}{Q} \right) = \frac{P}{Q^2}$$

定义 F 上的等价关系 $\sim$ 为

$$P/Q \sim R/S \Leftrightarrow PS = RQ$$

试证明关于运算 $\triangle$，$\sim$ 不是同余关系。

6. 设代数 $A = \langle \mathbf{I}, +, \times \rangle$，$\mathbf{I}$ 是整数集合，$+$、$\times$ 是一般加法和乘法，定义 $\mathbf{I}$ 上的关系 $\sim$ 为

$$x \sim y \Leftrightarrow |x| = |y|$$

对运算 $+$，$\sim$ 是同余关系吗？对运算 $\times$，$\sim$ 是同余关系吗？

7. 仿照图 6.4-1，作出定理 6.4-1 的示意图。

*8. 考察代数 $A = \langle \mathbf{N}_3, +_3, \times_3 \rangle$，这里 $\mathbf{N}_3 = \{0, 1, 2\}$，$+_3$ 是模 3 加法，$\times_3$ 是模 3 乘法，$\sim$ 是 $\mathbf{N}_3$ 中任一等价关系。

(1) 试证明如果 $\sim$ 对 $+_3$ 满足置换性质，则对 $\times_3$ 也满足置换性质。

(2) 如果 $\sim$ 对 $\times_3$ 满足置换性质，则对 $+_3$ 却未必满足置换性质。

*9. 设 k 是一自然数，描述 $\langle \{0, 1, 2, \cdots, k\}, \max \rangle$ 形式的代数上所有同余关系类。

10. 试证明在代数 $\langle S, *, \triangle \rangle$ 中任意两个同余关系的交也是一个同余关系。

11. 试证明在一个代数中两个同余关系的合成未必是同余关系。

*12. 说明 $\sim$ 是代数 $\langle S, \square \rangle$ 上同余关系的条件，这里 $\square$ 是 S 上三元运算。在运算对象 a、b、c 上运算 $\square$ 的结果为 $\square(a, b, c)$。

6.5 商代数和积代数

从已有的代数可以构造出新的代数，本节将讨论两种主要构造方法。虽然我们仍然只对典型的代数结构 $\langle S, *, \triangle, k \rangle$ 进行讨论，这里 $*$ 是 S 上的二元运算，$\triangle$ 是 S 上的一元运算，k 是代数常数，但所得的结论同样可推广到有不同构成成分的代数。

6.5.1 商代数

首先，让我们回顾一下第三章的约定：如果 $\sim$ 是集合 S 上的等价关系，那么 $[x]$ 表示 x 所属的等价类，$S/\sim$ 表示关系 $\sim$ 下 S 的商集，即 $S/\sim$ 是关系 $\sim$ 的等价类的集合。

定义 6.5 - 1 设~是代数 $A = \langle S, *, \triangle, k \rangle$ 上的同余关系，A 的关于~的**商代数**，记为 $A/\sim$，是代数 $\langle S/\sim, *', \triangle', [k] \rangle$。这里 $*'$ 和 $\triangle'$ 的定义如下：

对所有 $[a]$、$[b] \in S/\sim$，有

$$[a] *' [b] = [a * b], \qquad \triangle'[a] = [\triangle a]$$

为证明上述系统确实是一个代数，我们必须证明运算 $*'$ 和 $\triangle'$ 都是良定的。这需要证明应用 $*'$ 或 $\triangle'$ 的结果不依赖用于参加运算的等价类中的表示元素。证明如下：

(1) 证明 $\triangle'$ 是良定的，即证明如果 $[a] = [b]$，那么 $\triangle'[a] = \triangle'[b]$。

如果 $[a] = [b]$，那么 $a \sim b$。因为~是同余关系，$\triangle a \sim \triangle b$，所以 $[\triangle a] = [\triangle b]$。因为 $\triangle'[a] = [\triangle a]$ 和 $\triangle'[b] = [\triangle b]$，这得出 $\triangle'[a] = \triangle'[b]$。这样，运算 $\triangle'$ 是良定的。

(2) 证明运算 $*'$ 是良定的。即证明如果 $[a] = [b]$ 和 $[c] = [d]$，那么 $[a] *' [c] = [b] *' [d]$。

如果 $[a] = [b]$ 和 $[c] = [d]$，那么 $a \sim b$ 和 $c \sim d$，因为~是一同余关系，$a * c \sim b * d$。所以，$[a * c] = [b * d]$。因为 $[a] *' [c] = [a * c]$ 和 $[b] *' [d] = [b * d]$，得 $[a] *' [c] = [b] *' [d]$。所以，$*'$ 是良定的。

综上所述，$\triangle'$ 和 $*'$ 都是 $S/\sim$ 上良定的运算，因此 $A/\sim$ 是具有与 A 相同构成成分的代数。证毕。

一个商代数的运算和常数保留许多原代数的性质。例如，如果运算 $*$ 是可交换的，那么 $*'$ 也是可交换的，因为

$$[a] *' [b] = [a * b] = [b * a] = [b] *' [a]$$

类似地，如果 $*$ 是可结合的，$*'$ 也如此。如果 k 是对 $*$ 的么元，那么 $[k] *' [a] = [k * a] = [a]$，所以 $[k]$ 是对 $*'$ 的么元。类似地，如果 k 是对 $*$ 的零元，那么 $[k]$ 是对 $*'$ 的零元。通常，代数的所有公理性性质在商代数中仍能保持，代数 A 和商代数 $A/\sim$ 是同种类的代数。

例 6.5 - 1 设 F 是上节定义的分数集合，代数 $A = \langle F, +, -, - \rangle$。如果等价关系~定义为

$$\frac{P}{Q} \sim \frac{R}{S} \Leftrightarrow PS = RQ$$

那么 $F/\sim$ 就是有理数集合 $\mathbf{Q}$，例如有理数 $\frac{1}{2}$，实际上就是

$$\left[\frac{1}{2} \right] = \left\{ \cdots \frac{-2}{-4}, \frac{-1}{-2}, \frac{1}{2}, \frac{2}{4}, \frac{3}{6}, \cdots \right\}$$

~是代数 $A = \langle F, +, -, - \rangle$ 的同余关系，商代数 $A/\sim$ 就是 $A' = \langle \mathbf{Q}, +, -, - \rangle$。$A$ 和 A' 具有相同的公理性性质。

回顾 4.3 节，如果~是集合 S 上的等价关系，那么从 S 到 $S/\sim$ 的规范映射定义为：

$$f: S \to S/\sim, \quad f(a) = [a]$$

如果这里的 S 是代数 A 的载体和~是 A 的同余关系，下一定理证明这个规范映射是从 A 到 $A/\sim$ 的同态。

定理 6.5 - 1 如果~是代数 $A = \langle S, *, \triangle, k \rangle$ 上的同余关系，那么规范映射 $h: S \to S/\sim$ 是从代数 A 到商代数 $A/\sim = \langle S/\sim, *', \triangle', [k] \rangle$ 的同态，称为与~相关的**自然同态**。

证 设 h 是从 S 到 $S/\sim$ 的规范映射，根据商代数的定义有

(1) A 和 $A/\sim$ 有相同的构成成分。

(2) $[a] *'[b] = [a * b]$ 和 $\triangle'[a] = [\triangle a]$，因而

$$h(a * b) = [a * b] = [a] *'[b] = h(a) *'h(b)$$
$$h(\triangle a) = [\triangle a] = \triangle'[a] = \triangle'h(a)$$

h 保持了 A 的运算。

另外，根据规范映射的定义有 $h(k) = [k]$。因此，h 是从 A 到 $A/\sim$ 的同态。证毕。

本定理说明：一个同余关系可以诱导出一个同态。这个同态如图 6.5-1 所示。

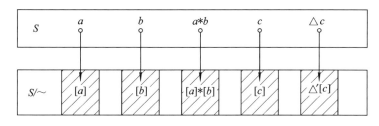

图 6.5-1

例 6.5-2 设代数 $A = \langle \mathbf{I}, +, -, 0 \rangle$，这里"$+$"是通常加法，"$-$"是一元减法，$A$ 上的同余关系 $\sim$ 定义如下：

$$x \sim y \Leftrightarrow x \equiv y \pmod{k} \quad (k \text{ 是正整数})$$

商代数为

$$A/\sim = \langle \mathbf{I}/\sim, +, -, [0] \rangle$$

这里

$$[x] + [y] = [x + y]$$
$$-[x] = [-x]$$

则规范映射 $h: \mathbf{I} \to \mathbf{I}/\sim$，$h(x) = [x]$ 是从代数 $\langle \mathbf{I}, +, -, 0 \rangle$ 到商代数 $\langle \mathbf{I}/\sim, +, -, [0] \rangle$ 的一个自然同态，自然同态都是满同态。

下一定理说明商代数和同态象之间的关系。

定理 6.5-2 设 f 是从 $A = \langle S, *, \triangle, k \rangle$ 到 $A' = \langle S', *', \triangle', k' \rangle$ 的同态，$\sim$ 是 A 上由 f 诱导的同余关系，那么，从 $A/\sim = \langle S/\sim, *'', \triangle'', [k] \rangle$ 到 $\langle f(S), *', \triangle', k' \rangle$ 存在同构 h。

证 定义 $h: A/\sim \to f(S)$，$h([x]) = f(x)$。

(1) 证明 h 是良定的，即如果 $[x] = [y]$，那么，$h([x]) = h([y])$。

如果 $[x] = [y]$，那么 $x \sim y$，所以，$f(x) = f(y)$。因为 $h([x]) = f(x)$ 和 $h([y]) = f(y)$，这得出 $h([x]) = h([y])$。所以，h 是良定的。

(2) 证明 h 是双射函数。

对任意 $x_1, x_2 \in S$，如果 $f(x_1) = f(x_2)$，则 $x_1 \sim x_2$，$[x_1] = [x_2]$。所以，h 是单射的。

$f(S)$ 上的任一元素均可写成 $f(x)$，于是存在 $[x]$ 使 $h([x]) = f(x)$，所以，h 是满射的。

(3) 证明 h 保持运算。

$$h([x] *''[y]) = h([x * y]) = f(x * y)$$
$$= f(x) *'f(y) = h([x]) *'h([y])$$
$$h(\triangle''[x]) = h([\triangle x]) = f(\triangle x)$$
$$= \triangle'f(x) = \triangle'h([x])$$

（4）证明常数对应。

$$h([k]) = f(k) = k'$$

这样，h 是一同构。证毕。

图 6.5-2 给出了本定理的示意图，图中 g 是从 A 到 $A/\sim$ 的自然同态。

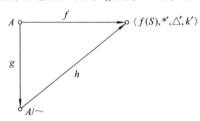

图　6.5-2

6.5.2　积代数

应用笛卡尔乘积的概念能把两个代数 A' 和 A'' 组合成积代数 $A' \times A''$。

定义 6.5-2　设 $A' = \langle S', *', \triangle', k' \rangle$ 和 $A'' = \langle S'', *'', \triangle'', k'' \rangle$ 是代数，这里 $*'$ 和 $*''$ 是二元运算，$\triangle'$ 和 $\triangle''$ 是一元运算，A' 和 A'' 的**直接乘积**是代数

$$A' \times A'' = \langle S' \times S'', *, \triangle, \langle k', k'' \rangle \rangle$$

这里，对 $S' \times S''$ 中的任意元素 $\langle a, c \rangle$ 和 $\langle b, d \rangle$

$$\langle a, c \rangle * \langle b, d \rangle = \langle a *' b, c *'' d \rangle$$

$$\triangle \langle a, c \rangle = \langle \triangle' a, \triangle'' c \rangle$$

代数 $A' \times A''$ 也叫 A' 和 A'' 的**积代数**。

由定义可知，仅当代数 A' 和 A'' 具有相同构成成分时，才能定义积代数，且积代数与原来代数有相同的构成成分。

如果两个原代数是同种类的，那么积代数也是同种类的。

例 6.5-3

（1）设 $A = \langle \mathbf{I}, \times, 1 \rangle$ 和 $A' = \langle \mathbf{I}_+, \times, 1 \rangle$，那么 $A \times A' = \langle \mathbf{I} \times \mathbf{I}_+, *, \langle 1, 1 \rangle \rangle$；积代数的运算 $*$ 由下式定义：

$$\langle a, c \rangle * \langle b, d \rangle = \langle a \times b, c \times d \rangle$$

（2）设 $A = \langle \mathbf{N}_2, +_2, 0 \rangle$ 和 $A' = \langle \mathbf{N}_3, +_3, 0 \rangle$，这里 $\mathbf{N}_2 = \{0, 1\}$，$\mathbf{N}_3 = \{0, 1, 2\}$，$+_2$ 和 $+_3$ 分别是模 2 加法和模 3 加法。积代数 $A \times A'$ 是 $\langle \mathbf{N}_2 \times \mathbf{N}_3, +, \langle 0, 0 \rangle \rangle$。$A \times A'$ 的载体是集合 $\{\langle 0, 0 \rangle, \langle 0, 1 \rangle, \langle 0, 2 \rangle, \langle 1, 0 \rangle, \langle 1, 1 \rangle, \langle 1, 2 \rangle\}$。积代数的运算 $+$ 是成对模数加法；这样，$\langle 1, 1 \rangle + \langle 1, 1 \rangle = \langle 0, 2 \rangle$，积代数的常数是序偶 $\langle 0, 0 \rangle$。请读者证明 $A \times A'$ 同构于 $\langle \mathbf{N}_6, +_6, 0 \rangle$。

至此，我们已综合地介绍了代数结构中最基本的概念和方法。本章后半部分将应用这些基本概念和方法，逐个讨论最常见的 5 个代数类——半群、独异点、群、环和域。

习　　题

1. 给定代数系统 $A = \langle S, *, \triangle \rangle$，其中 $S = \{a_1, a_2, a_3, a_4, a_5\}$，$*$ 和 $\triangle$ 都是一元运算，运算表如表 6.5-1 所示。

表 6.5 - 1

x	$*(x)$	$\triangle(x)$
a_1	a_4	a_3
a_2	a_3	a_2
a_3	a_4	a_1
a_4	a_2	a_3
a_5	a_1	a_5

R 是 S 中的一种关系，能产生 S 的划分 $\{\{a_1,a_3\},\{a_2,a_5\},\{a_4\}\}$。试证明 R 是 A 的同余关系。用构造运算表的方法写出商代数 A/R，并求出从 A 到 A/R 的满同态。

2. 设 h 是从 $A=\langle S_k,+\rangle$ 到 $A'=\langle S_m,+\rangle$ 的同态。

$$h: S_k \rightarrow S_m, \quad h(x) = nx$$

这里 $S_j=\{x \mid x\in \mathbf{I} \wedge x \geqslant j\}$，$j,k,m,n\in \mathbf{N}$ 并满足 $nk \geqslant m$。令 $\sim$ 表示由 h 诱导的 A 上的同余关系，描述商代数 $A/\sim$。

3. 设 h 是从 $A=\langle S,*,\triangle,k\rangle$ 到 $A'=\langle S',*',\triangle',k'\rangle$ 的一个满同态，$\sim$ 是由 h 诱导的 S 上的等价关系

$$x \sim y \Leftrightarrow h(x) = h(y)$$

证明 $A/\sim$ 同构于 A'。

4. 设 $A=\langle\{1,2,3\},\max,1\rangle$，$A'=\langle\{5,6\},\min,6\rangle$，试构造一运算表以表示其积代数。

5. 设 $A'=\langle S',*',\triangle',k'\rangle$ 和 $A''=\langle S'',*'',\triangle'',k''\rangle$，这里 $*'$ 和 $*''$ 都是二元运算，$\triangle'$ 和 $\triangle''$ 都是一元运算，考虑积代数 $A'\times A''=\langle S'\times S'',*,\triangle,\langle k',k''\rangle\rangle$。

(1) 证明如果 A' 和 A'' 的二元运算都是可交换的，那么积代数的二元运算也是可交换的。

(2) 证明如果 A' 和 A'' 的二元运算都是可结合的，那么积代数的二元运算也是可结合的。

(3) 证明如果 A' 和 A'' 的常数关于二元运算是么元，那么积代数的常数关于二元运算是么元。

(4) 证明如果 A' 和 A'' 的常数关于二元运算是零元，那么积代数的常数关于二元运算是零元。

*6. 设 A 和 A' 是具有非空载体的代数，定义积代数 $A\times A'$ 上的关系如下：

$$\langle w,x\rangle \sim \langle y,z\rangle \Leftrightarrow w = y$$

(1) 确定何时 $\sim$ 是 $A\times A'$ 上的同余关系。

(2) 证明如果上述关系 $\sim$ 是一同余关系，那么 $(A\times A')/\sim$ 同构于 A。

7. 设 $A_j=\langle \mathbf{N}_j,+_j,0\rangle$，这里 $\mathbf{N}_j=\{0,1,\cdots,j-1\}$ 和 $+_j$ 表示模 j 加法。

(1) 证明 $A_2\times A_3$ 同构于 A_6。

*(2) 描述 $A_2\times A_3$ 上同余关系的集合。

*(3) 描述 A_m 上同余关系集合，这里 $m\in \mathbf{I}_+$。

6.6 半群和独异点

半群和独异点虽是简单的代数结构，但已形成了丰富的理论，在计算机科学的形式语言和自动机理论中得到应用。

6.6.1 半群、独异点和它们的子代数

定义 6.6-1 具有构成成分$\langle S, * \rangle$，这里 $*$ 是二元运算，并满足结合公理

$$a * (b * c) = (a * b) * c$$

的代数称为**半群**。

定义 6.6-2 具有构成成分$\langle S, *, 1 \rangle$，这里 $*$ 是二元运算，1 是么元，并满足结合公理

$$a * (b * c) = (a * b) * c$$

的代数称为**独异点**，也称**含么半群**。

把本章 6.2 节中子代数的定义具体地应用到半群和独异点，就得到以下定义。

定义 6.6-3 如果$\langle S, * \rangle$是半群，$T \subseteq S$ 且关于运算 $*$ 封闭，那么$\langle T, * \rangle$是$\langle S, * \rangle$的子代数，称$\langle T, * \rangle$为$\langle S, * \rangle$的**子半群**。

定理 6.6-1 子半群是半群。

证 子半群是子代数，关于运算 $*$ 封闭，结合律是继承的，所以是半群。证毕。

定义 6.6-4 如果$\langle S, *, 1 \rangle$是独异点，$T \subseteq S$，且关于运算 $*$ 封闭，$1 \in T$，那么，$\langle T, *, 1 \rangle$是$\langle S, *, 1 \rangle$的子代数，称$\langle T, *, 1 \rangle$是$\langle S, *, 1 \rangle$的**子独异点**。

定理 6.6-2 子独异点是独异点。

证 子独异点是子代数，关于运算 $*$ 封闭，含有么元，结合律是继承的，所以是独异点。证毕。

例 6.6-1

(1) 设 $k \geqslant 0$，$S_k = \{x \mid x \in \mathbf{I} \wedge x \geqslant k\}$，那么，$\langle S_k, + \rangle$是半群，因为这里 $+$ 是普通加法可结合，且 S_k 关于 $+$ 封闭。注意，如果 $k < 0$，S_k 在 $+$ 运算下不封闭，$\langle S_k, + \rangle$不是一个代数。

(2) 代数$\langle \mathbf{I}, - \rangle$和$\langle \mathbf{R}_+, / \rangle$不是半群，因为减法和除法不可结合。

(3) 如果 $\cdot$ 表示乘法，代数$\langle [0, 1], \cdot \rangle$、$\langle [0, 1), \cdot \rangle$和$\langle \mathbf{N}, \cdot \rangle$都是半群，且都是$\langle \mathbf{R}, \cdot \rangle$的子半群。

(4) 设 $S = \{a, b\}$，定义运算 $*$ 使 a、b 都是右零。

$$a * a = b * a = a$$
$$a * b = b * b = b$$

S 上的运算 $*$ 是可结合的，因为对任意 $x, y, z \in S$

$$x * (y * z) = x * z = z = y * z = (x * y) * z$$

因此代数$\langle S, * \rangle$是一半群，叫做**两元素右零半群**。

(5) 代数$\langle \mathbf{R}, \cdot, 1 \rangle$是一独异点，因为普通乘法 $\cdot$ 是可结合的，1 是乘法么元。$\langle \mathbf{N}, \cdot, 1 \rangle$和$\langle [0, 1], \cdot, 1 \rangle$都是$\langle \mathbf{R}, \cdot, 1 \rangle$的子独异点。$\langle \mathbf{I}, \cdot, 0 \rangle$不是，因为 0 不是指

定运算的么元。

（6）如果 Σ 是有限非空字母表，那么 $\langle\Sigma^+$，连结$\rangle$ 是半群，$\langle\Sigma^*$，连结，$\Lambda\rangle$ 是独异点。如果 $A\subseteq\Sigma^*$，那么 $\langle A^*$，连结，$\Lambda\rangle$ 是 $\langle\Sigma^*$，连结，$\Lambda\rangle$ 的子独异点。

（7）如果 S 是含有下界 m 的任一实数集合，那么 $\langle S,\max,m\rangle$ 是独异点；如果 S 是含有上界 n 的任一实数集合，那么 $\langle S,\min,n\rangle$ 是独异点。

（8）代数 $\langle\mathbf{N}_k,+_k,0\rangle$ 和 $\langle\mathbf{N}_k,\times_k,1\rangle$ 都是独异点。

（9）R 是 S 上的二元关系，那么 $\langle\{R^n\,|\,n\in\mathbf{N}\}$，合成运算，$R^0\rangle$ 是独异点。

（10）$\pi(S)$ 是集合 S 的所有划分的集合，$\{\overline{S}\}$ 表示最小划分，$\{\underline{S}\}$ 表示最大划分，那么 $\langle\pi(S),\cdot,\{\overline{S}\}\rangle$ 和 $\langle\pi(S),+,\{\underline{S}\}\rangle$ 都是独异点。

如果 $\langle S,*,e\rangle$ 是独异点，则 $\langle S,*\rangle$ 是半群；但反之不真，因为有些半群含幺元，有些不含幺元，例如 $\langle\mathbf{N},+\rangle$ 有幺元，$\langle\mathbf{I}_+,+\rangle$ 无幺元。常能用增添新元素的方法把一个半群 $\langle S,*\rangle$ 改变为独异点，假设 e 是不在 S 中的元素（如果需要我们能重新标记 S 的元素使 $e\notin S$），我们能扩展运算 $*$ 到 $S\cup\{e\}$，使对一切 $x\in S\cup\{e\}$，$x*e=e*x=x$，于是 $\langle S\cup\{e\},*,e\rangle$ 是独异点。把这个进程叫做"增添一幺元"到半群 $\langle S,*\rangle$。注意，甚至 1 是 $\langle S,*\rangle$ 的幺元，也可以使它不是独异点 $\langle S\cup\{e\},*,e\rangle$ 的幺元，因为

$$1*e=e*1=1\ne e$$

上边例 6.6 - 1(6)中，独异点 $\langle\Sigma^*$，连结，$\Lambda\rangle$ 就是从半群 $\langle\Sigma^+$，连结$\rangle$ 增添幺元 Λ 得出。

定义 6.6 - 5 在半群（独异点）中，若运算是可交换的，则称此半群（独异点）为**可交换半群（可交换独异点）**。

定理 6.6 - 3 在任何可交换独异点 $\langle S,*,e\rangle$ 中，S 的等幂元素集合 T 可构成子独异点。

证 $e*e=e$，e 是等幂元素，所以，$e\in T$。设 $a,b\in T$，有

$$(a*b)*(a*b)=(a*b)*(b*a)=a*(b*b)*a=a*b*a=a*a*b=a*b$$

所以，$a*b\in T$，故 $\langle T,*,e\rangle$ 是子独异点。证毕。

本定理对可交换半群也成立。

下面我们定义独异点 $\langle S,*,e\rangle$ 中任意元素 a 的幂。用归纳定义：

（1）（基础）$a^0=e$

（2）（归纳）$a^{n+1}=a^n*a$（$n\in\mathbf{N}$）

由于独异点中，运算 $*$ 是可结合的，容易证明如此定义的 a 的幂满足以下指数定律：

（1）$a^i*a^j=a^{i+j}$ （$i,j\in\mathbf{N}$）

（2）$(a^i)^j=a^{i\cdot j}$ （$i,j\in\mathbf{N}$）

定义 6.6 - 6 设 $\langle S,*,e\rangle$ 是独异点，如果存在一个元素 $g\in S$，对于每一个元素 $a\in S$，都有一个相应的 $h\in\mathbf{N}$ 能把 a 写成 g^h，即 $a=g^h$，则称此独异点为**循环独异点**。并称元素 g 是此循环独异点的**生成元**，又可说此循环独异点是由 g 生成的。

定理 6.6 - 4 每个循环独异点都是可交换的。

证 设 $\langle S,*,e\rangle$ 是循环独异点，其生成元是 g，对任意 $a,b\in S$，存在 $m,n\in\mathbf{N}$，使 $a=g^m$ 和 $b=g^n$，因此

$$a*b=g^m*g^n=g^{m+n}=g^{n+m}=g^n*g^m=b*a \qquad\text{证毕}$$

类似地，可定义半群 $\langle S,*\rangle$ 的任意元素的幂、循环半群等概念，也可得出循环半群是

可交换的结论。但注意，如果$\langle S, * \rangle$不含么元，则不存在a^0，与此有关的地方要作相应修改，例如，归纳定义的基础条款须改为$a^1 = a$。

例 6.6 - 2

(1) 代数$\langle \mathbf{N}, +, 0 \rangle$是由 1 生成的无限独异点。0 是么元，$0 = 1^0$。

(2) 表 6.6 - 1 给出的代数是个循环独异点，生成元是c(也可以是b)，因为

$$c^0 = 1$$
$$c = c$$
$$c^2 = c * c = a$$
$$c^3 = c^2 * c = a * c = b$$
$$c^4 = c^3 * c = b * c = 1 = c^0$$

表 6.6 - 1

*	1	a	b	c
1	1	a	b	c
a	a	1	c	b
b	b	c	a	1
c	c	b	1	a

生成元的概念可以扩展，设$\langle S, * \rangle$是半群，$\Sigma \subseteq S$，定义一个集合Σ^+如下：

(1) 如果$a \in \Sigma$，则$a \in \Sigma^+$。

(2) 如果$x, y \in \Sigma^+$，则$x * y \in \Sigma^+$。

(3) 只有有限次应用条款(1)和(2)生成的元素才属于Σ^+。

显然$\langle \Sigma^+, * \rangle$是$\langle S, * \rangle$的子半群，我们称它为**由$\Sigma$生成的子半群**，$\Sigma$叫生成元集合。

如果$\langle \Sigma^+, * \rangle$不含么元，我们给$\langle \Sigma^+, * \rangle$增添一么元$e$，则称$\langle \Sigma^+ \bigcup \{e\}, *, e \rangle$是**由$\Sigma$生成的独异点**。

当Σ是单元素集合时，生成的半群(独异点)就是上述循环半群(循环独异点)。

例 6.6 - 3

(1) 表 6.6 - 2 给出的半群由$\{a, b\}$生成，因为

$$a = a$$
$$b = b$$
$$\alpha = a * b$$
$$\beta = a^2$$

表 6.6 - 2

*	a	b	α	β
a	β	α	b	a
b	b	b	b	b
α	α	α	α	α
β	a	b	α	β

（2）表 6.6-3 给出的半群中取 2 为生成元，可生成半群$\langle\{0,2,4\}, *\rangle$。

表 6.6-3

$*$	0	1	2	3	4	5
0	0	1	2	3	4	5
1	1	2	3	4	5	0
2	2	3	4	5	0	1
3	3	4	5	0	1	2
4	4	5	0	1	2	3
5	5	0	1	2	3	4

（3）$\langle \mathbf{I}_+, +\rangle$ 是半群，取元素 6 为生成元，可生成循环半群 $\langle\{6n \mid n \in \mathbf{I}_+\}, +\rangle$。取元素 3 和 5 组成生成元集合 $\{3, 5\}$，可生成半群 $\langle\{3,5,6\} \bigcup \{n \mid n \geqslant 8\}, +\rangle$。

6.6.2 半群同态和独异点同态

现在我们将本章 6.3 节同态的定义具体地应用到半群和独异点，得出以下半群同态和独异点同态的定义。

定义 6.6-7 设 $A = \langle S, *\rangle$ 和 $B = \langle T, \circledast \rangle$ 是两个半群。映射 $h: S \rightarrow T$，对任意元素 $a, b \in S$ 有

$$h(a * b) = h(a) \circledast h(b)$$

称 h 为从 A 到 B 的**半群同态**。

定义 6.6-8 设 $A = \langle S, *, e\rangle$ 和 $B = \langle T, \circledast, 1\rangle$ 是两个独异点。映射 $h: S \rightarrow T$，对任意元素 $a, b \in S$ 有

$$h(a * b) = h(a) \circledast h(b)$$

且 $h(e) = 1$，那么称 h 为从 A 到 B 的**独异点同态**。

例 6.6-4 映射 $h: \mathbf{N} \rightarrow \mathbf{N}_4$，$h(a) = a(\bmod 4)$ 是从半群 $\langle \mathbf{N}, +\rangle$ 到 $\langle \mathbf{N}_4, +_4\rangle$ 的半群同态。因为

$$\begin{aligned}
h(a + b) &= (a + b)(\bmod 4)\\
&= a(\bmod 4) +_4 b(\bmod 4)\\
&= h(a) +_4 h(b)
\end{aligned}$$

注意，$h(0) = 0$，所以，它也是从独异点 $\langle \mathbf{N}, +, 0\rangle$ 到 $\langle \mathbf{N}_4, +_4, 0\rangle$ 的独异点同态。

给定集合 S，从 S 到 S 的函数集合 S^s，在合成运算下构成一个半群 $\langle S^s, \circ\rangle$。任意半群 $\langle S, *\rangle$ 和这个半群有以下关系。

定理 6.6-5 设 $\langle S, *\rangle$ 是给定半群，$\langle S^s, \circ\rangle$ 是从 S 到 S 的函数集合在合成运算下构成的半群，则存在半群同态 $h: S \rightarrow S^s$。

证 定义函数 $f_a(x) = a * x$，$f_a \in S^s$。

作映射 $h: S \rightarrow S^s$，

$$h(a) = f_a$$
$$h(a * b) = f_{a * b}$$

由于
$$f_{a*b}(x) = (a*b)*x = a*(b*x) = f_a(f_b(x)) = (f_a \cdot f_b)(x)$$
所以
$$h(a*b) = f_{a*b} = f_a \cdot f_b = h(a) \cdot h(b)$$ 证毕

例如，若 $\langle S, * \rangle$ 由表 6.6 - 4 给定，则 $h: S \to S^s$，$h(x) = f_x$ 是一同态。这里

$h(a) = f_a$	$h(b) = f_b$	$h(c) = f_c$
$f_a(a) = a$	$f_a(b) = b$	$f_a(c) = c$
$f_b(a) = b$	$f_b(b) = c$	$f_b(c) = a$
$f_c(a) = c$	$f_c(b) = a$	$f_c(c) = b$

$h(S) = \{f_a, f_b, f_c\} \subseteq S^s$。

表 6.6 - 4

*	a	b	c
a	a	b	c
b	b	c	a
c	c	a	b

注意，映射 $h: S \to h(S)$ 是满射的，但不能保证是单射的，因为当 S 的运算表有两行相同时，$a \neq b$ 不能得出 $h(a) \neq h(b)$。只有 $\langle S, * \rangle$ 是含么半群时，由于有么元，运算表没有两行全同，在这种情况下，$h: S \to h(S)$ 才是双射的，即 $h: S \to h(S)$ 是一同构。于是有以下定理。

定理 6.6 - 6 设 $\langle S, *, e \rangle$ 是独异点，则存在一子集 $T \subseteq S^s$，使得 $\langle T, \circ, 1_s \rangle$ 同构于 $\langle S, *, e \rangle$。这里 1_s 是 S 上的恒等函数。

本定理通常叫**独异点表示定理**。

商代数和积代数的概念也可引入到半群和独异点中。由此得出**商半群、商独异点、半群的积代数、独异点的积代数**等概念和有关性质。但它们只不过是定义 6.5 - 1、6.5 - 2，定理 6.4 - 2、6.5 - 1、6.5 - 2 的简单重复而已，所以就不具体罗列了。

习　　题

1. 试给出一个半群，它拥有左么元和右零元，但它不是独异点。

2. 用运算 max 构造一独异点，它无零元而有一个无限载体。

3. 设 $\Sigma = \{a, b\}$ 是字母表，A 是 Σ^* 中含有 Λ 的所有以 a 开头的字符串集合，试证 $\langle A, 连结, \Lambda \rangle$ 是独异点。

4. 设 $S = \{a, b\}$，试证明半群 $\langle S^s, \circ \rangle$ 不是可交换的。这里 $\circ$ 是函数的合成。

5. 设 $\langle S, * \rangle$ 是一个半群，$z \in S$ 是个左零元。试证明，对于任何 $x \in S$ 来说，$x * z$ 也是一个左零元。

6. 设 $\langle S, * \rangle$ 是一个半群，对于所有的 $x, y \in S$，如果有 $a * x = a * y \Rightarrow x = y$，则称元素 $a \in S$ 是左可约的。试证明，如果 a 和 b 是左可约的，则 $a * b$ 也是左可约的。

7. 试证明独异点的左可逆元素（或右可逆元素）的集合，能够形成一个子独异点。

8. 求出 $\langle \mathbf{N}_6, +_6 \rangle$ 的所有子半群，然后证明独异点的子半群可以是一个独异点，而不

是一个子独异点。

9. 代数 $\langle S, * \rangle$ 由表 6.6-5 给定。

(1) 试证明此代数是一个循环独异点，并求出生成元。

(2) 试把这个独异点的每一元素都表示成生成元的幂。

(3) 列出这个独异点中所有等幂元素。

表 6.6-5

*	a	b	c	d
a	a	b	c	d
b	b	c	d	a
c	c	d	a	b
d	d	a	b	c

10. 代数 $\langle S, * \rangle$ 由表 6.6-6 给定，

(1) 它是半群吗？

(2) 它是独异点吗？

(3) 它是循环独异点吗？

表 6.6-6

*	a	b	c	d
a	c	b	a	d
b	b	b	b	b
c	a	b	c	d
d	d	b	d	b

11. 设 $\langle S, * \rangle$ 是一个半群，证明对于 S 中的 a、b、c，如果 $a*c = c*a$ 和 $b*c = c*b$，那么，$(a*b)*c = c*(a*b)$。

12. 设 $\langle \{a, b\}, * \rangle$ 是半群，这里 $a*a = b$，证明

(1) $a*b = b*a$

(2) $b*b = b$。

*13. 设 $\langle S, * \rangle$ 是一个半群，而且在 S 中有一个元素 a 使得对于 S 中的每一个元素 x 存在着 S 中的 u 和 v 满足关系式

$$a*u = v*a = x$$

证明在 S 中有一个幺元。

14. 把定理 6.3-2 和定理 6.3-3 应用到半群或独异点，可否得出以下结论：

(1) 独异点 A 在 h 下的同态象是独异点 A' 的子代数。

(2) 半群在 h 下的同态象是半群。

(3) 可交换独异点在 h 下的同态象是可交换独异点。

15. 设 h 是从半群 $\langle S, * \rangle$ 到 $\langle T, \circledast \rangle$ 的同态，若 a 是 S 中的等幂元素，试证明 T 中也存在等幂元素。

16. 设 Σ 是一有限字母表，$\langle \Sigma^*$，连结，$\Lambda \rangle$ 是一独异点，$\langle S$，，$1 \rangle$ 是任意独异点。对任一映射 $h : \Sigma \rightarrow S$，证明存在同态 $h^* : \Sigma^* \rightarrow S$，它是 h 唯一的开拓。

17. 试把定理 6.4 – 2 和定理 6.5 – 2 改写成针对独异点而言的定理。

18. 设 $A = \langle S$， $\rangle$ 由表 6.6 – 7 定义，$\sim$ 是 A 的同余关系，由表 6.6 – 8 给出。试用表给出 $A/\sim$。

表 6.6 – 7

*	a	b	c	d
a	a	b	c	d
b	b	c	d	a
c	c	d	a	b
d	d	a	b	c

表 6.6 – 8

$\sim$	a	b	c	d
a	√		√	
b		√		√
c	√		√	
d		√		√

6.7　群

本节研究群。群论是抽象代数中得到充分发展的一个分支，并已广泛地应用于数学、物理、通信和计算机科学。我们将介绍它的基本概念和基本性质，并给出应用较多的若干重要定理。

6.7.1　群的定义和性质

定义 6.7 – 1　群 $\langle G$，* $\rangle$ 是一代数系统，其中二元运算 * 满足以下 3 条：

(1) 对所有的 $a, b, c \in G$

$$a * (b * c) = (a * b) * c$$

(2) 存在一个元素 e，对任意元素 $a \in G$，有

$$a * e = e * a = a$$

(3) 对每一 $a \in G$，存在一个元素 a^{-1}，使

$$a^{-1} * a = a * a^{-1} = e$$

简单地说，群是具有一个可结合运算，存在么元，每个元素存在逆元的代数系统。

由于结合律成立，由定理 6.1 – 3 知，每个元素的逆元是唯一的。所以可看成是一种一元运算，故一个群的构成成分可看成是 $\langle G$，*，-1，$e \rangle$，这里 -1 是求逆运算。但通常为了简便仍记为 $\langle G$，* $\rangle$。

如果 G 是有限集合，则称 $\langle G$，* $\rangle$ 是**有限群**；如果 G 是无限集合，则称 $\langle G$，* $\rangle$ 是**无限群**。有限群 G 的基数 $|G|$ 称为群的**阶数**[①]。

群中的运算 * 一般称为乘法。如果 * 是一个可交换运算，那么群 $\langle G$，* $\rangle$ 就称为**可交换群**，或称阿贝尔群。在可交换群中，若运算符 * 改用＋，则称为**加法群**，此时逆元 a^{-1} 写成 $-a$。

---

① 不限于群，凡是载体是有限的代数，载体的基数都称为该代数的阶数。

例 6.7 - 1

（1）代数$\langle \mathbf{I}, +, -, 0\rangle$是一个阿贝尔群，这里$+$表示加法，$-$表示一元减法。

（2）代数$\langle \mathbf{Q}_+, \cdot, -1, 1\rangle$是一个阿贝尔群，这里$\cdot$表示乘法，$-1$表示一个有理数的倒数运算。

（3）设A是任一集合，P表示A上的双射函数集合，结构$\langle P, \circ, -1, 1_A\rangle$是一个群，这里$\circ$表示函数合成，$f^{-1}$是$f$的逆函数，通常这个群不是阿贝尔群。

（4）运算$\max$和$\min$一般地不能用作群的二元运算，因为如果载体多于一个元素，逆运算不能定义。

（5）代数$\langle \mathbf{N}_k, +_k, -1, 0\rangle$是群，这里$x^{-1}=k-x$。但代数$\langle \mathbf{N}_k, \times_k\rangle$不是群，因为$0$元素没有逆元。

群是半群和独异点的特定情况，有关半群和独异点的性质在群中也成立，现在介绍群的性质。

定理 6.7 - 1 如果$\langle G, *\rangle$是一个群，则对于任何$a, b \in G$，

（1）存在一个唯一的元素x，使得$a * x = b$。

（2）存在一个唯一的元素y，使得$y * a = b$。

证 （1）至少有一个x满足$a * x = b$，即$x = a^{-1} * b$，因为
$$a * (a^{-1} * b) = (a * a^{-1}) * b = e * b = b$$
如果x是G中满足$a * x = b$的任意元素，则
$$x = e * x = (a^{-1} * a) * x = a^{-1} * (a * x) = a^{-1} * b$$
所以，$x = a^{-1} * b$是满足$a * x = b$的唯一元素。

类似地可证明（2），于是定理得证。

定理 6.7 - 2 如果$\langle G, *\rangle$是一个群，则对于任何$a, b, c \in G$，

（1）$a * b = a * c \Rightarrow b = c$

（2）$b * a = c * a \Rightarrow b = c$

证 因为群的每一元素都有逆元，根据定理 6.1 - 4，本定理显然成立。

定理 6.7 - 3 么元是群中唯一等幂元素。

证 如果x是等幂元素，则
$$e = x^{-1} * x = x^{-1} * (x * x) = (x^{-1} * x) * x = e * x = x \qquad \text{证毕}$$

定理 6.7 - 4 群$\langle G, *\rangle$的运算表中的每一行或每一列都是G中元素的一个置换。

证 首先，证明运算表中的行或列所含G的一个元素不可能多于一次。用反证法，如果对应于元素$a \in G$的那一行中有两个元素都是k，即假定$a * b_1 = a * b_2 = k$，而$b_1 \neq b_2$，但根据定理 6.7 - 2 有$b_1 = b_2$，得出矛盾。对于列也一样可以证明。

其次，要证明G的每一个元素都在运算表的每一行和每一列中出现。还是考察对应于元素a的那一行，现设b是G中的任一元素，由于$b = a * (a^{-1} * b)$，所以b必定出现在对应于a的那一行中。对于列也可同样证明。

最后，因为$\langle G, *\rangle$中含有么元，所以没有两行或两列是完全相同的。

综合以上结果便得出：运算表中每一行都是G的元素的一个置换，并且每一行都是不同的置换。同样的结论适合于列。证毕。

定理 6.7-5 如果〈G，$*$〉是一个群，则对于任何 $a,b \in G$，
$$(a * b)^{-1} = b^{-1} * a^{-1}$$

证 由于
$$(a * b) * (a * b)^{-1} = e$$

和
$$(a * b) * (b^{-1} * a^{-1}) = a * (b * b^{-1}) * a^{-1}$$
$$= a * a^{-1} = e$$

而逆元是唯一的，所以 $(a * b)^{-1} = b^{-1} * a^{-1}$。证毕。

由以上性质可得出以下结论。

（1）一阶群仅有一个(同构的群认为是相同的，以下不再说明)，如表 6.7-1 所示。

（2）二阶群仅有一个，如表 6.7-2 所示。

（3）三阶群仅一个，如表 6.7-3 所示。

表 6.7-1

$*$	e
e	e

表 6.7-2

$*$	e	a
e	e	a
a	a	e

表 6.7-3

$*$	e	a	b
e	e	a	b
a	a	b	e
b	b	e	a

（4）四阶群仅有两个，如表 6.7-4 和表 6.7-5 所示。

表 6.7-4

$*$	e	a	b	c
e	e	a	b	c
a	a	b	c	e
b	b	c	e	a
c	c	e	a	b

表 6.7-5

$*$	e	a	b	c
e	e	a	b	c
a	a	e	c	b
b	b	c	e	a
c	c	b	a	e

（5）五阶群仅有一个，如表 6.7-6 所示。

表 6.7-6

$*$	e	a	b	c	d
e	e	a	b	c	d
a	a	b	c	d	e
b	b	c	d	e	a
c	c	d	e	a	b
d	d	e	a	b	c

（6）六阶群仅有两个，如表 6.7-7 和表 6.7-8 所示。

*	e	a	b	c	d	f
e	e	a	b	c	d	f
a	a	b	c	d	f	e
b	b	c	d	f	e	a
c	c	b	f	e	a	b
d	d	f	e	a	b	c
f	f	e	a	b	c	d

*	e	a	b	c	d	f
e	e	a	b	c	d	f
a	a	e	d	f	b	c
b	b	f	e	d	c	a
c	c	d	f	e	a	b
d	d	c	a	b	f	e
f	f	b	c	a	e	d

四阶以上的群核实以上结论都较繁，这里不给证明，列出的目的是便于读者查阅。

从以上列出的群可知：一阶群到五阶群全是阿贝尔群，但六阶群不全是。

为了继续介绍群的性质，我们首先定义群 $\langle G, * \rangle$ 的任意元素 a 的幂。如果 $n \in \mathbf{N}$，则

$$a^0 = e$$
$$a^{n+1} = a^n * a$$
$$a^{-n} = (a^{-1})^n$$

由以上定义可知，对任意 $m, k \in \mathbf{I}$，a^m，a^k 都是有意义的，另外群中结合律成立，不难证明以下指数定律成立：

$$a^m * a^k = a^{m+k} \qquad (m, k \in \mathbf{I})$$
$$(a^m)^k = a^{mk} \qquad\quad (m, k \in \mathbf{I})$$

定义 6.7－2　设 $\langle G, * \rangle$ 是一个群，且 $a \in G$，如果存在正整数 n 使 $a^n = e$，则称元素的阶是有限的，最小的正整数 n 称为元素 a 的**阶**。如果不存在这样的正整数 n，则称元素 a 具有**无限阶**。

显然，群的么元 e 的阶是 1。

定理 6.7－6　如果群 $\langle G, * \rangle$ 的元素 a 拥有一个有限阶 n，则 $a^k = e$，当且仅当 k 是 n 的倍数。

证　设 k、m、n 是整数。如果 $k = mn$，则，

$$a^k = a^{mn} = (a^n)^m = e^m = e$$

反之，假定 $a^k = e$，且 $k = mn + t$，$0 \leqslant t < n$，于是

$$a^t = a^{k-mn} = a^k * a^{-mn} = e * e^{-m} = e$$

由定义可知，n 是使 $a^n = e$ 的最小正整数，而 $0 \leqslant t < n$，所以 $t = 0$，得 $k = mn$。证毕。

这样，如果 $a^n = e$，并且没有 n 的因子 $d(1 < d < n)$ 能使 $a^d = e$，则 n 是元素 a 的阶。例如，如果 $a^8 = e$，但 $a^2 \neq e$，$a^4 \neq e$，则 8 必定是 a 的阶。

定理 6.7－7　群中的任一元素和它的逆元具有同样的阶。

证　设 $a \in G$ 具有有限阶 n，即 $a^n = e$，因此

$$(a^{-1})^n = a^{-1 \cdot n} = (a^n)^{-1} = e^{-1} = e$$

如果 (a^{-1}) 的阶是 m，则 $m \leqslant n$。另一方面

$$a^m = [(a^{-1})^m]^{-1} = e^{-1} = e$$

因而 $n \leqslant m$，故 $m = n$。

定理 6.7-8 在有限群$\langle G, * \rangle$中，每一个元素具有一有限阶，且阶数至多是$|G|$。

证 设a是$\langle G, * \rangle$中任一元素。在序列$a, a^2, a^3, \cdots, a^{|G|+1}$中至少有两元素是相等的。不妨设$a^r = a^s$，这里$1 \leqslant s < r \leqslant |G| + 1$。因为

$$e = a^0 = a^{r-r} = a^r * a^{-r} = a^r * a^{-s} = a^{r-s}$$

所以，a的阶数至多是$r - s \leqslant |G|$。证毕。

6.7.2 置换群和循环群

本小节介绍两种最有代表性的群——置换群和循环群。先介绍置换群。

给定集合$A = \{1, 2\}$，A上的置换有两个：

$$p_1 = \begin{pmatrix} 1 & 2 \\ 1 & 2 \end{pmatrix}, \quad p_2 = \begin{pmatrix} 1 & 2 \\ 2 & 1 \end{pmatrix}$$

给定集合$A = \{1, 2, 3\}$。A上的置换有6个：

$$p_1 = \begin{pmatrix} 1 & 2 & 3 \\ 1 & 2 & 3 \end{pmatrix}, \quad p_2 = \begin{pmatrix} 1 & 2 & 3 \\ 2 & 1 & 3 \end{pmatrix}, \quad p_3 = \begin{pmatrix} 1 & 2 & 3 \\ 3 & 2 & 1 \end{pmatrix}$$

$$p_4 = \begin{pmatrix} 1 & 2 & 3 \\ 1 & 3 & 2 \end{pmatrix}, \quad p_5 = \begin{pmatrix} 1 & 2 & 3 \\ 2 & 3 & 1 \end{pmatrix}, \quad p_6 = \begin{pmatrix} 1 & 2 & 3 \\ 3 & 1 & 2 \end{pmatrix}$$

一般地说，若$|A| = n$，则A上的置换有$n!$个。记A上的所有置换的集合为S_n，足标n表示集合A的基数。

置换可以进行合成运算。记号$\circ$一般表示左合成，例如$p_1 \circ p_2$，表示先进行p_2置换，再进行p_1置换。记号$\diamondsuit$一般表示右合成，例如$p_1 \diamondsuit p_2$，表示先进行p_1置换，再进行p_2置换。我们在下面的例子中均采用$\diamondsuit$。给定集合A，则A上所有置换对运算$\diamondsuit$而言是可结合的，具有幺元——恒等置换。每个置换有逆置换，所以$\langle S_n, \diamondsuit \rangle$是一个群。例如群$\langle S_2, \diamondsuit \rangle$如表 6.7-9 所示。群$\langle S_3, \diamondsuit \rangle$如表 6.7-10 所示。不仅如此，某些部分置换也可构成群，例如在S_3中，$\langle \{p_1, p_2\}, \diamondsuit \rangle$，$\langle \{p_1, p_3\}, \diamondsuit \rangle$，$\langle \{p_1, p_4\}, \diamondsuit \rangle$和$\langle \{p_1, p_5, p_6\}, \diamondsuit \rangle$都是群。

表 6.7-9

$\diamondsuit$	p_1	p_2
p_1	p_1	p_2
p_2	p_2	p_1

表 6.7-10

$\diamondsuit$	p_1	p_2	p_3	p_4	p_5	p_6
p_1	p_1	p_2	p_3	p_4	p_5	p_6
p_2	p_2	p_1	p_5	p_6	p_3	p_4
p_3	p_3	p_6	p_1	p_5	p_4	p_2
p_4	p_4	p_5	p_6	p_1	p_2	p_3
p_5	p_5	p_4	p_2	p_3	p_6	p_1
p_6	p_6	p_3	p_4	p_2	p_1	p_5

定义 6.7-3 给定n个元素组成的集合A，A上的置换所构成的群称为 **n 次置换群**；A上所有置换构成的群称为 **n 次对称群**。

对称群是置换群的特殊情况，例如$\langle S_3, \diamondsuit\rangle$是三次对称群；$\langle\{p_1, p_3\}, \diamondsuit\rangle$是三次置换群。

例 6.7 - 2

（1）给定正三角形 123（如图 6.7 - 1），将三角形围绕重心 O 旋转，分别旋转 $0°$、$120°$、$240°$。可以把每一旋转看成是三角形的顶点集合 $\{1, 2, 3\}$ 的置换，于是有

$$p_1 = \begin{pmatrix} 1 & 2 & 3 \\ 1 & 2 & 3 \end{pmatrix} \quad \text{（旋转 } 0°\text{）}$$

$$p_5 = \begin{pmatrix} 1 & 2 & 3 \\ 2 & 3 & 1 \end{pmatrix} \quad \text{（旋转 } 120°\text{）}$$

$$p_6 = \begin{pmatrix} 1 & 2 & 3 \\ 3 & 1 & 2 \end{pmatrix} \quad \text{（旋转 } 240°\text{）}$$

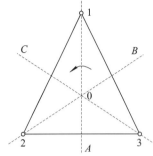

图 6.7 - 1

再将三角形围绕直线 $1A$、$2B$、$3C$ 翻转。又得到顶点集合的置换如下：

$$p_2 = \begin{pmatrix} 1 & 2 & 3 \\ 2 & 1 & 3 \end{pmatrix} \quad \text{（绕 } 3C \text{ 翻转）}$$

$$p_3 = \begin{pmatrix} 1 & 2 & 3 \\ 3 & 2 & 1 \end{pmatrix} \quad \text{（绕 } 2B \text{ 翻转）}$$

$$p_4 = \begin{pmatrix} 1 & 2 & 3 \\ 1 & 3 & 2 \end{pmatrix} \quad \text{（绕 } 1A \text{ 翻转）}$$

正三角形的旋转和翻转在合成运算下可构成群，$\langle S_3, \diamondsuit\rangle$就代表这个群。

（2）正四边形通过旋转和翻转也可以形成四个顶点集合 $\{1, 2, 3, 4\}$ 的置换（见图6.7 - 2）：

$$p_1 = \begin{pmatrix} 1 & 2 & 3 & 4 \\ 2 & 3 & 4 & 1 \end{pmatrix} \quad \text{（旋转 } 90°\text{）}$$

$$p_2 = \begin{pmatrix} 1 & 2 & 3 & 4 \\ 3 & 4 & 1 & 2 \end{pmatrix} \quad \text{（旋转 } 180°\text{）}$$

$$p_3 = \begin{pmatrix} 1 & 2 & 3 & 4 \\ 4 & 1 & 2 & 3 \end{pmatrix} \quad \text{（旋转 } 270°\text{）}$$

$$p_4 = \begin{pmatrix} 1 & 2 & 3 & 4 \\ 1 & 2 & 3 & 4 \end{pmatrix} \quad \text{（旋转 } 360°\text{）}$$

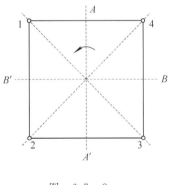

图 6.7 - 2

$$p_5 = \begin{pmatrix} 1 & 2 & 3 & 4 \\ 4 & 3 & 2 & 1 \end{pmatrix} \quad \text{（绕 } AA' \text{ 翻转）}$$

$$p_6 = \begin{pmatrix} 1 & 2 & 3 & 4 \\ 2 & 1 & 4 & 3 \end{pmatrix} \quad \text{（绕 } BB' \text{ 翻转）}$$

$$p_7 = \begin{pmatrix} 1 & 2 & 3 & 4 \\ 1 & 4 & 3 & 2 \end{pmatrix} \quad \text{（绕 } 13 \text{ 翻转）}$$

$$p_8 = \begin{pmatrix} 1 & 2 & 3 & 4 \\ 3 & 2 & 1 & 4 \end{pmatrix} \quad \text{（绕 } 24 \text{ 翻转）}$$

正方形的翻转和旋转在合成运算下可构成群，如表 6.7 - 11 所示。

表 6.7－11

$\diamond$	p_1	p_2	p_3	p_4	p_5	p_6	p_7	p_8
p_1	p_2	p_3	p_4	p_1	p_8	p_7	p_5	p_6
p_2	p_3	p_4	p_1	p_2	p_6	p_5	p_8	p_7
p_3	p_4	p_1	p_2	p_3	p_7	p_8	p_6	p_5
p_4	p_1	p_2	p_3	p_4	p_5	p_6	p_7	p_8
p_5	p_7	p_6	p_8	p_5	p_4	p_2	p_1	p_3
p_6	p_8	p_5	p_7	p_6	p_2	p_4	p_3	p_1
p_7	p_6	p_8	p_5	p_7	p_3	p_1	p_4	p_2
p_8	p_5	p_7	p_6	p_8	p_1	p_3	p_2	p_4

这不是对称群，元素没有 4! 个，是一置换群。一般地说，在合成运算 $\diamond$ 作用下，n 边正多边形的所有旋转和翻转的集合构成一个 n 次的 $2n$ 阶的置换群，这类群通称**两面体群**。

下边我们讨论循环群，循环群是较简单的了解得较透彻的一类群。

定义 6.7－4 设 $\langle G, * \rangle$ 是一个群，$\mathbf{I}$ 是整数集合。如果存在一个元素 $g \in G$，对于每一个元素 $a \in G$ 都有一个相应的 $i \in \mathbf{I}$，能把 a 表示成 g^i 形式，则称 $\langle G, * \rangle$ 是一个**循环群**。或说循环群是由 g 生成的，g 是 $\langle G, * \rangle$ 的**生成元**。

定理 6.7－9 每个循环群是可交换群。

证明方法与定理 6.6－4 相同，故略。

定理 6.7－10 设 $\langle G, * \rangle$ 是由 $g \in G$ 生成的有限循环群，如果 $|G| = n$，则 $g^n = e$，
$$G = \{g, g^2, g^3, \cdots, g^n = e\}$$
且 n 是使 $g^n = e$ 的最小正整数。

证 （1）假定有正整数 $m < n$ 使 $g^m = e$，则对 G 中任一元素 g^k，设 $k = mq + r$，$0 \leqslant r < m$，于是
$$g^k = g^{mq+r} = (g^m)^q * g^r = g^r$$
这意味着 G 中每一元素都可写成 g^r 形式，但 $r < m$，所以 G 中至多有 m 个不同元素，这与 $|G| = n$ 矛盾，所以 $g^m = e$ 而 $m < n$ 是不可能的。

（2）$\{g, g^2, g^3, \cdots, g^n\}$ 中的元素全不相同。若不然有 $g^i = g^j$，不妨设 $i < j$，于是 $g^{j-i} = e$。但 $j - i < n$，所以这是不可能的。

由于 $\langle G, * \rangle$ 是群，其中必有么元，由（2）得 $G = \{g, g^2, g^3, \cdots, g^n\}$，因此，由（1）得 $g^n = e$。证毕。

例 6.7－3

（1）$\langle \mathbf{I}, +, -, 0 \rangle$ 是无限循环群，0 是么元，1 或 -1 是生成元。（注意生成元不唯一。）

（2）$\langle \mathbf{N}_k, +_k, -1, [0] \rangle$ 是有限循环群。这里 $k > 0$，$\mathbf{N}_k = \{[0], [1], \cdots, [k-1]\}$。$+_k$ 定义为：$[x] +_k [y] = [x+y]$。$[x]$ 是 $\mathbf{I}$ 中模 k 等价类。例如 $k = 4$ 时，这个群如表 6.7－12 所示，其中 $[0]$ 是么元，$[1]$ 或 $[3]$ 是生成元。

无限循环群都同构于例 6.7 – 3(1)；有限循环群都同构于例 6.7 – 3(2)(见下一小节)。如果这两个群已完全清楚了，那么一切循环群都已清楚了。

循环群的结构比较简单，有限和无限循环群可如图 6.7 – 3(a) 和(b)那样表示，图中结点代表元素，有时元素就用生成元的幂表示。有向边 "$\xrightarrow{g}$"表示 $* g$，g 是生成元。路径表示从始点元素变成终点元素的过程。

表 6.7 – 12

$+_4$	[0]	[1]	[2]	[3]
[0]	[0]	[1]	[2]	[3]
[1]	[1]	[2]	[3]	[0]
[2]	[2]	[3]	[0]	[1]
[3]	[3]	[0]	[1]	[2]

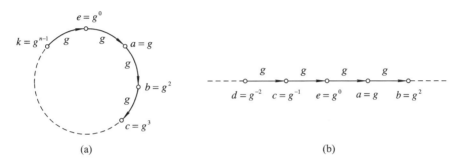

图　6.7 – 3

6.7.3　子群和群同态

将子代数的定义具体地应用于群，就得到子群的定义。

定义 6.7 – 5　设 $\langle G, * \rangle$ 是一个群，S 是 G 的非空子集，并满足以下条件：

(1) 对任意 $a, b \in S$ 有 $a * b \in S$；

(2) 对任意 $a \in S$ 有 $a^{-1} \in S$；

(3) $e \in S$，e 是 $\langle G, * \rangle$ 的么元，

则称 $\langle S, * \rangle$ 是 $\langle G, * \rangle$ 的**子群**。

子群也是一个群，因为结合律是继承的，再有以上 3 条，符合了群的定义。

定义中的 3 条不是都必需的，如果 $\langle G, * \rangle$ 是有限群，则只需第(1)条满足就可以了；如果 $\langle G, * \rangle$ 不是有限群，则只需第(1)、(2)两条满足就可以了。这个断言陈述在以下两定理中。

定理 6.7 – 11　设 $\langle G, * \rangle$ 是个群，$S \subseteq G$，如果

(1) 若 $a, b \in S$，则 $a * b \in S$；

(2) 若 $a \in S$，则 $a^{-1} \in S$，

那么，$\langle S, * \rangle$ 是 $\langle G, * \rangle$ 的子群。

证　对任意元素 $a \in S$，由(2)得 $a^{-1} \in S$，再由(1)得 $a * a^{-1} = e \in S$。所以，$\langle S, * \rangle$ 是 $\langle G, * \rangle$ 的子群。

定理 6.7 – 12　设 $\langle G, * \rangle$ 是一个有限群，如果对任意元素 $a, b \in S$，有 $a * b \in S$，那么，$\langle S, * \rangle$ 是 $\langle G, * \rangle$ 的子群。

证　设 a 是 S 的任一元素，则 $a \in G$，根据定理 6.7 – 8，a 具有阶数 r，由于 S 对运算 $*$ 的封闭性，所以 $a, a^2, \cdots, a^r$ 全在 S 中，特别是：

$$a^{r-1} = a^r * a^{-1} = e * a^{-1} = a^{-1}$$

也在 S 中，这就证明了若 $a \in S$，则 $a^{-1} \in S$。根据上一定理，得出 $\langle S, * \rangle$ 是 $\langle G, * \rangle$ 的子群。证毕。

例 6.7 - 4

(1) $\langle \mathbf{I}, + \rangle$ 是一个无限群，$\mathbf{N}$ 对 $+$ 封闭，但对求逆元不封闭，所以 $\langle \mathbf{N}, + \rangle$ 不是 $\langle \mathbf{I}, + \rangle$ 的子群。

(2) $\langle S_3, \diamondsuit \rangle$（参看例 6.7 - 2(1)）是有限群，$\{p_1, p_4\}$ 对 $\diamondsuit$ 封闭，所以，$\langle \{p_1, p_4\}, \diamondsuit \rangle$ 是 $\langle S_3, \diamondsuit \rangle$ 的子群。类似地，$\langle \{p_1, p_5, p_6\}, \diamondsuit \rangle$ 也是子群。

设 $\langle G, * \rangle$ 是一个群，T 是 G 的任意非空子集，我们定义集合 T^* 如下：

① 如果 $a \in T$，则 $a \in T^*$。

② 如果 x、$y \in T^*$，则 $x^{-1} \in T^*$ 和 $x * y \in T^*$。

③ 只有有限次应用①和②构造的元素才属于 T^*。

根据定理 6.7 - 11，$\langle T^*, * \rangle$ 是 $\langle G, * \rangle$ 的子群，我们称 $\langle T^*, * \rangle$ 为由 T 生成的子群。T 叫做 $\langle T^*, * \rangle$ 的生成元集合。特别地，取 T 为单元素集合 $\{a\}$，则 $\langle T^*, * \rangle$ 是由 a 生成的 $\langle G, * \rangle$ 的循环子群。例如，在例 6.7 - 2(2) 中，p_1 生成子群 $\langle \{p_1, p_2, p_3, p_4\}, \diamondsuit \rangle$，生成元集合 $\{p_5, p_6\}$ 生成子群 $\langle \{p_2, p_4, p_5, p_6\}, \diamondsuit \rangle$。

定义 6.7 - 6 设 $\langle G, * \rangle$ 和 $\langle H, \circledast \rangle$ 是两个群，映射 $h: G \to H$ 称为从 $\langle G, * \rangle$ 到 $\langle H, \circledast \rangle$ 的**群同态**，如果对任意 $a, b \in G$，

$$h(a * b) = h(a) \circledast h(b) \tag{①}$$

和代数系统同态的定义 6.3 - 2 比较，可以看出群同态的定义中省去了两条：

$$h(e_G) = e_H \tag{②}$$

$$h(a^{-1}) = [h(a)]^{-1} \tag{③}$$

这里 e_G 和 e_H 分别是 $\langle G, * \rangle$ 和 $\langle H, \circledast \rangle$ 的幺元。

我们证明由于群的结构，条件式①已蕴含了条件式②和③，省去是合理的。

$$h(e_G) = h(e_G * e_G) = h(e_G) \circledast h(e_G)$$

可见 $h(e_G)$ 是 $\langle H, \circledast \rangle$ 中等幂元素，但群中只有幺元是等幂的，所以 $h(e_G) = e_H$。

$$h(a) \circledast h(a^{-1}) = h(a * a^{-1}) = h(e_G) = e_H$$

$$h(a^{-1}) \circledast h(a) = h(a^{-1} * a) = h(e_G) = e_H$$

所以，$h(a^{-1}) = [h(a)]^{-1}$。证毕。

由此可见，群同态的定义实质上和代数系统同态的定义是一致的，关于同态象的结论也适用于群同态象。由定理 6.3 - 2 可直接得出如下定理：

定理 6.7 - 13 设 h 是 $\langle G, * \rangle$ 到 $\langle H, \circledast \rangle$ 的群同态，则 $\langle G, * \rangle$ 在 h 下的同态象 $\langle h(G), \circledast \rangle$ 是 $\langle H, \circledast \rangle$ 的子群。

由定理 6.3 - 3 可直接得出如下定理：

定理 6.7 - 14 设 $\langle G, * \rangle$ 是一个群，$\langle H, \circledast \rangle$ 是一代数系统，如果存在满射函数 $h: G \to H$，对任意 $a, b \in G$

$$h(a * b) = h(a) \circledast h(b)$$

则 $\langle H, \circledast \rangle$ 必是一个群。

同前面一样，根据 h 是单射的、满射的和双射的，群同态分别称为单一同态、满同态和同构。从群 $\langle G，* \rangle$ 到自身的同态称为自同态，从群 $\langle G，* \rangle$ 到自身的同构称为自同构。

例 6.7 - 5

(1) 在 $\langle \mathbf{N}_5，\times_5 \rangle$ 中，记 $\mathbf{N}_5^* = \mathbf{N}_5 - \{[0]\}$。作映射 $h：\mathbf{N}_4 \to \mathbf{N}_5^*$

$$h([0]) = [1]，\quad h([1]) = [2]$$
$$h([2]) = [4]，\quad h([3]) = [3]$$

对照两者的运算表，容易看出 $\langle \mathbf{N}_4，+_4 \rangle$ 和 $\langle \mathbf{N}_5^*，\times_5 \rangle$ 同构；$\langle \mathbf{N}_4，+_4 \rangle$ 是群，所以 $\langle \mathbf{N}_5^*，\times_5 \rangle$ 也是群。

(2) 每一个 k 阶循环群 $\langle G，* \rangle$ 都同构于 $\langle \mathbf{N}_k，+_k \rangle$。因为，如果 a 是 $\langle G，* \rangle$ 的生成元，则 $G = \{a，a^2，\cdots，a^k = e\}$，作映射

$$h：\mathbf{N}_k \to G，h([i]) = a^i \quad (i = 0，1，\cdots，k-1)$$

由于

$$
\begin{aligned}
h([i] +_k [j]) &= h([i +_k j]) \\
&= a^{i +_k j} = a^i * a^j \\
&= h([i]) * h([j])
\end{aligned}
$$

所以，$\langle G，* \rangle$ 和 $\langle \mathbf{N}_k，+_k \rangle$ 同构。

定理 6.7 - 15 每一个 n 阶有限群，同构于 n 次置换群。

证 设 $\langle G，* \rangle$ 是一个 n 阶群，由定理 6.7 - 4 知道，$\langle G，* \rangle$ 的运算表中每一行和列都是 G 的一个置换。对应于元素 $a \in G$ 的列的置换是

$$p_a(x) = x * a$$

记对应于 G 的所有元素的列的置换集合为 P，现证明 $\langle P，\diamondsuit \rangle$ 是一个群。

(1) 对任意元素 $a，b \in G$，

$$
\begin{aligned}
(p_a \diamondsuit p_b)(x) &= (x * a) * b \\
&= x * (a * b) \\
&= p_{a*b}(x)
\end{aligned}
\tag{①}
$$

所以，P 对运算 $\diamondsuit$ 封闭。

(2) 设 e 是 $\langle G，* \rangle$ 的幺元，$a \in G$ 是任一元素，

$$p_e \diamondsuit p_a = p_a \diamondsuit p_e = p_a$$

所以，p_e 是幺元。

(3) 对任意元素 $a \in G$，存在元素 $a^{-1} \in G$，

$$p_{a^{-1}} \diamondsuit p_a = p_a \diamondsuit p_{a^{-1}} = p_e$$

所以，对任一 p_a 存在逆元 p_a^{-1}。

(4) 置换的合成满足结合律。

现证明 $\langle G，* \rangle$ 和 $\langle P，\diamondsuit \rangle$ 是同构。

作 $h：G \to P$

$$h(a) = p_a$$

这显然是双射函数。再将已证明的等式①改写为

$$h(a * b) = h(a) \diamondsuit h(b)$$

这样就证明了同构。

本定理是 1854 年由凯莱（Arthur Cayley）得出，叫**凯莱表示定理**。它说明抽象群的研究可归结于置换群的研究，如果一切置换群研究清楚了，那么一切有限群就都清楚了，可见置换群的重要。但经验告诉我们，研究置换群并不比研究抽象群容易，所以，通常又不得不直接地研究抽象群。

定义 6.7 - 7　设 h 是从 $\langle G, * \rangle$ 到 $\langle H, \circledast \rangle$ 的群同态。如果 G 的一个子集 K 的每一元素都被映入 H 的么元 e_H，再没有其它元素映入 e_H，则 K 称为同态 h 的**核**，记为 $\ker(h)$。

定理 6.7 - 16　从群 $\langle G, * \rangle$ 到群 $\langle H, \circledast \rangle$ 的同态 h 的核 $\ker(h)$ 形成群 $\langle G, * \rangle$ 的子群。

证　（1）如果 $a, b \in \ker(h)$，那么

$$h(a) = h(b) = e_H$$

$$h(a * b) = h(a) \circledast h(b) = e_H \circledast e_H = e_H$$

所以，$a * b \in \ker(h)$，即 $\ker(h)$ 对运算 $*$ 封闭。

（2）如果 $a \in \ker(h)$，则

$$h(a^{-1}) = [h(a)]^{-1} = e_H^{-1} = e_H$$

所以，$a^{-1} \in \ker(h)$。

根据定理 6.7 - 11，所以，$\ker(h)$ 形成 $\langle G, * \rangle$ 的子群。

6.7.4　陪集和拉格朗日定理

设 $\langle H, * \rangle$ 是群 $\langle G, * \rangle$ 的子群，我们称集合 $aH = \{a * h \mid h \in H\}$ 为元素 $a \in G$ 所确定的子群 $\langle H, * \rangle$ 的**左陪集**。元素 a 称为左陪集 aH 的**表示元素**。我们称集合 $Ha = \{h * a \mid h \in H\}$ 为元素 $a \in G$ 所确定的子群 $\langle H, * \rangle$ 的**右陪集**。元素 a 称为右陪集 Ha 的表示元素。

以下只讨论左陪集，所得结论对右陪集也平行地成立。

定理 6.7 - 17　设 $\langle H, * \rangle$ 是群 $\langle G, * \rangle$ 的子群，aH 和 bH 是任意两个左陪集，那么，或 $aH = bH$ 或 $aH \bigcap bH = \varnothing$。

证　假定 aH 和 bH 不是不相交的，那么必有一个公共元素 f，于是存在 $h_1, h_2 \in H$，使 $f = a * h_1 = b * h_2$，因此，$a = b * h_2 * h_1^{-1}$。设 x 是 aH 中任一元素，于是存在 $h_3 \in H$ 使 $x = a * h_3$，因而 $x = b * h_2 * h_1^{-1} * h_3$，因为 $h_2 * h_1^{-1} * h_3$ 是 H 中一个元素，所以 x 是 bH 中的一个元素。类似地可证 bH 的任一元素是 aH 中的一个元素。这样，$aH = bH$。又 aH 和 bH 都是非空集合，$aH = bH$ 和 $aH \bigcap bH = \varnothing$ 不可兼得。所以定理得证。

定理 6.7 - 18　H 的任意陪集的大小（基数）是相等的。

证　设 a 是 G 中任一元素，h_1 和 h_2 是 H 中任意元素，若 $h_1 \neq h_2$，则 $a * h_1 \neq a * h_2$。所以，aH 中没有相同的元素，aH 和 H 的大小一样，因此，H 的所有陪集的大小相等。证毕。

有了以上两个定理，另外，由于 $\langle H, * \rangle$ 是 $\langle G, * \rangle$ 的子群，么元 $e \in H$，所以，$a \in aH$，$\bigcup_{a \in G} aH = G$。因而我们可以断定 H 的左陪集集合构成 G 的一种划分，且这种划分中的块的大小是一样的。换句话说，G 的大小等于 H 的不同左陪集的个数乘以 H 的大小。于是成立以下拉格朗日定理。

定理 6.7 - 19　一个有限群的任意子群的阶数可以除尽群的阶数。

推论 6.7-19

(1) 质数阶的群没有非平凡子群(〈{e}，＊〉和〈G，＊〉叫做群〈G，＊〉的**平凡子群**。)

(2) 在有限群〈G，＊〉中，任何元素的阶必是 $|G|$ 的一个因子。因为如果 $a \in G$ 是 r 阶的，则 $\langle \{e, a, a^2, \cdots, a^{r-1}\}, ＊\rangle$ 是〈G，＊〉的子群，r 必除尽 $|G|$。

(3) 一个质数阶的群必定是循环的，并且任一与么元不同的元素都是生成元。

注意，拉格朗日定理的逆定理并不成立，换句话说，如果 $|G| = n$，m 是 n 的因子，则阶数为 m 的子群未必存在(这样的实例在后边例 6.7-8 中可看到)，但对循环群来说，却是成立的。

上面证明了 H 的左陪集集合是 G 的一个划分，由此划分必然可导出一个相应的等价关系，我们称它为 **H 的左陪集等价关系**，它使每一等价类就是 H 的一个左陪集。为了定义 H 的左陪集等价关系，我们先证明以下定理。

定理 6.7-20　设〈H，＊〉是群〈G，＊〉的子群，于是 $b \in aH$，当且仅当 $a^{-1} ＊ b \in H$。

证　$b \in aH$，当且仅当存在某一 $h \in H$，使 $b = a ＊ h$，即 $a^{-1} ＊ b = h$，因而当且仅当 $a^{-1} ＊ b \in H$。证毕。

由这一定理可知，H 的左陪集等价关系～可如下定义：

$$a \sim b \Leftrightarrow a^{-1} ＊ b \in H$$

因为这一定理保证了同在一个陪集中的元素必然有～关系；反之，有～关系的，必在同一陪集中。另一方面，也容易直接验证～具有自反性、对称性和传递性，因此～是一等价关系。因为

① $a^{-1} ＊ a \in H$，所以 $a \sim a$。这里 a 是 G 的任一元素。

② 若 $a \sim b$，则 $a^{-1} ＊ b \in H$，所以，$b^{-1} ＊ a = (a^{-1} ＊ b)^{-1} \in H$，故 $b \sim a$。

③ 若 $a \sim b$ 和 $b \sim c$，则 $a^{-1} ＊ b \in H$，$b^{-1} ＊ c \in H$，$a^{-1} ＊ c = a^{-1} ＊ (b ＊ b^{-1}) ＊ c = (a^{-1} ＊ b) ＊ (b^{-1} ＊ c) \in H$。故 $a \sim c$。

另外，$a \sim b$ 习惯上写成 $a \equiv b$(模 H)，表示是由 H 诱导出的左陪集等价关系。

本小节的中心思想说的是：子群〈H，＊〉可以诱导出由 H 的左陪集集合构成的 G 的一个划分和由这个划分可以诱导出 G 的一个左陪集等价关系。

例 6.7-6　我们来考察〈S_3，◇〉(表 6.7-13)：

表 6.7-13

◇	p_1	p_2	p_3	p_4	p_5	p_6
p_1	p_1	p_2	p_3	p_4	p_5	p_6
p_2	p_2	p_1	p_5	p_6	p_3	p_4
p_3	p_3	p_6	p_1	p_5	p_4	p_2
p_4	p_4	p_5	p_6	p_1	p_2	p_3
p_5	p_5	p_4	p_2	p_3	p_6	p_1
p_6	p_6	p_3	p_4	p_2	p_1	p_5

$$p_1 = \begin{pmatrix} 1 & 2 & 3 \\ 1 & 2 & 3 \end{pmatrix}$$

$$p_2 = \begin{pmatrix} 1 & 2 & 3 \\ 2 & 1 & 3 \end{pmatrix}$$

$$p_3 = \begin{pmatrix} 1 & 2 & 3 \\ 3 & 2 & 1 \end{pmatrix}$$

$$p_4 = \begin{pmatrix} 1 & 2 & 3 \\ 1 & 3 & 2 \end{pmatrix}$$

$$p_5 = \begin{pmatrix} 1 & 2 & 3 \\ 2 & 3 & 1 \end{pmatrix}$$

$$p_6 = \begin{pmatrix} 1 & 2 & 3 \\ 3 & 1 & 2 \end{pmatrix}$$

（1）取 $H=\{p_1, p_4\}$，$\langle H, \diamondsuit \rangle$ 是 $\langle S_3, \diamondsuit \rangle$ 的子群。

左陪集是：

$$p_1 H = p_4 H = \{p_1, p_4\}$$
$$p_2 H = p_6 H = \{p_2, p_6\}$$
$$p_3 H = p_5 H = \{p_3, p_5\}$$

$\{\{p_1, p_4\}, \{p_2, p_6\}, \{p_3, p_5\}\}$ 是 S_3 的一个划分。

右陪集是：

$$H p_1 = H p_4 = \{p_1, p_4\}$$
$$H p_2 = H p_5 = \{p_2, p_5\}$$
$$H p_3 = H p_6 = \{p_3, p_6\}$$

$\{\{p_1, p_4\}, \{p_2, p_5\}, \{p_3, p_6\}\}$ 也是 S_3 的一个划分。

注意，表示元素相同的左陪集和右陪集未必相等，例如 $p_2 H \neq H p_2$。左右陪集确定的等价关系也未必是 $\langle G, * \rangle$ 的同余关系，例如，$p_3 \sim p_5$，$p_2 \sim p_6$，$p_3 \diamondsuit p_2 \not\sim p_5 \diamondsuit p_6$。

（2）取 $H=\{p_1, p_5, p_6\}$，$\langle H, \diamondsuit \rangle$ 是 $\langle S_3, \diamondsuit \rangle$ 的子群。

左陪集是：

$$p_1 H = p_5 H = p_6 H = \{p_1, p_5, p_6\}$$
$$p_2 H = p_3 H = p_4 H = \{p_2, p_3, p_4\}$$

$\{\{p_1, p_5, p_6\}, \{p_2, p_3, p_4\}\}$ 是 S_3 的一个划分。

右陪集是：

$$H p_1 = H p_5 = H p_6 = \{p_1, p_5, p_6\}$$
$$H p_2 = H p_3 = H p_4 = \{p_2, p_3, p_4\}$$

这里，表示元素相同的左陪集和右陪集是相同的。容易验证 H 的左陪集等价关系也是一个同余关系。

6.7.5 正规子群和商群

为了由群 $\langle G, * \rangle$ 构造商代数——商群，必须找出群 $\langle G, * \rangle$ 上的同余关系。由上一小节的例子可以看出，H 的左陪集等价关系可以是 $\langle G, * \rangle$ 上的同余关系，也可以不是。现在研究在什么情况下它一定是同余关系，为此给出以下定义。

定义 6.7-8 设 $\langle H, * \rangle$ 是群 $\langle G, * \rangle$ 的子群，对任意元素 $a \in G$，如果 $aH=Ha$，则 $\langle H, * \rangle$ 称为**正规子群**。

定义中的 $aH=Ha$ 是指对每一 $h_1 \in H$，都存在 $h_2 \in H$，使 $a * h_1 = h_2 * a$，并不要求对每一 $h \in H$ 有 $a * h = h * a$。对正规子群来说，左陪集和右陪集相等。所以，可以简称陪集。显然，所有阿贝尔群的子群都是正规子群；所有平凡子群都是正规子群。

现在我们来证明正规子群的不同陪集都是 G 的同余类。设 aH 和 bH 是两个陪集，a_1 是 aH 中任一元素，b_1 是 bH 中任一元素，现证明 $a_1 * b_1$ 全都在 H 的同一陪集中。设

$$a_1 = a * h_1$$
$$b_1 = b * h_2$$

h_1 和 h_2 是 H 中某一元素，以下的 h_i 也是 H 中某一元素，不再声明。

$$a_1 * b_1 = (a * h_1) * (b * h_2)$$
$$= (a * h_1) * (h_3 * b)$$
$$= a * h_4 * b$$
$$= a * b * h_5$$

因此，所有 $a_1 * b_1$ 都在陪集 $(a * b)H$ 中。再者，容易证明 $a_1,a_2 \in aH$ 时有 $a_1^{-1},a_2^{-1} \in a^{-1}H$。因此由正规子群 H 诱导出的陪集关系是同余关系。

设 $\langle H,*,-1,e \rangle$ 是群 $A = \langle G,*,-1,e \rangle$ 的正规子群。H 的陪集关系记为 $\sim$，则根据商代数的定义 6.5-1 有

$$A/\sim = \langle G/\sim, \circledast, -1, H \rangle$$

这里

$$G/\sim = \{aH \mid a \in G\}$$
$$aH \circledast bH = (a * b)H$$
$$[aH]^{-1} = a^{-1}H$$

为了表明 $\sim$ 是 H 的陪集关系，习惯记为

$$A/H = \langle G/H, \circledast \rangle$$

称为群 $\langle G,* \rangle$ 关于正规子群 $\langle H,* \rangle$ 的**商群**。

商群的阶数等于群 $\langle G,* \rangle$ 的阶数除以 $\langle H,* \rangle$ 的阶数。根据商代数的性质，商群也是一个群。

例如，在例 6.7-6(2)中，$\langle S_3, \diamondsuit \rangle$ 关于正规子群 $\langle \{p_1,p_5,p_6\}, \diamondsuit \rangle$ 的商群是 $\langle \{\{p_1,p_5,p_6\},\{p_2,p_3,p_4\}\}, \circledast \rangle$，$\circledast$ 的运算表如表 6.7-14 所示。

表 6.7-14

$\circledast$	$\{p_1,p_5,p_6\}$	$\{p_2,p_3,p_4\}$
$\{p_1,p_5,p_6\}$	$\{p_1,p_5,p_6\}$	$\{p_2,p_3,p_4\}$
$\{p_2,p_3,p_4\}$	$\{p_2,p_3,p_4\}$	$\{p_1,p_5,p_6\}$

作映射 $h: G \to G/H$，$h(a) = aH$，根据定理 6.5-1，h 是从群 G 到商群的自然同态。

以上说明从正规子群可得出陪集同余关系和群同态。下一定理说明从群同态可得出陪集同余关系和正规子群。

定理 6.7-21 设 h 是从群 $\langle G,* \rangle$ 到群 $\langle G',*' \rangle$ 的同态，那么

(1) h 诱导的 G 上的等价关系是群 $\langle G,* \rangle$ 的同余关系。

(2) h 的核 K 是 $\langle G,* \rangle$ 的正规子群。

(3) K 的陪集就是上述同余关系的同余类。

证 (1) 应用定理 6.4-2 可直接得出。

(2) 根据定理 6.7-16，$K = \ker(h) = \{a \mid a \in G \wedge h(a) = e_{G'}\}$ 是 $\langle G,* \rangle$ 的子群。对任意的 $a \in G$ 和任意的 $k \in K$，

$$h(a^{-1} * k * a) = h(a^{-1}) *' h(k) *' h(a)$$
$$= h(a^{-1}) *' e_{G'} *' h(a)$$
$$= h(a^{-1}) *' h(a) = e_{G'}$$

所以，存在一个 k_1，使 $a^{-1}*k*a=k_1$，即 $ka=ak_1$。所以，$Ka\subseteq aK$。类似地可证 $aK\subseteq Ka$，故 $aK=Ka$，K 是正规子群。

（3）设 a、b 属于同一陪集，则

$$a^{-1}*b\in K,$$
$$h(a^{-1})*'h(b)=e_{G'},$$
$$h(b)=h(a)$$

所以，a、b 在同一同余类中。

反之，设 a、b 在同一同余类中，则

$$h(a)=h(b)。h(a^{-1}*b)=h(a^{-1})*'h(b)=h(a^{-1})*'h(a)=e_{G'}$$

所以，$a^{-1}*b\in K$，故 a 和 b 在同一陪集中。证毕。

下一定理说明群 $\langle G,*\rangle$ 的同态象和商群 $\langle G/K,\circledast\rangle$ 间的关系。

定理 6.7-22 设 h 是从群 $\langle G,*\rangle$ 到群 $\langle G',*'\rangle$ 的同态，K 是同态 h 的核，则 $\langle G/K,\circledast\rangle$ 同构于 $\langle h(G),*'\rangle$。

根据定理 6.5-2 和定理 6.7-21 就直接得到本定理。

6.7.6 群的直接乘积和群的图示

定义 6.7-9 设 $\langle G,*\rangle$ 和 $\langle G',\circledast\rangle$ 是两个群，两个群的直接乘积是一个代数系统 $\langle G\times G',\circ\rangle$，其中 $G\times G'$ 上的二元运算 $\circ$ 定义为：

对任意 $\langle g_1,g_1'\rangle$ 和 $\langle g_2,g_2'\rangle\in G\times G'$ 有

$$\langle g_1,g_1'\rangle\circ\langle g_2,g_2'\rangle=\langle g_1*g_2,g_1'\circledast g_2'\rangle$$

不难看出，两个群的积代数是一个群，因为：

（1）$\langle e_G,e_{G'}\rangle$ 是 $\langle G\times G',\circ\rangle$ 的么元，这里 e_G 和 $e_{G'}$ 分别是群 $\langle G,*\rangle$ 和 $\langle G',\circledast\rangle$ 的么元。

（2）任意元素 $\langle g,g'\rangle\in G\times G'$ 都有逆元 $\langle g^{-1},g'^{-1}\rangle$。

（3）运算 $\circ$ 的可结合性可从运算 $*$ 和 $\circledast$ 的可结合性得出。

（4）$G\times G'$ 对运算 $\circ$ 封闭，因为 G 对 $*$，G' 对 $\circledast$ 封闭。

子集 $\{\langle a,e_{G'}\rangle|a\in G\}$ 和 $\{\langle e_G,b\rangle|b\in G'\}$，它们分别是 $\langle G\times G',\circ\rangle$ 的子群，分别同构于群 $\langle G,*\rangle$ 和 $\langle G',\circledast\rangle$。

应用直接乘积可以形成高阶的群。

例 6.7-7

（1）群 $\langle\{e,a\},*\rangle$ 自身的直接乘积为表 6.7-15 给出的群。

表 6.7-15

$*$	$\langle e,e\rangle$	$\langle e,a\rangle$	$\langle a,e\rangle$	$\langle a,a\rangle$
$\langle e,e\rangle$	$\langle e,e\rangle$	$\langle e,a\rangle$	$\langle a,e\rangle$	$\langle a,a\rangle$
$\langle e,a\rangle$	$\langle e,a\rangle$	$\langle e,e\rangle$	$\langle a,a\rangle$	$\langle a,e\rangle$
$\langle a,e\rangle$	$\langle a,e\rangle$	$\langle a,a\rangle$	$\langle e,e\rangle$	$\langle e,a\rangle$
$\langle a,a\rangle$	$\langle a,a\rangle$	$\langle a,e\rangle$	$\langle e,a\rangle$	$\langle e,e\rangle$

（2）群$\langle\{e_1,a\},*\rangle$和群$\langle\{e_2,b,c\},*\rangle$的直接乘积为表 6.7 - 16 给出的群。

表 6.7 - 16

$*$	$\langle e_1,e_2\rangle$	$\langle e_1,b\rangle$	$\langle e_1,c\rangle$	$\langle a,e_2\rangle$	$\langle a,b\rangle$	$\langle a,c\rangle$
$\langle e_1,e_2\rangle$	$\langle e_1,e_2\rangle$	$\langle e_1,b\rangle$	$\langle e_1,c\rangle$	$\langle a,e_2\rangle$	$\langle a,b\rangle$	$\langle a,c\rangle$
$\langle e_1,b\rangle$	$\langle e_1,b\rangle$	$\langle e_1,c\rangle$	$\langle e_1,e_2\rangle$	$\langle a,b\rangle$	$\langle a,c\rangle$	$\langle a,e_2\rangle$
$\langle e_1,c\rangle$	$\langle e_1,c\rangle$	$\langle e_1,e_2\rangle$	$\langle e_1,b\rangle$	$\langle a,c\rangle$	$\langle a,e_2\rangle$	$\langle a,b\rangle$
$\langle a,e_2\rangle$	$\langle a,e_2\rangle$	$\langle a,b\rangle$	$\langle a,c\rangle$	$\langle e_1,e_2\rangle$	$\langle e_1,b\rangle$	$\langle e_1,c\rangle$
$\langle a,b\rangle$	$\langle a,b\rangle$	$\langle a,c\rangle$	$\langle a,e_2\rangle$	$\langle e_1,b\rangle$	$\langle e_1,c\rangle$	$\langle e_1,e_2\rangle$
$\langle a,c\rangle$	$\langle a,c\rangle$	$\langle a,e_2\rangle$	$\langle a,b\rangle$	$\langle e_1,c\rangle$	$\langle e_1,e_2\rangle$	$\langle e_1,b\rangle$

下边我们介绍群的图示，分三种情况说明。

（1）如果一个群 G 是循环群（例如阶数是质数的群），则 G 的图在 6.7.2 小节中已介绍过。那里说明过的结点、弧、路径以及它们标记的意义，下面仍延用，不再重复。

（2）如果一个群 G 可分解成两个低阶群 G_1 和 G_2 的直接乘积，则我们可先作出因子群 G_1 和 G_2 的图，然后组合成 G 的图。组合方法是使得因子群图中的每个结点上恰有另一个因子群的图，而总结点数等于 G 的阶数，以例 6.7 - 7 中的（1）、（2）为例，说明如下：

① 群$\langle\{e,a\},*\rangle$的图如图 6.7 - 4(a)所示，自身的直接乘积的图如图 6.7 - 4(b)所示。为了简明，通常用一条无向边代替两结点间相向的两条有向边，则这个直接乘积的图如图 6.7 - 4(c)所示。

由一条路径中的边的标记按序所组成的字称为该路径的字，从$\langle e,e\rangle$到每一结点所得的字，表示该结点的元素由什么生成元组成。例如，$\langle a,a\rangle=ab=ba$，表示元素$\langle a,a\rangle$由 $a*b$ 或 $b*a$ 生成。

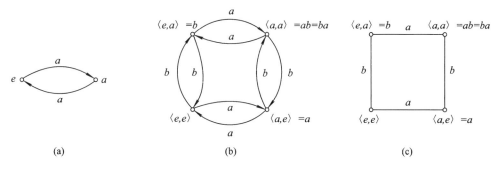

图 6.7 - 4

②$\langle\{e_1,a\},*\rangle$的图上边已给出，$\langle\{e_2,b,c\},*\rangle$的图如图 6.7 - 5(a)所示。因此这个直接乘积的图如图 6.7 - 5(b)所示。

注意内三角形的旋转方向不一定和外三角形一致，需要检查 $b*a$ 和 $a*b$ 是否相等，图中是相等的情况。

（3）如果一个群 G 不可分解成两个群的直接乘积，则可找出两个低阶子群，使其阶数之积等于群的阶数。先画出两子群的图，然后组合成群的图，组合方式类似于（2），下边举例说明其过程。

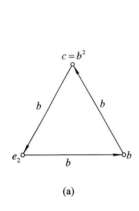

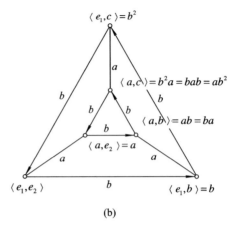

$$图\quad 6.7-5$$

例 6.7 - 8 记

$$p_1 = \begin{pmatrix} 1 & 2 & 3 & 4 \\ 1 & 2 & 3 & 4 \end{pmatrix},\ p_2 = \begin{pmatrix} 1 & 2 & 3 & 4 \\ 1 & 3 & 4 & 2 \end{pmatrix},\ p_3 = \begin{pmatrix} 1 & 2 & 3 & 4 \\ 3 & 2 & 4 & 1 \end{pmatrix},$$

$$p_4 = \begin{pmatrix} 1 & 2 & 3 & 4 \\ 2 & 4 & 3 & 1 \end{pmatrix},\ p_5 = \begin{pmatrix} 1 & 2 & 3 & 4 \\ 2 & 3 & 1 & 4 \end{pmatrix},\ p_6 = \begin{pmatrix} 1 & 2 & 3 & 4 \\ 2 & 1 & 4 & 3 \end{pmatrix},\ p_7 = \begin{pmatrix} 1 & 2 & 3 & 4 \\ 3 & 4 & 1 & 2 \end{pmatrix},$$

$$p_8 = \begin{pmatrix} 1 & 2 & 3 & 4 \\ 4 & 3 & 2 & 1 \end{pmatrix},\ p_9 = \begin{pmatrix} 1 & 2 & 3 & 4 \\ 1 & 4 & 2 & 3 \end{pmatrix},\ p_{10} = \begin{pmatrix} 1 & 2 & 3 & 4 \\ 4 & 2 & 1 & 3 \end{pmatrix},\ p_{11} = \begin{pmatrix} 1 & 2 & 3 & 4 \\ 4 & 1 & 3 & 2 \end{pmatrix},$$

$$p_{12} = \begin{pmatrix} 1 & 2 & 3 & 4 \\ 3 & 1 & 2 & 4 \end{pmatrix},\ S = \{ p_i \mid i = 1, 2, \cdots, 12 \}$$

群 $G = \langle S, \diamondsuit \rangle$ 的合成表如表 6.7 - 17 所示。

表 6.7 - 17

$\diamondsuit$	p_1	p_2	p_3	p_4	p_5	p_6	p_7	p_8	p_9	p_{10}	p_{11}	p_{12}
p_1	p_1	p_2	p_3	p_4	p_5	p_6	p_7	p_8	p_9	p_{10}	p_{11}	p_{12}
p_2	p_2	p_9	p_7	p_5	p_6	p_4	p_{12}	p_{10}	p_1	p_{11}	p_8	p_3
p_3	p_3	p_8	p_{10}	p_7	p_2	p_{11}	p_9	p_5	p_4	p_1	p_{12}	p_6
p_4	p_4	p_3	p_6	p_{11}	p_7	p_2	p_{10}	p_{12}	p_8	p_5	p_1	p_9
p_5	p_5	p_7	p_4	p_8	p_{12}	p_9	p_{11}	p_3	p_{10}	p_6	p_2	p_1
p_6	p_6	p_{12}	p_5	p_{10}	p_3	p_1	p_8	p_7	p_{11}	p_4	p_9	p_2
p_7	p_7	p_{10}	p_{11}	p_{12}	p_9	p_8	p_1	p_6	p_5	p_2	p_3	p_4
p_8	p_8	p_4	p_9	p_2	p_{11}	p_7	p_6	p_1	p_3	p_{12}	p_5	p_{10}
p_9	p_9	p_1	p_{12}	p_6	p_4	p_5	p_3	p_{11}	p_2	p_8	p_{10}	p_7
p_{10}	p_{10}	p_5	p_1	p_9	p_8	p_{12}	p_4	p_2	p_7	p_3	p_6	p_{11}
p_{11}	p_{11}	p_6	p_2	p_1	p_{10}	p_3	p_5	p_9	p_{12}	p_7	p_4	p_8
p_{12}	p_{12}	p_{11}	p_8	p_3	p_1	p_{10}	p_2	p_4	p_6	p_9	p_7	p_5

下列集合构成群 G 的 8 个真子群：

$$\{p_1, p_2, p_9\}, \qquad \{p_1, p_3, p_{10}\}$$
$$\{p_1, p_4, p_{11}\}, \qquad \{p_1, p_5, p_{12}\}$$
$$\{p_1, p_6\}, \qquad \{p_1, p_7\}$$
$$\{p_1, p_8\}, \qquad \{p_1, p_6, p_7, p_8\}$$

但这个群没有六阶子群，是拉格朗日定理的逆定理不成立的例子。我们可选一个四阶子群和任一三阶子群，不妨选 $\langle\{p_1, p_2, p_9\}, \diamondsuit\rangle$，先画出图。$\langle\{p_1, p_6, p_7, p_8\}, \diamondsuit\rangle$ 的图如图 6.7-6(a) 所示，$\langle\{p_1, p_2, p_9\}, \diamondsuit\rangle$ 的图如图 6.7-6(b) 所示。因此，$\langle S, \diamondsuit\rangle$ 的图如图 6.7-7 所示。要注意内部四边形和中间四边形如何标记，例如 $a\diamondsuit\rho = \rho\diamondsuit b = p_{12}$，所以我们给图中 p_{12} 的结点标以 p_{12} 并给 p_2 到 p_{12} 的边标以 b。

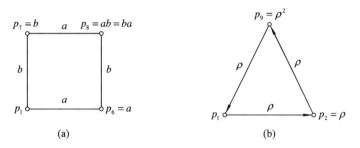

图　6.7-6

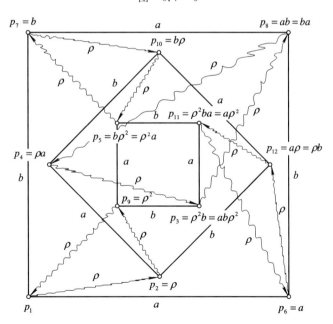

图　6.7-7

群的图示也是群的一种表示方式，这个方式的优点是使我们对群的结构有一个形象、直观的认识，并使代数和图论两个数学分支建立了联系。但群的图示不唯一。如例 6.7-7(2)，如取 $\langle a, b\rangle$ 为生成元 g，则它的图示如图 6.7-8 所示，不同于图 6.7-5(b)。

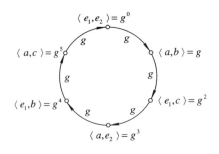

图 6.7 - 8

习　题

1. 下列代数 $\langle S,*\rangle$ 中哪些能够形成群? 如果是群, 指出其幺元, 并给出每个元素的逆元。

(1) $S=\{1,3,4,5,9\}$, $*$ 是模 11 的乘法。

(2) $S=\mathbf{Q}$, $*$ 是一般的加法。

(3) $S=\mathbf{Q}$, $*$ 是一般的乘法。

(4) $S=\mathbf{I}$, $*$ 是一般的减法。

(5) $S=\{a,b,c,d\}$, $*$ 如表 6.7 - 18 所定义。

表 6.7 - 18

$*$	a	b	c	d
a	b	d	a	c
b	d	c	b	a
c	a	b	c	d
d	c	a	d	b

表 6.7 - 19

$*$	a	b	c	d
a	a	b	c	d
b	b	a	d	c
c	c	d	a	a
d	d	c	b	b

(6) $S=\{a,b,c,d\}$, $*$ 如表 6.7 - 19 所定义。

2. 设 $\langle S,*\rangle$ 是有限可交换独异点, 若对于所有的 $a,b,c\in S$, 有 $a*b=a*c \Rightarrow b=c$。试证明 $\langle S,*\rangle$ 是一个阿贝尔群。

3. 在群 $\langle G,*,-1,e\rangle$ 中,

(1) 如果对任意元素 $a\in G$ 有 $a^2=e$, 则 $\langle G,*,-1,e\rangle$ 是阿贝尔群。

(2) 如果对任意元素 $a,b\in G$, 有 $(a*b)^2=a^2*b^2$, 则 $\langle G,*,-1,e\rangle$ 是阿贝尔群。

4. 设 a 是群 $\langle G,*\rangle$ 的一个元素, 试用归纳法证明, 对于 $i,j\in\mathbf{I}$ 有

(1) $a^i*a^j=a^{i+j}$

(2) $(a^i)^j=a^{ij}$

5. 设 $\langle S,*\rangle$ 是群, 试证明对群中任一元素 a 有 $(a^{-1})^{-1}=a$。若 $\langle S,*\rangle$ 是独异点, 对 S 中任一元素成立 $(a^{-1})^{-1}=a$ 吗?

6. 试在 $\langle S_3,\diamondsuit\rangle$ 中, 求出元素 $a,b\in S_3$, 能使

(1) $(a\diamondsuit b)^2\neq(a^2\diamondsuit b^2)$

(2) $a^2=e$

(3) $a^3 = e$

7. 求出 $\langle \mathbf{N}_5, +_5 \rangle$ 和 $\langle \mathbf{N}_{12}, +_{12} \rangle$ 的所有子群。

8. 设 $\langle G, * \rangle$ 是一个群，且 $a \in G$，如果对于每一个 $x \in G$，有 $a * x = x * a$，则由这样的元素 a 可以构成一个集合 S。试证明 $\langle S, * \rangle$ 是群 $\langle G, * \rangle$ 的子群。

9. 试证明，如果 $\langle G, * \rangle$ 是一个循环群，则 $\langle G, * \rangle$ 的每一个子群，都必定是个循环子群。

10. 设 $\langle G, * \rangle$ 是一个群，H 是 G 的非空子集，如果对任意元素 $a, b \in H$，有 $a * b^{-1} \in H$，则 $\langle H, * \rangle$ 是一个子群。

11. 设 $\langle G, * \rangle$ 是一个群，这里 G 有偶数个元素，证明 G 中存在一个元素 $a \neq e$，使 $a^2 = e$。

12. 考察群 $\langle \{1, i, -1, -i\}, * \rangle$ 和 $\left\langle \left\{ \begin{pmatrix} 1 & 0 \\ 0 & 1 \end{pmatrix}, \begin{pmatrix} -1 & 0 \\ 0 & -1 \end{pmatrix}, \begin{pmatrix} -1 & 0 \\ 0 & 1 \end{pmatrix}, \begin{pmatrix} 1 & 0 \\ 0 & -1 \end{pmatrix} \right\}, \circ \right\rangle$，这里 $*$ 是复数乘法，$\circ$ 是矩阵乘法。作出它们的运算表并判别是否同构。

13. 设 $\langle G, * \rangle$ 是一个群，且 $a \in G$。定义一个映射 $f: G \to G$，使得对于每一个 $x \in G$，有 $f(x) = a * x * a^{-1}$，试证明 f 是 $\langle G, * \rangle$ 的群自同构。

14. 设 h 是从代数 G 到 G' 的满同态，G 是一个循环群，证明 G' 也是一个循环群。

15. 证明群 $\langle G, * \rangle$ 的任意元素 a，都有 $a^n = e$，这里 $n = |G|$。

16. 设 $\langle H, * \rangle$ 和 $\langle K, * \rangle$ 都是群 $\langle G, * \rangle$ 的子群，
$$HK = \{h * k \mid h \in H \wedge k \in K\}$$
证明当且仅当 $HK = KH$ 时 $\langle HK, * \rangle$ 是 $\langle G, * \rangle$ 的子群。

17. 设 $\langle G, * \rangle$ 是一个偶数阶的群，设 $\langle H, * \rangle$ 是 $\langle G, * \rangle$ 的一个子群，这里 $|H| = |G|/2$，证明 $\langle H, * \rangle$ 是正规子群。

18. 设 $\langle G, * \rangle$ 是一个群，$H = \{a \mid a \in G \wedge$ 对所有 $b \in G, a * b = b * a\}$，证明 $\langle H, * \rangle$ 是正规子群。

19. 证明如果 $\langle H, * \rangle$ 和 $\langle K, * \rangle$ 都是群 $\langle G, * \rangle$ 的正规子群，那么 $\langle H \bigcap K, * \rangle$ 也是一个正规子群。

20. 具有关系 $i^2 = j^2 = k^2 = -1$，$(-1)^2 = 1$，$ij = k = -ji$，$jk = i = -kj$，$ki = j = -ik$ 的八元素集合 $G = \{1, -1, i, -i, j, -j, k, -k\}$ 可构成群 $\langle G, * \rangle$，

(1) 试列出运算表。

(2) 证明 $\langle H, * \rangle$ 是正规子群，这里 $H = \{1, -1, j, -j\}$。

(3) 写出关于 H 的陪集划分。

(4) 写出商群 $\langle G/H, \circledast \rangle$

21. 作出六阶群 $\langle S_3, \diamondsuit \rangle$ 的图。

22. 作出例 6.7 - 2(2) 八阶群的图。

6.8 环 和 域

前边讨论了具有一个二元运算的代数系统，本节进而讨论具有两个二元运算的代数系统。

6.8.1 环、整环和域

定义 6.8-1 若代数系统$\langle R, +, \cdot \rangle$的二元运算$+$和$\cdot$具有下列三个性质:

(1) $\langle R, + \rangle$是阿贝尔群(加法群),

(2) $\langle R, \cdot \rangle$是半群,

(3) 乘法$\cdot$在加法$+$上可分配,即对任意元素$a, b, c \in R$,有

$$a \cdot (b+c) = a \cdot b + a \cdot c$$
$$(b+c) \cdot a = b \cdot a + c \cdot d$$

则称$\langle R, +, \cdot \rangle$是个**环**。

定义中第三个性质的作用是使$\cdot$和$+$联系起来,使加法么元成为乘法零元(参看定理6.8-1(1)的证明)。

例 6.8-1

(1) $\langle \mathbf{I}, +, \cdot \rangle$是个环,因为$\langle \mathbf{I}, + \rangle$是加法群,0是么元,$\langle \mathbf{I}, \cdot \rangle$是半群,乘法在加法上可分配。

(2) $\langle \mathbf{N}_k, +_k, \times_k \rangle$是个环,这里$\mathbf{N}_k = \{0, 1, \cdots, k-1\}$,$k > 0$,$+_k$和$\times_k$分别是模$k$加法和模$k$乘法。因为$\langle \mathbf{N}_k, +_k \rangle$是阿贝尔群,0是么元,$\langle \mathbf{N}_k, \times_k \rangle$是半群,对任意元素$a, b, c \in \mathbf{N}_k$,有

$$
\begin{aligned}
a \times_k (b +_k c) &= a \times_k [(b+c)(\bmod k)] \\
&= [a \times (b+c)(\bmod k)] \\
&= (a \times b + a \times c)(\bmod k) \\
&= [(a \times b)(\bmod k)] +_k [(a \times c)(\bmod k)] \\
&= (a \times_k b) +_k (a \times_k c)
\end{aligned}
$$

又$\times_k$可交换,所以乘法在加法上可分配。

(3) $\langle M_n, +, \cdot \rangle$是个环,这里$M_n$是$\mathbf{I}$上$n \times n$方阵集合,$+$是矩阵加法,$\cdot$是矩阵乘法,因为$\langle M_n, + \rangle$是阿贝尔群,零阵是么元,$\langle M_n, \cdot \rangle$是半群,矩阵乘法对加法可分配。

(4) $\langle \mathbf{R}(x), +, \cdot \rangle$是个环,这里$\mathbf{R}(x)$是所有实系数的$x$的多项式集合,$+$和$\cdot$分别是多项式加法和乘法。

下面介绍环的性质,我们将$a + (-b)$写成$a - b$。

定理 6.8-1 设$\langle R, +, \cdot \rangle$是个环,0是加法么元,则对任意元素$a, b, c \in R$有

(1) $a \cdot 0 = 0 \cdot a = 0$

(2) $(-a) \cdot b = a \cdot (-b) = -(a \cdot b)$

(3) $(-a) \cdot (-b) = a \cdot b$

(4) $a \cdot (b-c) = a \cdot b - a \cdot c$

(5) $(b-c) \cdot a = b \cdot a - c \cdot a$

证

(1) $0 = a \cdot 0 - a \cdot 0 = a \cdot (0+0) - a \cdot 0 = a \cdot 0 + a \cdot 0 - a \cdot 0 = a \cdot 0$

类似地可证:$0 = 0 \cdot a$。

(2) $(-a) \cdot b = a \cdot b + (-a) \cdot b - (a \cdot b) = (a + (-a)) \cdot b - (a \cdot b)$
$$= 0 \cdot b - (a \cdot b) = 0 - (a \cdot b) = -(a \cdot b)$$

类似地可证 $a\cdot(-b)=-(a\cdot b)$。

(3)、(4)、(5)的证明留作练习。

定义 6.8-2 $\langle R,+,\cdot\rangle$ 是一个环，如果对于某些非零元素 $a,b\in R$，能使 $a\cdot b=0$，则称 $\langle R,+,\cdot\rangle$ 是**含零因子环**，a、b 称为**零因子**，无零因子的环称为**无零因子环**。

定理 6.8-2 环 $\langle R,+,\cdot\rangle$ 是无零因子，当且仅当 $\langle R,+,\cdot\rangle$ 满足可约律。

证 设 $a,b,c\in R$ 是任意元素，且 $a\neq0$。

先证必要性。如果 $a\cdot b=a\cdot c$，那么 $a\cdot b-a\cdot c=0$，$a\cdot(b-c)=0$，由于无零因子，所以 $b-c=0$，即 $b=c$。可见 $\langle R,+,\cdot\rangle$ 满足可约律。

再证充分性。如果 $b\cdot c=0$ 且 $b\neq0$，那么 $bc=b\cdot0$，由于满足可约律，所以 $c=0$。又如果 $b\cdot c=0$ 且 $c\neq0$，那么 $b\cdot c=0\cdot c$，由于满足可约律，所以，$b=0$。可见 $\langle R,+,\cdot\rangle$ 无零因子。证毕。

定义 6.8-3 给定环 $\langle R,+,\cdot\rangle$，如果 $\langle R,\cdot\rangle$ 是可交换的，称 $\langle R,+,\cdot\rangle$ 是**可交换环**；如果 $\langle R,\cdot\rangle$ 是含么半群，称 $\langle R,+,\cdot\rangle$ 是**含么环**。如果 $\langle R,+,\cdot\rangle$ 是可交换的，含么而无零因子环，则称它是**整环**。

例 6.8-2

(1) $\langle \mathbf{I},+,\cdot\rangle$ 是整环。因为 $\cdot$ 可交换，1 是乘法么元，可约律成立。

(2) $\langle \mathbf{N}_6,+_6,\times_6\rangle$ 不是整环，因为 $3\times_62=0$，3 和 2 是零因子，$\langle \mathbf{N}_7,+_7,\times_7\rangle$ 是整环。

定义 6.8-4 如果 $\langle F,+,\cdot\rangle$ 是整环，$|F|>1$，$\langle F-\{0\},\cdot\rangle$ 是群，则 $\langle F,+,\cdot\rangle$ 是**域**。

域的定义也可这样叙述：满足以下条件的代数系统 $\langle F,+,\cdot\rangle$ 称为**域**。

(1) $\langle F,+\rangle$ 是阿贝尔群，

(2) $\langle F-\{0\},\cdot\rangle$ 是阿贝尔群，

(3) 乘法对加法可分配。

例 6.8-3

(1) 设 $\mathbf{Q}$ 表示有理数集合，$\mathbf{R}$ 表示实数集合，$\mathbf{C}$ 表示复数集合，则 $\langle \mathbf{Q},+,\cdot\rangle$、$\langle \mathbf{R},+,\cdot\rangle$、$\langle \mathbf{C},+,\cdot\rangle$ 都是域。我们在中小学里学过的加、减、乘、除就是这三个域的运算。而且减法并不真正是一个"独立的"运算，因为它等价于加上一个元素的加法逆元，同样地，除法等价于乘上一个元素的乘法逆元。

(2) $\langle \mathbf{N}_k,+_k,\times_k\rangle$ 是一个域，当且仅当 k 是质数。

证 必要性。若 k 不是质数，那么 $k=1$ 或 $k=a\cdot b$。$k=1$ 时，$N_1=\{0\}$。只有一个元素不是域；$k=a\cdot b$ 时，则 $a\times_k b=0$，a、b 是零因子，所以 $\langle \mathbf{N}_k,+_k,\times_k\rangle$ 不是域。

充分性。

① 证明 $\langle \mathbf{N}_k-\{0\},\times_k\rangle$ 是群：

(i) 对 $\mathbf{N}_k-\{0\}$ 中任意元素 a 和 b，$a\times_k b\neq0$，所以 $\mathbf{N}_k-\{0\}$ 对 $\times_k$ 封闭。

(ii) $\times_k$ 是可结合运算。

(iii) 运算 $\times_k$ 的么元是 1。

(iv) 对每一元素 $a\in\mathbf{N}_k-\{0\}$ 都存在一逆元。

证明如下：设 $b\neq c$ 是 $\mathbf{N}_k-\{0\}$ 中任二元素，现证 $a\times_k b\neq a\times_k c$。用反证法，若 $a\times_k b=$

$a\times_k c$，则

$$ab = nk + r$$
$$ac = mk + r$$

不妨设 $b>c$，于是 $n>m$，

$$ab - ac = nk - mk$$
$$a(b-c) = (n-m)k \qquad\qquad ①$$

因 a 和 $b-c$ 都比 k 小而 k 是质数，①式不可能成立。这样就证明了若 $b\neq c$，则

$$a\times_k b\neq a\times_k c$$

于是 a 和 $\mathbf{N}_k-\{0\}$ 中的 $k-1$ 个数的模 k 乘法，其结果都不相同，但又必须等于 $\{1,2,\cdots,$ $k-1\}$ 中的一个，故必存在一元素 b，使 $a\times_k b=1$。这就证明了任意元素 a 存在逆元。

（v） $\times_k$ 是可交换的。

由（i）～（v）得 $\langle\mathbf{N}_k-\{0\}，\times_k\rangle$ 是阿贝尔群。

② 显然 $\langle\mathbf{N}_k，+_k\rangle$ 是阿贝尔群。

③ 乘法 $\times_k$ 对加法 $+_k$ 可分配，在例 6.8-1(2)中已证明。

综上所述，当 k 是质数时，$\langle\mathbf{N}_k，+_k，\times_k\rangle$ 是域，称为**模 K 整数域**。证毕。

在域中，乘法么元通常表示为 1，a 的逆元表示为 a^{-1} 或 $1/a$，$b\cdot a^{-1}$ 就写成 b/a。

环、整环和域的关系如图 6.8-1 所示。

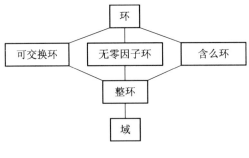

图　6.8-1

6.8.2　子环和理想

定义 6.8-5　给定一个环 $\langle R，+，\cdot\rangle$，代数系统 $\langle S，+，\cdot\rangle$ 满足以下条件，则称为 $\langle R，+，\cdot\rangle$ 的**子环**。

（1）$S\subseteq R$；

（2）若 $a,b\in S$，则 $a+b\in S$，$-a\in S$；

（3）若 $a,b\in S$，则 $a\cdot b\in S$。

由于条件（1）和（2）保证了 $\langle S，+\rangle$ 是阿贝尔群，条件（3）保证了 $\langle S，\cdot\rangle$ 是半群，分配律是继承的，所以子环是一个环。

定义 6.8-6　设 $\langle R，+，\cdot\rangle$ 和 $\langle S，\oplus，\odot\rangle$ 都是环，如果映射 h，对于任何 $a,b\in R$，有

$$h(a+b) = h(a)\oplus h(b)$$
$$h(a\cdot b) = h(a)\odot h(b)$$

则称 h 是从 $\langle R,+,\cdot\rangle$ 到 $\langle S,\oplus,\odot\rangle$ 的**环同态**。

定义中第一个条件是保证 h 是从 $\langle R,+\rangle$ 到 $\langle S,\oplus\rangle$ 的群同态，第二个条件是保证 h 是从 $\langle R,\cdot\rangle$ 到 $\langle S,\odot\rangle$ 的半群同态，并且这两个条件和环的可分配性质是协调的，例如，对于任意 $a,b,c\in R$，

$$
\begin{aligned}
h[a\cdot(b+c)] &= h(a)\odot h(b+c)\\
&= h(a)\odot[h(b)\oplus h(c)]\\
&= [h(a)\odot h(b)]\oplus[h(a)\odot h(c)]\\
&= h(a\cdot b)\oplus h(a\cdot c)\\
&= h(a\cdot b+a\cdot c)
\end{aligned}
$$

定义 6.8‑7 设 $\langle D,+,\cdot\rangle$ 是 $\langle R,+,\cdot\rangle$ 的子环，如果对于所有的 $a\in R$ 和 $d\in D$，ad 和 da 都属于 D，则称 $\langle D,+,\cdot\rangle$ 是 $\langle R,+,\cdot\rangle$ 的**理想**。

如果 $D=R$ 或 $D=\{0\}$，则 $\langle D,+,\cdot\rangle$ 也是 $\langle R,+,\cdot\rangle$ 的理想，称为**平凡理想**，非平凡理想称为**真理想**。

例 6.8‑4

(1) $\langle\{mi\mid i\in\mathbf{I}\},+,\cdot\rangle$ 是环 $\langle\mathbf{I},+,\cdot\rangle$ 的理想。这里 m 是某一非负整数。

(2) $\langle\{0,2,4\},+_6,\times_6\rangle$ 是环 $\langle\mathbf{N}_6,+_6,\times_6\rangle$ 的理想。

定理 6.8‑3 设 $\langle D,+,\cdot\rangle$ 是环 $\langle R,+,\cdot\rangle$ 的理想，由 D 产生的加法陪集划分所确定的等价关系是 $\langle R,+,\cdot\rangle$ 的同余关系。

证 $\langle D,+\rangle$ 是 $\langle R,+\rangle$ 的正规子群，所以，由 D 产生的加法陪集划分确定的等价关系 $\sim$ 是 $\langle R,+\rangle$ 的同余关系。现在只需证明这个等价关系 $\sim$，对运算 $\cdot$ 也满足置换性质。

设 $a_1\sim b_1$ 和 $a_2\sim b_2$，于是存在 $d_1,d_2\in D$，使

$$
\begin{aligned}
a_1 &= b_1+d_1\\
a_2 &= b_2+d_2\\
a_1\cdot a_2 &= (b_1+d_1)\cdot(b_2+d_2)\\
&= d_1\cdot d_2+b_1\cdot d_2+d_1\cdot b_2+b_1\cdot b_2
\end{aligned}
$$

$d_1\cdot d_2+b_1\cdot d_2+d_1\cdot b_2\in D$。所以 $a_1\cdot a_2\in D_{+b_1\cdot b_2}$，故

$$
a_1\cdot a_2\sim b_1\cdot b_2
$$

因此，$\sim$ 是 $\langle R,+,\cdot\rangle$ 的同余关系。证毕。

设 $\langle D,+,\cdot\rangle$ 是环 $A=\langle R,+,\cdot\rangle$ 的理想，由 D 产生的陪集关系记为 $\sim$，则根据商代数的定义 6.5‑1，有

$$
A/\sim\ =\langle R/\sim,\oplus,\odot\rangle
$$

这里

$$
\begin{aligned}
R/\sim\ &=\{_{a+}D\mid a\in R\}\\
(_{a+}D)\oplus(_{b+}D) &=\ _{(a+b)+}D\\
(_{a+}D)\odot(_{b+}D) &=\ _{a\cdot b+}D
\end{aligned}
$$

为了表明 $\sim$ 是由 D 产生的陪集关系，习惯上记为

$$
A/D=\langle R/D,\oplus,\odot\rangle
$$

称为环 $\langle R,+,\cdot\rangle$ 关于理想 $\langle D,+,\cdot\rangle$ 的**商环**。

商环的阶数等于环 $\langle R,+,\cdot\rangle$ 的阶数除以理想 $\langle D,+,\cdot\rangle$ 的阶数。根据商代数的性

质，商环也是一个环。

例 6.8-5 $\langle \mathbf{N}_6, +_6, \times_6 \rangle$ 关于理想 $\langle \{0, 2, 4\}, +_6, \times_6 \rangle$ 的商环是 $\langle \{\{0, 2, 4\}, \{1, 3, 5\}\}, \oplus, \odot \rangle$，这里 $\oplus$ 和 $\odot$ 由表 6.8-1 定义。

表 6.8-1

$\oplus$	$\{0, 2, 4\}$	$\{1, 3, 5\}$	$\odot$	$\{0, 2, 4\}$	$\{1, 3, 5\}$
$\{0, 2, 4\}$	$\{0, 2, 4\}$	$\{1, 3, 5\}$	$\{0, 2, 4\}$	$\{0, 2, 4\}$	$\{0, 2, 4\}$
$\{1, 3, 5\}$	$\{1, 3, 5\}$	$\{0, 2, 4\}$	$\{1, 3, 5\}$	$\{0, 2, 4\}$	$\{1, 3, 5\}$

作映射 $h: R \to R/D$，$h(a) =_{a+} D$，根据定理 6.5-1，h 是从环 $\langle R, +, \cdot \rangle$ 到商环 $\langle R/D, \oplus, \odot \rangle$ 的自然同态。

以上说明从理想可得出陪集同余关系和环同态，理想在环中的作用就如正规子群在群中的作用。下一定理说明从环同态可得出陪集同余关系和理想。

定理 6.8-4 设 h 是从环 $\langle R, +, \cdot \rangle$ 到环 $\langle S, \oplus, \odot \rangle$ 的环同态，那么，

（1）h 诱导的 R 上的等价关系是环 $\langle R, +, \cdot \rangle$ 的同余关系。

（2）h 的关于加法的核 K 是环 $\langle R, +, \cdot \rangle$ 的理想。

（3）K 的加法陪集就是上述同余关系的同余类。

证

（1）应用定理 6.4-2 可直接得出。

（2）根据定理 6.7-21，h 的核 K 是 $\langle R, + \rangle$ 的正规子群。现只需证明对任意元素 $a \in R$ 和任意元素 $k \in K$，有 $ak \in K$ 和 $ka \in K$。记 $\langle S, \oplus, \odot \rangle$ 的 $\oplus$ 法么元为 0_S，于是

$$h(ak) = h(a) \odot h(k) = h(a) \odot 0_S = 0_S$$

所以，$ak \in K$。类似地可证 $ka \in K$。这样，就证明了 $\langle K, +, \cdot \rangle$ 是理想。

（3）因为 $\langle R, +, \cdot \rangle$ 中的理想 $\langle K, +, \cdot \rangle$ 就是 $\langle R, + \rangle$ 中的正规子群 $\langle K, + \rangle$，后者的陪集划分就是 $\langle K, +, \cdot \rangle$ 的陪集划分，引用定理 6.7-21 的（3），立即得到本定理的（3）。

下一定理说明环 $\langle R, +, \cdot \rangle$ 的同态象和商环 $\langle R/D, \oplus, \odot \rangle$ 间的关系。

定理 6.8-5 设 h 是从环 $\langle R, +, \cdot \rangle$ 到环 $\langle R', +', \cdot' \rangle$ 的环同态，K 是同态 h 的核，则 $\langle R/K, \oplus, \odot \rangle$ 同构于 $\langle h(R), +', \cdot' \rangle$。

根据定理 6.5-2 和定理 6.8-4 就直接得到本定理。

域是环的一种。既有商环，想必有商域。现在研究商域的情况。

设 $\langle F, +, \cdot \rangle$ 是一个域，$\langle D, +, \cdot \rangle$ 是 $\langle F, +, \cdot \rangle$ 的任一理想，如果 $D \neq \{0\}$，d 是 D 中非零元素，则对 F 中任意元素 a，我们有 $a = (a \cdot d^{-1}) \cdot d \in D$，因而 $D = F$。这样 $D = \{0\}$ 或 $D = F$。$\langle D, +, \cdot \rangle$ 是一个平凡理想，因此它的商域或是单元素环，或就是 $\langle F, +, \cdot \rangle$ 自身。因此讨论商域没有意义。

习 题

1. 设 $\langle \{a, b, c, d\}, +, \cdot \rangle$ 是一个环，$+$ 和 $\cdot$ 由表 6.8-2 定义。它是否是可交换环，它是否是含么环？是否是含零因子环？哪些元素是零因子？

表 6.8 – 2

+	a	b	c	d
a	a	b	c	d
b	b	c	d	a
c	c	d	a	b
d	d	a	b	c

$\cdot$	a	b	c	d
a	a	a	a	a
b	a	c	a	c
c	a	a	a	a
d	a	c	a	a

2. 假设 P 是所有有理数对 $\langle a, b\rangle$ 的集合，它们的结合法(即运算)是:
$$\langle a, b\rangle + \langle a', b'\rangle = \langle a+a', b+b'\rangle$$
$$\langle a, b\rangle \cdot \langle a', b'\rangle = \langle aa', bb'\rangle$$
那么，$\langle P, +, \cdot\rangle$ 是否成环? 它有无零因子? 是否有乘法么元? 哪些元素有逆元?

3. 给定一个代数系统 $\langle \mathbf{I}, \oplus, \odot\rangle$。对于任何 $a, b \in \mathbf{I}$，有 $a \oplus b = a+b-1$ 和 $a \odot b = a+b-a \cdot b$，证明 $\langle \mathbf{I}, \oplus, \odot\rangle$ 是一个含有么元的可交换环。

4. 证明定理 6.8 – 1(3)、(4)和(5)。

5. 设 $\langle R, +, \cdot\rangle$ 是一个环，试证明，如果 $a, b \in R$，则 $(a+b)^2 = a^2 + a \cdot b + b \cdot a + b^2$。这里，$a^2 = a \cdot a$、$b^2 = b \cdot b$。

6. 试证明在环 R 中，如对某两元素 a、b 有 $ab = ba$，那么

(1) $ab^{-1} = b^{-1}a$(假定 b^{-1} 存在);

(2) $a(-b) = (-b)a$。

7. 设 $\langle \{5x \mid x \in \mathbf{I}\}, +, \cdot\rangle$ 是一个环，其中 $+$ 和 $\cdot$ 是一般加法和乘法，它是否是一个整环?

*8. 设 $\langle R, +, \cdot\rangle$ 是一个环，且对所有 $a \in R$ 有 $a^2 = a$，这样的环称为布尔环。

(1) 证明 $\langle R, +, \cdot\rangle$ 是个可交换环。

(2) 证明对于所有的 $a \in R$，有 $a+a=0$。

(3) 试证明，如果 $|R| > 2$，则 $\langle R, +, \cdot\rangle$ 不可能是个整环。

9. 构造一个 3 个元素的域。

10. 给定一个代数系统 $\langle F, +, \cdot\rangle$，由表 6.8 – 3 给出它的定义。

表 6.8 – 3

+	a	b	c	d
a	a	b	c	d
b	b	a	d	c
c	c	d	a	b
d	d	c	b	a

$\cdot$	a	b	c	d
a	a	a	a	a
b	a	b	c	d
c	a	c	d	b
d	a	d	b	c

(1) 证明 $\langle F, +, \cdot\rangle$ 是一个域。

(2) 求解 $\langle F, +, \cdot\rangle$ 中的方程
$$\begin{cases} x + c \cdot y = a \\ c \cdot x + y = b \end{cases}$$

*11. 设 $\langle F, +, \cdot \rangle$ 是一个域，$\langle R, +, \cdot \rangle$ 是 $\langle F, +, \cdot \rangle$ 的子环，证明或否定 $\langle R, +, \cdot \rangle$ 是个整环。

12. 证明两个域的直接乘积不可能是一个域。

13. 设 $F = \{a + b\sqrt{2} \mid a \in \mathbf{Q} \wedge b \in \mathbf{Q}\}$，证明 $\langle F, +, \cdot \rangle$ 是域，这里 $+$ 和 $\cdot$ 是一般加法和乘法。

14. 证明一个具有有限个元素的整环是一个域。

15. 试证明，对任何整数 m，$\{mx \mid x \in \mathbf{I}\}$ 能够形成 $\langle \mathbf{I}, +, \cdot \rangle$ 的子环。

16. 求环 $\langle \mathbf{N}_m, +_m, \times_m \rangle$ 的所有子环和理想。这里：(1) $m = 6$，(2) $m = 8$，(3) $m = 11$。

*17. 给定 $G = \langle \mathbf{I}, +, \cdot \rangle$。$G \times G$ 的理想是什么？

18. 设 $\langle D_1, +, \cdot \rangle$ 和 $\langle D_2, +, \cdot \rangle$ 是环 $\langle R, +, \cdot \rangle$ 的理想，试证明 $\langle D_1 + D_2, +, \cdot \rangle$ 和 $\langle D_1 \cap D_2, +, \cdot \rangle$ 也都是理想。($D_1 + D_2 = \{d_1 + d_2 \mid d_1 \in D_1 \wedge d_2 \in D_2\}$。)

19. 试证明一个环的同态象是一个环。

第7章 格与布尔代数

格和布尔代数在数学和实际应用(例如数据安全和数字逻辑设计)中都有着重要地位。这两个抽象代数与第6章讨论的抽象代数之间存在着一个重要区别,在格与布尔代数中次序关系具有重大意义。为了强调次序关系的作用,将首先引入作为偏序集合的格,而后才给出作为代数系统的格,最后,作为特殊格引入布尔代数。

7.1 格

在第3章曾讨论过偏序集合,定义了有关的术语。并曾证明过:① 一个偏序集合的子集,如果存在最小上界(lub),则它是唯一的,如果存在最大下界(glb),则它也是唯一的;② 如果偏序集合拥有最小元素,则它是唯一的,如果偏序集合拥有最大元素,则它也是唯一的。我们就以这些知识为基础介绍格的概念和有关性质。

7.1.1 格的定义

定义 7.1-1 设 $\langle L, \leqslant \rangle$ 是一个偏序集合,如果 L 中每一对元素 a、b,都有最大下界和最小上界,则称此 $\langle L, \leqslant \rangle$ 为**格**。

通常用 $a * b$ 表示 $\{a, b\}$ 的最大下界,用 $a \oplus b$ 表示 $\{a, b\}$ 的最小上界。即
$$a * b = \mathrm{glb}\{a, b\}$$
$$a \oplus b = \mathrm{lub}\{a, b\}$$
并称它们为 a、b 的**保交**和**保联**,由于最大下界和最小上界属于 L,且是唯一的,所以保交 $*$ 和保联 $\oplus$ 都是 L 上的二元运算,保交和保联有时也使用 $\wedge$ 和 $\vee$,或 $\bigcap$ 和 $\bigcup$ 等符号表示。

例 7.1-1

(1) 设 D 是正整数集合 $\mathbf{I}_+$ 中的整除关系,则 $\langle \mathbf{I}_+, D \rangle$ 是格,因为对任意 $a, b \in \mathbf{I}_+$,有
$$a * b = \mathrm{glb}\{a, b\} = \mathrm{GCD}\{a, b\} \quad (a, b \text{ 的最大公因数})$$
$$a \oplus b = \mathrm{lub}\{a, b\} = \mathrm{LCM}\{a, b\} \quad (a, b \text{ 的最小公倍数})$$

(2) 设 n 是一正整数,S_n 是 n 的所有因子的集合。例如 $S_6 = \{1, 2, 3, 6\}$,$S_8 = \{1, 2, 4, 8\}$,D 是整除关系,则 $\langle S_n, D \rangle$ 是格,例如 $\langle S_8, D \rangle$,$\langle S_6, D \rangle$,$\langle S_{30}, D \rangle$ 的哈斯图如图7.1-1(a)、(b)、(c)所示。

(3) 设 S 是任意集合,$\rho(S)$ 是它的幂集,偏序集合 $\langle \rho(S), \subseteq \rangle$ 是格,因为对 S 的任意子集 A、B,$A \bigcup B$ 就是 A、B 的最小上界,$A \bigcap B$ 就是 A、B 的最大下界。当集合 S 仅含有两个或 3 个元素时,相应的格的哈斯图亦如图 7.1-1(b)和(c)所示。

(4) 设 S 是非空集合,$\pi(S)$ 是 S 的所有划分,$\pi(S)$ 中的偏序关系 $\leqslant$ 可定义为细分,

$\pi_i \leqslant \pi_j$ 当且仅当 π_i 中的每一块都在 π_j 的某一块中。于是划分积 · 与划分和＋分别是保交和保联。所以 $\langle \pi(S), \leqslant \rangle$ 是格。例如 $S = \{a, b, c\}$，则

$$\pi(S) = \{\pi_1, \pi_2, \pi_3, \pi_4, \pi_5\}$$

$$\pi_1 = \{\{a, b, c\}\}, \pi_2 = \{\{a, b\}, \{c\}\}, \pi_3 = \{\{a, c\}, \{b\}\},$$

$$\pi_4 = \{\{a\}, \{b, c\}\}, \pi_5 = \{\{a\}, \{b\}, \{c\}\}$$

$\langle \pi(S), \leqslant \rangle$ 的哈斯图如图 7.1-1(d) 所示。

(5) 图 7.1-1(e) 所示的哈斯图也是一个格。

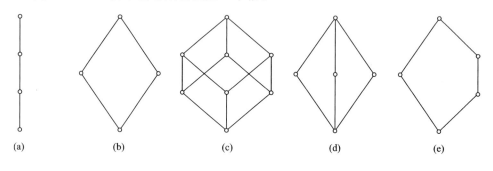

(a)　　　　(b)　　　　(c)　　　　(d)　　　　(e)

图　7.1-1

但不是所有的偏序集合都是格，例如，图 7.1-2 所表示的偏序集合都不是格。

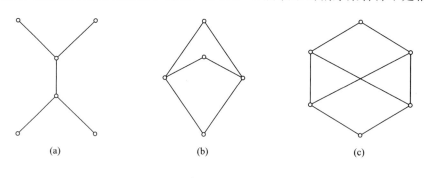

(a)　　　　　　(b)　　　　　　(c)

图　7.1-2

7.1.2　格的对偶性原理和基本性质

给定一个偏序集合 $\langle S, \leqslant \rangle$，$\leqslant$ 的逆关系 $\geqslant$ 也是 S 中的偏序关系，$\langle S, \geqslant \rangle$ 也是偏序集合，我们称偏序集合 $\langle S, \leqslant \rangle$ 和 $\langle S, \geqslant \rangle$ 互为对偶。从图形上看，后者的哈斯图就是前者哈斯图的上下颠倒。如果 $A \subseteq S$，则关系 $\leqslant$ 的 $\mathrm{lub}(A)$ 和 $\mathrm{glb}(A)$ 就分别等同于关系 $\geqslant$ 的 $\mathrm{glb}(A)$ 和 $\mathrm{lub}(A)$。因此，如果 $\langle L, \leqslant \rangle$ 是一个格，则 $\langle L, \geqslant \rangle$ 也是一个格，我们说这两个格互为对偶。互为对偶的两个格 $\langle L, \leqslant \rangle$ 和 $\langle L, \geqslant \rangle$ 有着密切关系：格 $\langle L, \leqslant \rangle$ 中的保交正是格 $\langle L, \geqslant \rangle$ 中的保联，而格 $\langle L, \leqslant \rangle$ 中的保联正是格 $\langle L, \geqslant \rangle$ 中的保交。因此，给出关于格一般性质的任何有效命题，把关系 $\leqslant$ 换成 $\geqslant$（或把 $\geqslant$ 换成 $\leqslant$），把保交换成保联，保联换成保交，我们能够得到另一个有效命题，这就是关于格的对偶性原理。

格的基本性质如表 7.1-1 所示。如果一个公式的对偶公式是其自身，则对偶式不重复列出。

表 7.1-1 格的基本性质

(1) 自反性	
$a \leqslant a$	$a \geqslant a$
(2) 反对称性	
$a \leqslant b \wedge b \leqslant a \Rightarrow a = b$	$a \geqslant b \wedge b \geqslant a \Rightarrow a = b$
(3) 可传递性	
$a \leqslant b \wedge b \leqslant c \Rightarrow a \leqslant c$	$a \geqslant b \wedge b \geqslant c \Rightarrow a \geqslant c$
(4) $a * b \leqslant a$	$a \oplus b \geqslant a$
$a * b \leqslant b$	$a \oplus b \geqslant b$
(5) $c \leqslant a \wedge c \leqslant b \Rightarrow c \leqslant a * b$	$c \geqslant a \wedge c \geqslant b \Rightarrow c \geqslant a \oplus b$
(6) 交换律	
$a * b = b * a$	$a \oplus b = b \oplus a$
(7) 结合律	
$(a * b) * c = a * (b * c)$	$(a \oplus b) \oplus c = a \oplus (b \oplus c)$
(8) 等幂律	
$a * a = a$	$a \oplus a = a$
(9) 吸收律	
$a * (a \oplus b) = a$	$a \oplus (a * b) = a$
(10) $a \leqslant b \Leftrightarrow a * b = a \Leftrightarrow a \oplus b = b$	
(11) $a \leqslant b \wedge d \leqslant c \Rightarrow a * d \leqslant b * c$	
$a \leqslant b \wedge d \leqslant c \Rightarrow a \oplus d \leqslant b \oplus c$	
(12) 保序性	
$b \leqslant c \Rightarrow \begin{cases} a * b \leqslant a * c \\ a \oplus b \leqslant a \oplus c \end{cases}$	
(13) 分配不等式	
$a \oplus (b * c) \leqslant (a \oplus b) * (a \oplus c)$	$a * (b \oplus c) \geqslant (a * b) \oplus (a * c)$
(14) 模不等式	
$a \leqslant c \Leftrightarrow a \oplus (b * c) \leqslant (a \oplus b) * c$	

现证明表中各公式。

证

公式(1)~(3)是偏序集合定义所要求的，对一切偏序集合均成立，格是偏序集合，所以对一切格也成立。

公式(4)~(5)是根据保交和保联的定义所得的，所以对一切格成立。

(6) 交换律的证明。

由保联的定义得

$$a \oplus b = \mathrm{lub}\{a, b\} = \mathrm{lub}\{b, a\} = b \oplus a$$

由对偶原理得

$$a * b = b * a$$

（下边都仅证两对偶恒等式中的一个。）

(7) 结合律的证明。

设 $R = a \oplus (b \oplus c)$ 和 $R' = (a \oplus b) \oplus c$，由公式($4'$)（加撇表示右侧的公式，下同）得 $R \geqslant a$，$R \geqslant b \oplus c$，根据公式($4'$)和($3'$)得 $R \geqslant b$ 和 $R \geqslant c$。这样，根据公式($5'$)得 $R \geqslant a \oplus b$；由

$R \geqslant a \oplus b$ 和 $R \geqslant c$ 得 $R \geqslant (a \oplus b) \oplus c = R'$。类似地可证 $R' \geqslant a \oplus (b \oplus c) = R$。因此，根据公式 $(2')$ 得 $(a \oplus b) \oplus c = a \oplus (b \oplus c)$。

结合律说明，无括号表达式 $a_1 \oplus a_2 \oplus \cdots \oplus a_n$ 和 $a_1 * a_2 * \cdots * a_n$ 都是单义的。因此，可以论述任何数目的格的元素的保交和保联。

（8）等幂律的证明。

由公式 $(1')$ 有 $a \geqslant a$，根据公式 $(5')$ 得 $a \geqslant a \oplus a$。又由公式 $(4')$ $a \oplus a \geqslant a$，因此，根据公式 $(2')$ 得 $a \oplus a = a$。

（9）吸收律的证明。

由公式 $(1')$ 有 $a \geqslant a$，由公式 (4) 有 $a \geqslant a * b$，因此，根据公式 $(5')$ 得 $a \geqslant a \oplus (a * b)$，但由公式 $(4')$ 有 $a \oplus (a * b) \geqslant a$，这样，根据公式 $(2')$ 得 $a \oplus (a * b) = a$。

（10）$a \leqslant b \Leftrightarrow a * b = a \Rightarrow a \oplus b = b$ 的证明。

先证 $a \leqslant b \Leftrightarrow a * b = a$。由公式 (1) 知 $a \leqslant a$，由假设 $a \leqslant b$，所以，由公式 (5) 得 $a \leqslant a * b$，但 $a * b \leqslant a$。因此，$a * b = a$，即 $a \leqslant b \Rightarrow a * b = a$。

现设 $a * b = a$，由公式 (4) 知 $a * b \leqslant b$，所以 $a \leqslant b$，即 $a * b = a \Rightarrow a \leqslant b$。

再证 $a * b = a \Leftrightarrow a \oplus b = b$。由 $a * b = a$ 得 $b \oplus (a * b) = a \oplus b$，即 $a \oplus b = b$。反之，若 $a \oplus b = b$，则 $a * (a \oplus b) = a * b$，即 $a * b = a$。

公式（10）建立了格中偏序关系和保交、保联间的一种联系。

（11）$a \leqslant d \wedge b \leqslant c \Rightarrow a * b \leqslant d * c$ 和 $a \leqslant d \wedge b \leqslant c \Rightarrow a \oplus b \leqslant d \oplus c$ 的证明。

因为 $d \leqslant d \oplus c$，$c \leqslant d \oplus c$，由传递性得 $a \leqslant d \oplus c$，$b \leqslant d \oplus c$，由公式 $(5')$ 得 $a \oplus b \leqslant d \oplus c$，因为 $a * b \leqslant a$，$a * b \leqslant b$，由传递性得 $a * b \leqslant d$，$a * b \leqslant c$，由公式 (5) 得 $a * b \leqslant d * c$。

（12）保序性的证明。

公式（11）中 d 取为 a 即得。

（13）分配不等式的证明。

由 $a \leqslant a \oplus b$ 和 $a \leqslant a \oplus c$ 得

$$a \leqslant (a \oplus b) * (a \oplus c)$$

由 $b \leqslant a \oplus b$ 和 $c \leqslant a \oplus c$ 得

$$b * c \leqslant (a \oplus b) * (a \oplus c)$$

所以，$a \oplus (b * c) \leqslant (a \oplus b) * (a \oplus c)$。

（14）模不等式的证明。

若 $a \leqslant c$，则 $a \oplus c = c$，代入公式（13）得

$$a \oplus (b * c) \leqslant (a \oplus b) * c$$

若 $a \oplus (b * c) \leqslant (a \oplus b) * c$，由于 $a \leqslant a \oplus (b * c)$，$(a \oplus b) * c \leqslant c$，根据传递性得 $a \leqslant c$。

习　题

1. 为什么图 7.1－2 中的 3 个偏序集合不是格。

2. $S = \{1, 2, 3, 4, 5\}$，$\leqslant$ 是通常概念的"小于或等于"，$\langle S, \leqslant \rangle$ 是格吗？它的两个运算是什么？验证表 7.1－1 中公式 $(6) \sim (9)$ 是否成立。

3. S_{72} 是 72 的所有因子集合，D 是整除关系，试画出 $\langle S_{72}, D \rangle$ 的哈斯图，并验证表 7.1－1 中公式 $(6) \sim (9)$ 是否成立。

4. 试说明四个元素的集合有 15 种划分，画出相应的格的图。

5. 设集合 $S_0, S_1, \cdots, S_7$ 定义如下：

$$S_0 = \{a, b, c, d, e, f\}$$
$$S_1 = \{a, b, c, d, e\}$$
$$S_2 = \{a, b, c, e, f\}$$
$$S_3 = \{a, b, c, e\}$$
$$S_4 = \{a, b, c\}$$
$$S_5 = \{a, b\}$$
$$S_6 = \{a, c\}$$
$$S_7 = \{a\}$$

画出 $\langle L, \subseteq \rangle$ 的图，这里 $L = \{S_0, S_1, \cdots, S_7\}$，它是格吗? 什么是保交和保联运算?

6. 试证明，在格中如果有 $a \leqslant b \leqslant c$，则 $a \oplus b = b * c$，$(a * b) \oplus (b * c) = b = (a \oplus b) * (a \oplus c)$。

7. 试证明在格中以下不等式成立：

(1) $(a * b) \oplus (c * d) \leqslant (a \oplus c) * (b \oplus d)$

(2) $(a * b) \oplus (b * c) \oplus (c * a) \leqslant (a \oplus b) * (b \oplus c) * (c \oplus a)$

8. 试说明具有 3 个或更少元素的格是一个链。

9. 一个公式的对偶公式是自身，称为**自对偶的**，证明表 7.1-1 中公式(14)是自对偶的。

10. 下面两个公式也称模不等式，试证明其中任一个都与表 7.1-1 中公式(14)等价。

$$(a * b) \oplus (a * c) \leqslant a * (b \oplus (a * c))$$
$$(a \oplus b) * (a \oplus c) \geqslant a \oplus (b * (a \oplus c))$$

11. 设 a 和 b 是格 $\langle A, \leqslant \rangle$ 中的两个元素，证明 $a * b < a$ 和 $a * b < b$ 当且仅当 a 与 b 是不可比较的($a < b$ 的意义是 $a \leqslant b$ 但 $a \neq b$)。

7.2 格是代数系统

本节我们把格作为代数系统来研究。这样做的好处是：能自然地把代数系统中有关子代数、同态、积代数等概念，引用到格中。

7.2.1 格

定义 7.2-1 设 $\langle L, *, \oplus \rangle$ 是代数系统，$*$ 和 $\oplus$ 是载体 L 上的二元运算。如果二元运算 $*$ 和 $\oplus$ 都是可交换和可结合的，并且满足吸收律和等幂律，则代数系统 $\langle L, *, \oplus \rangle$ 是格。

定义中等幂律可以删除，因为 $a * a = a * (a \oplus (a * a)) = a$，由吸收律可推出等幂律。类似地可证 $a \oplus a = a$。

这一定义和上节的定义实际上是等价的，下述定理说明这一点。

定理 7.2-1 如果 $\langle L, *, \oplus \rangle$ 是一个格，那么，L 中存在一偏序关系，在此偏序关系作用下，对所有 $a, b \in L$ 有

$$a \oplus b = \text{lub}\{a, b\} \qquad\qquad ①$$
$$a * b = \text{glb}\{a, b\} \qquad\qquad ②$$

证 首先我们在 L 上定义一个关系 $\leqslant$。对任意 $a, b \in L$，有
$$a \leqslant b \Leftrightarrow a * b = a$$

现在我们证明 $\leqslant$ 是偏序关系。因为，

（1）对任一元素 $a \in L$，由等幂律 $a * a = a$，有 $a \leqslant a$，即 $\leqslant$ 是自反的。

（2）对某一 $a, b \in L$，如果 $a \leqslant b$ 和 $b \leqslant a$，那么有
$$a * b = a \quad 和 \quad b * a = b$$

但 $a * b = b * a$，所以 $a = b$，即 $\leqslant$ 是反对称的。

（3）对某一 $a, b, c \in L$。如果 $a \leqslant b$ 和 $b \leqslant c$，那么有
$$a * b = a \quad 和 \quad b * c = b$$

于是
$$a * c = (a * b) * c = a * (b * c) = a * b = a$$

所以，$a \leqslant c$，即 $\leqslant$ 是传递的。

再证明 $a \leqslant b \Leftrightarrow a \oplus b = b$。

因为 $a * b = a$，所以
$$b \oplus (a * b) = b \oplus a$$

即
$$a \oplus b = b$$

反之，若 $a \oplus b = b$，于是
$$a * (a \oplus b) = a * b, \ a * b = a$$

所以 $a \leqslant b$。

现证明式①和②。

因为对所有的 $a, b \in L$，$a \oplus (a \oplus b) = a \oplus b$ 和 $b \oplus (a \oplus b) = a \oplus b$ 都成立。所以有
$$a \leqslant a \oplus b$$

和
$$b \leqslant a \oplus b$$

此两式说明 $a \oplus b$ 是 a 和 b 的上界。

设 c 是 a 和 b 的任一上界，于是 $a \leqslant c$ 和 $b \leqslant c$，有
$$a \oplus c = c$$

和
$$b \oplus c = c$$

对这两式进行 $\oplus$ 运算并简化得
$$(a \oplus b) \oplus c = c$$

即
$$a \oplus b \leqslant c$$

所以，$a \oplus b$ 是 a、b 的最小上界，故 $a \oplus b = \text{lub}\{a, b\}$。

类似地可证：$a * b = \text{glb}\{a, b\}$。证毕。

以后我们将按需要，随意引用这两种定义和记法。

7.2.2 子格、格同态和格的积代数

定义 7.2-2 $\langle L, *, \oplus \rangle$ 是一个格，$S \subseteq L$，如果 S 对运算 $*$ 和 $\oplus$ 封闭，那么称 $\langle S, *, \oplus \rangle$ 是 $\langle L, *, \oplus \rangle$ 的**子格**。

子格本身是一个格，因为交换律、结合律、吸收律都是继承的。

显然，不是 L 的任意子集都可构成子格。例如图 7.2-1 所示的格中，$\langle \{a, b, d\}, \leqslant \rangle$ 是子格，$\langle \{b, c\}, \leqslant \rangle$ 不是子格，因为 $\{b, c\}$ 对运算不封闭。

定义 7.2-3 $\langle L, *, \oplus \rangle$ 和 $\langle S, \wedge, \vee \rangle$ 是两个格。定义一个映射 $f: L \to S$，如果对于任何 $a, b \in L$，有

$$f(a * b) = f(a) \wedge f(b)$$

和

$$f(a \oplus b) = f(a) \vee f(b)$$

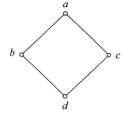

图 7.2-1

则称 f 是从 $\langle L, *, \oplus \rangle$ 到 $\langle S, \wedge, \vee \rangle$ 的**格同态**。

下述定理说明格同态是保序的。

定理 7.2-2 $\langle L, *, \oplus \rangle$ 和 $\langle S, \wedge, \vee \rangle$ 是两个格，在集合 L 和 S 中，对应于保交和保联运算的偏序关系分别是 $\leqslant$ 和 $\leqslant'$，如果 $f: L \to S$ 是格同态，则对任何 $a, b \in L$，且 $a \leqslant b$，必有 $f(a) \leqslant' f(b)$。

证 根据 $a \leqslant b \Leftrightarrow a * b = a$ 有

$$f(a * b) = f(a) \wedge f(b) = f(a)$$

所以，$f(a) \leqslant' f(b)$。证毕

但本定理的逆不真。例如，对都以 12 的因子集合 S_{12} 为载体的两个格 $\langle L, D \rangle$ 和 $\langle S, \leqslant \rangle$，这里 D 是整除关系，$\leqslant$ 是通常的小于等于关系。函数 $f: L \to S$，$f(x) = x$，是保序的，但从图 7.2-2 容易看出 f 不是格同态。

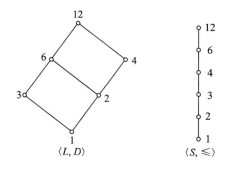

图 7.2-2

在定义 7.2-3 中，若 f 是双射函数，则称 f 是**格同构**。或说 $\langle L, *, \oplus \rangle$ 和 $\langle S, \wedge, \vee \rangle$ 两个格同构。由于同构是相互的，又是保序的，所以对任何 $a, b \in L$，有

$$a \leqslant b \Rightarrow f(a) \leqslant' f(b)$$

和

$$f(a) \leqslant' f(b) \Rightarrow a \leqslant b$$

这说明同构的两个格的哈斯图是一样的，只是各结点的标记不同而已。

例 7.2－1

（1）设 $L_1 = \langle \{a, b, c\}, \leqslant \rangle$，$L_2 = \langle \rho(\{a, b, c\}), \subseteq \rangle$，如图 7.2－3 所示。$f: \{a, b, c\} \to \rho(\{a, b, c\})$，$f(x) = \{y \mid y \leqslant x\}$。

因为

$$f(x_1 * x_2) = f(\min\{x_1, x_2\}) = \{y \mid y \leqslant \min\{x_1, x_2\}\}$$
$$= \{y \mid y \leqslant x_1\} \bigcap \{y \mid y \leqslant x_2\} = f(x_1) \bigcap f(x_2)$$
$$f(x_1 \bigoplus x_2) = f(\max\{x_1, x_2\}) = \{y \mid y \leqslant \max\{x_1, x_2\}\}$$
$$= \{y \mid y \leqslant x_1\} \bigcup \{y \mid y \leqslant x_2\} = f(x_1) \bigcup f(x_2)$$

所以，f 是 L_1 到 L_2 的格同态。

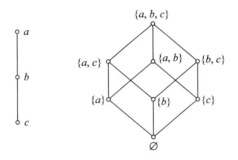

图　7.2－3

（2）具有一、二、三个元素的格，分别同构于一、二、三个元素的链。四个元素的格必同构于图 7.2－4(a)和(b)之一，五个元素的格必同构于图 7.2－5(a)、(b)、(c)、(d)、(e)之一。

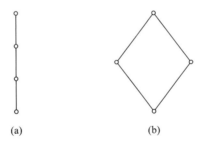

(a)　　　　　　　　(b)

图　7.2－4

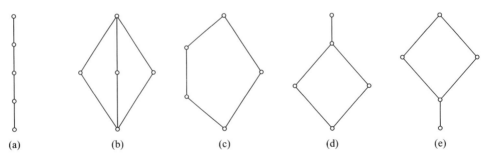

(a)　　　(b)　　　(c)　　　(d)　　　(e)

图　7.2－5

定义 7.2 - 4 设 $\langle L, *, \oplus \rangle$ 和 $\langle S, \wedge, \vee \rangle$ 是两个格。定义一个代数系统 $\langle L \times S, \circ, + \rangle$ 如下：对任意 $\langle a_1, b_1 \rangle, \langle a_2, b_2 \rangle \in L \times S$，有

$$\langle a_1, b_1 \rangle \circ \langle a_2, b_2 \rangle = \langle a_1 * a_2, b_1 \wedge b_2 \rangle$$

$$\langle a_1, b_1 \rangle + \langle a_2, b_2 \rangle = \langle a_1 \oplus a_2, b_1 \vee b_2 \rangle$$

我们称 $\langle L \times S, \circ, + \rangle$ 是格 $\langle L, *, \oplus \rangle$ 和 $\langle S, \wedge, \vee \rangle$ 的**直接乘积**或**积代数**。

两个格的积代数也是一个格，因为在 $L \times S$ 上，运算 $\circ$ 和 $+$ 都是封闭的，且满足交换律、结合律和吸收律。积代数的阶等于两个格的阶的乘积，由于 $\langle L \times S, \circ, + \rangle$ 是一个格，故又可与另一个格构成积代数，这样，借助于格的积代数可用较小的格构造出越来越大的格。但反之，较大的格，并不都能表示成较小的格的积代数。

例 7.2 - 2

(1) 图 7.2 - 6 给出了格 $\langle \{1,2,4\}, D \rangle$ 和 $\langle \{1,3\}, D \rangle$ 的积代数。这个积代数和格 $\langle S_{12}, D \rangle$ 的图完全一样，只不过前者结点用 $\langle a, b \rangle$ 标记，后者结点用 ab 标记而已。

(2) 记 $L = \{0, 1\}$，考虑格 $\langle L, \leqslant \rangle$ 自身的积代数。这里 $\leqslant$ 是通常意义的"小于或等于"。这些积代数是 $\langle L^2, \leqslant_2 \rangle$、$\langle L^3, \leqslant_3 \rangle$、$\cdots$、$\langle L^n, \leqslant_n \rangle \cdots$。一般地说，在格 $\langle L^n, \leqslant_n \rangle$ 中，任意元素 a、b 有以下形式：

$$a = \langle a_1, a_2, \cdots, a_n \rangle$$

$$b = \langle b_1, b_2, \cdots, b_n \rangle$$

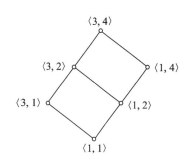

图 7.2 - 6

这里的 a_i、b_i 是 0 或 1。

$$a \leqslant_n b \Leftrightarrow a_1 \leqslant b_1 \wedge a_2 \leqslant b_2 \wedge \cdots \wedge a_n \leqslant b_n$$

也不难定义出 L^n 上的运算 $*$ 和 $\oplus$。我们称格 $\langle L^n, \leqslant_n \rangle$ 为 **0、1 n 重组的格**。

图 7.2 - 7 给出了格 $\langle L, \leqslant \rangle$，$\langle L^2, \leqslant_2 \rangle$ 和 $\langle L^3, \leqslant_3 \rangle$ 的哈斯图，一般地说，格 $\langle L^n, \leqslant n \rangle$ 的图是一个 n 维立方体。

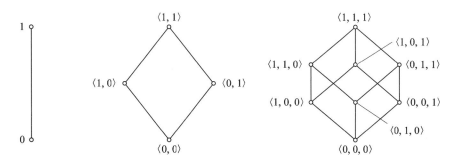

图 7.2 - 7

习 题

1. 设 $\langle L, *, \oplus \rangle$ 是一个格，如果对于所有的 $a, b, c \in L$，有

$$a \leqslant c \Rightarrow a \oplus (b * c) = (a \oplus b) * c$$

则称 $\langle L, *, \oplus \rangle$ 是**模格**。图 7.2 - 8 中的图形是否模格？试给出证明。

2. 试说明图 7.2 - 9(a) 的图形表达了一个格，但它不是图 7.2 - 9(b) 的子格。

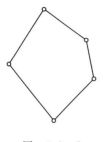

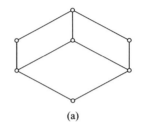

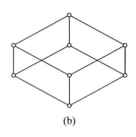

图 7.2 - 8   图 7.2 - 9

3. 试证明格的每一个封闭区间 $[a, b] = \{x \mid x \in L \wedge a \leqslant x \leqslant b\}$ 都是一个子格，这里 L 是格的载体。

4. 试求 $n = 12$ 的格 $\langle S_n, D \rangle$ 的所有子格。

5. 试证明图 7.2 - 10(a) 和 (b) 两个格的积代数是一个格，试画出此格的图。

6. $\langle L, *, \oplus \rangle$ 和 $\langle S, \vee, \wedge \rangle$ 是两个格，$f: L \to S$ 是格同态，试证明 f 的象点集合是 S 的子格。

*7. 设 A、B 是两个集合，f 是 A 到 B 的映射，证明 $\langle S, \subseteq \rangle$ 是 $\langle \rho(B), \subseteq \rangle$ 的一个子格，其中 $S = \{y \mid y = f(x) \wedge x \in \rho(A)\}$。

8. 试证明 $n = 216$ 的格 $\langle S_n, D \rangle$，同构于 $n = 8$ 和 $n = 27$ 的两个格的积代数。

9. 试证明从图 7.2 - 10(a) 的五元素格到图 (b) 的三元素链存在一个映射，且此映射是保序的。它是否是一个同态？

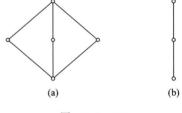

图 7.2 - 10

7.3 特 殊 的 格

本节主要介绍分配格和有补格。

7.3.1 分配格

任何格的元素都能满足分配不等式，但某些特殊格，其所有元素都能满足分配律。

定义 7.3 - 1 设 $\langle L, *, \oplus \rangle$ 是一个格，如果对于任何 $a, b, c \in L$，有

$$a * (b \oplus c) = (a * b) \oplus (a * c) \qquad ①$$

$$a \oplus (b * c) = (a \oplus b) * (a \oplus c) \qquad ②$$

则称 $\langle L, *, \oplus \rangle$ 是一个**分配格**。

在这个定义中式①和②是等价的，只要有一个成立，应用吸收律即可推知另一个成立。

上节习题中曾介绍过，格中元素满足以下条件者

$$a \leqslant c \Rightarrow a \oplus (b * c) = (a \oplus b) * c$$

称为模格。下一定理说明分配格都是模格。

定理 7.3 - 1 分配格是模格。

证 由于

$$a \oplus (b * c) = (a \oplus b) * (a \oplus c)$$

若 $a \leqslant c$，则 $a \oplus c = c$，代入上式得

$$a \oplus (b * c) = (a \oplus b) * c \qquad\qquad 证毕$$

格可分为模格和非模格，本定理和以下例子说明，模格又可分为分配格和非分配格。

例 7.3 - 1

(1) 如图 7.3 - 1 所示的格不是分配格，因为

$$a * (b \oplus c) = a * 1 = a$$

而

$$a * b \oplus a * c = 0 \oplus 0 = 0$$

所以，$a * (b \oplus c) \neq (a * b) \oplus (a * c)$，但可以验证它是模格。

注意，格中某些元素满足分配律，但这不能保证是分配格。

(2) 图 7.3 - 2 所示的格不是分配格，因为它不是模格。图中

$$b \leqslant a \text{ 但 } b \oplus (c * a) \neq (b \oplus c) * a$$

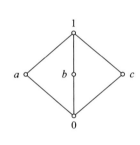

图 7.3 - 1

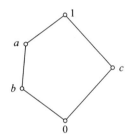

图 7.3 - 2

例 7.3 - 1 中的两个五元素格是非常重要的，可以证明：一个格，当且仅当没有任何子格同构于这两个五元素格的任何一个时，该格就是分配格。（证明较繁，这里不证。）

定理 7.3 - 2 每个链都是分配格。

证 设 $\langle L, \leqslant \rangle$ 是一个链，且 $a, b, c \in L$，考察下述可能情况：

(1) $a \leqslant b$ 或 $a \leqslant c$；

(2) $a \geqslant b$ 和 $a \geqslant c$。

对于情况(1)有

$$a * (b \oplus c) = a \quad 和 \quad (a * b) \oplus (a * c) = a$$

对于情况(2)有

$$a * (b \oplus c) = b \oplus c \quad 和 \quad (a * b) \oplus (a * c) = b \oplus c$$

这就证明了元素 a、b、c 满足分配律①。

定理 7.3 - 3 分配格的子格是分配格；两个分配格的积代数是分配格。

从子格和积代数的定义易知定理成立。

定理 7.3 - 4 设 $\langle L, *, \oplus \rangle$ 是一个分配格。对于任何元素 $a, b, c \in L$，有

$$(a * b = a * c) \wedge (a \oplus b = a \oplus c) \Rightarrow b = c$$

证

$$(a * b) \oplus c = (a * c) \oplus c = c$$

235

$$(a * b) \oplus c = (a \oplus c) * (b \oplus c) = (a \oplus b) * (b \oplus c)$$
$$= b \oplus (a * c) = b \oplus (a * b) = b$$

证毕

7.3.2 有界格和有补格

设$\langle L, *, \oplus \rangle$是一个格，格中每一对元素都有最小上界和最大下界。用归纳法不难证明，格中每一个有穷子集，也都有一个最小上界和一个最大下界。设$S = \{a_1, a_2, \cdots, a_n\}$是有穷子集，一般地说，$S$的最大下界和最小上界可表示为：

$$\text{glb}(S) = \overset{n}{\underset{i=1}{*}} a_i = a_1 * a_2 * \cdots * a_n$$

$$\text{lub}(S) = \overset{n}{\underset{i=1}{\oplus}} a_i = a_1 \oplus a_2 \oplus \cdots \oplus a_n$$

然而，对于格的无穷子集来说，情况有所不同。例如格$\langle \mathbf{I}_+, \leqslant \rangle$中，由正偶数组成的子集合$S$就没有最小上界。

定义 7.3‑2 如果在格$\langle L, \leqslant \rangle$中存在一个元素$a$，对于任何元素$b$，都有$a \leqslant b(b \leqslant a)$，则称$a$为格$\langle L, \leqslant \rangle$的**全下界(全上界)**。

定理 7.3‑5 一个格$\langle L, \leqslant \rangle$的全下界(全上界)是唯一的。

证 用反证法。如果有两个全下界a和b，$a, b \in L$且$a \neq b$。因为a是全下界，所以$a \leqslant b$。又因为b是全下界，所以$b \leqslant a$。因此，$a = b$，得出矛盾。类似地，可证全上界的唯一性。

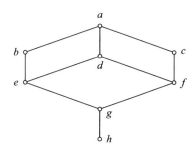

例 7.3‑2

（1）在格$\langle \rho(S), \subseteq \rangle$中，$S$是全上界，$\varnothing$是全下界。

（2）在图 7.3‑3 所示的格中，a是全上界，h是全下界。

图 7.3‑3

定义 7.3‑3 如果一个格中存在全下界和全上界，则把它们称为格的**界**，并分别用 0 和 1 来表示。有 0 和 1 的格称为**有界格**。

例 7.3‑3

（1）任何有限格$\langle L, \leqslant \rangle$必是有界格，设$L = \{a_1, a_2, \cdots, a_n\}$，则$\overset{n}{\underset{i=1}{*}} a_i = 0$和$\overset{n}{\underset{i=1}{\oplus}} a_i = 1$。

（2）$\langle [3, 5], \leqslant \rangle$是一个有界格，全下界是 3，全上界是 5。

定理 7.3‑6 设$\langle L, \leqslant \rangle$是一个有界格，对任意元素$a \in L$，必有：

$$a \oplus 0 = a, \quad a * 1 = a \qquad \qquad ③$$
$$a \oplus 1 = 1, \quad a * 0 = 0 \qquad \qquad ④$$

证 由于$0 \leqslant a \leqslant 1$，所以上述各式显然成立。证毕。

式③说明，对$\oplus$，0 是么元；对 *，1 是么元。式④说明，对$\oplus$，1 是零元；对 *，0 是零元。这两式还说明在有界格中，0 和 1 互为对偶。

定义 7.3‑4 设$\langle L, *, \oplus, 0, 1 \rangle$是一有界格。对于$L$中的一个元素$a$，如果存在元素$b \in L$，使

$$a * b = 0, \quad a \oplus b = 1$$

则称元素b是元素a的**补元**或**补**，记为a'。

上述定义中，a 和 b 是对称的，如果 b 是 a 的补元，则 a 也是 b 的补元。一般地说，一个元素 $a \in L$，可以不存在补元；如果存在补元则补元也未必是唯一的。

例 7.3 - 4 观察图 7.3 - 4 中各格的元素的补元。

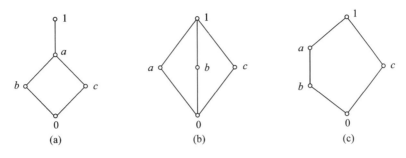

图　7.3 - 4

在图(a)中，a、b、c 三个结点都无补元。

在图(b)中，a、b、c 都互为补元，补元不唯一。

在图(c)中，c 的补元是 a 和 b；a 的补元是 c；b 的补元是 c。

定理 7.3 - 7 在有界格 $\langle L, *, \oplus, 0, 1 \rangle$ 中，0 和 1 互为补元，且是唯一的。

证 因为 $0 * 1 = 0$，$0 \oplus 1 = 1$，所以 0 和 1 互为补元。若 0 的补元不唯一，另有补元 c，则

$$0 * c = 0, \quad 0 \oplus c = 1$$

但 $0 \oplus c = c$，$c = 1$，得出矛盾。类似地可证 1 的补元也是唯一的。证毕。

定理 7.3 - 8 在分配格中，如果元素 $a \in L$ 有一个补元，则此补元是唯一的。

证 假定 b 和 c 都是 a 的补元，则

$$a * b = 0 = a * c, \quad a \oplus b = 1 = a \oplus c$$

由定理 7.3 - 4 得 $b = c$。证毕。

定义 7.3 - 5 如果在一个有界格中，每个元素都至少有一个补元素，则称此格为**有补格**。

图 7.3 - 4 的(b)和(c)都是有补格。

定义 7.3 - 6 如果一个格，既是有补格，又是分配格，则称此格为**有补分配格**，又称**布尔格**。

7.3.3 有补分配格的性质

定理 7.3 - 9 有补分配格 $\langle L, *, \oplus \rangle$ 中，任何元素 $a \in L$ 的补元 a' 是唯一的。

本定理是定理 7.3 - 8 的直接推论。由于布尔格中每一元素 a 都有唯一的补元 a'，因此，我们可在 L 上定义一个一元运算——补运算。这样，布尔格可看做具有两个二元运算和一个一元运算的代数系统，习惯上称此代数系统为**布尔代数**，记为 $\langle L, *, \oplus, ', 0, 1 \rangle$。

定理 7.3 - 10 有补分配格 $\langle L, *, \oplus \rangle$ 中，对于每一个 $a \in L$，都有

$$(a')' = a$$

证 由于 $a * a' = 0$，$a \oplus a' = 1$ 和 $(a')' * a' = 0$，$(a')' \oplus a' = 1$，而补元是唯一的，所以，$(a')' = a$。证毕。

定理 7.3-11 有补分配格$\langle L, *, \oplus \rangle$中，对于所有$a, b \in L$，有

(1) $(a \oplus b)' = a' * b'$

(2) $(a * b)' = a' \oplus b'$

此即德·摩根定律。

证
$$(a \oplus b) * (a' * b') = a * a' * b' \oplus b * a' * b' = 0$$
$$(a \oplus b) \oplus a' * b' = (a \oplus b \oplus a') * (a \oplus b \oplus b') = 1$$

由于补元的唯一性，所以，$(a \oplus b)' = a' * b'$。

根据对偶性原理得$(a * b)' = a' \oplus b'$。证毕。

定理 7.3-12 有补分配格$\langle L, *, \oplus \rangle$中，对所有$a, b \in L$，有
$$a \leqslant b \Leftrightarrow a * b' = 0 \Leftrightarrow a' \oplus b = 1$$

证 由于
$$a \leqslant b \Leftrightarrow a * b = a \Leftrightarrow a \oplus b = b$$

根据德·摩根定律得
$$a \leqslant b \Leftrightarrow a' * b' = b' \Leftrightarrow a' \oplus b' = a'$$

因而
$$a \leqslant b \Rightarrow a * b' = 0$$
$$\Rightarrow a' \oplus b = 1$$

反之
$$a * b' = 0 \Rightarrow b \oplus (a * b') = b$$
$$\Rightarrow b \oplus a = b$$
$$\Rightarrow a \leqslant b$$
$$a' \oplus b = 1 \Rightarrow a * (a' \oplus b) = a$$
$$\Rightarrow (a * a') \oplus (a * b) = a$$
$$\Rightarrow a * b = a$$
$$\Rightarrow a \leqslant b$$

证毕

习　题

1. 设$\langle L, *, \oplus \rangle$是格，$a, b, c \in L$是任意元素，证明
$$a * (b \oplus c) = (a * b) \oplus (a * c)$$
和
$$a \oplus (b * c) = (a \oplus b) * (a \oplus c)$$
等价，即若一个公式成立，则另一个公式也成立。

2. 证明对例 7.3-1 中的两个五元素格，定理 7.3-4 的结论不成立。（因为非分配格至少含有这两个五元素格之一为子格，所以，由本题的结果，可推知任何非分配格，$(a * b = a * c) \wedge (a \oplus b = a \oplus c) \Rightarrow b = c$ 不成立。）

*3. 试证明一个格是分配格，当且仅当
$$(a * b) \oplus (b * c) \oplus (c * a) = (a \oplus b) * (b \oplus c) * (c \oplus a)$$
（提示：令$a = (A \oplus B) * (A \oplus C)$，$b = B \oplus C$，$c = A$，并将其代入上式，可证明充分性。）

4. 试证明在分配格中，分配律可写成更一般的形式：

$$a * (\overset{n}{\underset{i=1}{\bigoplus}} b_i) = \overset{n}{\underset{i=1}{\bigoplus}} (a * b_i)$$

$$a \bigoplus (\overset{n}{\underset{i=1}{*}} b_i) = \overset{n}{\underset{i=1}{*}} (a \bigoplus b_i)$$

5. 试证明$\langle \mathbf{I}, \min, \max \rangle$是一分配格，这里$\mathbf{I}$是整数集合。

6. 由$n=30$和$n=45$给定的两个格$\langle S_n, D \rangle$，它们是分配格吗？是有补格码？

7. 给定格$\langle S_n, D \rangle$，这里$n=75$，试指出格中各元素的补元。若不存在，则指明不存在。

8. 试证明在具有两个或更多元素的格中，不含有补元是自身的元素。

9. 试证明具有三个或更多元素的链，不是有补格。

10. 设$\langle L, *, \bigoplus \rangle$是一个格，这里$|L|>1$，试证明如果$\langle L, *, \bigoplus \rangle$拥有元素 1 和 0，则这两元素必定是不同的。

11. 试证明在一个有界分配格中，拥有补元的各元素可以构成一个子格。

12. 试证明，有补分配格中，有

$$b' \leqslant a' \Leftrightarrow a * b' = 0 \Leftrightarrow a' \bigoplus b = 1$$

13. 试举出各种格的实例 1~2 个，填入表 7.3 - 1 中。

表 7.3 - 1

		非 有 界 格	有 界 格	
			非有补格	有补格
非模格				
模格	非分配格			
	分配格			

7.4 布 尔 代 数

7.4.1 基本概念

上节已指出，布尔代数就是有补分配格，常记以$\langle B, *, \bigoplus, ', 0, 1 \rangle$，现将其性质综合如下：

(1) $\langle B, *, \oplus \rangle$ 是一个格，满足

$$a * a = a \tag{L-1}$$
$$a \oplus a = a \tag{L'-1}$$
$$a * b = b * a \tag{L-2}$$
$$a \oplus b = b \oplus a \tag{L'-2}$$
$$(a * b) * c = a * (b * c) \tag{L-3}$$
$$(a \oplus b) \oplus c = a \oplus (b \oplus c) \tag{L'-3}$$
$$a * (a \oplus b) = a \tag{L-4}$$
$$a \oplus (a * b) = a \tag{L'-4}$$

(2) $\langle B, *, \oplus \rangle$ 是一个分配格，满足

$$a * (b \oplus c) = (a * b) \oplus (a * c) \tag{D-1}$$
$$a \oplus (b * c) = (a \oplus b) * (a \oplus c) \tag{D'-1}$$
$$(a * b) \oplus (b * c) \oplus (c * a) = (a \oplus b) * (b \oplus c) * (c \oplus a) \tag{D-2}$$
$$(a * b = a * c) \wedge (a \oplus b = a \oplus c) \Rightarrow b = c \tag{D-3}$$

(3) $\langle B, *, \oplus, 0, 1 \rangle$ 是一个有界格，满足

$$0 \leqslant a \leqslant 1 \tag{B-1}$$
$$a * 0 = 0 \tag{B-2}$$
$$a \oplus 1 = 1 \tag{B'-2}$$
$$a * 1 = a \tag{B-3}$$
$$a \oplus 0 = a \tag{B'-3}$$

(4) $\langle B, *, \oplus, ', 0, 1 \rangle$ 是一个有补格，满足

$$a * a' = 0 \tag{C-1}$$
$$a \oplus a' = 1 \tag{C'-1}$$
$$0' = 1 \tag{C-2}$$
$$1' = 0 \tag{C'-2}$$

(5) $\langle B, *, \oplus, ', 0, 1 \rangle$ 是一个有补分配格，满足

$$(a * b)' = a' \oplus b' \tag{C-3}$$
$$(a \oplus b)' = a' * b' \tag{C'-3}$$

(6) 在集合 B 上存在偏序 $\leqslant$，满足

$$a * b = \mathrm{glb}\{a, b\} \tag{P-1}$$
$$a \oplus b = \mathrm{lub}\{a, b\} \tag{P'-1}$$
$$a \leqslant b \Leftrightarrow a * b = a \Leftrightarrow a \oplus b = b \tag{P-2}$$
$$a \leqslant b \Leftrightarrow a * b' = 0 \Leftrightarrow a' \oplus b = 1 \Leftrightarrow b' \leqslant a' \tag{P-3}$$

以上公式不都是独立的，可以从其中选定一些作为基本公式推出其它公式。也就是说，可以用这些基本公式定义布尔代数。例如有如下定义：

定义 7.4-1 $\langle B, *, \oplus \rangle$ 是一代数系统，$*$ 和 $\oplus$ 是 B 上的二元运算，如果对任意的元素 $a, b, c \in B$，满足下列 4 条，则称 $\langle B, *, \oplus \rangle$ 为**布尔代数**。

(1) $a * b = b * a$ 和 $a \oplus b = b \oplus a$

（2）$a*(b\oplus c)=(a*b)\oplus(a*c)$ 和 $a\oplus(b*c)=(a\oplus b)*(a\oplus c)$

（3）B 中存在两个元素 0 和 1，对 B 中任意元素 a，满足

$$a*1=a \quad 和 \quad a\oplus 0=a$$

（4）对 B 中每一元素 a 都存在一元素 a'，满足

$$a*a'=0 \quad 和 \quad a\oplus a'=1$$

从上述 4 条推出所有公式的过程太长，这里从略，有兴趣的读者可参阅 R. L. 古德斯坦因著的《布尔代数》一书。这里给出这一定义是便于读者利用这 4 条去核查给定的一个代数系统是否为布尔代数。当然，还可以用其它方法定义。

例 7.4 - 1

（1）设 $B=\{0,1\}$，B 上的运算 $*$、$\oplus$、$'$ 由表 7.4 - 1 定义。

表 7.4 - 1

$*$	0	1
0	0	0
1	0	1

$\oplus$	0	1
0	0	1
1	1	1

x	x'
0	1
1	0

代数 $\langle B,*,\oplus,',0,1\rangle$ 能满足定义 7.4 - 1 的要求，所以它是布尔代数，它是二元素布尔代数。二元素布尔代数是图为链的唯一布尔代数。

（2）设 S 是非空集合，$\rho(S)$ 是它的幂集，$\langle\rho(S),\cap,\cup,\overline{},\varnothing,S\rangle$ 能满足定义 7.4 - 1 的要求，所以是布尔代数。如果 S 有 n 个元素，则 $\rho(S)$ 有 2^n 个元素，该布尔代数的图形是 n 维立方体。图 7.4 - 1 给出了 $S=\{a\}$，$S=\{a,b\}$，$S=\{a,b,c\}$ 时布尔代数的图形。若 S 是空集，则 $\rho(S)$ 仅有一个元素 $\varnothing$，于是 $\varnothing=0=1$，我们称它为退化了的布尔代数，我们不研究它。

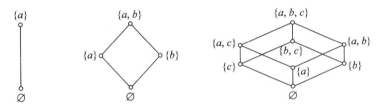

图 7.4 - 1

（3）用 S 表示含有 n 个命题变元的命题公式集合。代数系统 $\langle S,\wedge,\vee,\neg,F,T\rangle$ 是一布尔代数，其中 $\wedge$，$\vee$ 和 $\neg$ 分别是合取、析取和否定运算，F 和 T 是永假式和永真式，并把互为等价的两个命题公式看成是相等的。对应于运算 $\wedge$ 和 $\vee$，偏序关系是永真蕴含 $\Rightarrow$。

（4）设 B_n 是 0 和 1 组成的 n 重组集合，记

$$a=\langle a_1,a_2,\cdots,a_n\rangle, \quad b=\langle b_1,b_2,\cdots,b_n\rangle$$
$$0_n=\langle 0,0,\cdots,0\rangle, \quad 1_n=\langle 1,1,\cdots,1\rangle$$

a、b 为 B_n 中的任意元素，定义

$$a*b=\langle a_1\wedge b_1,a_2\wedge b_2,\cdots,a_n\wedge b_n\rangle$$
$$a\oplus b=\langle a_1\vee b_1,a_2\vee b_2,\cdots,a_n\vee b_n\rangle$$
$$a'=\langle\neg a_1,\neg a_2,\cdots,\neg a_n\rangle$$

这里 $\wedge$、$\vee$、$\neg$ 是对 $\{0,1\}$ 的逻辑运算，则代数 $\langle B_n,*,\oplus,',0_n,1_n\rangle$ 是一布尔代数，这个

代数通常称为**开关代数**。

7.4.2 子布尔代数

定义 7.4 - 2 设$\langle B, *, \oplus, ', 0, 1\rangle$是一个布尔代数，$S \subseteq B$。如果$S$含有元素 0 和 1，并且在运算 $*$、$\oplus$和$'$的作用下封闭，则称$\langle S, *, \oplus, ', 0, 1\rangle$是$\langle B, *, \oplus, ', 0, 1\rangle$的**子布尔代数**。

实际检测一个子集S是否是子布尔代数，不需要按定义进行，只需检测该子集对运算集合$\{*, '\}$或$\{\oplus, '\}$封闭就可以了。因为

$$a \oplus b = (a' * b')'$$
$$1 = (a * a')'$$
$$0 = a * a'$$

若对运算集合$\{*, '\}$是封闭的，则以上三式不但确保了对$\oplus$的封闭性，也保证了 0 和 1 在子集中。类似地可知，若对运算集合$\{\oplus, '\}$封闭，则也已足够了。

定理 7.4 - 1 子布尔代数是一个布尔代数。

证 设$\langle S, *, \oplus, ', 0, 1\rangle$是$\langle B, *, \oplus, ', 0, 1\rangle$的子布尔代数，则 0 和 1 属于$S$；由于$S$对 $*$、$\oplus$和$'$是封闭的，所以，如果$a \in S$，则$a' \in S$，于是定义 7.4 - 1 中的(3)和(4)条显然在S中成立；又交换律和分配律是继承的，所以$\langle S, *, \oplus, ', 0, 1\rangle$是一个布尔代数。证毕。

例 7.4 - 2 考察图 7.4 - 2 所示的布尔代数$\langle B, *, \oplus, ', 0, 1\rangle$。

(1) $S_1 = \{a, a', 0, 1\}$，由于S_1含有 0 和 1，且对运算 $*$、$\oplus$、$'$封闭，所以，$\langle S_1, *, \oplus, ', 0, 1\rangle$是$\langle B, *, \oplus, ', 0, 1\rangle$的子布尔代数。这个子布尔代数也可以说是由元素$a$生成的。一般地说，$B$的任意非空子集都可以生成$\langle B, *, \oplus, ', 0, 1\rangle$的子布尔代数。

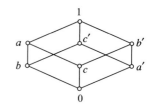

图 7.4 - 2

(2) $S_2 = \{c, b', a, 1\}$，S_2不包含特异元素 0，所以不是$\langle B, *, \oplus, ', 0, 1\rangle$的子布尔代数。但若补运算是对 1（作为全上界）和$c$（作为全下界）定义的，则$\langle S_2, *, \oplus, ', c, 1\rangle$是布尔代数。

(3) $S_3 = \{0, b', a, 1\}$对运算 $*$ 不封闭，所以S_3不能构成布尔代数，当然也不能成为子布尔代数。

(4) 对任意布尔代数$\langle B, *, \oplus, ', 0, 1\rangle$，子集$\{0, 1\}$和$B$总能构成子布尔代数，这两种子布尔代数称为平凡的。

7.4.3 布尔同态

定义 7.4 - 3 设$\langle A, *, \oplus, ', 0, 1\rangle$和$\langle B, \bigcap, \bigcup, \overline{}, \alpha, \beta\rangle$是两个布尔代数。定义一个映射$f: A \rightarrow B$，如果在$f$的作用下能够保持布尔代数的所有运算，且常数相对应，亦即对于任何$a, b \in A$，有

$$f(a * b) = f(a) \bigcap f(b)$$
$$f(a \oplus b) = f(a) \bigcup f(b)$$
$$f(a') = \overline{f(a)}$$

$$f(0) = \alpha$$
$$f(1) = \beta$$

则称映射 $f\colon A \to B$ 是一个**布尔同态**。

实际上，$f\colon A \to B$ 能够保持运算 $*$ 和 $'$，或者 $\oplus$ 和 $'$，就可以保证 f 是一个布尔同态，因为 $\{*, '\}$ 和 $\{\oplus, '\}$ 都是运算的全功能集合。

若映射 $f\colon A \to B$ 仅能保持运算 $*$ 和 $\oplus$，则 f 是一个格同态而不是布尔同态，因为 $f(0) = \alpha$ 和 $f(1) = \beta$ 未必成立。格同态是保序的，因此，它能把全下界 0 和全上界 1 分别映入象点集合 $f(A)$ 的最小元素和最大元素。如果 $f(A)$ 中各元素的补元是用 $f(0)$ 和 $f(1)$ 定义的，则也能保持这些补元。因而 $\langle f(A), \cap, \cup, \overline{}, f(0), f(1) \rangle$ 是一个布尔代数。$f\colon A \to f(A)$ 是一个布尔同态（虽然 $f\colon A \to B$ 不是布尔同态）。根据以上讨论，可以得出这样的结论：若 f 是从布尔代数 $\langle A, *, \oplus, ', 0, 1 \rangle$ 到格 $\langle B, *, \oplus \rangle$ 的格同态，且是满射的，则 $\langle B, *, \oplus \rangle$ 是布尔代数。

7.4.4 有限布尔代数的原子表示

本小节研究有限布尔代数的一个重要性质，就是任何有限布尔代数 $\langle B, *, \oplus, ', 0, 1 \rangle$ 都同构于某一集合 S 的幂集代数 $\langle \rho(S), \cap, \cup, \overline{}, \varnothing, S \rangle$。

我们探讨这一问题的思路是这样的：

第一步，介绍 B 中的特殊元素——原子及其性质。

第二步，证明 B 中除 0 外的每一元素 x，都可唯一地表示成原子的保联，即

$$x = a_1 \oplus a_2 \oplus \cdots \oplus a_k \quad (a_i \text{ 是原子})$$

第三步，证明上述断言。

现在进行第一步。

定义 7.4-4 设 a, b 是一个格中的两个元素，如果 $b \leqslant a$ 且 $b \neq a$，即 $b < a$，并且在此格中再没有别的元素 c，使得 $b < c$ 和 $c < a$，则称元素 a **覆盖**元素 b。

定义 7.4-5 设 $\langle B, *, \oplus, ', 0, 1 \rangle$ 是一布尔代数，$a \in B$，如果 a 覆盖 0，则称元素 a 是该布尔代数的一个**原子**。

定理 7.4-2 元素 a 是布尔代数 $\langle B, *, \oplus, ', 0, 1 \rangle$ 的原子，当且仅当 $a \neq 0$ 时，对任意元素 $x \in B$，有

$$x * a = a \quad \text{或} \quad x * a = 0$$

证 必要性。因为 $x * a \leqslant a$，而 a 是原子，所以，$x * a = a$ 或 $x * a = 0$。

充分性。若 $a \neq 0$ 不是原子，则存在一元素 $x \in B$，使 $a > x > 0$，于是有 $x * a = x$，这与假设"$a \neq 0$ 时对任意 $x \in B$ 有 $x * a = a$ 或 $x * a = 0$"相矛盾。所以，a 是原子。证毕。

推论 7.4-2 a 是布尔代数 $\langle B, *, \oplus, ', 0, 1 \rangle$ 的原子，x 是 B 的任意元素，则或者 $a \leqslant x$，或者 $a \leqslant x'$，但不能同时成立。

证 由于

$$x * a = a \Leftrightarrow a \leqslant x, \quad x * a = 0 \Leftrightarrow a \leqslant x'$$

所以，根据定理 7.4-2，如果 a 是原子，x 是 B 的任意元素，有

$$a \leqslant x \quad \text{或} \quad a \leqslant x'$$

若两者同时成立，则 $a \leqslant x * x' = 0$，这与 $a > 0$ 矛盾。证毕。

定理 7.4-2 及其推论说明：原子是这样的元素，它把 B 中的元素分为两类，第一类是与自己可比较的（包括自身），它小于等于这一类中的任一元素。第二类是与自己不可比较的或是 0，它小于等于这一类中任一元素的补元。

为了加深对原子和定理 7.4-2 的认识，试考察图 7.4-3，(a)中 a_1 是原子；(b)中 a_1 和 a_2 是原子；(c)中 a_1，a_2 和 a_3 是原子。在(a)、(b)和(c)三图中，虚线都表示原子 a_1 将 B 的元素划分成两类。

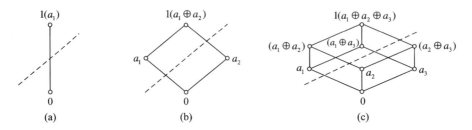

图 7.4-3

定理 7.4-3 设 $\langle B, *, \oplus, ', 0, 1 \rangle$ 是一个有限布尔代数，则对于每一个非零元素 $x \in B$，至少存在一个原子 a，使 $x * a = a$（即 $a \leqslant x$）。

证 若 x 是原子，则 $x * x = x$，此 x 就是所求的原子 a。

若 x 不是原子，因为 $x \geqslant 0$，所以，从 x 下降到 0 有一条路径，又由于 B 是有限的，此路径所经过的结点是有限的，不妨设为

$$x \geqslant a_1 \geqslant a_2 \geqslant \cdots \geqslant a_k \geqslant 0$$

则 a_k 覆盖 0，而 $x * a_k = a_k$，此 a_k 就是所求的原子 a。证毕。

定理 7.4-4 如果元素 a_1 和 a_2 是布尔代数 $\langle B, *, \oplus, ', 0, 1 \rangle$ 中的两个原子，且 $a_1 * a_2 \neq 0$，则 $a_1 = a_2$。

证 由定理 7.4-2 有 $a_1 * a_2 = a_2$ 和 $a_2 * a_1 = a_1$，所以 $a_1 = a_2$。

本定理的逆反是：若 $a_1 \neq a_2$，则 $a_1 * a_2 = 0$，它是关于原子的重要性质。

下面进行第二步。

定理 7.4-5 设 $\langle B, *, \oplus, ', 0, 1 \rangle$ 是有限布尔代数，x 是 B 中任意非 0 元素，a_1，a_2，$\cdots$，a_k 是满足 $a_i \leqslant x$ 的所有原子（$i = 1, 2, \cdots, k$），则

$$x = a_1 \oplus a_2 \oplus \cdots \oplus a_k$$

证 记 $a_1 \oplus a_2 \oplus \cdots \oplus a_k = y$，因为 $a_i \leqslant x (i = 1, 2, \cdots, k)$，所以，$y \leqslant x$。如果能进一步证明 $x \leqslant y$，那么问题就解决了。由定理 7.3-12 知，只需证明 $x * y' = 0$ 就可以了。为此，我们用反证法。

设 $x * y' \neq 0$，于是必有一原子 a，使 $a \leqslant x * y'$，又因 $x * y' \leqslant x$ 和 $x * y' \leqslant y'$，所以由传递性得

$$a \leqslant x \quad \text{和} \quad a \leqslant y'$$

因为 a 是一原子，且满足 $a \leqslant x$，所以 a 必是 a_1，a_2，$\cdots$，a_k 中的一个，因此 $a \leqslant y$。但这与 $a \leqslant y'$ 矛盾。故 $x * y' = 0$，即 $x \leqslant y$。证毕。

定理 7.4-6 定理 7.4-5 中的表示式 $x = a_1 \oplus a_2 \oplus \cdots \oplus a_k$ 是唯一的。

证 若另有一种表示式为

$$x = b_1 \oplus b_2 \oplus \cdots \oplus b_t$$

其中 b_1，b_2，$\cdots$，b_t 是 B 中不同的原子。

因为 x 是 b_1，b_2，$\cdots$，b_t 的最小上界，所以，$b_i \leqslant x(i=1,2,\cdots,t)$。而 a_1，a_2，$\cdots$，a_k 是 B 中满足 $a_i \leqslant x(i=1,2,\cdots,k)$ 的所有原子，所以，$\{b_1,b_2,\cdots,b_t\} \subseteq \{a_1,a_2,\cdots,a_k\}$ 且 $t \leqslant k$。

如果 $t < k$，那么 a_1，a_2，$\cdots$，a_k 中必有一 a_i 与 b_1，b_2，$\cdots$，b_t 全不相同。于是，由
$$a_i * (b_1 \oplus b_2 \oplus \cdots \oplus b_t) = a_i * (a_1 \oplus a_2 \oplus \cdots \oplus a_k)$$
得
$$0 = a_i$$
于是得到矛盾。所以，只有 $t = k$，$\{b_1,b_2,\cdots,b_t\}$ 就是 $\{a_1,a_2,\cdots,a_k\}$。证毕。

现在进行第三步。

定理 7.4-7 设 $\langle B, *, \oplus, ', 0, 1 \rangle$ 是一个有限布尔代数，S 是此代数中的所有原子的集合，则 $\langle B, *, \oplus, ', 0, 1 \rangle$ 同构于幂集代数 $\langle \rho(S), \cap, \cup, \overline{}, \varnothing, S \rangle$。

证 作映射 $f: B \rightarrow \rho(S)$
$$f(x) = \begin{cases} \varnothing & x = 0 \text{ 时} \\ \{a \mid a \in S \wedge a \leqslant x\} & x \neq 0 \text{ 时} \end{cases}$$
我们首先证明 f 是双射函数。

（1）由于 B 对运算 $\oplus$ 封闭，对 S 的任一子集 $S_1 = \{a_1,a_2,\cdots,a_k\}$ 都存在 $a_1 \oplus a_2 \oplus \cdots \oplus a_k = x \in B$，使 $f(x) = S_1$，所以，f 是满射的。

（2）设 x 和 y 是 B 的任意两元素，$x \neq y$，则 $x \leqslant y$ 和 $y \leqslant x$ 不能同时成立，不妨设 $x \leqslant y$ 不成立，于是 $x * y' \neq 0$，根据定理 7.4-3，存在一原子 a，使 $a \leqslant x * y'$。由于
$$x * y' \leqslant x \quad \text{和} \quad x * y' \leqslant y'$$
所以
$$a \leqslant x \quad \text{和} \quad a \leqslant y'$$
根据定理 7.4-5 得
$$a \in f(x) \text{ 和 } a \notin f(y) \quad (\text{否则 } a \leqslant y \text{ 与 } a \leqslant y' \text{ 矛盾})$$
所以，$f(x) \neq f(y)$。这就证明了 f 是单射函数。

由（1）和（2）得 f 是双射函数。

其次我们证明 f 是布尔同态。

（1）设 x 和 y 是 B 的任意两元素，其原子表示为
$$x = a_1 \oplus a_2 \oplus \cdots \oplus a_k, \qquad y = b_1 \oplus b_2 \oplus \cdots \oplus b_t$$
$$x \oplus y = a_1 \oplus a_2 \oplus \cdots \oplus a_k \oplus b_1 \oplus b_2 \oplus \cdots \oplus b_t$$
于是
$$f(x) = \{a_1,a_2,\cdots,a_k\} = S_1$$
$$f(y) = \{b_1,b_2,\cdots,b_t\} = S_2$$
$$f(x \oplus y) = f(a_1 \oplus a_2 \oplus \cdots \oplus a_k \oplus b_1 \oplus b_2 \oplus \cdots \oplus b_t) = S_1 \cup S_2$$
这就证明了 f 保持 $\oplus$ 运算。

（2）设 a 是 $\langle B, *, \oplus, ', 0, 1 \rangle$ 的任意原子，x 是 B 的任意元素。由于
$$a \in f(x') \Leftrightarrow a \leqslant x'$$
$$\Leftrightarrow \neg(a \leqslant x)$$

$$\Leftrightarrow a \notin f(x)$$
$$\Leftrightarrow a \in \overline{f(x)}$$

所以，$f(x') = \overline{f(x)}$。这就证明了 f 保持补运算。

由(1)和(2)，得 f 是布尔同态。但 f 是双射函数，故 f 是布尔同构。证毕。

推论 7.4-7 (1) $\langle B, *, \oplus, ', 0, 1 \rangle$ 与 $\langle \rho(S), \cap, \cup, \overline{}, \varnothing, S \rangle$ 同构，$|\rho(S)| = 2^{|S|}$，所以，$|B| = 2^{|S|}$，故任一有限布尔代数载体的基数是 2 的幂。

(2) 任一有限布尔代数和它的原子集合 S 构成的幂集集合代数 $\langle \rho(S), \cap, \cup, \overline{}, \varnothing, S \rangle$ 同构，但后者又与任一基数相同的幂集集合代数同构，故具有相同载体基数的有限布尔代数都同构。

注意，定理 7.4-7 对无限布尔代数并不成立。

命题演算(集合论)中的极小项就是由 n 元命题公式构成的布尔代数的原子。除 0 外，每一公式都可化成极小项的析取(并)是大家已知的事实。

此外，还可用布尔代数的反原子的保交来表示布尔代数的元素。**反原子**是被最大元素 1 所覆盖的元素。事实上，一个反原子是一个原子的补，所以称为反原子。根据对偶性原理，若把 * 和 $\oplus$，0 和 1，$\leqslant$ 和 $\geqslant$，原子和反原子互换，重复上面的全部讨论，就可得出相应的结论。

例 7.4-3 设 A_1，A_2，$\cdots$，A_n 是某一个全集合 E 的不同子集。如果用 S 表示由 A_1，A_2，$\cdots$，A_n 所生成的所有集合的族(相等的集合看做是同一元素)，则 $\langle S, \cap, \cup, \overline{}, \varnothing, E \rangle$ 是一布尔代数。$\widetilde{A_1} \cap \widetilde{A_2} \cap \cdots \cap \widetilde{A_n}$(这里 $\widetilde{A_i}$ 或是 A_i 或是 $\overline{A_i}$)形式的非空集合是极小项，它们或包含在 S 的一个元素中，或与该元素形成空相交，这些极小项恰是 $\langle S, \cap, \cup, \overline{}, \varnothing, E \rangle$ 的各原子。设 M 是由 A_1，A_2，$\cdots$，A_n 生成的极小项集合。根据定理 7.4-7，布尔代数 $\langle S, \cap, \cup, \overline{}, \varnothing, E \rangle$ 同构于 $\langle \rho(M), \cap, \cup, \overline{}, \varnothing, M \rangle$。例如，如果 S 是由 X 和 Y 生成的所有集合的族，则 $M = \{X \cap Y, X \cap \overline{Y}, \overline{X} \cap Y, \overline{X} \cap \overline{Y}\}$，记为 $\{A, B, C, D\}$，于是 $\langle S, \cap, \cup, \overline{}, \varnothing, E \rangle$ 和 $\langle \rho(M), \cap, \cup, \overline{}, \varnothing, M \rangle$ 同构。它们的图如图 7.4-4 所示。

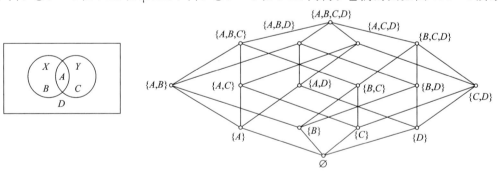

图 7.4-4

7.4.5 布尔代数的积代数

定义 7.4-6 设 $U = \langle A, *, \oplus, ', 0_1, 1_1 \rangle$ 和 $V = \langle B, \wedge, \vee, \neg, 0_2, 1_2 \rangle$ 是两个布尔代数。定义一个布尔代数 $W = \langle A \times B, \cdot, +, -, 0_3, 1_3 \rangle$ 如下，其中 $'$、$\neg$、$-$ 都是求补运算。对于任何 $\langle a_1, b_1 \rangle$，$\langle a_2, b_2 \rangle \in A \times B$，有

$$\langle a_1, b_1 \rangle \cdot \langle a_2, b_2 \rangle = \langle a_1 * a_2, b_1 \wedge b_2 \rangle$$

$$\langle a_1, b_1 \rangle + \langle a_2, b_2 \rangle = \langle a_1 \oplus a_2, b_1 \vee b_2 \rangle$$

$$\overline{\langle a_1, b_1 \rangle} = \langle a'_1, \neg b_1 \rangle$$

则称 W 是 U 和 V 的积代数，记为 $W = U \times V$。

定理 7.4-8 布尔代数的积代数是一布尔代数。

证 因为交换律、分配律、公式（B-3）、（B'-3）、（C-1）和（C'-1）均成立，符合定义 7.4-1，所以，布尔代数的积代数是一布尔代数。证毕。

我们用 $A_n = \langle B_n, *, \oplus, ', 0, 1 \rangle$ 表示具有 n 个元素的布尔代数。由推论 7.4-7 知，这里的 n 必定是 2 的幂。因此，最小的布尔代数是

$$A_2 = \langle B_2, *, \oplus, ', 0, 1 \rangle$$

这里 $B_2 = \{0, 1\}$，运算表如表 7.4-1 所定义。其次是

$$A_4 = \langle B_4, *, \oplus, ', 0, 1 \rangle$$

设 $B_4 = \{0, a, b, 1\}$，其运算表如表 7.4-2 所示。

表 7.4-2

$*$	0	a	b	1	$\oplus$	0	a	b	1	x	x'
0	0	0	0	0	0	0	a	b	1	0	1
a	0	a	0	a	a	a	a	1	1	a	b
b	0	0	b	b	b	b	1	b	1	b	a
1	0	a	b	1	1	1	1	1	1	1	0

现在我们来考察 $A_2 \times A_2 \times \cdots \times A_2$，由定理 7.4-8 知，它是一个布尔代数，记为 A_2^n。

$$A_2^n = \langle B_2^n, *, \oplus, ', 0^*, 1^* \rangle$$

这里 $0^* = \langle 0, 0, \cdots, 0 \rangle$，$1^* = \langle 1, 1, \cdots, 1 \rangle$。对任意元素 $\langle a_1, a_2, \cdots, a_n \rangle$，$\langle b_1, b_2, \cdots, b_n \rangle \in B_2^n$，有

$$\langle a_1, a_2, \cdots, a_n \rangle * \langle b_1, b_2, \cdots, b_n \rangle = \langle a_1 * b_1, a_2 * b_2, \cdots, a_n * b_n \rangle$$

$$\langle a_1, a_2, \cdots, a_n \rangle \oplus \langle b_1, b_2, \cdots, b_n \rangle = \langle a_1 \oplus b_1, a_2 \oplus b_2, \cdots, a_n \oplus b_n \rangle$$

$$\langle a_1, a_2, \cdots, a_n \rangle' = \langle a'_1, a'_2, \cdots, a'_n \rangle$$

当 $n = 2$ 时，$A_2^2 = \langle B_2^2, *, \oplus, ', 0, 1 \rangle$ 的运算表如表 7.4-3 所示。

表 7.4-3

$*$	$\langle 0, 0 \rangle$	$\langle 0, 1 \rangle$	$\langle 1, 0 \rangle$	$\langle 1, 1 \rangle$
$\langle 0, 0 \rangle$	$\langle 0, 0 \rangle$	$\langle 0, 0 \rangle$	$\langle 0, 0 \rangle$	$\langle 0, 0 \rangle$
$\langle 0, 1 \rangle$	$\langle 0, 0 \rangle$	$\langle 0, 1 \rangle$	$\langle 0, 0 \rangle$	$\langle 0, 1 \rangle$
$\langle 1, 0 \rangle$	$\langle 0, 0 \rangle$	$\langle 0, 0 \rangle$	$\langle 1, 0 \rangle$	$\langle 1, 0 \rangle$
$\langle 1, 1 \rangle$	$\langle 0, 0 \rangle$	$\langle 0, 1 \rangle$	$\langle 1, 0 \rangle$	$\langle 1, 1 \rangle$

$\oplus$	$\langle 0, 0 \rangle$	$\langle 0, 1 \rangle$	$\langle 1, 0 \rangle$	$\langle 1, 1 \rangle$	x	x'
$\langle 0, 0 \rangle$	$\langle 0, 0 \rangle$	$\langle 0, 1 \rangle$	$\langle 1, 0 \rangle$	$\langle 1, 1 \rangle$	$\langle 0, 0 \rangle$	$\langle 1, 1 \rangle$
$\langle 0, 1 \rangle$	$\langle 0, 1 \rangle$	$\langle 0, 1 \rangle$	$\langle 1, 1 \rangle$	$\langle 1, 1 \rangle$	$\langle 0, 1 \rangle$	$\langle 1, 0 \rangle$
$\langle 1, 0 \rangle$	$\langle 1, 0 \rangle$	$\langle 1, 1 \rangle$	$\langle 1, 0 \rangle$	$\langle 1, 1 \rangle$	$\langle 1, 0 \rangle$	$\langle 0, 1 \rangle$
$\langle 1, 1 \rangle$	$\langle 1, 1 \rangle$	$\langle 1, 1 \rangle$	$\langle 1, 1 \rangle$	$\langle 1, 1 \rangle$	$\langle 1, 1 \rangle$	$\langle 0, 0 \rangle$

定理 7.4-9 布尔代数 A_2^n 和 A_{2^n} 同构，且每一有限布尔代数都同构于某一个 A_2^n。

证 A_2^n 和 A_{2^n} 基数相同，所以同构。任一布尔代数的基数为 2^n，所以必与 A_2^n 同构。证毕。

本定理说明，只要对 A_2^n 研究清楚了，一切有限布尔代数也就清楚了。

例 7.4-4

(1) A_4 与 A_2^2 同构，对比运算表 7.4-2 和运算表 7.4-3 即知。

(2) 设 $E=\{a_1, a_2, \cdots, a_n\}$，则布尔代数 $\langle \rho(E), \cap, \cup, \overline{}, \varnothing, E \rangle$ 和 A_2^n 同构。同构 f 可以这样作出：

$$f: \rho(E) \rightarrow B_2^n, \quad f(S) = \langle \delta_1, \delta_2, \cdots, \delta_n \rangle$$

这里

$$\delta_i = \begin{cases} 1 & \text{当 } a_i \in S \text{ 时} \\ 0 & \text{当 } a_i \notin S \text{ 时} \end{cases}$$

例如，$n=4$ 时，

$$f(\{a_1, a_3, a_4\}) = \langle 1, 0, 1, 1 \rangle$$

7.4.6 布尔函数

$\langle B, *, \oplus, ', 0, 1 \rangle$ 是一个布尔代数，现在考虑一个从 B^n 到 B 的函数。

设 $B=\{0, 1\}$，表 7.4-4 给出了一个从 B^3 到 B 的函数。

设 $B=\{0, a, b, 1\}$，表 7.4-5 给出了一个从 B^2 到 B 的函数。

表 7.4-4

$\langle x_1 \quad x_2 \quad x_3 \rangle$	f
$\langle 0, 0, 0 \rangle$	1
$\langle 0, 0, 1 \rangle$	0
$\langle 0, 1, 0 \rangle$	1
$\langle 0, 1, 1 \rangle$	0
$\langle 1, 0, 0 \rangle$	1
$\langle 1, 0, 1 \rangle$	1
$\langle 1, 1, 0 \rangle$	0
$\langle 1, 1, 1 \rangle$	0

表 7.4-5

$\langle x_1, x_2 \rangle$	f
$\langle 0, 0 \rangle$	1
$\langle 0, a \rangle$	0
$\langle 0, b \rangle$	0
$\langle 0, 1 \rangle$	b
$\langle a, 0 \rangle$	a
$\langle a, a \rangle$	1
$\langle a, b \rangle$	0
$\langle a, 1 \rangle$	b
$\langle b, 0 \rangle$	a
$\langle b, a \rangle$	0
$\langle b, b \rangle$	a
$\langle b, 1 \rangle$	1
$\langle 1, 0 \rangle$	b
$\langle 1, a \rangle$	0
$\langle 1, b \rangle$	a
$\langle 1, 1 \rangle$	a

以上这种表示函数的方法就是通常的列表穷举法。下面我们试图用别的方法来描述这一类函数。

定义 7.4-7 设 $\langle B, *, \oplus, ', 0, 1 \rangle$ 是一个布尔代数，取值于 B 中元素的变元称为**布尔变元**；B 中的元素称为**布尔常元**。

定义 7.4-8 设 $\langle B, *, \oplus, ', 0, 1 \rangle$ 是一个布尔代数，这个布尔代数上的**布尔表达式**定义如下：

（1）单个布尔常元是一个布尔表达式；单个布尔变元是一个布尔表达式。

（2）如果 e_1 和 e_2 是布尔表达式，则 $(e_1)'$，$(e_1 \oplus e_2)$，$(e_1 * e_2)$ 也是布尔表达式。

（3）除了有限次应用（1）和（2）形成的表达式外，没有其它字符串是布尔表达式。

布尔表达式一般用 f，g，$\cdots$ 表示，或更明确地表示成 $f(x_1, x_2, \cdots, x_n)$，称为 n 元布尔表达式，其中 $x_1, x_2, \cdots, x_n$ 是式中可能含有的布尔变元。布尔表达式中的某些圆括号可以省略，约定类似于命题公式。

例 7.4 - 5 设 $\langle \{0, a, b, 1\}, *, \oplus, ', 0, 1 \rangle$ 是布尔代数，则

$$f_1 = a$$
$$f_2 = 0 * x$$
$$f_3 = (1 * x_1) \oplus x_2$$
$$f_4 = ((a \oplus b)' * (x_1' \oplus x_2)) * ((x_1 * x_2)')$$

都是这个布尔代数上的布尔表达式。

布尔表达式中的符号 $*$、$\oplus$ 和 $'$，就是相应布尔代数中 $*$、$\oplus$ 和 $'$ 三种运算，它们满足布尔代数的所有公式，可以按照这些公式进行计算。

定义 7.4 - 9 布尔代数 $\langle B, *, \oplus, ', 0, 1 \rangle$ 上的布尔表达式 $f(x_1, x_2, \cdots, x_n)$ 的**值**指的是：将 B 的元素作为变元 $x_i (i=1, 2, \cdots, n)$ 的值而代入表达式以后，计算出来的表达式的值。

例 7.4 - 6

（1）取 $x_1 = a$，$x_2 = b$，则例 7.4 - 5 中的 f_3 的值是

$$f_3 = (1 * a) \oplus b = a \oplus b = 1$$

（2）设布尔代数 $\langle \{0, 1\}, *, \oplus, ', 0, 1 \rangle$ 上的表达式为

$$f(x_1, x_2, x_3) = (x_1' * x_2') * (x_1' \oplus x_2') * (x_2 \oplus x_3)'$$

则

$$f(1, 0, 1) = (0 * 1) * (0 \oplus 1) * (0 \oplus 1)' = 0 * 1 * 1' = 0$$

定义 7.4 - 10 布尔代数 $\langle B, *, \oplus, ', 0, 1 \rangle$ 上两个 n 元布尔表达式 $f_1(x_1, x_2, \cdots, x_n)$ 和 $f_2(x_1, x_2, \cdots, x_n)$，如果对 n 个变元的任意指派，f_1 和 f_2 的值均相等，则称这两个布尔表达式是**等价**的或**相等**的，记作 $f_1(x_1, x_2, \cdots, x_n) = f_2(x_1, x_2, \cdots, x_n)$。

在实践上，如果能有限次应用布尔代数公式，将一个布尔表达式化成另一个表达式，就可以判定这两个布尔表达式是等价的。

定义 7.4 - 10 给出的等价关系将 n 元布尔代数表达式集合划分成等价类，处于同一个等价类中的表达式都相互等价。可以证明等价类数目是有限的。为此，我们考察以下定义。

定义 7.4 - 11 给定 n 个布尔变元 $x_1, x_2, \cdots, x_n$，表达式 $\widetilde{x_1} * \widetilde{x_2} * \widetilde{x_3} * \cdots * \widetilde{x_n}$ 称为**极小项**。这里 $\widetilde{x_i}$ 表示 x_i 或 x_i' 两者之一。

显然，有 2^n 个不同的极小项，分别记为 $m_0, m_1, m_2, \cdots, m_{2^n-1}$，足标是二进制数 $a_1 a_2 \cdots a_n$ 的十进制表示。

$$a_i = \begin{cases} 1 & \text{当 } \widetilde{x_i} = x_i \text{ 时} \\ 0 & \text{当 } \widetilde{x_i} = x_i' \text{时} \end{cases} \quad (i = 1, 2, \cdots, n)$$

极小项满足以下性质：

$$m_i * m_j = 0 \quad (i \neq j \text{ 时})$$

$$\bigoplus_{i=0}^{2^n-1} m_i = 1$$

定义 7.4 - 12 $\alpha_0 m_0 \oplus \alpha_1 m_1 \oplus \cdots \oplus \alpha_{2^n-1} m_{2^n-1}$ 形式的布尔表达式称为**主析取范式**。这里 m_i 是极小项，α_i 是布尔常元 $(i=0,1,2,\cdots,2^n-1)$。

因为 α_i 有 $|B|$ 种取法，故不同的主析取范式有 $|B|^{2^n}$ 个。特别，$B = \{0,1\}$ 时有 2^{2^n} 个。

任何一个 n 元布尔表达式都唯一地等价于一个主析取范式。

把一个 n 元布尔表达式化成等价的主析取范式，主要应用德·摩根定律等，其方法与"数理逻辑"和"数字逻辑"中化成主析取范式的方法完全一致。

2^n 个极小项最多只能造出 $|B|^{2^n}$ 个不同的主析取范式，所以，一个 n 元布尔表达式必等价于这 $|B|^{2^n}$ 个主析取范式之一。

平行地可讨论极大项和合取**范式**。

定义 7.4 - 13 给定 n 个布尔变元 $x_1, x_2, \cdots, x_n$。表达式 $\widetilde{x_1} \oplus \widetilde{x_2} \cdots \oplus \widetilde{x_n}$ 称为**极大项**。这里 $\widetilde{x_i}$ 表示 x_i 或 x_i' 两者之一。

显然，有 2^n 个不同的极大项。分别记为 $M_0, M_1, M_2, \cdots, M_{2^n-1}$，足标是二进制数 $a_1 a_2 \cdots a_n$ 的十进制表示。

$$a_i = \begin{cases} 1 & \text{当 } \widetilde{x_i} = x_i' \text{时} \\ 0 & \text{当 } \widetilde{x_i} = x_i \text{时} \end{cases} \qquad (i = 1, 2, \cdots, n)$$

注意：足标规定与极小项不同。

极大项满足以下性质：

$$M_i \oplus M_j = 1 \qquad (i \neq j \text{ 时})$$
$$\mathop{*}_{i=0}^{2^n-1} M_i = 0$$
$$(m_i)' = M_i$$
$$(M_i)' = m_i$$

定义 7.4 - 14 $(\alpha_0 \oplus M_0) * (\alpha_1 \oplus M_1) * \cdots * (\alpha_{2^n-1} \oplus M_{2^n-1})$ 形式的布尔表达式称为**主合取范式**。这里 M_i 是极大项，α_i 是布尔常元，$i = 0, 1, 2, \cdots, 2^n - 1$。

任何一个 n 元布尔表达式都唯一地等价于一个主合取范式。2^n 个极大项最多只能造出 $|B|^{2^n}$ 个不同的主合取范式。所以，一个 n 元布尔表达式必等价于这 $|B|^{2^n}$ 个主合取范式之一。

例 7.4 - 7

(1) 将布尔代数 $\langle \{0, a, b, 1\}, *, \oplus, ', 0, 1 \rangle$ 上的布尔表达式 $f(x_1, x_2) = (a * x_1) * (x_1 \oplus x_2') \oplus b * x_1 * x_2$ 化成主析取范式。

$$\begin{aligned} f(x_1, x_2) &= (a * x_1) * (x_1 \oplus x_2') \oplus b * x_1 * x_2 \\ &= a * x_1 \oplus b * x_1 * x_2 \\ &= a * x_1 * (x_2 \oplus x_2') \oplus b * x_1 * x_2 \\ &= a * x_1 * x_2 \oplus a * x_1 * x_2' \oplus b * x_1 * x_2 \\ &= x_1 * x_2 \oplus a * x_1 * x_2' \\ &= m_3 \oplus a * m_2 \end{aligned}$$

(2) 将布尔代数$\langle\langle 0,1\rangle\rangle$，$*$，$\bigoplus$，$'$，$0$，$1\rangle$上的布尔表达式$f(x_1,x_2,x_3)=x_1*x_2\bigoplus x_3$化成主合取范式。

$$
\begin{aligned}
f(x_1,x_2,x_3) &= x_1*x_2\bigoplus x_3\\
&= (x_1\bigoplus x_3)*(x_2\bigoplus x_3)\\
&= (x_1\bigoplus x_3\bigoplus x_2*x_2')*(x_2\bigoplus x_3\bigoplus x_1*x_1')\\
&= (x_1\bigoplus x_2\bigoplus x_3)*(x_1\bigoplus x_2'\bigoplus x_3)*(x_1'\bigoplus x_2\bigoplus x_3)\\
&= M_0*M_2*M_4\\
&= *(0,2,4)
\end{aligned}
$$

一个n元布尔表达式，对n个变元的每一指派，都可得到相应的表达式的值，这值属于B。所以，每一布尔表达式都代表一个函数。但n个变元的主析取范式（或主合取范式）最多只有$|B|^{2^n}$个，所以，至多只能代表$|B|^{2^n}$个不同的函数。从B^n到B的函数共有$|B|^{B^n}=|B|^{|B|^n}$个。现分情况讨论：

(1) $B=\{0,1\}$时，从B^n到B的函数共有2^{2^n}个，主析取范式也有2^{2^n}个，恰好每一主范式代表一个函数。所以，在$B=\{0,1\}$时，每一函数均可用布尔表达式表示。

例如，表7.4－4所表示的函数可表达为

$$
\begin{aligned}
f &= x_1'*x_2'*x_3'\bigoplus x_1'*x_2*x_3'\bigoplus x_1*x_2'*x_3'\bigoplus x_1*x_2'*x_3\\
&= x_1'*x_3'\bigoplus x_1*x_2'
\end{aligned}
$$

(2) $B\neq\{0,1\}$时，例如$B=\{0,a,b,1\}$时，从B^n到B的函数共有4^{4^n}个，但主析取范式仍只有4^{2^n}个，所以，不是每一函数都可用布尔表达式表示的。

定义7.4－15 设$\langle B,*,\bigoplus,',0,1\rangle$是一个布尔代数，一个从$B^n$到$B$的函数，如果能够用该布尔代数上的$n$元布尔表达式表示，那么这个函数就称为**布尔函数**。

例如，表7.4－5所示的函数不是布尔函数。若不然，不妨设

$$
f(x_1,x_2)=C_{11}*x_1*x_2\bigoplus C_{12}*x_1*x_2'\bigoplus C_{21}*x_1'*x_2\bigoplus C_{22}*x_1'*x_2'
$$

这里C_{ij}取值于$\{0,a,b,1\}$，根据表的第一行

$$
f(0,0)=C_{22}*1*1=C_{22}=1
$$

根据表的第二行

$$
\begin{aligned}
f(0,a) &= C_{21}*1*a\bigoplus C_{22}*1*a'\\
&= C_{21}*a\bigoplus b=0
\end{aligned}
$$

不管C_{21}取什么值，上式都不可能成立。所以，布尔表达式表示不了这个函数，它不是布尔函数。

最常见的是$B=\{0,1\}$的情况。在这一情况下，给定n个布尔变元$x_1,x_2,\cdots,x_n$，把2^n个极小项看成原子，把2^{2^n}个不同的主析取范式看成2^{2^n}个元素，等价的布尔表达式看成相同的元素。由于假定$*$、$\bigoplus$和$'$满足所有布尔代数公式，所以$\langle B_{2^{2^n}},*,\bigoplus,',0,1\rangle$是一个布尔代数，通常称它为自由变元$x_1,x_2,\cdots,x_n$生成的**自由布尔代数**。

习　题

1. 证明下列布尔恒等式：

(1) $a \bigoplus (a' * b) = a \bigoplus b$

(2) $a * (a' \bigoplus b) = a * b$

(3) $(a * c) \bigoplus (a' * b) \bigoplus (b * c) = (a * c) \bigoplus (a' * b)$

(4) $(a \bigoplus b') * (b \bigoplus c') * (c \bigoplus a') = (a' \bigoplus b) * (b' \bigoplus c) * (c' \bigoplus a)$

(5) $a * b \bigoplus a' * c \bigoplus b' * c = a * b \bigoplus c$

2. 化简下列各布尔表达式：

(1) $a * b \bigoplus a' * b * c' \bigoplus b * c$

(2) $(a * b' \bigoplus c) * (a \bigoplus b') * c$

(3) $a * b \bigoplus a * b' * c \bigoplus b * c$

(4) $(a * b)' \bigoplus (a \bigoplus b)'$

(5) $(1 * a) \bigoplus (0 * a')$

3. 试证明：$a = b \Leftrightarrow (a * b') \bigoplus (a' * b) = 0$。

4. 设 $S = \{a, b, c\}$ 是一个集合，且 $\langle \rho(S), \cap, \cup, \overline{}, \varnothing, S \rangle$ 是 S 的幂集代数，$\langle B, *, \bigoplus, ', 0, 1 \rangle$ 是二阶布尔代数，映射

$$g: \rho(S) \to B$$
$$g(x) = 1, \text{当 } x \text{ 含有 } b \text{ 时}$$
$$g(x) = 0, \text{当 } x \text{ 不含 } b \text{ 时}$$

试证明 g 是一个布尔同态。

5. 给定从一个布尔代数到另一个布尔代数的映射。试证明如果此映射能保持运算 $\bigoplus$ 和 ′，则也能保持运算 $*$。

6. 试证明，如果一个布尔代数中的格同态能保持 0 和 1，则此同态是一个布尔同态。

7. 设 $\langle B, \wedge, \vee, \overline{}, 0, 1 \rangle$ 是布尔代数，在 B 上定义一个运算 $\bigoplus$ 如下：

$$a \bigoplus b = (a \wedge \bar{b}) \vee (\bar{a} \wedge b)$$

试证明 $\langle B, \bigoplus \rangle$ 是一个阿贝尔群。

8. 设 $\langle B, \wedge, \vee, \overline{}, 0, 1 \rangle$ 是一个布尔代数，如果在 B 上两个二元运算 ＋ 和 · 如下：

$$a + b = (a \wedge \bar{b}) \vee (\bar{a} \wedge b)$$
$$a \cdot b = a \wedge b$$

证明 $\langle B, +, \cdot \rangle$ 是以 1 为幺元的环。

9. 设 $\langle B, *, \bigoplus, ', 0, 1 \rangle$ 是一个布尔代数，$a \in B$。如果 $a \neq 0$，且对于每一个 $x \in B$，$x \leqslant a$ 蕴含着 $x = a$ 或 $x = 0$，则称元素 a 是**极小的**，试证明当且仅当 a 是极小的，a 才是一个原子。

10. 不直接应用推论 7.4–7，试证明不可能存在载体的基数是 3 的布尔代数。

11. 设 $E = \{a_1, a_2, a_3, a_4\}$、$S_1 = \{a_1, a_2\}$、$S_2 = \{a_3, a_4\}$ 和 $\langle \{\varnothing, S_1, S_2, E\}, \cap, \cup, \overline{}, \varnothing, E \rangle$ 是一个布尔代数 B。B 的原子集合 S 是什么？画出布尔代数 B 的文氏图。并画出同构于 B 的布尔代数 $\langle \rho(S), \cap, \cup, \overline{}, \varnothing, S \rangle$ 的哈斯图。

12. 设 $\langle A, *, \bigoplus, ' \rangle$ 是一代数系统，这里 $A = \{a, b, c, d\}$，表 7.4–6 给出了三种运算的定义，证明或否定 $\langle A, *, \bigoplus, ' \rangle$ 是布尔代数。

表 7.4 − 6

*	a	b	c	d
a	a	b	a	b
b	b	b	b	b
c	a	b	c	d
d	b	b	d	d

⊕	a	b	c	d
a	a	a	c	c
b	a	b	c	d
c	c	c	c	c
d	c	d	c	d

x	x'
a	d
b	c
c	b
d	a

13. 试构造一个 $\langle \rho(S), \cap, \cup, \overline{\quad}, \varnothing, S \rangle$ 到 A_2^3 的同构,这里 $S = \{a_1, a_2, a_3\}$。

14. 已知 $\langle \{0, a, b, 1\}, *, \oplus, ', 0, 1 \rangle$ 上的布尔函数 $f(x_1, x_2, x_3) = a * x_1 * x_2' \oplus x_1 * (x_3 \oplus b)$,试求 $f(b, 1, a)$ 的值。

15. 下列是二元素布尔代数上的布尔表达式,试求出它们的主析取范式和主合取范式。

(1) $x_1 \oplus x_2$

(2) $(x_1 \oplus x_2)' \oplus (x_1' * x_3)$

(3) $(x_1 * x_2') \oplus x_4$ (假定它是四个变元的表达式)

16. 下列是布尔代数 $\langle \{0, a, b, 1\}, *, \oplus, ', 0, 1 \rangle$ 上的布尔表达式,试求出它的主析取范式和主合取范式。

(1) $f(x_1, x_2, x_3) = a * x_1 * x_2 \oplus b * x_3$

(2) $f(x_1, x_2, x_3) = b * x_1 * (x_3 \oplus x_2') \oplus a * x_2 * (x_1 \oplus x_3) \oplus x_1 * x_2$

第8章 图 论

图论是数学的一个分支，近年来得到迅速发展，已广泛地应用于计算机、通信、自动机、工程管理等学科的各个领域中，成为重要的工具。因此有必要对图论的基本概念和图的基本性质作较完整的介绍。

在图论中，不同作者所用的术语的含义极不一致，读者参考其它书籍时务需注意，本书尽量采用最通用的术语。

8.1 图的基本概念

8.1.1 图

现实世界中许多现象能用某种图形表示，这种图形由一些点和一些连接两点间的连线所组成。例如，可用图形表示某一城市中各工厂间的业务往来关系，以点代表工厂，以连接两点的连线表示这两工厂间有业务往来关系。对于这种图形，我们的兴趣在于有多少个点和哪些点对之间有线连接，至于连线的长短曲直和点的位置都无关紧要。对它们进行数学抽象，我们就可得到以下作为数学概念的图的定义。

定义 8.1-1 一个图 G 是一个三重组 $\langle V(G), E(G), \Phi_G \rangle$，其中 $V(G)$ 是一个非空的**结点**(或叫**顶点**)集合，$E(G)$ 是**边**的集合，Φ_G 是从边集 E 到结点偶对集合上的函数。

一个图可以用一个图形表示。

例 8.1-1 设 $G = \langle V(G), E(G), \Phi_G \rangle$，其中

$$V(G) = \{a, b, c, d\}, \quad E(G) = \{e_1, e_2, e_3, e_4, e_5, e_6, e_7\},$$

$$\Phi_G(e_1) = (a, b), \quad \Phi_G(e_2) = (a, c), \quad \Phi_G(e_3) = (b, d), \quad \Phi_G(e_4) = (b, c)$$

$$\Phi_G(e_5) = (d, c), \quad \Phi_G(e_6) = (a, d), \quad \Phi_G(e_7) = (b, b)$$

则图 G 可用图 8.1-1(a)或(b)表示。

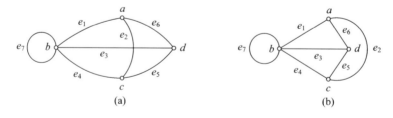

图 8.1-1

定义中的结点偶对可以是有序的，也可以是无序的。若边 e 所对应的偶对 $\langle a, b \rangle$ 是有序的，则称 e 是**有向边**。有向边简称**弧**，a 叫弧 e 的**始点**，b 叫弧 e 的**终点**，统称为 e 的**端点**。称 e 是**关联于**结点 a 和 b，结点 a 和结点 b 是**邻接的**(或相邻的)。若几条有向边关联于

同一结点，则称这几条边是邻接的或相邻的。若边 e 所对应的偶对 (a,b) 是无序的，则称 e 是**无向边**。无向边简称**棱**，除无始点和终点的术语外，其它术语与有向边相同。

每一条边都是有向边的图称为**有向图**，如图 8.1-2 所示。第 3 章中的关系图、第 6 章中表示群的图都是有向图的例子。

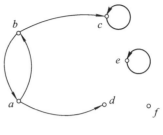

图 8.1-2

每一条边都是无向边的图称为**无向图**，如图 8.1-1 所示。如果在图中一些边是有向边，而另一些边是无向边，则称这个图是**混合图**。我们仅讨论有向图和无向图，且 $V(G)$ 和 $E(G)$ 限于有限集合。

为方便叙述，我们约定用 $\langle a,b \rangle$ 表示有向边，(a,b) 表示无向边，既表示有向边又表示无向边时用 $[a,b]$。于是，图 8.1-1 中的 G 和图 8.1-2 中的 G' 可分别简记为

$$G=\langle V,E \rangle=\langle \{a,b,c,d\},\{(a,b),(a,c),(b,d),(b,c),(d,c),(a,d),(b,b)\} \rangle$$
$$G'=\langle V',E' \rangle=\langle \{a,b,c,d,e,f\},\{\langle a,b \rangle,\langle b,a \rangle,\langle b,c \rangle,\langle c,c \rangle,\langle a,d \rangle,\langle e,e \rangle\} \rangle$$

有向图和无向图也可互相转化。例如，把无向图中每一条边都看做两条方向不同的有向边，这时无向图就成为有向图。又如，把有向图中每条有向边都看做无向边，就得到无向图。这个无向图习惯上叫做该有向图的**底图**。

在图中，不与任何结点邻接的结点称为**孤立结点**，如图 8.1-2 中的结点 f。全由孤立结点构成的图称为**零图**。关联于同一结点的一条边称为**自回路**，如图 8.1-2 中的 $\langle c,c \rangle$ 和 $\langle e,e \rangle$，自回路的方向不定。自回路的有无不会使有关图论的各个定理发生重大变化，所以有许多场合都略去自回路。

在有向图中，两结点间（包括结点自身间）若同始点和同终点的边多于一条，则这几条边称为**平行边**。在无向图中，两结点间（包括结点自身间）若多于一条边，则称这几条边为平行边。两结点 a,b 间互相平行的边的条数称为边 $[a,b]$ 的**重数**。仅有一条时重数为 1，无边时重数为 0。

定义 8.1-2 含有平行边的图称为**多重图**。非多重图称为**线图**。无自回路的线图称为**简单图**。仅有一个结点的简单图称为**平凡图**。

在图 8.1-3 中，(a)、(b) 是多重图，(c) 是线图，(d) 是简单图。关系图都是线图。

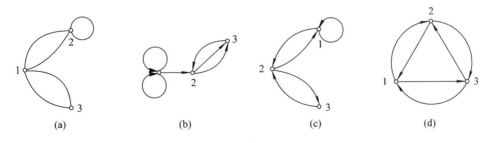

图 8.1-3

对于多重图，定义 8.1-1 中的 Φ_G 有时是不可缺少的。对于线图，因为每结点偶对间无平行边，就可用结点偶对表示边，而毋需引用 Φ_G。通常，我们就像上边 G 和 G' 那样表示一个图，非必要时不出现 Φ_G。

从实际问题抽象出来的图中，往往结点和边上都带有信息，因此需要以下定义。

定义 8.1-3 赋权图 G 是一个三重组 $\langle V, E, g \rangle$ 或四重组 $\langle V, E, f, g \rangle$，其中 V 是结点集合，E 是边的集合，f 是定义在 V 上的函数，g 是定义在 E 上的函数。

图 8.1-4 给出一个赋权图。

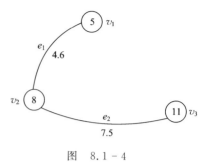

图 8.1-4

$$V = \{v_1, v_2, v_3\}$$
$$E = \{e_1, e_2\} = \{(v_1, v_2), (v_2, v_3)\}$$
$$f(v_1) = 5, \ f(v_2) = 8, \ f(v_3) = 11$$
$$g(e_1) = 4.6, \ g(e_2) = 7.5$$

8.1.2 结点的次数

定义 8.1-4 在有向图中，对于任何结点 v，以 v 为始点的边的条数称为结点 v 的**引出次数**（或**出度**），记为 $\deg^+(v)$；以 v 为终点的边的条数称为结点 v 的**引入次数**（或**入度**），记为 $\deg^-(v)$；结点 v 的引出次数和引入次数之和称为结点 v 的**次数**（或**度数**），记作 $\deg(v)$。在无向图中，结点 v 的次数是与结点 v 相关联的边的条数，也记为 $\deg(v)$。孤立结点的次数为零。在无向图中，结点的最小度数记为 $\delta(G)$，结点的最大度数记为 $\Delta(G)$；在有向图中，可以有类似记法，但不常用，故不列出。

为方便叙述，我们以后把具有 n 个结点和 m 条边的图简称为 (n, m) 图。

定理 8.1-1 设 G 是一个 (n, m) 图，它的结点集合为 $V = \{v_1, v_2, \cdots, v_n\}$，则

$$\sum_{i=1}^{n} \deg(v_i) = 2m$$

证 因为每一条边提供两个次数，而所有各结点次数之和由 m 条边所提供，所以上式成立。

在有向图中，上式也可写成：

$$\sum_{i=1}^{n} \deg^+(v_i) + \sum_{i=1}^{n} \deg^-(v_i) = 2m$$

定理 8.1-2 在图中，次数为奇数的结点必为偶数个。

证 设次数为偶数的结点有 n_1 个，记为 $v_{E_i}(i=1,2,\cdots,n_1)$；次数为奇数的结点有 n_2 个，记为 $v_{O_i}(i=1,2,\cdots,n_2)$。由定理 8.1-1 得

$$2m = \sum_{i=1}^{n} \deg(v_i) = \sum_{i=1}^{n_1} \deg(v_{E_i}) + \sum_{i=1}^{n_2} \deg(v_{O_i})$$

因为次数为偶数的各结点次数之和为偶数，所以前一项次数为偶数；若 n_2 为奇数，则第二项为奇数。两项之和将为奇数，但这与上式矛盾。故 n_2 必为偶数。证毕。

定义 8.1-5 各结点的次数均相同的无向图称为**正则图**，各结点的次数均为 k 时称为 **k-正则图**。

图 8.1-5 所示的图称为彼得森（Petersen）图，是 3-正则图。

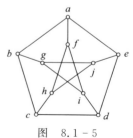

图 8.1-5

8.1.3 图的同构

定义 8.1.6 设 $G=\langle V,E\rangle$ 和 $G'=\langle V',E'\rangle$ 是两个图，若存在从 V 到 V' 的双射函数 Φ，使对任意 $a,b\in V$，$[a,b]\in E$ 当且仅当 $[\Phi(a),\Phi(b)]\in E'$，并且 $[a,b]$ 和 $[\Phi(a),\Phi(b)]$ 有相同的重数，则称 G 和 G' 是**同构**的。

上述定义说明，两个图的各结点之间如果存在一一对应关系，而且这种对应关系保持了结点间的邻接关系(在有向图中还保持边的方向)和边的重数，则这两个图是同构的。两个同构的图除了顶点和边的名称不同外，实际上代表同样的组合结构。

例 8.1 - 2

(1) 图 8.1 - 6 所示的(a)、(b)两图是同构的。因为可作映射：$g(1)=v_3$，$g(2)=v_1$，$g(3)=v_4$，$g(4)=v_2$。在这映射下，边 $\langle 1,3\rangle$，$\langle 1,2\rangle$，$\langle 2,4\rangle$ 和 $\langle 3,4\rangle$ 分别映射到 $\langle v_3,v_4\rangle$，$\langle v_3,v_1\rangle$，$\langle v_1,v_2\rangle$ 和 $\langle v_4,v_2\rangle$，而后面这些边又是图(b)中仅有的边。

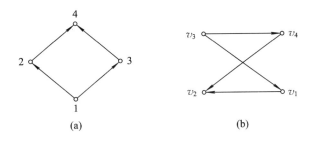

图　8.1 - 6

(2) 图 8.1 - 7 所示的两图是同构的。因为作映射 $g(v_i)=v_i'$($i=1,2,\cdots,6$)，可使 (v_i,v_j) 一一对应于 $(g(v_i),g(v_j))$。

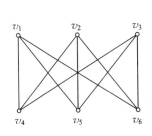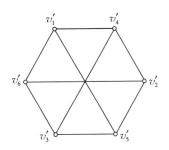

图　8.1 - 7

两图同构的必要条件：

(i) 结点数相等；

(ii) 边数相等；

(iii) 度数相同的结点数相等。

但这不是充分条件，例如图 8.1 - 8 中(a)、(b)两图虽然满足以上三个条件，但不同构。图(a)中的 x 应与图(b)中的 y 对应，因为次数都是 3。但图(a)中的 x 与两个次数为 1 的点 u、v 邻接，而图(b)中的 y 仅与一个次数为 1 的点 w 邻接。

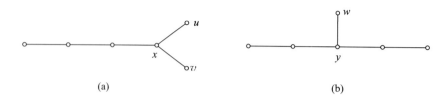

(a)

(b)

图 8.1 - 8

寻找一种简单而有效的方法来判断图的同构，是图论中一个重要而未解决的问题。实用上有一种称为 NAUTY 的软件有很高的效率，在个人电脑上，不超过 100 个结点的两个图是否同构，它在 1 秒钟之内即可判定。

8.1.4 图的运算

图的常见运算有并、交、差以及环和等，现分别定义于下。

定义 8.1 - 7 设图 $G_1 = \langle V_1, E_1 \rangle$ 和图 $G_2 = \langle V_2, E_2 \rangle$。

(1) G_1 **与** G_2 **的并**：图 $G_3 = \langle V_3, E_3 \rangle$，其中 $V_3 = V_1 \bigcup V_2$，$E_3 = E_1 \bigcup E_2$，记为 $G_3 = G_1 \bigcup G_2$。

(2) G_1 **与** G_2 **的交**：图 $G_3 = \langle V_3, E_3 \rangle$，其中 $V_3 = V_1 \bigcap V_2$，$E_3 = E_1 \bigcap E_2$，记为 $G_3 = G_1 \bigcap G_2$。

(3) G_1 **与** G_2 **的差**：图 $G_3 = \langle V_3, E_3 \rangle$，其中 $E_3 = E_1 - E_2$，$V_3 = (V_1 - V_2) \bigcup \{E_3$ 中边所关联的顶点$\}$，记为 $G_3 = G_1 - G_2$。

(4) G_1 **与** G_2 **的环和**：图 $G_3 = \langle V_3, E_3 \rangle$，$G_3 = (G_1 \bigcup G_2) - (G_1 \bigcap G_2)$，记为 $G_3 = G_1 \bigoplus G_2$。

除以上四种运算外，还有以下两种操作：

(1) 删去图 G 的一条边 e；

(2) 删去图 G 的一个结点 v。它的实际意义是删去结点 v 和与 v 关联的所有边。

为了帮助理解，在图 8.1 - 9 中给出以上四种运算和两种操作的图示。

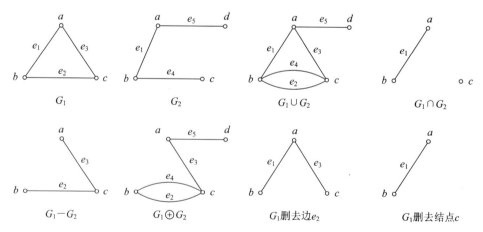

图 8.1 - 9

从图 G 中删去边 $e_1, e_2, \cdots, e_k$ 所得的图记为 $G - \{e_1, e_2, \cdots, e_k\}$，从图 G 中删去结点 $v_1, v_2, \cdots, v_k$ 所得的图记为 $G - \{v_1, v_2, \cdots, v_k\}$。

8.1.5 子图与补图

定义 8.1-8 设 $G=\langle V,E\rangle$ 和 $G'=\langle V',E'\rangle$ 是两个图。

(1) 如果 $V'\subseteq V$ 和 $E'\subseteq E$，则称 G' 是 G 的**子图**。如果 $V'\subseteq V$ 和 $E'\subseteq E$ 而 $G'\neq G$，则称 G' 是 G 的**真子图**。（注意："G' 是图"已隐含着"E' 中的边仅关联 V' 中的结点"的意义。）

(2) 如果 $V'=V$ 和 $E'\subseteq E$，则称 G' 为 G 的**生成子图**。

(3) 若子图 G' 中没有孤立结点，G' 由 E' 唯一确定，则称 G' 为**由边集 E' 导出的子图**。G' 可记为 $G[E']$。

(4) 若在子图 G' 中，对 V' 中的任意二结点 u、v，当 $[u,v]\in E$ 时有 $[u,v]\in E'$，则 G' 由 V' 唯一确定，此时称 G' 为**由结点集 V' 导出的子图**。G' 可记为 $G[V']$。

图 8.1-10 图示了以上各术语。

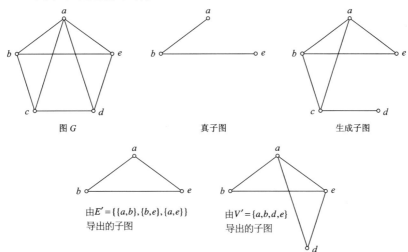

图 8.1-10

现在介绍完全图的概念，有向完全图和无向完全图在前边章节中已出现过，现在给出正式定义。

定义 8.1-9 在 n 个结点的有向图 $G=\langle V,E\rangle$ 中，如果 $E=V\times V$，则称 G 为**有向完全图**；在 n 个结点的无向图 $G=\langle V,E\rangle$ 中，如果任何两个不同结点间都恰有一条边，则称 G 为**无向完全图**，记为 K_n。

图 8.1-11 是 4 个结点的有向完全图和无向完全图的图示。

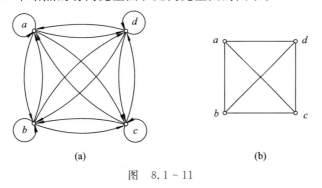

(a)   (b)

图 8.1-11

在完全图概念的基础上，现在定义补图。

定义 8.1-10 设线图 $G=\langle V,E\rangle$ 有 n 个顶点，线图 $H=\langle V,E'\rangle$ 也有同样的顶点，而 E' 是由 n 个顶点的完全图的边删去 E 所得，则图 H 称为图 G 的**补图**，记为 $H=\bar{G}$，显然，$\bar{\bar{G}}=G$。

习 题

1. 证明在任何有向图中，所有顶点的引入次数之和等于所有顶点引出次数之和。

2. 证明在任何有向完全图中，所有顶点引入次数平方之和等于所有顶点引出次数平方之和。

3. 画出一个结点数最少的简单图，(1)使它是 3-正则图，(2)使它是 5-正则图。

4. (1) 证明在 n 个顶点的无向完全图中共有 $\frac{1}{2}n(n-1)$ 条边。

(2) 证明在 n 个顶点的有向简单图中最多只有 $n(n-1)$ 条边。

(3) 证明在 n 个顶点的简单无向图中，至少有两个顶点次数相同，这里 $n\geqslant 2$。

(4) 设 G 是一个 (n,m) 无向简单图，$m=n+1$，证明 G 中至少有一个顶点 v，$\deg(v)\geqslant 3$。

5. n 个城市用 k 条公路的网络连结(一条公路定义为两个城市间的一条不穿过任何中间城市的道路)，证明如果 $k>\frac{1}{2}(n-1)(n-2)$，则人们总能通过连结的公路，在任何两个城市间旅行。

6. 证明：图 8.1-12 中的两个有向图是同构的。

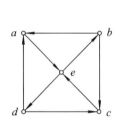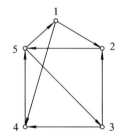

图 8.1-12

7. 证明图 8.1-13 中的两图是不同构的。

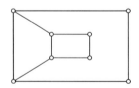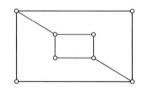

图 8.1-13

8. 画出图 8.1-14 中图的补图。

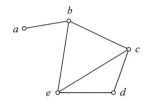

图 8.1 - 14

*9. 一个无向图如果同构于它的补，则该图称为**自补图**。

（1）给出一个 4 个结点的自补图。

（2）给出一个 5 个结点的自补图。

（3）是否有 3 个结点的自补图和 6 个结点的自补图？

（4）证明一个自补图一定有 $4k$ 或者 $4k+1$ 个结点。

10. 如果存在一个具有 n 个顶点且无自回路的线图，顶点的次数是 $d_1,d_2,\cdots,d_n$，则称这非负整数的有序 n 重组 $\langle d_1,d_2,\cdots,d_n\rangle$ 为可构成图的。

（1）证明 $\langle 4,3,2,2,1\rangle$ 是可构成图的。

（2）证明 $\langle 3,3,3,1\rangle$ 是不可构成图的。

*（3）不失一般性，假定 $d_1\geqslant d_2\geqslant d_3\geqslant\cdots\geqslant d_n$。证明 $\langle d_1,d_2,\cdots,d_n\rangle$ 是可构成图的，当且仅当 $\langle d_2-1,d_3-1,\cdots,d_{d_1}-1,d_{d_1+1}-1,d_{d_1+2},\cdots,d_n\rangle$ 是可构成图的。

（4）用（3）的结果判定 $\langle 5,5,3,3,2,2,2\rangle$ 是否可构成图。

11. 设 G 是一个 (n,m) 无向图，证明 $\delta(G)\leqslant\dfrac{2m}{n}\leqslant\Delta(G)$。

*12. 下面的 K_n 代表无向完全图。

（1）给一个 K_6 的边涂上红色或蓝色，证明对于任意一种涂法，要么有一个红色 K_3（一个 K_3 的所有边涂上红色），要么有一个蓝色的 K_3。

（2）用（1）的结论证明 6 人的人群中间，或者有 3 个相互认识的，或者有 3 个彼此陌生的。

8.2 路 径 和 回 路

8.2.1 基本概念

定义 8.2 - 1 在有向图中，从顶点 v_0 到顶点 v_n 的一条**路径**是图的一个点边交替序列 $(v_0 e_1 v_1 e_2 v_2\cdots e_n v_n)$，其中 v_{i-1} 和 v_i 分别是边 e_i 的始点和终点，$i=1,2,\cdots,n$。在序列中，如果同一条边不出现两次，则称此路径为**简单路径**，同一顶点不出现两次的简单路径称为**基本路径**（或叫**链**）。如果路径的始点 v_0 和终点 v_n 相重合，即 $v_0=v_n$，则此路径称为回路，没有相同边的回路称为**简单回路**，通过各顶点不超过一次的简单回路称为**基本回路**。

在图 8.2 - 1 中：

（1）$P_1=(v_1 e_1 v_2 e_7 v_5)$ 是一条基本路径。（基本路径也一定是简单路径。）

（2）$P_2=(v_2 e_2 v_3 e_3 v_3 e_4 v_1 e_1 v_2)$ 是一简单回路但非基本回路。

（3）$P_3=(v_4 e_6 v_2 e_7 v_5 e_8 v_4 e_6 v_2 e_2 v_3)$ 是一路径。

（4）$P_4 = (v_2 e_7 v_5 e_8 v_4 e_6 v_2)$ 是一基本回路。

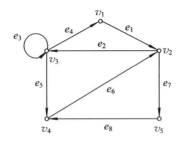

图 8.2-1

在无向图上，以上各术语的定义完全类似，故不重复。

路径和回路可仅用边的序列表示，在非多重图时也可用顶点序列表示，例如上例的 P_3 和 P_4 可记为

$$(v_4, v_2, v_5, v_4, v_2, v_3)$$

和

$$(v_2, v_5, v_4, v_2)$$

并称 P_3 **穿程于** $(v_4, v_2, v_5, v_4, v_2, v_3)$，$P_4$ **穿程于** (v_2, v_5, v_4, v_2)。

定义 8.2-2 路径 P 中所含边的条数称为路径 P 的**长度**。长度为 0 的路径定义为单独一个顶点。（但注意习惯上不定义长度为 0 的回路。）

定理 8.2-1 在一个具有 n 个结点的简单图 $G = \langle V, E \rangle$ 中，如果从 v_1 到 v_2 有一条路径，则从 v_1 到 v_2 有一条长度不大于 $n-1$ 的基本路径。

证 假定从 v_1 到 v_2 存在一条路径，$(v_1, \cdots, v_i, \cdots, v_2)$ 是所经的结点，如果其中有相同的结点 v_k，例如 $(v_1, \cdots, v_i, \cdots, v_k, \cdots, v_k, \cdots, v_2)$，则删去从 v_k 到 v_k 的这些边，它仍是从 v_1 到 v_2 的路径，如此反复地进行，直至 $(v_1, \cdots, v_i, \cdots, v_2)$ 中没有重复结点为止。此时，所得的就是基本路径。基本路径的长度比所经结点数少 1，图中共 n 个结点，故基本路径长度不超过 $n-1$。

定理 8.2-2 在一个具有 n 个结点的简单图 $G = \langle V, E \rangle$ 中，如果经 v_1 有一条简单回路，则经 v_1 有一条长度不超过 n 的基本回路。

证明是类似的，不再重复。

定义 8.2-3 在图 $G = \langle V, E \rangle$ 中，从结点 v_i 到 v_j 最短路径的长度叫从 v_i 到 v_j 的**距离**，记为 $d(v_i, v_j)$。若从 v_i 到 v_j 不存在路径，则 $d(v_i, v_j) = \infty$。

注意，在有向图中，$d(v_i, v_j)$ 不一定等于 $d(v_j, v_i)$，但一般满足以下性质：

（1）$d(v_i, v_j) \geqslant 0$；

（2）$d(v_i, v_i) = 0$；

（3）$d(v_i, v_j) + d(v_j, v_k) \geqslant d(v_i, v_k)$。

第 3 条通常称为三角不等式。

8.2.2 图的连通度

定义 8.2-4 设 $G = \langle V, E \rangle$ 是无向图，$v_i, v_j \in V$。如果从 v_i 到 v_j 存在一条路径，则称 v_j 从 v_i **可达**。v_i 自身认为从 v_i 可达。

从定义可看出，在无向图中，可达是 V 上的等价关系。

定义 8.2-5 在无向图 G 中，如果任两结点可达，则称图 G 是**连通的**；如果 G 的子图 G' 是连通的，没有包含 G' 的更大子图 G'' 是连通的，则称 G' 是 G 的**连通分图**（简称**分图**）。

一个无向图或者是一个连通图，如图 8.2-2(a)所示，或者由若干个连通分图组成，如图 8.2-2(b)所示。连通分图就是由 V 上等价关系可达导出的等价类构成的子图。

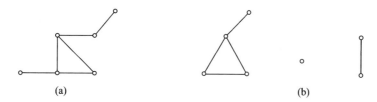

图 8.2-2

一个无向简单图的顶点数、边数和连通分图个数有以下关系。

定理 8.2-3 设 G 是任一 (n,m) 无向简单图，ω 是其分图个数，则

$$n-\omega \leqslant m \leqslant \frac{1}{2}(n-\omega)(n-\omega+1)$$

证 先证 $n-\omega \leqslant m$。对 m 作归纳。

$m=0$ 时，G 是零图，$\omega=n$，命题成立。设 $m-1$ 时成立，现证明 m 时也成立。我们从 G 上删去一条边得 G'，G' 有两种可能：

① 有 n 个顶点，ω 个分图，$m-1$ 条边，根据归纳假设 $n-\omega \leqslant m-1$，显然在 G 中 $n-\omega \leqslant m$ 成立。

② 有 n 个顶点，$\omega+1$ 个分图，$m-1$ 条边，根据归纳假设 $n-(\omega+1) \leqslant m-1$，显然在 G 中 $n-\omega \leqslant m$ 成立。

故对一切 m，$n-\omega \leqslant m$ 成立。

再证 $m \leqslant \frac{1}{2}(n-\omega)(n-\omega+1)$。

$\omega=1$ 时是连通图，上式显然成立。现证 $\omega \geqslant 2$ 的情况。不妨设每个连通分图都是完全图，G_i 和 G_j 是任两个分图，分别有 n_i 和 n_j 个结点，且 $n_i \geqslant n_j$。给 G_i 增加一个结点，G_j 减少一个结点，总结点数不变，但要保持 G_i 和 G_j 是完全图，边数增加了

$$\frac{1}{2}\big[(n_i+1)n_i-n_i(n_i-1)\big]-\frac{1}{2}\big[n_j(n_j-1)-(n_j-1)(n_j-2)\big]=n_i-n_j+1>0$$

这说明要使 G 的边数最大，G 必须由 $n-\omega+1$ 个顶点的完全图和 $\omega-1$ 个孤立点组成。因此

$$m \leqslant \frac{1}{2}(n-\omega)(n-\omega+1)$$

无向简单图即使是连通的，连通程度也还是有差别，因此需要以下定义。

定义 8.2-6 一个无向简单图 $G=\langle V,E\rangle$，$V' \subset V$。如果

(1) $\omega(G-V')>\omega(G)$；

(2) 不存在 V' 的真子集 V'' 使得 $\omega(G-V'')>\omega(G)$，

则称点集 V' 是图 G 的**点割**。若只要求 V' 满足条件(1)而不必满足条件(2)，则称 V' 是图 G 的**泛点割**。若 $V'=\{v\}$，则称 v 为**割点**。

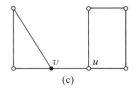

图 8.2－3

图 8.2－3(a)中三个黑点构成点割，(b)中三个黑点构成泛点割但非点割，因为删去上下两个黑点足以使图不连通。(c)中黑点 v 是割点(顶点 u 也是割点)。

从定义可看出，点割也是泛点割，反之不真。但泛点割中含有点割，只需把泛点割中对满足条件(1)不起作用的顶点除去，便成为点割。

定义 8.2－7 $G=\langle V,E\rangle$ 是无向简单连通图。G 中含有顶点数最小的点割的大小称为 G 的**点连通度**，记为 $\kappa_0(G)$。$\kappa_0(G)\geqslant k$ 时，称 G 为 k-点连通的。规定完全图 K_n 的 $\kappa_0(K_n)=n-1$，平凡图 G 的 $\kappa_0(G)=0$，不连通图 G 的 $\kappa_0(G)=0$。

简而言之，$\kappa_0(G)$ 就是要使连通图 G 变成不连通图或平凡图必须删去的顶点数。

在图 8.2－4(a)中的图是 3-点连通的，也是 2-点连通的、1-点连通的。(b)中图是 1-点连通的，因为它有割点。

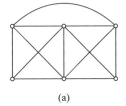 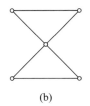

图 8.2－4

定义 8.2－8 一个无向简单图 $G=\langle V,E\rangle$，$E'\subseteq E$。如果

(1) $\omega(G-E')>\omega(G)$

(2) 不存在 E' 的真子集 E'' 使得 $\omega(G-E'')>\omega(G)$，

则称边集 E' 是图 G 的**割集**。若只要求 E' 满足条件(1)而不必满足条件(2)，则称 E' 为图 G 的**泛割集**。若 $E'=\{e\}$，则称 e 为**桥**。

图 8.2－5(a)中，三条粗边组成图的割集；(b)中三条粗边组成图的泛割集，但非割集，因为删去边 e 足以使图不连通；图(c)中边 e_1 是桥(e_2 也是桥)。

割集也是泛割集，反之不真。但泛割集中含有割集，理由类似于泛点割中含有点割。

 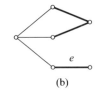 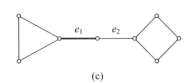

图 8.2－5

定义 8.2－9 $G=\langle V,E\rangle$ 是无向简单连通图，G 中含有边数最小的割集的大小称为 G 的**连通度**，记为 $\kappa_1(G)$。规定平凡图 G 的 $\kappa_1(G)=0$，不连通图 G 的 $\kappa_1(G)=0$。$\kappa_1(G)\geqslant k$ 时

称图 G 是 k-连通的。

图 8.2 - 6(a)的图是 3-连通的,也是 2-连通和 1-连通的。(b)的图是 1-连通的,因含有桥 e。

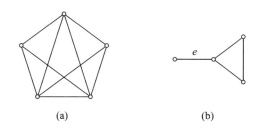

图 8.2 - 6

定理 8.2 - 4 G 是无向简单连通图,则 $\kappa_0(G) \leqslant \kappa_1(G) \leqslant \delta(G)$。

证 先证 $\kappa_1(G) \leqslant \delta(G)$。删去具有度数 $\delta(G)$ 的一个顶点 v 的所有关联边,所得的图显然是不连通的,所以 $\kappa_1(G) \leqslant \delta(G)$。

再证 $\kappa_0(G) \leqslant \kappa_1(G)$。当 $\kappa_1(G) = 0$ 或 1 时,结论显然成立。现设 $\kappa_1(G) \geqslant 2$。图中存在一割集 C,$|C| = \kappa_1(G)$。留下 C 中任一条边 (u, v),对其余 $\kappa_1(G) - 1$ 条边,每选一条边 e,进行以下操作:

(1) 若 e 的一个端点是 u 或 v,则将 e 的另一个端点 w 删除,把 w 并入 V'(初始时 $V' = \varnothing$)。

(2) 若 e 不关联 u 和 v,则任取 e 的一个端点 w 删除,把 w 并入 V'。

操作完成后 $|V'| \leqslant \kappa_1(G) - 1$。若删去 V' 中所有顶点后图已不连通,显然 $\kappa_0(G) \leqslant |V'| \leqslant \kappa_1(G) - 1 < \kappa_1(G)$。若删去 V' 中所有顶点后图仍连通,所得图有一桥 (u, v),删去桥的两端点之一,肯定使图不连通或成为平凡图,这样 $\kappa_0(G) \leqslant |V'| + 1 \leqslant \kappa_1(G)$。证毕。

定理 8.2 - 5 设 E' 是无向简单连通图 G 的割集,则 $\omega(G - E') = 2$。

证 设 $E' = \{e_1, e_2, \cdots, e_k\}$,按割集的定义,删去 $e_1, e_2, \cdots, e_{k-1}$ 时,$G - \{e_1, e_2, \cdots, e_{k-1}\}$ 仍连通,它有一桥 e_k。因此删去桥 e_k,$G - E'$ 成为两个连通分图,即 $\omega(G - E') = 2$。

定理 8.2 - 6 无向简单连通图 G 有一割点 v,当且仅当存在两个顶点 u、w,使 u 到 w 的任何路径都经过 v。

证 必要性。v 是割点,删去 v,G 分成若干个连通分图,在某两个分图上各取一个顶点,不妨说一个是 u,一个是 w,删去 v 前 G 是连通的,所以 u 到 w 的路径都经过 v。

充分性。存在 u 和 w,使 u 到 w 的所有路径都经过 v,删去 v,G 便不连通,所以 v 是割点。

定理 8.2 - 7 无向简单连通图 G 没有割点当且仅当 G 的任意两点 u、v 同在一条基本回路上。

证 充分性。G 的任意两点 u 和 v 同在一条基本回路上,删去 u 或 v 图仍连通,所以图 G 无割点。

必要性。G 没有割点,G 是 2-点连通的,根据定理 8.2 - 4,G 是 2-连通的。现对 u、v 的距离 $d(u, v)$ 作归纳以证明必要性。

基础:$d(u, v) = 1$ 时,删去边 (u, v),因 G 是 2-连通的,u 到 v 仍存在一条基本路径

P。边(u,v)加上 P 构成一条经过 u、v 的基本回路。

归纳：设 $d(u,v)=k-1 (k \geqslant 2)$ 时成立。设 $d(u,v)=k$ 时，u 到 v 的最短路径上与 v 邻接的顶点是 w，即 $d(u,w)=k-1$。由归纳假设知存在一条基本回路 C 经过 u、w 两点（参看图 8.2-7，其中 C_1 和 C_2 构成 C）。删去点 w，由于 G 是 2-点连通的，所以 u 到 v 仍存在一条基本路径 P。不妨设 P 与 C 相交而与 v 最近的交点是 x。这样从 u 开始沿 C_1 到 x、从 x 沿 P 到 v，经过边 (v,w)，再沿 C_2 到 u，构成一条含有 u、v 的基本回路。（P 与 C 可能不相交，但这种情况组成基本回路更方便，就不写出来了）。证毕。

应用定理 8.2-7 的技术，不难证明以下两定理，留作习题。

定理 8.2-8 无向简单连通图 $G=\langle V,E \rangle$ 没有割点，当且仅当图中任一点 u 和任一边 (w,v) 同在一条基本回路上。

定理 8.2-9 无向简单连通图 $G=\langle V,E \rangle$ 没有割点，当且仅当任何两条边 (u,v)、(w,x) 同在一条基本回路上。

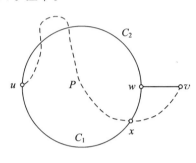

图 8.2-7

点连通度和连通度的概念在某些工程中有实用意义。例如在通信网中，把通信站看做结点，把通信线路看做边，所得图的点连通度就是通信站遭受破坏仍能保持其余网点通信可忍受的程度，连通度就是通信线路遭受破坏仍能保持所有网点通信可忍受的程度。

定义 8.2-10 设 $G=\langle V,E \rangle$ 是有向图，$v_i,v_j \in V$。如果从 v_i 到 v_j 存在一条有向路径，则称 v_j 从 v_i **可达**。v_i 自身认为从 v_i 可达。

定义 8.2-11 在有向图中，如果在任两结点偶对中，至少从一个结点到另一个结点是可达的，则称图 G 是**单向连通的**；如果在任两结点偶对中，两结点都互相可达，则称图 G 是**强连通的**；如果它的底图是连通的，则称图 G 是**弱连通的**。

显然，强连通的也一定是单向连通和弱连通的，单向连通的一定是弱连通的，但其逆均不真。在图 8.2-8 中，(a)是强连通的，(b)是单向连通的，(c)是弱连通的。

不分强、弱、单向时，三者通称连通有向图。

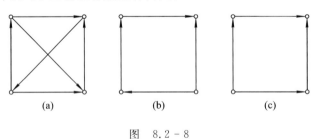

图 8.2-8

定义 8.2-12 在有向图 $G=\langle V,E \rangle$ 中，G' 是 G 的子图，若 G' 是强连通的（单向连通的，弱连通的），没有包含 G' 的更大子图 G'' 是强连通的（单向连通的，弱连通的），则称 G' 是 G 的**强分图**（单向分图，弱分图）。

在图 8.2-9 中，强分图集合是：

$$\{\langle \{1,2,3\},\{e_1,e_2,e_3\} \rangle, \langle \{4\},\varphi \rangle, \langle \{5\},\varphi \rangle, \langle \{6\},\varphi \rangle, \langle \{7,8\},\{e_7,e_8\} \rangle \}$$

单向分图集合是：

$$\{\langle\{1,2,3,4,5\},\{e_1,e_2,e_3,e_4,e_5\}\rangle,\langle\{6,5\},\{e_6\}\rangle,\langle\{7,8\},\{e_7,e_8\}\rangle\}$$

弱分图集合是：

$$\{\langle\langle\{1,2,3,4,5,6\},\{e_1,e_2,e_3,e_4,e_5,e_6\}\rangle\rangle,\langle\{7,8\},\{e_7,e_8\}\rangle\rangle\}$$

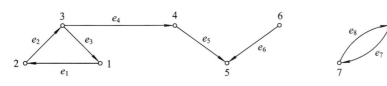

图　8.2－9

容易证明，"在同一强分图中"，"在同一弱分图中"都是图的顶点集 V 上的等价关系。这个等价关系把 V 划分成若干个等价类，即分图，V 中每一顶点在且只在一个分图中。在弱连通中，一条边所关联的两端点总是在同一分图中，所以这个等价关系也把边全部划归到分图中。对强连通而言，一条边所关联的两端点未必同在一分图中，所以有些边不属于任一分图，例如，图 8.2－9 中的边 e_4,e_5,e_6。

图　8.2－10

"在同一单向分图中"不是顶点集 V 上的等价关系，因为即使 v_i 和 v_j、v_j 和 v_k 在同一单向分图中，但 v_i 和 v_k 不一定单向可达，不一定在同一单向分图中，传递性不成立，如图8.2－10所示。所以，有些顶点可以同时在两个分图中，如图8.2－10中的 v_j，既在 $\{v_i,v_j\}$ 构成的分图中，又在 $\{v_j,v_k\}$ 构成的分图中。但在单向连通中，一条边所关联的两端点总在一个分图中，所以每条边在且只在一个分图中。

强连通图的特征是所有顶点都同在一条回路上。单向连通图的特征是存在一条有向路径，它穿程于图的全部顶点，这是因为可把相互可达的顶点按邻接关系排成若干回路，把单向可达的顶点按邻接关系排成路径，如图 8.2－11 所示。

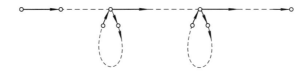

图　8.2－11

下边举一例说明连通性在计算机中的应用。

在多道程序的计算机系统中，在同一时间内几个程序要穿插执行，各程序对资源（指 CPU、内存、外存、输入输出设备、编译程序等）的请求可能出现冲突。例如程序 P_1 控制着资源 r_1 而又请求资源 r_2；程序 P_2 控制着资源 r_2 而又请求 r_1。在这种情况下，P_1 和 P_2 将长期得不到执行，这被称为计算机系统处于"死锁"状态。可用有向图来模拟对资源的请求，从而便于检出和纠正"死锁"状态。

设 $A_t=\{P_1,P_2,P_3,P_4\}$ 是 t 时刻运行的程序集合，$R_t=\{r_1,r_2,r_3,r_4\}$ 是 t 时刻所需的资源集合。

P_1 据有资源 r_4 且请求 r_1；

P_2 据有资源 r_1 且请求 r_2 和 r_3；

P_3 据有资源 r_2 且请求资源 r_3;

P_4 据有资源 r_3 且请求资源 r_1 和 r_4。

于是可画出如图 8.2-12 所示的资源分配图。

显然，当且仅当分配图 G_t 包含多于一个结点的强分图时，计算机系统在时刻 t 死锁。以后可以看到用矩阵方法能够识别包含多于一个结点的强分图，从而检出死锁状态。

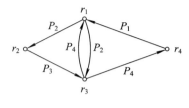

图 8.2-12

8.2.3 赋权图中的最短路径

设 $G=\langle V,E,W\rangle$ 是个赋权图，W 是从 E 到正实数集合的函数，边 $[i,j]$ 的权记为 $W(i,j)$，称为边的长度。若 i 和 j 之间没有边，那么 $W(i,j)=\infty$。路径 P 的长度定义为路径中边的长度之和，记为 $W(P)$。图 G 中从结点 u 到结点 v 的距离记为 $d(u,v)$，定义为

$$d(u,v)=\begin{cases}\min\{W(P)\mid P \text{ 为 } G \text{ 中从 } u \text{ 到 } v \text{ 的路径}\}\\ \infty \qquad \text{当从 } u \text{ 到 } v \text{ 不可达时}\end{cases}$$

本小节主要讨论在一个赋权的简单连通无向图 $G=\langle V,E,W\rangle$ 中，求一结点 a（称为源点）到其它结点 x 的最短路径的长度，通常称它为单源问题。下面介绍 1959 年迪克斯特拉(E. W. Dijkstra)提出的单源问题的算法，其要点如下：

(1) 把 V 分成两个子集 S 和 T。初始时，$S=\{a\}$，$T=V-S$。

(2) 对 T 中每一元素 t 计算 $D(t)$，根据 $D(t)$ 值找出 T 中距 a 最短的一结点 x，写出 a 到 x 的最短路径的长度 $D(x)$。

(3) 置 S 为 $S\cup\{x\}$，置 T 为 $T-\{x\}$，若 $T=\varnothing$，则停止，否则再重复 2。

算法中步骤(1)和(3)是清楚的，现在对步骤(2)给以说明。

$D(t)$ 表示从 a 到 t 的不包含 T 中其它结点的最短通路的长度，但 $D(t)$ 不一定是从 a 到 t 的距离，因为从 a 到 t 可能有包含 T 中另外结点的更短通路。

首先我们证明"若 x 是 T 中具有最小 D 值的结点，则 $D(x)$ 是从 a 到 x 的距离"，用反证法。若另有一条含有 T 中另外结点的更短通路，不妨设这个通路中第一个属于 $T-\{x\}$ 的结点是 t_1，于是 $D(t_1)<D(x)$，但这与题设矛盾。可见以上断言成立。

其次说明计算 $D(t)$ 的方法。初始时，$D(t)=W(a,t)$，现在我们假设对 T 中的每一个 t 已计算了 D 值。设 x 是 T 中 D 值最小的一个结点，记 $S'=S\cup\{x\}$，$T'=T-\{x\}$，令 $D'(t)$ 表示 T' 中结点 t 的 D 值，则

$$D'(t)=\min[D(t),D(x)+W(x,t)]$$

现分情况证明上式：

情况 1：如果从 a 到 t 有一条最短路径，它不包含 T' 中的其它结点，也不含 x 点，则 $D'(t)=D(t)$。

情况 2：如果从 a 到 t 有一条最短路径，它从 a 到 x，不包含 T' 中的结点，接着是边 $W(x,t)$，在此情况下，$D'(t)$ 是 $D(x)+W(x,t)$。

除以上两种情况外不再有其它更短的不含 T' 另外结点的路径了。因为如果有一条从 a 经 x 到 $q\in S$ 再到 t 的最短路径，则从 a 到 q 有一条不包含 x 的更短的路径，因为根据算法的第(3)条知，对 S 中任何结点 q，从 a 到 q 有一条只含 S 中结点的最短路径，所以结果仍

化简为情况 1。这样就证明了公式。

例 8.2 - 1 考虑图 8.2 - 13 中的图，起初 $S=\{a\}$，$T=\{v_1,v_2,v_3,v_4\}$，$D(a)=0$，$D(v_1)=2$，$D(v_2)=+\infty$，$D(v_3)=+\infty$，$D(v_4)=10$。因为 $D(v_1)=2$ 是 T 中最小的 D 值，所以选 $x=v_1$。置 S 为 $S\cup\{x\}=\{a,v_1\}$，置 T 为 $T-\{x\}=\{v_2,v_3,v_4\}$。然后计算：

$$D(v_2) = \min(+\infty, 2+3) = 5$$
$$D(v_3) = \min(+\infty, +\infty) = +\infty$$
$$D(v_4) = \min(10, 2+7) = 9$$

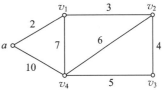

图 8.2 - 13

如此类推，直至 $T=\varnothing$ 终止。整个过程概括于表 8.2 - 1 中。

表 **8.2 - 1**

重复次数	S	x	$D(x)$	$D(v_1)$	$D(v_2)$	$D(v_3)$	$D(v_4)$
开　始	$\{a\}$	—	—	2	$+\infty$	$+\infty$	10
1	$\{a,v_1\}$	v_1	2	2	5	$+\infty$	9
2	$\{a,v_1,v_2\}$	v_2	5	2	5	9	9
3	$\{a,v_1,v_2,v_3\}$	v_3	9	2	5	9	9
4	全　部	v_4	9	2	5	9	9

该算法基于"最短路径的任一段子路径都是最短路径"这一事实，所以在算法第(2)条中，在写出最短路径长度 $D(x)$ 的同时，记下最短路径上邻接于 x 的结点名，即可容易求出 a 到所有结点的最短路径。另外，此算法对简单连通有向图也有效。

8.2.4　欧拉路径和欧拉回路

哥尼斯堡(Konigsberg，现加里宁格勒)位于普雷格尔(Pregel)河畔，河中有两岛。城市的各部分由 7 座桥接通，如图 8.2 - 14(a)所示。古时城中居民热衷于一个问题：游人从任一地点出发，怎样才能做到穿过每座桥一次且仅一次后又返回原出发地。1736 年欧拉用图论方法解决了此问题，写了第一篇图论的论文，从而成为图论的创始人。

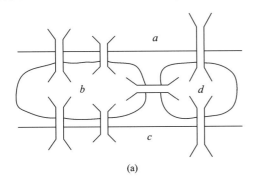

(a)

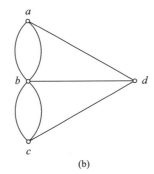

(b)

图　8.2 - 14

不难看出，如果用结点代表陆地，用边代表桥，哥尼斯堡七桥问题就等价于在图 8.2 - 14(b)中找到这样一条路径，它穿程每条边一次且仅一次。

穿程于图 G 的每条边一次且仅一次的路径，称为**欧拉路径**。穿程于图 G 的每条边一次且仅一次的回路，称为**欧拉回路**，具有欧拉回路的图称为**欧拉图**。

显然，具有欧拉路径的图除孤立结点外是连通的，而孤立结点不影响欧拉路径的讨论。因此，下边讨论欧拉路径有关问题时均假定图是连通的。

下面给出图 G 中存在欧拉路径或欧拉回路的充分必要条件。

定理 8.2-10 无向连通图 G 具有一条欧拉路径当且仅当 G 具有零个或两个奇数次数的顶点。

证 必要性。如果图具有欧拉路径，那么顺着这条路径画出的时候，每次碰到一个顶点，都需通过关联于这个顶点的两条边，并且这两条边在以前未画过。因此，除路径的两端点外，图中任何顶点的次数必是偶数。如果欧拉路径的两端点不同，那么它们就是仅有的两个奇数次数顶点，如果它们是重合的，那么所有顶点都有偶数次数，并且这条欧拉路径成为一条欧拉回路。因此必要性得证。

充分性。我们从两个奇数次数的顶点之一开始（若无奇数次数的顶点，可从任一点开始），构造一条欧拉路径。以每条边最多画一次的方式通过图中的边。对于偶数次数的顶点，通过一条边进入这个顶点，总可通过一条未画过的边离开这个顶点。因此，这样的构造过程一定以到达另一个奇数次数顶点而告终（若无奇数次数的顶点，则以回到原出发点而告终）。如果图中所有边都已用这种方法画过，那么，这就是所求的欧拉路径。如果图中不是所有边被画过，那么我们去掉已画过的边，得到由剩下的边组成的一个子图，这个子图的顶点次数全是偶数。并且因为原来的图是连通的，因此，这个子图必与我们已画过的路径在一个点或多个点相接。由这些顶点中的一个开始，我们再通过边构造路径，因为顶点次数全是偶数，因此，这条路径一定最终回到起点。我们将这条路径与已构造好的路径组合成一条路径。如果必要，这一论证重复下去，直到我们得到一条通过图中所有边的路径，即欧拉路径。因此充分性得证。

推论 8.2-10 一个无向连通图是欧拉图，当且仅当该图的顶点次数都是偶数。

例 8.2-2

（1）一笔画问题。就是判断一个图形能否一笔画成，实质上就是判断图形是否存在欧拉路径和欧拉回路的问题。例如，图 8.2-15(a) 和 (b) 均可一笔画成，因为符合存在欧拉路径和欧拉回路的条件。

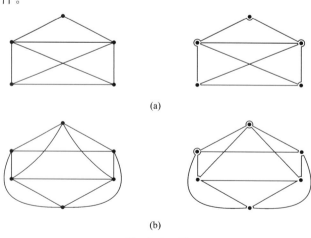

(a)

(b)

图 8.2-15

（2）我们想知道是否可能将 28 块不同的多米诺骨牌排成一个圆形，使得在这个排列中，每两块相邻的多米诺骨牌其相邻的两个半面是相同的。我们构造一个具有 7 个顶点的图，这些顶点对应于空白、1、2、3、4、5 和 6，在每两个顶点之间都有一条边，我们把这条边当作一块多米诺骨牌，并且把与这条边相关联的两个顶点当作它的两个半面。可见，在这个图中一条欧拉回路将对应于前述的一个圆形排列。因为在这个图中，每个顶点的度数是 8，欧拉回路确实是存在的。

类似于无向图的结论，对有向图有以下结果。

定理 8.2-11　一个有向连通图具有欧拉回路，当且仅当它的每个顶点的引入次数等于引出次数。一个有向连通图具有欧拉路径，当且仅当它的每个顶点的引入次数等于引出次数，可能有两个顶点是例外，其中一个顶点的引入次数比它的引出次数大 1，另一个顶点的引入次数比它的引出次数小 1。

证明是类似的，这里不再重复。

例 8.2-3　布鲁英（De Bruijn）序列。现以旋转鼓设计为例说明布鲁英序列。

旋转鼓的表面分成 8 块扇形，如图 8.2-16(a) 所示。图中阴影区表示用导电材料制成，空白区用绝缘材料制成，终端 a、b 和 c 是接地或不是接地分别用二进制信号 0 或 1 表示。因此，鼓的位置可用二进制信号表示。试问应如何选取这 8 个扇形的材料，使每转过一个扇形都得到一个不同的二进制信号，即每转一周，能得到 000～111 这 8 个数。

每转一个扇形，信号 $\alpha_1\alpha_2\alpha_3$ 变成 $\alpha_2\alpha_3\alpha_4$，前者右两位决定了后者的左两位。因此，我们可把所有两位二进制数作结点，从每一个顶点 $\alpha_1\alpha_2$ 到 $\alpha_2\alpha_3$ 引一条有向边表示 $\alpha_1\alpha_2\alpha_3$ 这个 3 位二进制数，作出表示所有可能的码变换的有向图（见图 8.2-16(b)）。于是问题转化为在这个有向图上求一条欧拉回路。这个有向图的 4 个顶点的次数都是出度、入度各为 2，根据定理 8.2-11，欧拉回路存在，比如 $(e_0, e_1, e_3, e_7, e_6, e_5, e_2, e_4)$ 是一条欧拉回路，对应于这回路的布鲁英序列是：00011101，因此材料应按此序列分布。

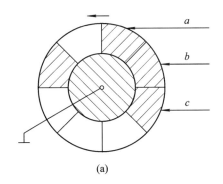
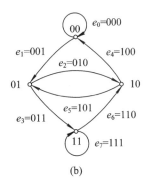

图　8.2-16

用类似的论证，我们可以证明，存在一个 2^n 个二进制数的循环序列，其中 2^n 个由 n 位二进制数组成的子序列全不相同。

8.2.5　哈密尔顿路径与哈密尔顿回路

在无向图 $G=\langle V, E\rangle$ 中，穿程于 G 的每个结点一次且仅一次的路径称为**哈密尔顿路径**。穿程于 G 的每个结点一次且仅一次的回路称为**哈密尔顿回路**。具有哈密尔顿回路的图称为**哈密尔顿图**。哈密尔顿是爱尔兰数学家，1859 年他首先提出这一类问题。他的问题如下：

如何沿 12 面体的棱线，通过每个角一次且仅一次？（称为环游全世界游戏。）

这个问题经过转化后即成为现在的叙述形式，参看图 8.2－17，图中的粗线为哈密尔顿回路。

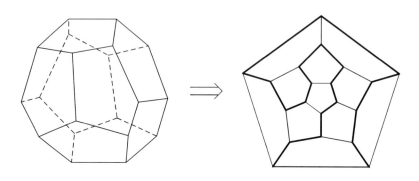

图　8.2－17

到目前为止，一般地说，还没有找到一个简明的条件来作为哈密尔顿回路存在的充分必要条件。下面只能分别给出哈密尔顿回路存在的必要条件和充分条件。

定理 8.2－12　若 $G=\langle V,E\rangle$ 是哈密尔顿图，则对 V 的每个非空真子集 S 均成立：

$$\omega(G-S)\leqslant|S|$$

这里 $|S|$ 表示 S 中的顶点数，$\omega(G-S)$ 表示 G 删去顶点集 S 后得到的图的连通分图个数。

证　设 C 是图的一条哈密尔顿回路，则对于 V 的任一非空真子集 S 有

$$\omega(C-S)\leqslant|S|$$

这里，$\omega(C-S)$ 是 C 删去子集 S 后得到的图的分图个数。但 G 是由 C 和一些不在 C 中的边构成的，$C-S$ 是 $G-S$ 的生成子图，所以

$$\omega(G-S)\leqslant\omega(C-S)\leqslant|S|$$

应用本定理可以判定某些图不是哈密尔顿图，例如，图 8.2－18 所示的图，删去其中 3 个黑点，即知此图不符合必要条件，因而不是哈密尔顿图。但一般要考察多个真子集，应用不方便，例 8.2－4 给出了一种较简便的否定一个图是哈密尔顿图的方法，但也不是通用的。

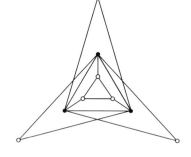

图　8.2－18

例 8.2－4　证明图 8.2－19(a) 中的图没有哈密尔顿路径。

证　用 A 标记顶点 a，所有与 A 邻接的顶点标记为 B。继续不断地用 A 标记所有邻接于 B 的顶点，用 B 标记所有邻接于 A 的顶点，直到所有顶点标记完，得到如图 8.2－19(b) 所示的图，图中有 3 个顶点标 A 和 5 个顶点标 B，标号 A 和 B 相差 2 个，因此不可能存在一条哈密尔顿路径。

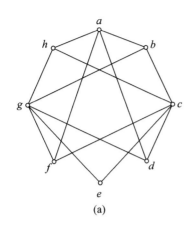

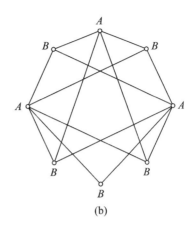

$$\text{(a)} \qquad\qquad\qquad \text{(b)}$$

图 8.2-19

定理 8.2-12 中的条件不是充分的,例如图 8.1-5 中给出的彼得森图,它对任意 $S \subset V$ 都满足 $\omega(G-S) \leqslant |S|$,但它不是哈密尔顿图。

定理 8.2-13 设 $G = \langle V, E \rangle$ 是具有 $n \geqslant 3$ 个顶点的简单无向图,若在 G 中每一对顶点的次数之和大于等于 n,则在 G 中存在一条哈密尔顿回路。

证 用反证法。设 G 符合题设条件,但不是哈密尔顿图,通过给不相邻的顶点加边,总可得到一个最大的非哈密尔顿图 G'。由于 G' 是最大的非哈密尔顿图,所以给 G' 的不相邻的顶点 u 和 v 加上边 (u,v),这时有 $(v_1, v_2, \cdots, v_n, v_1)$ 这条哈密尔顿回路。不妨设 $v_1 = u$,$v_n = v$,因为回路必经过 (u,v),于是必存在两个相邻的顶点 v_i 和 v_{i-1},使 v_1 与 v_i,v_{i-1} 与 v_n 相邻,如图 8.2-20 所示。若不然,设在 G' 中 v_1 与 v_{i_1},v_{i_2},$\cdots$,v_{i_k} 相邻,而 v_n 与 v_{i_1-1},v_{i_2-1},$\cdots$,v_{i_k-1} 都不相邻,则 $\deg(v_n) \leqslant n-k-1$,这样 $\deg(v_1) + \deg(v_n) \leqslant n-1 < n$,与题设不符。

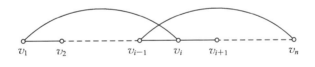

图 8.2-20

v_1 与 v_i 相邻,v_n 与 v_{i-1} 相邻,于是 G' 存在一条哈密尔顿回路 $(v_1, v_2, \cdots, v_{i-1}, v_n, v_{n-1}, \cdots, v_{i+1}, v_i, v_1)$,但这与 G' 是最大的非哈密尔顿图矛盾。证毕。

容易看出定理 8.2-13 的条件是充分的但非必要。例如,设 G 是一个 n 边形,$n > 5$,任何两个顶点的度数之和是 4,但在 G 中有一条哈密尔顿回路。

推论 8.2-13 在简单无向图中,若每一顶点的度数 $\geqslant \frac{1}{2}n(n \geqslant 3)$,则该图是哈密尔顿图。

在有向图中,也可类似地定义出**哈密尔顿有向回路**和**哈密尔顿有向路径**,但结论不全相似。限于篇幅这里不再详述。现在介绍一个与哈密尔顿回路有联系的问题——**巡回售货员问题**。

一个售货员希望去访问 n 个城市的每一个,开始和结束于 v_1 城市。每两城市间都有一条直接通路，我们记 v_i 城市到 v_j 城市的距离为 $W(i,j)$，问题是去设计一个算法，它将找出售货员能采取的最短路径。

这个问题用图论术语叙述就是：$G=\langle V,E,W\rangle$ 是 n 个顶点的无向完全图，这里 W 是从 E 到正实数集的一个函数，对在 V 中任意三点 v_i,v_j,v_k，满足

$$W(i,j)+W(j,k)\geqslant W(i,k)$$

试求出赋权图上的最短哈密尔顿回路。

容易知道，开始和结束于 v_1 的基本回路有 $(n-1)!$ 条。找最短路径的最简单的方法是找出所有 $(n-1)!$ 个回路并计算每一回路的总距离。如此一个完全列举的算法其优点是易于编程序，但当结点数不小时，比如 50，该算法就不是有效的了。因为算一条回路的总距离有 n 个加法，$(n-1)!$ 条回路，加法的总数是 $n!$ 次。50 个顶点，50! 的近似值是 3×10^{64}。假设一台计算机每秒完成 10^9 次加法，将超过 10^{47} 年才能完成所需的加法次数。

人们至今未找出有效的方法，但已找到了若干近似算法，现介绍其一——**最邻近算法**，它为巡回售货员问题找出一个近似解。

（1）选任意点作为始点，找出一个与始点最近的点，形成一条边的初始路径。然后用第（2）步方法逐点扩充这条路径。

（2）设 x 表示最新加到这条路径上的点，从不在路径上的所有点中，选一个与 x 最邻近的点，把连接 x 与此点的边加到这条路径中。重复这一步，直至 G 中所有顶点包含在路径中。

（3）把始点和最后加入的顶点之间的边放入，这样就得出一个回路。

例如，对于图 8.2-21(a)所示的图，如果我们从 a 点开始，根据最邻近算法构造一个哈密尔顿回路，过程如图(b)到(e)所示，所得回路的总距离是 44。其实图 8.2-21(a)的最小哈密尔顿回路应如图(f)所示，总距离是 43。

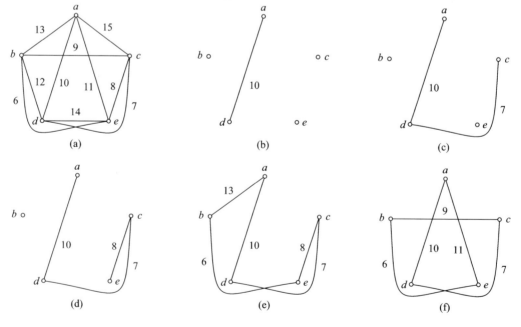

图 8.2-21

习　题

1. 在图 8.2-22 中，图示了一个有向图，试给出从 v_1 到 v_3 的 3 种不同的基本路径。v_1 到 v_3 之间的距离是多少？找出图中所有基本回路。

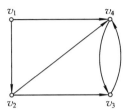

图　8.2-22

2. 因为有向线图代表关系，用于关系的术语可移用于有向线图。例如，有向线图所代表的关系是传递的，则称此有向图为传递的，余类推。在图 8.2-22 中，此有向线图是否可传递？如果不可传递，试求此有向线图的传递闭包（即求此有向线图所代表的关系的传递闭包的关系图）。

3. 在图 $G=\langle V, E\rangle$ 中，从给定的结点 v 出发，若 $S \subseteq V$ 中每一结点都从 v 可达，而 $V-S$ 中的每个结点都从 v 不可达，则称 S 为 v 的可达集合，记为 $d(v)=S$。集合 $T=\bigcup\limits_{v \in V'} d(v)$ 称为 V' 的可达集合，记为 $d(V')=T$，这里 $V' \subseteq V$。试在图 8.2-23 中，求出 $d(v_1)$，$d(v_8)$，$d(\{v_7, v_9\})$，$d(\{v_5, v_8, v_9, v_{10}\})$。

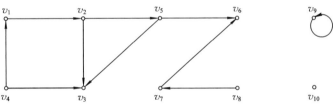

图　8.2-23

4. 证明如果无向图 G 恰有两个不同的奇度数的顶点 v 和 v'，那么 v 到 v' 是可达的。

5. 设 G 是 (n, m) 无向简单图，

(1) 若 $n=6$，$m=7$，证明 G 的连通分图个数不超过 2。

(2) 画一个非连通的无向简单图，使 $m=\dfrac{1}{2}(n-1)(n-2)$，这里 $n>1$。

6. V' 是无向简单连通图 G 的点割，$G-V'$ 有几个连通分图？

7. 举出 $\kappa_0(G)=\kappa_1(G)=\delta(G)$ 的一个连通图。

8. 举出 $\kappa_0(G)<\kappa_1(G)<\delta(G)$ 的一个连通图。

9. 设 G 是 $n>3$ 个结点的无向连通简单图，$\delta(G) \geqslant n-2$。证明

(1) G 上任三点相互可达。

(2) $\kappa_0(G)=\delta(G)$。

10. 证明定理 8.2-8。

11. 证明定理 8.2-9。

12. 试求出图 8.2-23 中的所有强分图、弱分图和单向分图。

13. 设已知下列事实:

    a 会讲英语;

    b 会讲华语和英语;

    c 会讲英语、意大利语和俄语;

    d 会讲日语和华语;

    e 会讲德语和意大利语;

    f 会讲法语、日语和俄语;

    g 会讲法语和德语。

试问这 7 个人中,是否任意两人都能交谈(必要时可借助于其余 5 人组成的译员链)。

14. 试证明一个不是孤立结点的简单有向图是强连通的,当且仅当 G 中有一个回路,它至少包含每个结点一次。

15. 无向图的**直径**定义为所有顶点对的距离的极大值,试求图 8.2-24 中两图的直径。

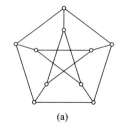 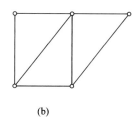

(a)   (b)

图 8.2-24

16. 试用有向图描述出以下问题的解法路径:

一个人 m 带一条狗 d、一只猫 c、一只兔子 r 过河,没有船,他每次游过河时只能带一只动物,而没有人管理时,狗和兔子不能相处,猫和兔子也不能相处。在这些条件约束下,他怎样才能将 3 只动物从左岸带往右岸?(提示:用结点代表状态,例如初始状态可记为 $\langle\{m,d,r,c\},\varnothing\rangle$,人和兔子过河后的状态可记为 $\langle\{d,c\},\{m,r\}\rangle$,若从状态 s_1 可变为状态 s_2,则从结点 s_1 画一条弧到结点 s_2)。

17. 有向图可以刻画一个系统的状态转换。例如用图 8.2-25 的有向图可以描述接收 010^*10 序列(0^* 表示任意个 0,例如 0110、01010、01000010 等等)的线路的状态转换,其中 s_0 是初始状态,s_4 是收到 010^*10 序列后的结束状态,s_5 是收到非 010^*10 序列后的结束状态。

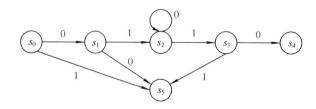

图 8.2-25

试用类似方法作出接收 $01(10)^*1$ 序列的状态转换图,这里 $(10)^*$ 表示任意个 10(可以一个也没有)。

18. 用迪克斯特拉算法求图 8.2 - 26 中(a)、(b)两图从 a 到 z 的最短路径及其长度。

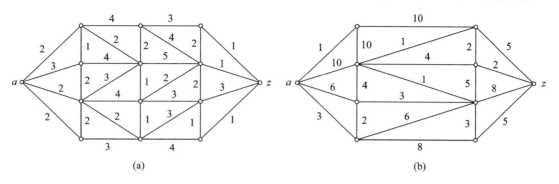

(a)   (b)

图 8.2 - 26

19. 求图 8.2 - 27 中(a)、(b)两图的欧拉回路或欧拉路径。

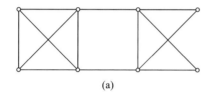   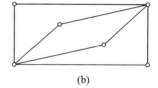

(a)   (b)

图 8.2 - 27

＊20. 在 8×8 的棋盘上跳动一个"马"，使完成每一个可能的跳动恰好一次，问这是否可能。

21. (1) 画一个图使它有一条欧拉回路和一条哈密尔顿回路。

(2) 画一个图使它有一条欧拉回路，但没有一条哈密尔顿回路。

(3) 画一个图使它没有一条欧拉回路，但有一条哈密尔顿回路。

(4) 画一个图使它既没有一条欧拉回路，也没有一条哈密尔顿回路。

22. 造出一个长度为 16 的布鲁英序列。

23. 找出一种由 9 个 a、9 个 b、9 个 c 构成的圆形排列，使由字母 $\{a,b,c\}$ 组成的长度为 3 的每个字(共 27 个)仅出现一次。

24. 证明 $n(n \geqslant 2)$ 维立方体(参看图 7.2 - 2)是哈密尔顿图。

25. 证明图 8.2 - 28 所示的图没有哈密尔顿回路。

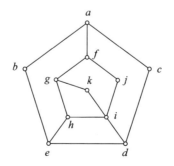

图 8.2 - 28

26. 证明若无向简单连通图 G 的每个结点均为偶度数，则 G 无桥。

27. $G=\langle V,E\rangle$ 是无向简单连通图，$|V|=n\geqslant 2$，若 $\delta(G)\geqslant(n+k-1)/2(1\leqslant k<n)$，则 $\kappa_0(G)\geqslant k$。

* 28. 11 个学生要共进晚餐，他们将坐成一个圆桌，计划要求每次晚餐上，每个学生有完全不同的邻座。这样能共进晚餐几天？

29.（1）在图 8.2-29 中，用最邻近算法，确定一条起始于 a 点的哈密尔顿回路。

（2）若起始于 d，重复（1）。

（3）在图 8.2-29 中，确定一条最小哈密尔顿回路。

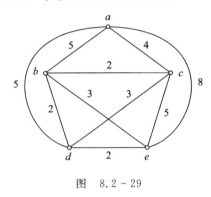

图 8.2-29

8.3 图的矩阵表示

矩阵是研究图的性质的最有效工具之一。可运用矩阵运算求出图的路径、回路和其它性质。

定义 8.3-1 设 $G=\langle V,E\rangle$ 是有向线图，其中 $V=\{v_1,v_2,\cdots,v_n\}$，并假定各结点已经有了从 v_1 到 v_n 的次序。定义一个 $n\times n$ 的矩阵 A，其中各元素 a_{ij} 为

$$a_{ij}=\begin{cases}1 & \text{如果}\langle v_i,v_j\rangle\in E \\ 0 & \text{如果}\langle v_i,v_j\rangle\notin E\end{cases}$$

称这样的矩阵是图的**邻接矩阵**。

从定义可看出，有向线图 $G=\langle V,E\rangle$ 的邻接矩阵不唯一而与 V 中的元素标定次序有关，对于 V 中各元素不同的标定次序，可得到同一图 G 的不同邻接矩阵。但适当地交换行和列的次序，能将一个邻接矩阵变到另一个邻接矩阵，且根据不同邻接矩阵所作出的有向图都是同构的。因此，我们可选 V 元素的任一种标定所得的邻接矩阵作为图 G 的邻接矩阵。

当有向线图代表关系时，邻接矩阵就是前边讲过的关系矩阵。根据关系图和关系矩阵的对应关系，易知：有向图是自反的，矩阵的对角线元素全为 1；有向图是反自反的，矩阵的对角线元素全为 0；有向图是对称的，对所有 i 和 j，矩阵的元素 $a_{ij}=a_{ji}$。有向图是反对称的，对所有 i 和 j，$a_{ij}=1$ 蕴含 $a_{ji}=0$，但 $a_{ij}=0$，不一定 $a_{ji}=1$。

零图的邻接矩阵的元素全为零，称为**零矩阵**。每一顶点都有自回路而无其它边的图的邻接矩阵是单位矩阵。设有向线图 $G=\langle V,E\rangle$ 的邻接矩阵是 A，则 G 的**逆图** $\widetilde{G}=\langle V,\widetilde{E}\rangle$ 的邻接矩阵是 A 的转置矩阵，记为 A^{T}。

邻接矩阵的概念可以推广到无向线图，只需将以上定义中的$\langle v_i,v_j\rangle$换成(v_i,v_j)即可。无向图的邻接矩阵是对称的，对有向线图推出的结论，都可并行地用到无向线图上。另外，邻接矩阵的概念还可推广到多重图和赋权图。对多重图，a_{ij}代表从v_i到v_j的边的重数；对赋权图，a_{ij}代表权$W(i,j)$，从v_i到v_j不存在边时，规定$a_{ij}=0$。

例 8.3 - 1 求图 8.3 - 1 所示有向线图的邻接矩阵。

$$\boldsymbol{A}=\begin{bmatrix} 0 & 1 & 0 & 0 \\ 0 & 0 & 1 & 1 \\ 1 & 1 & 0 & 1 \\ 1 & 0 & 0 & 0 \end{bmatrix}$$

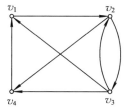

图 8.3 - 1

现在我们计算上例中的 $\boldsymbol{AA}^{\mathrm{T}}$、$\boldsymbol{A}^{\mathrm{T}}\boldsymbol{A}$、$\boldsymbol{A}^{(2)}$、$\boldsymbol{A}^{(3)}$、$\boldsymbol{A}^{(4)}$[①]等，并研究它们的元素的意义。

$$\boldsymbol{A}^{\mathrm{T}}=\begin{bmatrix} 0 & 0 & 1 & 1 \\ 1 & 0 & 1 & 0 \\ 0 & 1 & 0 & 0 \\ 0 & 1 & 1 & 0 \end{bmatrix}, \quad \boldsymbol{AA}^{\mathrm{T}}=\begin{bmatrix} 1 & 0 & 1 & 0 \\ 0 & 2 & 1 & 0 \\ 1 & 1 & 3 & 1 \\ 0 & 0 & 1 & 1 \end{bmatrix}$$

$$\boldsymbol{A}^{\mathrm{T}}\boldsymbol{A}=\begin{bmatrix} 2 & 1 & 0 & 1 \\ 1 & 2 & 0 & 1 \\ 0 & 0 & 1 & 1 \\ 1 & 1 & 1 & 2 \end{bmatrix}, \quad \boldsymbol{A}^{(2)}=\begin{bmatrix} 0 & 0 & 1 & 1 \\ 2 & 1 & 0 & 1 \\ 1 & 1 & 1 & 1 \\ 0 & 1 & 0 & 0 \end{bmatrix}$$

$$\boldsymbol{A}^{(3)}=\begin{bmatrix} 2 & 1 & 0 & 1 \\ 1 & 2 & 1 & 1 \\ 2 & 2 & 1 & 2 \\ 0 & 0 & 1 & 1 \end{bmatrix}, \quad \boldsymbol{A}^{(4)}=\begin{bmatrix} 1 & 2 & 1 & 1 \\ 2 & 2 & 2 & 3 \\ 3 & 3 & 2 & 3 \\ 2 & 1 & 0 & 1 \end{bmatrix}$$

1. $\boldsymbol{AA}^{\mathrm{T}}$ 的元素的意义

设 $\boldsymbol{B}=[b_{ij}]=\boldsymbol{AA}^{\mathrm{T}}$，则 $b_{ij}=\sum\limits_{k=1}^{n}a_{ik}a_{jk}$。当且仅当 a_{ik} 和 a_{jk} 都是 1 时，$a_{ik}\cdot a_{jk}=1$。$a_{ik}=1$ 和 $a_{jk}=1$ 意味着存在边 $\langle v_i,v_k\rangle$ 和 $\langle v_j,v_k\rangle$。于是得出以下结论：从结点 v_i 和 v_j 两者引出的边，如果能共同终止于一些结点，则这些终止结点的数目就是 b_{ij} 的值；特别地，$i=j$ 时，对角线上的元素 b_{ii} 就是结点 v_i 的引出次数。

例如，在图 8.3 - 1 中，① 选 $i=2,j=3$，于是 $b_{23}=1$，说明从 v_2 和 v_3 引出的边能共

---

① $\boldsymbol{A}\cdot\boldsymbol{A}$ 本应写成 $\boldsymbol{A}^2$，此处写成 $\boldsymbol{A}^{(2)}$ 是为了和下边布尔矩阵运算 $\boldsymbol{A}\cdot\boldsymbol{A}=\boldsymbol{A}^2$ 相区别。

同终止于同一结点的只有一个，即 v_4；② 选 $i=2$，$j=2$，于是 $b_{22}=2$，说明 v_2 的引出次数为 2。

2. $\boldsymbol{A}^{\mathrm{T}}\boldsymbol{A}$ 的元素的意义

设 $\boldsymbol{B}=[b_{ij}]=\boldsymbol{A}^{\mathrm{T}}\boldsymbol{A}$，则 $b_{ij}=\sum\limits_{k=1}^{n}a_{ki}a_{kj}$。当且仅当 a_{ki} 和 a_{kj} 都是 1 时，$a_{ki}\cdot a_{kj}=1$。$a_{ki}=1$ 和 $a_{kj}=1$ 意味着存在边 $\langle v_k,v_i\rangle$ 和 $\langle v_k,v_j\rangle$。于是得出以下结论：从一些结点引出的边，如果同时终止于 v_i 和 v_j，则这样的结点数目就是 b_{ij} 的值。特别地，对角线上元素的值是各结点的引入次数。

3. $\boldsymbol{A}^{(n)}$ 的元素的意义

$n=1$ 时，$a_{ij}=1$，说明存在一条边 $\langle v_i,v_j\rangle$，或者说，从 v_i 到 v_j 存在一条长度为 1 的路径。

$n=2$ 时，用 $a_{ij}^{(2)}$ 表示 $\boldsymbol{A}^{(2)}$ 各元素，于是

$$a_{ij}^{(2)}=\sum_{k=1}^{n}a_{ik}a_{kj}$$

当且仅当 a_{ik} 和 a_{kj} 都等于 1 时，$a_{ik}\cdot a_{kj}=1$。a_{ik} 和 a_{kj} 等于 1，表明存在边 $\langle v_i,v_k\rangle$ 和 $\langle v_k,v_j\rangle$，于是存在一条从 v_i 到 v_j 长度为 2 的路径。所以，$a_{ij}^{(2)}$ 等于从 v_i 到 v_j 长度为 2 的不同路径的条数。

容易推想到，$\boldsymbol{A}^{(n)}$ 的元素 $a_{ij}^{(n)}$ 是从 v_i 到 v_j 的长度为 n 的不同路径的数目。这可用归纳法证明。

设 $n=m$ 时，上述断言成立，现证 $n=m+1$ 时，此断言亦成立。因为 $\boldsymbol{A}^{(m+1)}=\boldsymbol{A}^{(m)}\cdot\boldsymbol{A}$，所以

$$a_{ij}^{(m+1)}=\sum_{k=1}^{n}a_{ik}^{(m)}a_{kj}$$

当且仅当 $a_{ik}^{(m)}$ 和 a_{kj} 都等于 1 时，$a_{ik}^{(m)}\cdot a_{kj}=1$。$a_{ik}^{(m)}$ 和 a_{kj} 等于 1，意味着从 v_i 到 v_k 有一条长度为 m 的路径和一条从 v_k 到 v_j 的边，于是从 v_i 到 v_j 有一条长度为 $m+1$ 的路径。$a_{ik}^{(m)}$ 大于 1 时，情况是类似的。因而 $a_{ij}^{(m+1)}$ 是从 v_i 出发到 v_j 的长度为 $m+1$ 的路径总数。所以断言对 $m+1$ 成立。

因此，对一切 n，$\boldsymbol{A}^{(n)}$ 的元素 $a_{ij}^{(n)}$ 表示从 v_i 到 v_j 长度为 n 的不同路径总数。特别，对角线上的元素 $a_{ii}^{(n)}$ 就表示经过 v_i 的长度为 n 的不同回路个数。

由此，还可以得出以下结论：$i\neq j$ 时，$d(v_i,v_j)$ 就是使 $\boldsymbol{A}^{(m)}$ 的元素 $a_{ij}^{(m)}$ 是非零的最小正整数值 m。

例如，在图 8.3-1 中，$a_{34}^{(4)}=3$，所以从 v_3 到 v_4 长度为 4 的路径是 3 条。$a_{13}=0$ 而 $a_{13}^{(2)}=1$，所以从 v_1 到 v_3 的距离是 2。

现在考察矩阵：

$$\boldsymbol{B}_r=\boldsymbol{A}+\boldsymbol{A}^{(2)}+\boldsymbol{A}^{(3)}+\cdots+\boldsymbol{A}^{(r)}$$

的元素 b_{ij} 的意义。

容易看出，b_{ij} 是表示从结点 v_i 到 v_j 长度小于和等于 r 的不同路径总数。因此，若要研究是否存在一条从 v_i 到 v_j 的任意长的路径，须求出 $\boldsymbol{A}^{+}=\sum\limits_{i=1}^{\infty}\boldsymbol{A}^{(i)}$。但这样做实际上不是必

要的，根据定理 $8.2-1$ 和 $8.2-2$，在 n 个结点的简单有向图中，基本路径长度不超过 $n-1$，基本回路长度不超过 n，因此仅需考察

$$\boldsymbol{B}_{n-1} = \boldsymbol{A} + \boldsymbol{A}^{(2)} + \boldsymbol{A}^{(3)} + \cdots + \boldsymbol{A}^{(n-1)} \qquad (i \neq j \text{ 时})$$

或

$$\boldsymbol{B}_{n} = \boldsymbol{A} + \boldsymbol{A}^{(2)} + \boldsymbol{A}^{(3)} + \cdots + \boldsymbol{A}^{n} \qquad (i = j \text{ 时})$$

此时，$b_{ij} \neq 0$，$i \neq j$ 表示从 v_i 到 v_j 是可达的，$i = j$ 表示经过 v_i 的回路存在；$b_{ij} = 0$，$i \neq j$ 表示从 v_i 到 v_j 是不可达的，分属不同强分图，$i = j$ 表示不存在经过 v_i 的回路。因此，b_{ij} 表明了结点间的可达性。

例 8.3－2　根据图 $8.3-2$ 中的有向图和矩阵 $\boldsymbol{B}_5$，验证以下断言：

（1）$b_{52} = 0$，所以 v_2 和 v_5 分属两个强分图。

（2）$b_{11} = 0$，所以没有经过 v_1 的回路。

（3）$b_{53} = 3$，所以从 v_5 到 v_3 长度不超过 5 的路径有 3 条。

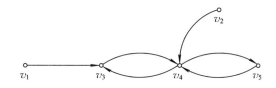

图　$8.3-2$

$$\boldsymbol{A} = \begin{bmatrix} 0 & 0 & 1 & 0 & 0 \\ 0 & 0 & 0 & 1 & 0 \\ 0 & 0 & 0 & 1 & 0 \\ 0 & 0 & 1 & 0 & 1 \\ 0 & 0 & 0 & 1 & 0 \end{bmatrix}, \qquad \boldsymbol{A}^{(2)} = \begin{bmatrix} 0 & 0 & 0 & 1 & 0 \\ 0 & 0 & 1 & 0 & 1 \\ 0 & 0 & 1 & 0 & 1 \\ 0 & 0 & 0 & 2 & 0 \\ 0 & 0 & 1 & 0 & 1 \end{bmatrix}$$

$$\boldsymbol{A}^{(3)} = \begin{bmatrix} 0 & 0 & 1 & 0 & 1 \\ 0 & 0 & 0 & 2 & 0 \\ 0 & 0 & 0 & 2 & 0 \\ 0 & 0 & 2 & 0 & 2 \\ 0 & 0 & 0 & 2 & 0 \end{bmatrix}, \qquad \boldsymbol{A}^{(4)} = \begin{bmatrix} 0 & 0 & 0 & 2 & 0 \\ 0 & 0 & 2 & 0 & 2 \\ 0 & 0 & 2 & 0 & 2 \\ 0 & 0 & 0 & 4 & 0 \\ 0 & 0 & 2 & 0 & 2 \end{bmatrix}$$

$$\boldsymbol{A}^{(5)} = \begin{bmatrix} 0 & 0 & 2 & 0 & 2 \\ 0 & 0 & 0 & 4 & 0 \\ 0 & 0 & 0 & 4 & 0 \\ 0 & 0 & 4 & 0 & 4 \\ 0 & 0 & 0 & 4 & 0 \end{bmatrix}$$

$$\boldsymbol{B}_5 = \boldsymbol{A} + \boldsymbol{A}^{(2)} + \boldsymbol{A}^{(3)} + \boldsymbol{A}^{(4)} + \boldsymbol{A}^{(5)} = \begin{bmatrix} 0 & 0 & 5 & 3 & 3 \\ 0 & 0 & 3 & 7 & 3 \\ 0 & 0 & 3 & 7 & 3 \\ 0 & 0 & 7 & 6 & 7 \\ 0 & 0 & 3 & 7 & 3 \end{bmatrix}$$

有时仅需知道结点之间是否可达，而不必知道结点间存在多少条路径和怎样的路径，因此引入以下定义。

定义 8.3-2　设 $G=\langle V,E\rangle$ 是有向线图，其中 $|V|=n$，并假定各结点是有序的，定义一个 $n\times n$ 的矩阵 $\boldsymbol{P}$，它的元素为

$$p_{ij}=\begin{cases}1 & \text{当 } v_i \text{ 到 } v_j \text{ 至少存在一条非零长度的路径}\\ 0 & \text{当 } v_i \text{ 到 } v_j \text{ 不存在一条非零长度的路径}\end{cases}$$

称矩阵 $\boldsymbol{P}$ 为图 G 的**可达性矩阵**。

可达性矩阵不能给出图的完整的信息，但是简便，在应用上还是重要的。

如果已知 $\boldsymbol{B}_n$ 或 $\boldsymbol{B}_{n-1}$，则只需将其中非零元素写成 1，即得可达性矩阵。例如，例 8.3-2 所给的图的可达性矩阵是

$$\boldsymbol{P}=\begin{bmatrix}0 & 0 & 1 & 1 & 1\\ 0 & 0 & 1 & 1 & 1\\ 0 & 0 & 1 & 1 & 1\\ 0 & 0 & 1 & 1 & 1\\ 0 & 0 & 1 & 1 & 1\end{bmatrix}$$

但一般计算 $\boldsymbol{B}_n$ 或 $\boldsymbol{B}_{n-1}$ 的工作量较大，可把邻接矩阵作为布尔矩阵，用布尔矩阵运算直接求得。我们在 3.2 节中已介绍过布尔矩阵的运算方法，这里不重述。

例 8.3-3　求例 8.3-2 的图的可达性矩阵。

$$\boldsymbol{A}=\begin{bmatrix}0 & 0 & 1 & 0 & 0\\ 0 & 0 & 0 & 1 & 0\\ 0 & 0 & 0 & 1 & 0\\ 0 & 0 & 1 & 0 & 1\\ 0 & 0 & 0 & 1 & 0\end{bmatrix},\qquad \boldsymbol{A}^2=\begin{bmatrix}0 & 0 & 0 & 1 & 0\\ 0 & 0 & 1 & 0 & 1\\ 0 & 0 & 1 & 0 & 1\\ 0 & 0 & 0 & 1 & 0\\ 0 & 0 & 1 & 0 & 1\end{bmatrix}$$

$$\boldsymbol{A}^3=\begin{bmatrix}0 & 0 & 1 & 0 & 1\\ 0 & 0 & 0 & 1 & 0\\ 0 & 0 & 0 & 1 & 0\\ 0 & 0 & 1 & 0 & 1\\ 0 & 0 & 0 & 1 & 0\end{bmatrix},\qquad \boldsymbol{A}^4=\boldsymbol{A}^2,\qquad \boldsymbol{A}^5=\boldsymbol{A}^3$$

所以

$$\boldsymbol{P}=\boldsymbol{A}\vee\boldsymbol{A}^2\vee\boldsymbol{A}^3\vee\boldsymbol{A}^4\vee\boldsymbol{A}^5=\begin{bmatrix}0 & 0 & 1 & 1 & 1\\ 0 & 0 & 1 & 1 & 1\\ 0 & 0 & 1 & 1 & 1\\ 0 & 0 & 1 & 1 & 1\\ 0 & 0 & 1 & 1 & 1\end{bmatrix}$$

这里 $\boldsymbol{A}^n$ 的元素 a_{ij}^n 的意义与 $\boldsymbol{A}^{(n)}$ 的元素 $a_{ij}^{(n)}$ 类似，$a_{ij}^n=1$，表示从 v_i 到 v_j 存在长度为 n 的路径，$a_{ij}^n=0$，表示不存在从 v_i 到 v_j 长度为 n 的路径。

可达性矩阵 $\boldsymbol{P}$ 并没有表达出每一元素自身可达的概念，若实际情况需要，可"或上"$\boldsymbol{A}^{\circ}$

（单位矩阵），以表达每一结点自身可达，即

$$\boldsymbol{P}' = \boldsymbol{A}^{\circ} \vee \boldsymbol{P} = \boldsymbol{A}^{\circ} \vee \boldsymbol{A} \vee \boldsymbol{A}^2 \vee \cdots \vee \boldsymbol{A}^n$$

例如例 8.3 - 3 的 $\boldsymbol{P}'$ 是

$$\boldsymbol{P}' = \begin{bmatrix} 1 & 0 & 1 & 1 & 1 \\ 0 & 1 & 1 & 1 & 1 \\ 0 & 0 & 1 & 1 & 1 \\ 0 & 0 & 1 & 1 & 1 \\ 0 & 0 & 1 & 1 & 1 \end{bmatrix}$$

下边介绍如何利用一个图的可达性矩阵，求出这个图的所有强分图。

设 $\boldsymbol{P}$ 是图 G 的可达性矩阵，其元素为 p_{ij}，$\boldsymbol{P}^{\mathrm{T}}$ 是 $\boldsymbol{P}$ 的转置矩阵，其元素是 p_{ij}^T，则图 G 的强分图可从矩阵 $\boldsymbol{P} \wedge \boldsymbol{P}^{\mathrm{T}}$ 求得。因为从 v_i 到 v_j 可达，则 $p_{ij}=1$，从 v_j 到 v_i 可达，则 $p_{ji}=1$，即 $p_{ij}^{\mathrm{T}}=1$，于是当且仅当 v_i 和 v_j 相互可达时，$\boldsymbol{P} \wedge \boldsymbol{P}^{\mathrm{T}}$ 的第 (i,j) 个元素的值为 1。

例 8.3 - 4 求例 8.3 - 2 给出的图的强分图。

$$\boldsymbol{P} = \begin{bmatrix} 0 & 0 & 1 & 1 & 1 \\ 0 & 0 & 1 & 1 & 1 \\ 0 & 0 & 1 & 1 & 1 \\ 0 & 0 & 1 & 1 & 1 \\ 0 & 0 & 1 & 1 & 1 \end{bmatrix}, \quad \boldsymbol{P}^{\mathrm{T}} = \begin{bmatrix} 0 & 0 & 0 & 0 & 0 \\ 0 & 0 & 0 & 0 & 0 \\ 1 & 1 & 1 & 1 & 1 \\ 1 & 1 & 1 & 1 & 1 \\ 1 & 1 & 1 & 1 & 1 \end{bmatrix}$$

$$\boldsymbol{P} \wedge \boldsymbol{P}^{\mathrm{T}} = \begin{bmatrix} 0 & 0 & 0 & 0 & 0 \\ 0 & 0 & 0 & 0 & 0 \\ 0 & 0 & 1 & 1 & 1 \\ 0 & 0 & 1 & 1 & 1 \\ 0 & 0 & 1 & 1 & 1 \end{bmatrix}$$

说明各强分图的顶点集为：$\{v_1\}, \{v_2\}, \{v_3, v_4, v_5\}$。

若取 $\boldsymbol{P}$ 为

$$\boldsymbol{P} = \begin{bmatrix} 1 & 0 & 1 & 1 & 1 \\ 0 & 1 & 1 & 1 & 1 \\ 0 & 0 & 1 & 1 & 1 \\ 0 & 0 & 1 & 1 & 1 \\ 0 & 0 & 1 & 1 & 1 \end{bmatrix}$$

则

$$\boldsymbol{P}^{\mathrm{T}} = \begin{bmatrix} 1 & 0 & 0 & 0 & 0 \\ 0 & 1 & 0 & 0 & 0 \\ 1 & 1 & 1 & 1 & 1 \\ 1 & 1 & 1 & 1 & 1 \\ 1 & 1 & 1 & 1 & 1 \end{bmatrix}, \quad \boldsymbol{P} \wedge \boldsymbol{P}^{\mathrm{T}} = \begin{bmatrix} 1 & 0 & 0 & 0 & 0 \\ 0 & 1 & 0 & 0 & 0 \\ 0 & 0 & 1 & 1 & 1 \\ 0 & 0 & 1 & 1 & 1 \\ 0 & 0 & 1 & 1 & 1 \end{bmatrix}$$

同样说明各强分图的顶点集为：$\{v_1\}, \{v_2\}, \{v_3, v_4, v_5\}$。

除了邻接矩阵外，图还可用关联矩阵表示。关联矩阵的定义如下。

定义 8.3－3 设 $G=\langle V,E\rangle$ 是无向图，$V=\{v_1,v_2,\cdots,v_n\}$，$E=\{e_1,e_2,\cdots,e_m\}$，一个 $n\times m$ 矩阵 $\boldsymbol{M}=(m_{ij})$ 称为 G 的关联矩阵，其中 m_{ij} 是结点 v_i 和边 e_j 的关联次数。

定义 8.3－4 设 $G=\langle V,E\rangle$ 是有向简单图，$V=\{v_1,v_2,\cdots,v_n\}$，$E=\{e_1,e_2,\cdots,e_m\}$，一个 $n\times m$ 矩阵 $\boldsymbol{M}=(m_{ij})$ 称为 G 的关联矩阵，其中

$$m_{ij}=\begin{cases}1 & v_i \text{ 是 } e_j \text{ 的始点}\\0 & v_i \text{ 与 } e_j \text{ 不关联}\\-1 & v_i \text{ 是 } e_j \text{ 的终点}\end{cases}$$

注意，后一定义是限于简单图的。

例 8.3－5

图 8.3－3(a)和(b)的关联矩阵分别是

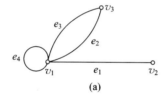 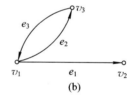

关联矩阵应用较少，这里仅给出定义。

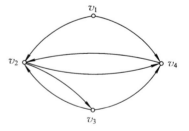

图 8.3－3

习 题

1. 图 8.3－4 给出了一个有向图。

(1) 求出它的邻接矩阵 $\boldsymbol{A}$。

(2) 求出 $\boldsymbol{A}^{(2)}$、$\boldsymbol{A}^{(3)}$、$\boldsymbol{A}^{(4)}$，说明从 v_1 到 v_4 长度为 1、2、3 和 4 的路径各有几条。

(3) 求出 $\boldsymbol{A}^{\mathrm{T}}$、$\boldsymbol{A}^{\mathrm{T}}\boldsymbol{A}$、$\boldsymbol{A}\boldsymbol{A}^{\mathrm{T}}$，说明 $\boldsymbol{A}\boldsymbol{A}^{\mathrm{T}}$ 和 $\boldsymbol{A}^{\mathrm{T}}\boldsymbol{A}$ 中第 $(2,3)$ 个元素和第 $(2,2)$ 个元素的意义。

(4) 求出 $\boldsymbol{A}^2$、$\boldsymbol{A}^3$、$\boldsymbol{A}^4$ 及可达性矩阵 $\boldsymbol{P}$。

(5) 求出强分图。

2. 证明对任何 $n\times n$ 的布尔矩阵 $\boldsymbol{A}$，下式成立：

$$(\boldsymbol{I}\vee\boldsymbol{A})^2=(\boldsymbol{I}\vee\boldsymbol{A})\wedge(\boldsymbol{I}\vee\boldsymbol{A})=\boldsymbol{I}\vee\boldsymbol{A}\vee\boldsymbol{A}^2$$

这里 $\boldsymbol{I}$ 是单位矩阵。进而证明，对任何正整数 r，

$$(\boldsymbol{I}\vee\boldsymbol{A})^r=\boldsymbol{I}\vee\boldsymbol{A}\vee\boldsymbol{A}^2\vee\cdots\vee\boldsymbol{A}^r。$$

再证明包括自身可达的可达性矩阵 $\boldsymbol{P}'$ 为

$$\boldsymbol{P}'=(\boldsymbol{I}\vee\boldsymbol{A})^n$$

图 8.3－4

3. 图 8.3-5 给出了一个有向图，试求该图的邻接矩阵和可达性矩阵。

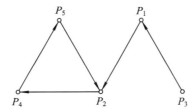

图 8.3-5

4. 给定一个有向线图 $G=\langle V,E\rangle$，用 A 表示 G 的邻接矩阵，可把图的距离矩阵定义成：

$$d_{ij}=\begin{cases} \infty & \text{当 } i\neq j \text{ 且从 } v_i \text{ 到 } v_j \text{ 不可达时} \\ 0 & \text{当 } i=j \text{ 时} \\ k & \text{当 } i\neq j \text{ 而 } k \text{ 是使 } a_{ij}^{(k)}\neq 0 \text{ 的最小正整数时} \end{cases}$$

（1）求出图 8.3-5 给出的有向图的距离矩阵。

（2）如何从一个距离矩阵求可达性矩阵。

（3）说明如果图 G 的距离矩阵的元素除对角线元素外都不是零，那么图 G 是强连通的。

5. 如何从邻接矩阵看出它所代表的图是欧拉图？

6. 试给出图 8.3-2 和它的底图的关联矩阵。

8.4 图的支配集、独立集和覆盖

8.4.1 支配集、独立集和点覆盖

定义 8.4-1 $G=\langle V,E\rangle$ 是无向简单图，$V'\subseteq V$，若 $V-V'$ 中的每一顶点至少与 V' 中一个顶点邻接，则称 V' 是**支配集**。如果不存在 $V''\subset V'$ 是支配集，则称 V' 是**极小支配集**。图中顶点个数最小的支配集称为**最小支配集**。最小支配集的顶点个数称为**支配数**，记为 $\gamma_0(G)$。

在图 8.4-1(a)中，黑点组成的点集是极小支配集。图(b)中黑点组成的点集是最小支配集，支配数是 2。图(c)中黑点组成的点集是最小支配集，支配数是 1。

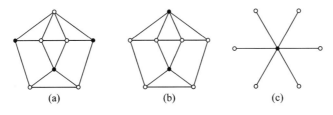

图 8.4-1

定义 8.4-2 $G=\langle V,E\rangle$ 是无向简单图，$I\subseteq V$，若 I 中任何两顶点均不相邻，则称 I 为 G 的**独立集**。如果 G 中不存在 $I'\supset I$ 是 G 的独立集，则称 I 是 G 的**极大独立集**。顶点数最大的独立集称为**最大独立集**，其中顶点数称为 G 的**独立数**，记为 $\beta_0(G)$。

定义 8.4 - 3 $G=\langle V, E\rangle$ 是无向简单图，$C\subseteq V$，使得 G 中每一边至少有一个端点在 C 中，则称 C 是 G 的一个**点覆盖**。如果不存在 $C'\subset C$ 是 G 的点覆盖，则称 C 是 G 的**极小点覆盖**。顶点数最小的点覆盖称为 G 的**最小点覆盖**，其中顶点数称为 G 的**点覆盖数**，记为 $\alpha_0(G)$。

在图 8.4 - 2(a)中，黑点组成的点集是极大独立集，白点组成的点集是极小点覆盖。图 (b)中黑点组成的点集是最大独立集，独立数是 3；白点组成的点集是最小点覆盖，点覆盖数是 5。图(c)中黑点组成的点集是最大独立集，独立数是 6；白点组成的点集是最小点覆盖，点覆盖数是 1。

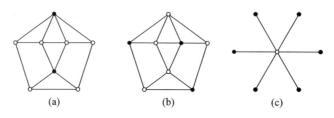

图 8.4 - 2

定理 8.4 - 1 $G=\langle V, E\rangle$ 是无向简单图，G 的极大独立集都是 G 的极小支配集。

证 设 I 是 G 的任一极大独立集，$V-I$ 中的任一顶点 v 必与 I 中某些顶点相邻，否则 $I\bigcup\{v\}$ 是独立集，这与 I 是极大独立集矛盾，所以 I 是支配集。又 I 是极大独立集，若有 $I'\subset I$，则 $I-I'$ 中的顶点都不受 I' 中顶点支配，I' 不是支配集，所以 I 是极小支配集。

定理 8.4 - 2 $G=\langle V, E\rangle$ 是无向简单图，$I\subset V$，则 I 是 G 的独立集当且仅当 $V-I$ 是 G 的点覆盖。

证 充分性。I 是 G 的独立集，因而 G 中任一条边的两端点至少有一个在 $V-I$ 中，这正说明 $V-I$ 是 G 的点覆盖。

必要性。$V-I$ 是 G 的点覆盖，若 I 中有 v_i、v_j 两顶点相邻，则边 (v_i, v_j) 未被覆盖。这与 $V-I$ 是点覆盖矛盾。所以，I 是独立集。

推论 8.4 - 2 $G=\langle V, E\rangle$ 是无向简单图，$|V|=n$，则 I 是 G 的极大(最大)独立集当且仅当 $V-I$ 是 G 的极小(最小)点覆盖。从而有

$$\alpha_0(G)+\beta_0(G)=n$$

请注意，以上定理和推论对平凡图和含有孤立结点的图也是成立的。因为根据以上定义和无义证明法，平凡图的唯一结点构成图的最小支配集和最大独立集，支配数和独立数都是 1。点覆盖是空集，点覆盖数是 0。

8.4.2 匹配和边覆盖

定义 8.4 - 4 $G=\langle V, E\rangle$ 是无向简单图，$M\subseteq E$。若 M 中任两条边均不相邻，则称 M 是 G 的**边独立集**，又称 G 的**匹配**(通常用此名词)。若不存在 $M'\supset M$ 是 G 的匹配，则称 M 是 G 的**极大匹配**。边数最多的匹配称为 G 的**最大匹配**，其边数称为 G 的**匹配数**，记为 $\beta_1(G)$。

定义 8.4 - 5 M 为图 G 的一个匹配，

(1) 若边 $e=(v_i, v_j)\in M$，则称 v_i 与 v_j 被 M 匹配。

(2) G 中一个顶点 v 若与 M 中一条边关联，则称 v 是关于 M 的**饱和点**，否则称 v 为关

于 M 的**非饱和点**。

(3) 若 G 中全部顶点都是 M 的饱和点，则称 M 是 G 中**完美匹配**。

图 8.4 - 3(a)中，粗边组成的集合是极大匹配。图(b)中，粗边组成的集合是最大匹配，匹配数是 3，它还是一个完美匹配，因该图的全部顶点都是饱和点。图(c)中，粗边组成的集合是最大匹配，匹配数是 2，它不是一个完美匹配，图中还有非饱和点。

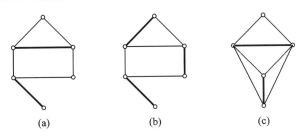

图 8.4 - 3

定义 8.4 - 6 $G = \langle V, E \rangle$ 是无向简单图，$C \subseteq E$，使得图中任一顶点 v 都关联到 C 中的一条边 e，则称 C 是 G 的一个**边覆盖**。如果不存在 $C' \subset C$ 是 G 的边覆盖，则称 C 是 G 的**极小边覆盖**。边数最小的边覆盖称为 G 的**最小边覆盖**，其所含边数称为 G 的**边覆盖数**，记为 $\alpha_1(G)$。

显然，G 中存在边覆盖当且仅当 $\delta(G) > 0$。

在图 8.4 - 4(a)中，粗边组成的集合是极小边覆盖。图(b)中，粗边组成的集合是最小边覆盖，边覆盖数是 2。图(c)中，粗边组成的集合是最小边覆盖，边覆盖数是 3。

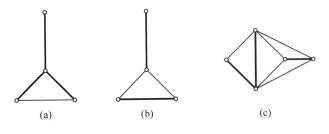

图 8.4 - 4

定理 8.4 - 3 $G = \langle V, E \rangle$ 是无孤立结点的无向简单图，$|V| = n$。

(1) M 是 G 中最大匹配，对于 G 中每个非饱和点均取一条与其关联的边，组成边集 N，则 $C' = M \cup N$ 是 G 中最小边覆盖。

(2) C 是 G 中最小边覆盖，若 C 中存在相邻的边，留下其中一条，其余删去。设删去的边集为 N'，则 $M' = C - N'$ 是 G 中最大匹配。

(3) G 的边覆盖数与匹配数满足

$$\alpha_1(G) + \beta_1(G) = n$$

证 (1) M 是最大匹配，图中非饱和点之间不存在边，每一非饱和点需要一条边覆盖，所以 $C' = M \cup N$ 是边覆盖，且

$$|C'| = |M \cup N| = \beta_1(G) + n - 2\beta_1(G) = n - \beta_1(G) \qquad \text{①}$$

(2) C 是最小边覆盖，C 中任何一条边的两个端点不可能都与 C 中其它边相关联。因此由 C 构造匹配 M' 时，每删去一条边只产生一个 M' 的非饱和点。于是 M' 的非饱和点个数就是 $|N'|$。而

$$|N'| = |C| - |M'| = n - 2|M'|$$

得出

$$\alpha_1(G) = |C| = n - |M'| \qquad ②$$

（3）M' 是匹配，C' 是边覆盖，因此

$$|M'| \leqslant \beta_1(G) \qquad ③$$

$$|C'| \geqslant \alpha_1(G) \qquad ④$$

由①、②、③、④式得

$$\alpha_1(G) = n - |M'| \geqslant n - \beta_1(G) = |C'| \geqslant \alpha_1(G) \qquad ⑤$$

这说明⑤式中所有 $\geqslant$ 号可改为等号，因此

(i) $|M'| = \beta_1(G)$，即 M' 是最大匹配。

(ii) $|C'| = \alpha_1(G)$，即 C' 是最小边覆盖。

(iii) $\alpha_1(G) + \beta_1(G) = n$。证毕。

从上述证明中可得出以下推论：

推论 8.4 - 3 $\beta_1(G) \leqslant \alpha_1(G)$。当存在完美匹配时，$\beta_1(G) = \alpha_1(G)$。

习　题

1. 在图 8.4 - 5 中找出一个极小支配集和一个最小支配集，它们的大小必须不同。给出图的支配数。

图　8.4 - 5

2. 设棋盘的 64 个方块用 64 个顶点表示，如果两顶点对应的方块是在同一行、同一列或同一对角线上，则这两顶点之间有一条边。已知 5 个皇后能被放在棋盘上，使它们支配所有 64 个方块，而且 5 是必需的最小皇后数。请用图论术语叙述这一结论。

3. 在图 8.4 - 6 中，

（1）找出一个极大独立集和一个最大独立集，它们的大小必须不同，给出图的独立数。

（2）找出一个极小点覆盖和一个最小点覆盖，它们的大小必须不同，给出图的点覆盖数。

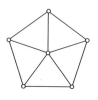

图　8.4 - 6

4. 类似于 2 题，在棋盘上放 8 个皇后，使得没有一个能捕捉另一个。试用图论术语叙述这个问题。

5. 在图8.4-7中，

(1) 找出一个极大匹配和一个最大匹配，它们的大小必须不同，给出图的匹配数。

(2) 找出一个极小边覆盖和一个最小边覆盖，它们的大小必须不同，给出图的边覆盖数。

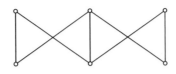

图 8.4-7

6. 在图8.4-8(a)中找出一个完美匹配。图(b)中存在完美匹配吗？为什么？

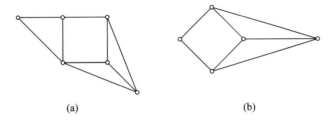

(a)   (b)

图 8.4-8

7. 证明 n 维立方体都有完美匹配（n 维立方体的涵义见7.1节末）。

8. 证明在无向简单图 G 中，一个极小支配集未必是一个极大独立集。

8.5 二 部 图

从本节起将讨论一些特殊的图，首先讨论二部图。

定义 8.5-1 若无向图 $G=\langle V,E\rangle$ 的顶点集合 V 可以划分成两个子集 X 和 Y，使 G 中的每一条边 e 的一个端点在 X 中，另一个端点在 Y 中，则称 G 为**二部图**或**偶图**。二部图可记为 $G=\langle X,E,Y\rangle$，X 和 Y 称为**互补结点子集**。

由定义可知，二部图不会有自回路。

定义 8.5-2 二部图 $G=\langle X,E,Y\rangle$ 中，若 X 的每一顶点都与 Y 的每一顶点邻接，则称 G 为**完全二部图**，记为 $K_{m,n}$，这里 $m=|X|$，$n=|Y|$。

图8.5-1给出 $K_{2,4}$ 和 $K_{3,3}$ 的图示。

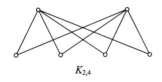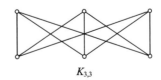

$K_{2,4}$ $K_{3,3}$

图 8.5-1

定理 8.5-1 无向图 $G=\langle V,E\rangle$ 为二部图的充分必要条件为 G 中所有回路的长度均为偶数。

证 必要性。设 G 是具有互补结点子集 X 和 Y 的二部图。C 是 G 中任一回路

$$C:(v_0,v_1,v_2,\cdots,v_k,v_0)$$

不妨设 $v_0\in X$，则 $v_0,v_2,v_4,\cdots\in X$，$v_1,v_3,v_5,\cdots\in Y$，k 必为奇数，不然，不存在边 (v_k,v_0)。C 中共有 $k+1$ 条边，故 C 是偶数长度的回路。

充分性。设 G 是连通图，否则对 G 的每个连通分图进行证明。设 $G=\langle V,E\rangle$ 只含有偶数长度的回路，定义互补结点子集 X 和 Y 如下：

任取一个顶点 v_0，$v_0\in V$，取

$X=\{v\,|\,$从 v_0 到 v 的距离是偶数$\}$

$Y=V-X$

假设存在一条边 (v_i,v_j)，v_i、$v_j\in Y$。由于图是连通的，因此从 v_0 到 v_i 有一条最短路径，其长度为奇数；同理，从 v_0 到 v_j 有一条长度为奇数的最短路径。于是由 (v_i,v_j) 及以上两条最短路径构成的回路的长度为奇数，但这与题设矛盾。这就证明了 Y 的任二结点间不存在边。类似地可证明 X 的任二结点间也不存在边。这样就证明了 G 是二部图。

下面介绍二部图的重要问题——求最大匹配问题的解法。为此，先给出交替链的概念。

定义 8.5-3 设 M 是无向简单图 $G=\langle V,E\rangle$ 的一个匹配。如果一条基本路径由 M 中的边和 $E-M$ 中的边交替组成，则称该路径为 M 的**交替链**，首尾相接的交替链称为**交替回路**；若交替链的起点和终点都是非饱和点，则该路径称为 M 的**可增广交替链**。特别地，当一条边的两端点都是非饱和点时，这条边就是一条可增广交替链。

在图 8.5-2 中，$\{(v_1,v_2),(v_3,v_4)\}$ 是匹配 M。路径 (v_1,v_2,v_3,v_4) 是一条 M 的交替链。路径 $(v_5,v_1,v_2,v_4,v_3,v_6)$ 是一条 M 的可增广交替链。路径 (v_5,v_6) 也是一条 M 的可增广交替链。

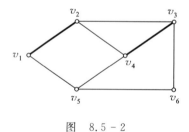

图 8.5-2

请注意，在可增广交替链中，不属于 M 的边比属于 M 的边多一条，并且互不邻接。

应用可增广交替链找出二部图 $G=\langle X,E,Y\rangle$ 的最大匹配的算法如下：

(1) $M\leftarrow\varnothing$；

(2) 在二部图中找一条可增广交替链 P，

(i) 若已找不到 P，则 M 就是最大匹配。结束。

(ii) 若已找到 P，则 $M\leftarrow M\oplus P$。转(2)。

现对算法作三点说明。

(1) $M\leftarrow M\oplus P$。它的意思就是把 M 中属于可增广交替链的边，用 P 中不属于 M 的边替换，使 M 增加一条边。

(2) 在 G 中找出一条可增广交替链可用下述标记法。

首先把 X 中所有非饱和点用"*"标记，然后交替进行以下所述的过程 I 和 II：

Ⅰ．选一个 X 的新标记过的结点，比如说 x_i，用 (x_i) 标记不通过在 M 中的边与 x_i 邻接且未标记过的 Y 的所有结点。对所有 X 的新标记过的结点重复这一过程。

Ⅱ．选一个 Y 的新标记过的结点，比如说 y_i，用 (y_i) 标记通过 M 的边与 y_i 邻接且未标记过的 X 的所有结点。对所有 Y 的新标记过的结点重复这一过程。

直至标记到一个 Y 的不与 M 中任何边邻接的结点，或者已不可能标记更多结点时为止。出现前一情况，说明已找到了一条可增广交替链（逆着标记次序，返回到标记着（ ＊）的结点，所经的路径就是所求）。出现后一情况，说明 G 中已不存在关于 M 的可增广交替链。

例如，在图 8.5－3 中，可用如下标记过程：

① 把 x_2 标记（ ＊）。

② 从 x_2 出发，应用过程Ⅰ，把 y_1 和 y_3 标记 (x_2)。

③ 从 y_1 出发，应用过程Ⅱ，把 x_3 标记 (y_1)。从 y_3 出发，应用过程Ⅱ，把 x_4 标记 (y_3)。

④ 从 x_3 出发，应用过程Ⅰ，把 y_4 标记 (x_3)，因 y_4 不是 M 中边的端点，说明已找到了一条可增广交替链 P，即 (x_2,y_1,x_3,y_4)。

作变换 $M \leftarrow M \oplus P$，就得出多一条边的匹配，如图 8.5－4 所示。

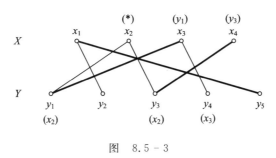

图　8.5－3

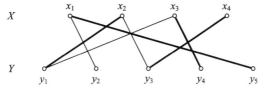

图　8.5－4

（3）"找不出一条可增广交替链时，M 就是 G 的最大匹配"是根据以下定理得来的。

定理 8.5－2 M 是无向简单图 $G = \langle V, E \rangle$ 的最大匹配，当且仅当 G 中不存在 M 的可增广交替链。

证 必要性。若 G 含有 M 的可增广交替链 P，则匹配 $M \oplus P$ 的边数比 M 多 1，这与 M 是 G 的最大匹配矛盾。

充分性。若 M 是 G 中不存在可增广交替链的匹配，而 M_1 是 G 中最大匹配。现证明 $|M| = |M_1|$。设 $H = M \oplus M_1$，当 $H = \varnothing$ 时，$M = M_1$，于是 M 就是最大匹配。当 $H \neq \varnothing$ 时，由于 M、M_1 都是匹配，所以 H 的各个连通分图只有以下两种可能：

（i）是交替回路。回路上属于 M 和属于 M_1 的边数相等。

（ii）是交替链。M_1 是最大匹配，由必要性知不会有 M_1 的可增广交替链。由题设知不会有 M 的可增广交替链。于是在交替链中，属于 M 和属于 M_1 的边数相等。

这样 $|M| = |M_1|$，M 是最大匹配。证毕。

注意本定理不局限于二部图。

例 8.5 - 1 求出图 8.5 - 5 中的二部图的最大匹配。

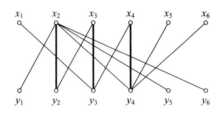

图 8.5 - 5

解 步骤、操作内容及 M 情况：

(1) 置 M 为 $\varnothing$，即 $M = \varnothing$。

(2) 找出一条边的可增广交替链 (x_2, y_2)，有
$$M = \{(x_2, y_2)\}$$

(3) 找出一条边的可增广交替链 (x_3, y_3)，有
$$M = \{(x_2, y_2), (x_3, y_3)\}$$

(4) 找出一条边的可增广交替链 (x_4, y_4)，有
$$M = \{(x_2, y_2), (x_3, y_3), (x_4, y_4)\}$$

(5) 用标记法找出一条可增广交替链 $(x_1, y_3, x_3, y_2, x_2, y_1)$，进行变换得
$$M = \{(x_1, y_3), (x_3, y_2), (x_2, y_1), (x_4, y_4)\}。$$

(6) 再用标记法找可增广交替链，但已找不到，所以 $M = \{(x_1, y_3), (x_3, y_2), (x_2, y_1), (x_4, y_4)\}$ 就是所求的最大匹配。

虽然二部图是无向图，但若一个有向图可转化成二部图，则上述结论和方法仍可引用。

在二部图中以下两个定理成立。

定理 8.5 - 3 科尼格(Konig)定理。在二部图 $G = \langle X, E, Y \rangle$ 中，$\beta_1(G) = \alpha_0(G)$。

证 设 G 是连通的，否则可对 G 的每个连通分图证明。设 M 是实现 $\beta_1(G)$ 的最大匹配，要把 M 中这些边覆盖，就需要 $\beta_1(G) = |M|$ 个顶点，因此 $\beta_1(G) \leqslant \alpha_0(G)$。现在只需要构造出一个 G 的点覆盖 C，其点数等于 $\beta_1(G) = |M|$，那么 C 就是 G 的最小点覆盖，也就证明了 $\beta_1(G) = \alpha_0(G)$。

若 M 是完美匹配，那么取 X 作为 G 的点覆盖，此时显然有 $\beta_1(G) = \alpha_0(G)$。

若 M 不是完美匹配，不妨设 X 中有非饱和点(设 Y 中有非饱和点的证明是类似的)，其集合是 U。从 U 中的顶点出发沿着交替链可达的顶点集合是 $X' \subseteq X$ 和 $Y' \subseteq Y$。参看图 8.5 - 6。

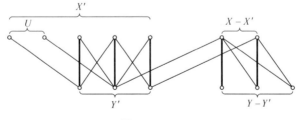

图 8.5 - 6

显然，$X'-U$ 和 $X-X'$ 中的顶点都是饱和点；Y' 中的顶点也都是饱和点，否则会存在 M 的可增广交替链，这与 M 是最大匹配矛盾；X' 中的顶点到 $Y-Y'$ 中的顶点没有边，否则从 U 中顶点出发，沿着交替链可到达 $Y-Y'$ 中的顶点，这与假设不符。

取 $C=Y'\bigcup(X-X')$。容易看出，Y' 中的顶点覆盖了 X' 到 Y 间所有的边；$X-X'$ 中的顶点覆盖了 $X-X'$ 到 $Y-Y'$ 间所有的边；另外，$X-X'$ 到 Y' 的所有边也在覆盖中。再没有其它边了，所以 C 是 G 的点覆盖，又 $|C|=|M|$，所以 C 是最小点覆盖。证毕。

1935 年，霍尔(Hall)证明了定理 8.5-4，为了介绍这个定理，先给出以下两个定义。

定义 8.5-4　无向图 $G=\langle V,E\rangle$，$A\subseteq V$。所有与 A 中顶点相邻的顶点集合称为 A 的**邻集**，记为 $N(A)$。

定义 8.5-5　在二部图 $G=\langle X,E,Y\rangle$ 中的一个匹配 M，使 X 中所有顶点都饱和，则称 M 是从 X 到 Y 的**完全匹配**(注意与完美匹配的区别)。

定理 8.5-4　(霍尔定理)二部图 $G=\langle X,E,Y\rangle$ 含有从 X 到 Y 的完全匹配 M，当且仅当对任意 $X'\subseteq X$ 有 $|N(X')|\geqslant|X'|$。

证　必要性。因 X' 的每一顶点在 M 下和 $N(X')$ 中不同顶点匹配，显然有 $|N(X')|\geqslant|X'|$。

充分性。用反证法。若不存在完全匹配，则 X 中存在非饱和点集 $U=\{u,v,\cdots,w\}$，如图 8.5-6 所示(为了减少叙述，利用这一图形及其符号和相关分析)，显然 $|N(X')|<|X'|$，得出矛盾。证毕。

例 8.5-2　某俱乐部设有以下各组：

A：歌咏组，其成员是 a、c、e；

B：舞蹈组，其成员是 a、d、b；

C：绘画组，其成员是 b、f；

D：围棋组，其成员是 d、f；

E：象棋组，其成员是 c、e、g。

每组要选一位组长，不得兼任，问是否可能？

解　本题实质上就是问图 8.5-7 中是否存在完全匹配。理论上应按霍尔定理判定，但不易直接判定时，先找出最大匹配，再看是否为完全匹配即可。图中已显示答案：A 组选 a，B 组选 d，C 组选 b，D 组选 f，E 组选 e 即可。

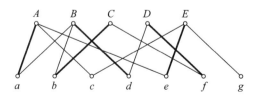

图　8.5-7

这类题在组合论中称为**相异代表系统问题**。

习　题

1. 判定图 8.5-8 中(a)、(b)、(c)三图是否是二部图？

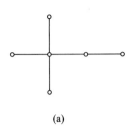
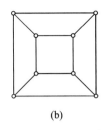
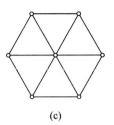

(a)	(b)	(c)

图 8.5-8

2. 证明 k-正则二部图$(k>0)$有完美匹配。

3. 找出图 8.5-9 所示的 6×6 残缺棋盘(阴影部分表示已割去的方块)的一个完全覆盖(完全覆盖是指用多米诺骨牌覆盖棋盘,一块牌覆盖黑白相连的两个方块,而没有一个方块不被覆盖,也没有一块多米诺骨牌交搭)。图中 b_i 表示黑方块,w_i 表示白方块。

b_1	w_1	b_2			w_6
	b_3	w_2		w_5	b_6
	w_3	b_4	w_4	b_5	
	b_{10}			w_7	
	w_{10}	b_9	w_9	b_7	w_8
w_{11}	b_{11}				b_8

图 8.5-9

4. 某单位按编制有 7 个空缺 $P_1,P_2,\cdots,P_7$。有 10 个申请者 $a_1,a_2,\cdots,a_{10}$,他们的合格工作岗位集合依次是:$\{P_1,P_5,P_6\}$,$\{P_2,P_6,P_7\}$,$\{P_3,P_4\}$,$\{P_1,P_5\}$,$\{P_6,P_7\}$,$\{P_3\}$,$\{P_2,P_3\}$,$\{P_1,P_3\}$,$\{P_1\}$,$\{P_5\}$。如何安排他们工作使得无工作的人最少。

5. 在某单位,有 6 个未婚妇女 L_1,L_2,L_3,L_4,L_5,L_6,有 6 个未婚青年 G_1,G_2,G_3,G_4,G_5,G_6,他们都想结婚,但也不是随便哪一个都可以,他们心中都有一张表,只愿意和表上的人结婚,现在知道 $L_1,L_2,\cdots,L_6$ 的表分别是:

L_1:$\{G_1,G_2,G_4\}$ L_2:$\{G_3,G_5\}$ L_3:$\{G_1,G_2,G_4\}$

L_4:$\{G_2,G_5,G_6\}$ L_5:$\{G_3,G_6\}$ L_6:$\{G_2,G_5,G_6\}$

$G_1,G_2,\cdots,G_6$ 的表分别是:

G_1:$\{L_1,L_3,L_6\}$ G_2:$\{L_2,L_4,L_6\}$ G_3:$\{L_2,L_5\}$

G_4:$\{L_1,L_3\}$ G_5:$\{L_2,L_6\}$ G_6:$\{L_3,L_4,L_5\}$

请问如何匹配,使得男女双方都满意且结婚的对数最多。

6. 设 $A_1=\{0,1,2\}$,$A_2=\{1,2,3\}$,$A_3=\{2,3,4\}$,$A_4=\{3,4,0\}$,$A_5=\{4,0,1\}$,能否为每一集合选一个元素作为其代表,且没有相同的代表。

7. 证明在完全图 $K_n(n\geqslant3)$ 中,$\beta_1(K_n)<\alpha_0(K_n)$,$\beta_0(K_n)<\alpha_1(K_n)$。

8.6 平面图和图的着色

8.6.1 平面图

先看一个例子。一工厂有 A、B、C 三个车间和 L、M、N 三个仓库，因为工作需要车间与仓库间将设专用车道，为了避免车祸，车道最好没有交点，问这可能吗（参看图8.6-1）。

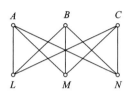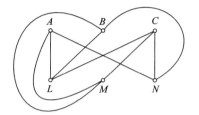

图 8.6-1

实践和理论都指出这是不可能的。

定义 8.6-1 一个无向图 $G=\langle V,E\rangle$，如果能把它图示在一平面上，边与边只在顶点处相交，则该图叫**平面图**。

把平面图"图示在平面上"，我们有时也说成"把平面图嵌入一平面"。

图 8.6-1 所示的是非平面图，而图 8.6-2 所示的都是平面图的例子。

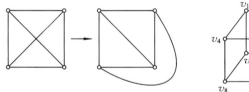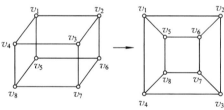

图 8.6-2

8.6.2 欧拉公式

欧拉 1750 年提出任何一个凸多面体的顶点数 n，棱数 m 和面数 k 满足公式：

$$n-m+k=2$$

参看图 8.6-3。

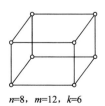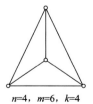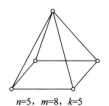

$n=8,\ m=12,\ k=6$ $n=4,\ m=6,\ k=4$ $n=5,\ m=8,\ k=5$

图 8.6-3

这个欧拉公式的适用范围不限于凸多面体。事实上在好几个领域中都有类似的欧拉公式，但这里我们仅将它推广到平面图的情况。

为了介绍平面图的欧拉公式，我们首先介绍什么是平面图的面。我们在平面上画一个平面图，用小刀沿着边切下，则这平面将分割成几块，这种块就称为图的**面**，即一个平面图的面定义为平面的一块，它用边作界线，并且不再分为子块。例如图 8.6‐4(a)有 3 个面，如图 8.6‐4(b)所示。注意沿边 a 切，不再分割面 1，沿边 b 和 c 切，也不再分割面 3。如果面的面积是有限的，称该面为**有限面**，否则，称为**无限面**。显然，平面图恰有一个无限面。

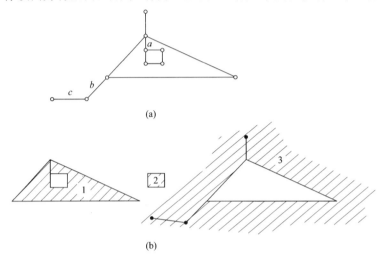

图 8.6‐4

平面图的欧拉公式如下：

定理 8.6‐1 对任何连通平面图恒有

$$n - m + k = 2$$

即

$$顶点数 - 边数 + 面数 = 2$$

证 对边数进行归纳。

当 $m=0$ 时，这个图只有一个顶点没有边，因此，$n=1$，$m=0$，$k=1$，欧拉公式成立。

当 $m=1$ 时，有两种情况：

(1) 这条边是自回路，此时 $n=1$，$m=1$，$k=2$。

(2) 这条边不是自回路，此时 $n=2$，$m=1$，$k=1$。

显然，这两种情况，欧拉公式都成立。

设 $m=p-1(p\geqslant2)$ 时欧拉公式成立，现证明 $m=p$ 时欧拉公式也成立。

我们从 p 条边的图 G 中用以下三种方法之一随意地删去一条边 e（参看图 8.6‐5）：

(1) 如果图有次数为 1 的顶点 v，则删去顶点 v 及其关联边 e。

(2) 如果图有自回路，则删去一条自回路 e。

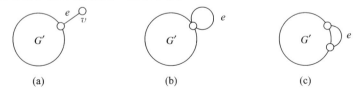

图 8.6‐5

（3）如果图有简单回路，则删去回路上的一条边 e。

这三种方法之一总是可以实现的，于是，删去一条边后，可以得到一个具有 $p-1$ 条边的连通平面图 G'，设 G' 有 k 个面，n 个顶点，于是根据归纳假设有 $n-(p-1)+k=2$。

现在加回删去的边 e，又得原来的图 G。根据删去的方法不同，加回 e 后，边数、面数和顶点数变化情况如下：

情况 1：此时增加一条边 e，又增加一顶点 v，面数不变，在这种情况下，

$$顶点数-边数+面数=(n+1)-p+k=n-(p-1)+k=2$$

情况 2：此时增加一条边 e，又增加一个面，顶点数不变。在这种情况下，

$$顶点数-边数+面数=n-p+k+1=n-(p-1)+k=2$$

情况 3：与情况 2 相同。

可见不论哪种情况，欧拉公式都成立。证毕。

由于一个凸多面体可以看做一个连通的平面图，所以这里证明的欧拉公式已包含了凸多面体的欧拉公式。

定理 8.6 - 2 在 $n \geqslant 3$ 的任何连通平面简单 (n,m) 图中，有 $m \leqslant 3n-6$ 成立。

证 因为图是简单的，所以，每个面用 3 条或更多条边围成。因此，边数大于或等于 $3k$（k 是面数，这里边数包含重复计算的）。另一方面，因为一条边在至多两个面的边界中，所以各个面总边数小于 $2m$。因此

$$2m \geqslant 3k$$

或

$$\frac{2}{3}m \geqslant k$$

根据欧拉公式，我们有

$$n - m + \frac{2}{3}m \geqslant 2$$

所以

$$3n - 6 \geqslant m$$

本定理对 $n \geqslant 3$ 非连通平面简单图也成立。因为对每一分图此公式成立，所以，对整个图更成立。

推论 8.6 - 2 K_5 是非平面图。

证 $n=5$，$m=10$，结果 $3n-6 \geqslant m$ 不成立。所以，图 8.6 - 6 不是平面图。

定理 8.6 - 3 每个面用四条边或更多条边围成的任何连通平面图中，$2n-4 \geqslant m$ 成立。

证 证明是类似的，先求出

$$\frac{1}{2}m \geqslant k$$

然后代入欧拉公式得

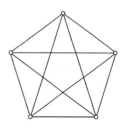

图 8.6 - 6

$$n - m + \frac{1}{2}m \geqslant 2$$

所以

$$2n - 4 \geqslant m$$

推论 8.6 - 3 $K_{3,3}$ 不是平面图。

证 $n=6$，$m=9$，结果 $2n-4 \geqslant m$ 不成立。所以图 8.6 - 7 不是平面图。

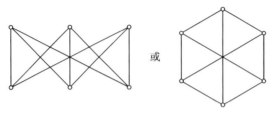

图   8.6 - 7

8.6.3   库拉托夫斯基(Kuratowski)定理

定义 8.6 - 2 K_5 和 $K_{3,3}$ 称为库拉托夫斯基图。

定义 8.6 - 3   两个图 G_1 和 G_2 称为在 **2 度顶点内同构的**(或称同胚)，如果它们是同构的，或者通过反复插入和(或)除去 2 度顶点，它们能变换成同构的图。

图 8.6 - 8(a)和(b)分别表示插入和删去一个 2 度顶点。图 8.6 - 8(c)中的两个图是在 2 度顶点内同构的。

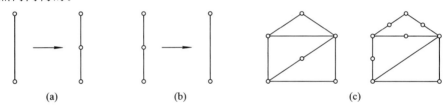

(a)   (b)   (c)

图   8.6 - 8

定理 8.6 - 4(库拉托夫斯基定理)   一个图是平面图，当且仅当它不包含任何在 2 度顶点内和库拉托夫斯基图同构的子图。

定理的必要性部分是显然的，但要证明充分性却很繁琐，我们就不证了。

8.6.4   对偶图

将平面图 G 嵌入平面后，通过以下步骤(简称 **D 过程**)：

(1) 在图 G 的每个面 D_i 的内部作一顶点且仅作一顶点 v_i^*；

(2) 经过每两个面 D_i 和 D_j 的每一共同边界 e_k 作一条边 $e_k^* = (v_i^*, v_j^*)$ 与 e_k 相交；

(3) 当且仅当 e_k 只是面 D_i 的边界时，v_i^* 恰存在一自回路与 e_k 相交。

所得的图称为图 G 的**对偶图**，记为 G^*。

图 8.6 - 9 中，虚线构成的图是实线构成的图的对偶图。

一个图 G 可以用不同方法嵌入平面，例如 $G = \langle \{a,b,c,d,e,f\}, \{(a,b),(a,c),(b,c),(b,d),(b,f),(c,f),(c,e),(d,f),(d,e),(e,f)\} \rangle$ 时，如图 8.6 - 9 的(b)和(c)所示。(b)中的对偶图有 5 度顶点，(c)中的对偶图却没有。可见一个图的对偶图不是唯一的。只有 G 是连通的，G 的平面嵌入确定以后，若由 G 通过 D 过程得出 G^*，则由 G^* 也可通过 D 过程得出 G。

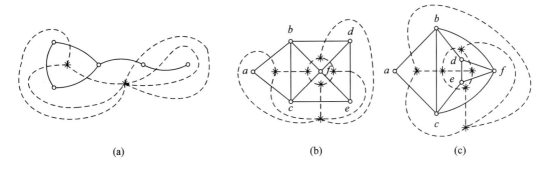

(a)　　　　　　　　(b)　　　　　　　　(c)

图　8.6 - 9

容易看出：图 G 的基本回路对应于对偶图 G^* 的割集；图 G 的割集对应于 G^* 的基本回路；反之亦然。且对应的割集和回路所含的边数相同。例如图 8.6 - 10 的 G 中，e_1,e_2,e_3,e_4 构成一基本回路，则在 G^* 中，e_1',e_2',e_3',e_4' 构成一割集。这是对偶图的一个重要性质。现在我们应用这一性质，再次证明 $K_{3,3}$、K_5 是非平面图。

例 8.6 - 1　证明 $K_{3,3}$ 是非平面图。

如果 $K_{3,3}$ 是平面图，则存在对偶图 $K_{3,3}^*$，由表 8.6 - 1 左侧 $K_{3,3}$ 的情况可推出右侧 $K_{3,3}^*$ 的情况。

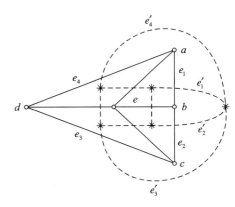

图　8.6 - 10

表 8.6 - 1

$K_{3,3}$	$K_{3,3}^*$	
9 条边	9 条边	(1)
不含 2 条边的割集	没有互相平行的边	(2)
含有 5 条边的割集	含有 5 条边的基本回路	(3)
基本回路含 4 或 6 条边	只有 4 条边和 6 条边组成的割集，因而顶点的度数至少是 4	(4)

由表 8.6 - 1 中的(3)和(2)知，长度为 5 的回路必有图 8.6 - 11 形式，否则将出现平行边而与(2)矛盾。所以，$K_{3,3}^*$ 至少有 5 个顶点，又根据(4)知每个顶点至少是 4 度，所以至少有

$$\frac{1}{2}(5 \times 4) = 10$$

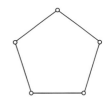

图　8.6 - 11

条边。但由(1)知只能有 9 条边，这就得出矛盾。所以，$K_{3,3}$ 是非平面图。

可用类似方法证明 K_5 是非平面图，请读者自证。

8.6.5　图的着色

本节讨论无向简单图的着色问题，"图 G"一词都要理解为无向简单图。

定义 8.6-4 给图 G 的每个顶点着色，使得没有两个相邻顶点着上相同的颜色，这种着色称为图的**正常着色**。一个图 G 的顶点可用 k 种颜色正常着色称 G 为 **k-可着色的**。使 G 是 k-可着色的最小值 k 称为 G 的**色数**，记为 $\chi_0(G)$。$\chi_0(G)=k$ 时，称 G 是 **k 色的**。

容易看出，完全图 K_n 的 $\chi_0(K_n)=n$；长度为偶数 n 的基本回路 C_n 的 $\chi_0(C_n)=2$；长度为奇数 n 的基本回路 C_n 的 $\chi_0(C_n)=3$；二部图 G 的 $\chi_0(G)=2$；G 是零图时，$\chi_0(G)=1$。但对于 $n \geqslant 3$ 的 n 色图的特征至今仍不清楚。

定理 8.6-5 $\chi_0(G) \leqslant 1+\Delta(G)$。

证 仅对连通图作证明，否则可对每个连通分图进行证明。对 G 的顶点数作归纳。

$n=2$ 时，只有一条边 $\Delta(G)=1$，$\chi_0(G)=2$，定理成立。设 $n-1(n \geqslant 3)$ 时定理成立。现设 G 有 n 个顶点，删去 G 的任一顶点 v，得到图 G'。$\Delta(G')$ 最大是 $\Delta(G)$，根据归纳假设，$\chi_0(G') \leqslant 1+\Delta(G)$。加回顶点 v，$\deg(v) \leqslant \Delta(G)$，$v$ 的邻接点只需 $\Delta(G)$ 种颜色，于是可给 v 着上第 $1+\Delta(G)$ 种颜色，即 G 是 $\Delta(G)+1$-可着色的。证毕。

1941 年，布鲁克斯(Brooks)已经证明色数达到上界 $1+\Delta(G)$ 的实际上只有三类图：完全图 K_n、奇长度的基本回路 C_n 和零图。其它图 G 的 $\chi_0(G) \leqslant \Delta(G)$。

定义 8.6-5 给图 G 的每条边着色，使得没有两条相邻的边着上相同的颜色，这种着色称为图的**正常边着色**。一个图 G 的边可用 k 种颜色正常边着色，称为 **k-可边着色的**。使 G 是 k-可边着色的最小值 k 称为 G 的**边色数**，记为 $\chi_1(G)$。$\chi_1(G)=k$ 时，称 G 是 **k 边色的**。

1964 年，维津(Vizing)给出以下定理。

定理 8.6-6 $\Delta(G) \leqslant \chi_1(G) \leqslant \Delta(G)+1$。

该定理不证，而 $\Delta(G) \leqslant \chi_1(G)$ 成立是明显的。另外也不加证明地列出以下事实：奇数长的基本回路 C_n 的 $\chi_1(C_n)=3$，偶数长的基本回路 C_n 的 $\chi_1(C_n)=2$。二部图 G 的 $\chi_1(G)=\Delta(G)$。n 为奇数时，完全图 K_n 的 $\chi_1(K_n)=n$；n 为偶数时，完全图 K_n 的 $\chi_1(K_n)=n-1$。

例 8.6-2 有些物品不能和另一种物品放在一起，例如引爆药和炸药。现有 A、B、C、D、E、F 六种物品，已知 A、B；A、C；A、D；B、C；C、D；C、F；D、E；E、F 不能放在一起。为了安全需要几间库房放置这六种物品？

解 此类问题可抽象为图的顶点着色问题。顶点代表物品，两物品 X、Y 不能放在一起，则 X、Y 间有一条边。根据题意可得出图 8.6-12。设颜色集为 $\{1, 2, 3, \cdots\}$，可如图那样着色，色数是 3，所以需要 3 间库房。

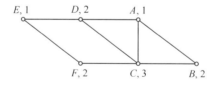

图 8.6-12

例 8.6-3 课表问题。某半日制学校，有 4 位教师 x_1、x_2、x_3、x_4 和五个班 y_1、y_2、y_3、y_4、y_5。一个课时是 50 分钟，上午只有 4 个课时。一个课时中一个老师只能为一个班上课，一个课时中一个班也只允许一个老师来上课。已知老师每天担负的各班课时数如表 8.6-2 所示，请给他们安排一张课表。

表 8.6 - 2

教师＼课时数＼班	y_1	y_2	y_3	y_4	y_5
x_1	1	1	1	0	1
x_2	1	1	1	1	0
x_3	0	1	1	1	1
x_4	2	0	0	1	1

解　这个问题可把它抽象成二部图边着色问题。图 8.6 - 13 是着色的结果，其中----表示安排在第一课时，〰〰、——、━━分别表示安排在第二、三、四课时，根据这个边着色图得出课表如表 8.6 - 3 所示。

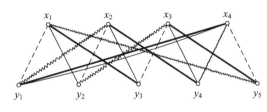

图　8.6 - 13

表 8.6 - 3

教师＼班＼课时	一	二	三	四
x_1	y_1	y_5	y_2	y_3
x_2	y_2	y_1	y_3	y_4
x_3	y_3	y_2	y_4	y_5
x_4	y_5	y_4	y_1	y_1

课表问题中容易出现多重图，虽然本小节限于讨论简单图，但概念仍可应用到多重图。唯有维津定理要改为

$$\Delta(G) \leqslant \chi_1(G) \leqslant \Delta(G) + \mu(G)$$

这里 $\mu(G)$ 是图 G 中边的最大重数。例如图 8.6 - 14 就需要 $\Delta(G) + \mu(G) = 4 + 2 = 6$ 种颜色才能正常边着色。

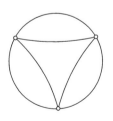

图　8.6 - 14

8.6.6　五色问题

1852 年，英国一个名叫盖思里(Guthrie)的青年提出地图四色问题。在画地图时，如果规定一条边界分开的两个区域涂不同颜色，那么任何地图能够只用 4 种颜色涂色。这个问题成为数学难题，一百多年来，许多人的证明都失败了。直至 1976 年 6 月，美国伊利诺斯

大学两位教授阿佩尔(Appel)和海肯(Haken)利用电子计算机计算了 1200 h，证明了四色问题。这件事曾轰动一时。但是用"通常"证明方法来解决四色问题，至今仍未解决。

利用对偶图，可把地图着色问题转化为顶点着色问题。仅用 4 种颜色给平面图正常着色，上面已指出用"通常"方法至今仍未解决，但用 5 种颜色给平面图正常着色却是可以证明的。

不失一般性，不妨设平面图 G 是连通的简单图。

引理 在平面连通的简单图中至少有一个顶点 v_0，其次数 $d(v_0) \leqslant 5$。

证 用反证法。设所有顶点的次数不小于 6。因为图是简单的平面图，所以公式

$$3n - 6 \geqslant m$$

成立，即

$$6n - 12 \geqslant 2m = \sum_{i=1}^{n} d_i \geqslant 6n$$

但这是不可能的。因此，至少有一个顶点，其次数 $d(v_0) \leqslant 5$。

定理 8.6 - 7 用 5 种颜色可以给任一平面简单连通图 $G = \langle V, E \rangle$ 正常着色。

证 对图的顶点数作归纳。

当 $n \leqslant 5$ 时，显然成立。假设 $n-1$ 个顶点时成立，现证明 n 个顶点时也成立。

由引理知图 G 至少存在一顶点 v_0，其次数 $d(v_0) \leqslant 5$。在图 G 中删去 v_0 得图 $G - \{v_0\}$，由归纳假设知该图可用 5 种颜色正常着色。然后将 v_0 又加回去，有两种可能：

(1) $d(v_0) < 5$ 或 $d(v_0) = 5$ 但和 v_0 邻接的 5 点着的颜色数小于 5。则 v_0 极易着色，只要选与四周顶点不同的颜色着色即可。

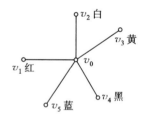

(2) $d(v_0) = 5$ 且和 v_0 邻接的 5 点着的是 5 种颜色，如图 8.6 - 15 所示，我们称图 $G - \{v_0\}$ 中所有红黄色顶点为红黄集，称图 $G - \{v_0\}$ 中所有黑白色顶点为黑白集。于是又有两种可能。

① v_1 和 v_3 属于红黄集导出子图的两个不同分图中，如图 8.6 - 16 所示。将 v_1 所在分图的红黄色对调，并不影响图 $G - \{v_0\}$ 的正常着色。然后将 v_0 着上红色，即得图 G 的正常着色。

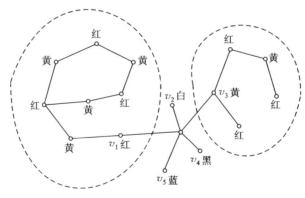

图 8.6 - 16

② v_1 和 v_3 属于红黄集导出子图的同一分图中，则 v_1 和 v_3 之间必有一条顶点属于红黄集的路径 P，它加上 v_0 可构成回路 C：(v_0,v_1,P,v_3,v_0)，如图 8.6－17 所示。由于 C 的存在，将黑白集分为两个子集，一个在 C 内，另一个在 C 外，于是黑白集的导出子图至少有两个分图，一在 C 内，一在 C 外。于是问题转化为①的类型，对黑白集按①的办法处理，即得图 G 的正常着色。证毕。

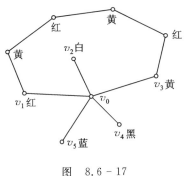

图　8.6－17

习　　题

1. 若 G 是无向平面 (n,m) 图，有 ω 个分图，证明 $n-m+k=\omega+1$，k 是面的个数。

2. 证明在 $n \geqslant 3$ 的平面简单图中，有 $k \leqslant 2n-4$。这里 n 是图的顶点数，k 是面数。

3. 证明若 G 是每个区域至少由 $k(k \geqslant 3)$ 条边围成的连通平面图，则 $m \leqslant \dfrac{k(n-2)}{k-2}$。这里 n、m 分别是图 G 的顶点数和边数。

4. 证明小于 30 条边的平面简单图有一个顶点的次数 $\leqslant 4$。

5. 证明在有 6 个顶点、12 条边的连通平面简单图中，每个区域用 3 条边围成。

6. 设 G 是有 11 个顶点或更多顶点组成的无向简单图，证明 G 或其补 $\overline{G}$ 是非平面图。

7. 证明图 8.6－18 所示的图是非平面图。

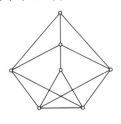

图　8.6－18

8. 试作出图 8.6－19 中两个图的对偶图。

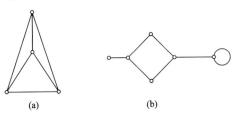

(a)　　　　　　　　(b)

图　8.6－19

9. 能对 K_5 利用 D 过程作出它的对偶图吗？有什么困难？

10. G 是由两个连通分图构成的平面图，对 G 使用 D 过程得出 G^*，再对 G^* 使用 D 过程能得出 G 吗？为什么？

11. 若将平面分为 k 个面，使每两个面都相邻，问 k 最大是多少。

12. 如果平面图 G 的对偶图 G^* 同构于 G，则称 G 为**自对偶图**。试给出一个自对偶图。

13. 试证明，如果一个 (n,m) 图是自对偶图，则 $m=2(n-1)$。

14. 应用 8.5.4 小节例 8.5-1 的类似方法证明 K_5 是非平面图。

15. 试用 3 种颜色，给图 8.6-20 所示的图着色，使两个邻接的面不会有同样的颜色。

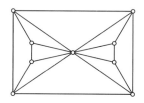

图 8.6-20

16. 给图 8.6-21 所示的 3 个图的顶点正常着色，问每个图至少需要几种颜色。

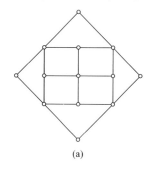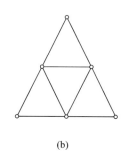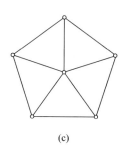

(a)   (b)   (c)

图 8.6-21

17. 证明一个无向图能被两种颜色正常着色，当且仅当它不含长度为奇数的回路。

18. 请给出一个用 $\Delta(G)$ 种颜色给二部图边着色的算法。有了此算法，实际上也证明了在二部图中 $\chi_1(G)=\Delta(G)$。（提示：① 逐点边着色。② 利用二部图特点解决**冲突**。所谓冲突是指在顶点 u 处给边 (u,v) 着色时，若发现只能用颜色 c_i 着色，但关联于 v 的边中已有一边着 c_i 色，则称在顶点 v 发生了冲突。）

19. 由任意有限条直线划分平面，试证所得的图可以 2-面着色。（注：用圆代替直线命题仍成立。）

*20. 证明当 n 是奇数时，$\chi_1(K_n)=n$，当 n 是偶数时，$\chi_1(K_n)=n-1$。

8.7 树

8.7.1 无向树

定义 8.7-1 连通而无简单回路的无向图称为**无向树**，简称树。树中次数为 1 的顶点称为**树叶**。次数大于 1 的顶点称为**分枝点**或**内部结点**。

定义 8.7 - 2 一个无向图的诸连通分图均是树时，称该无向图为**森林**，树是森林。

例如图 8.7 - 1(a)、(b)所示的都是树，(c)所示的是森林。

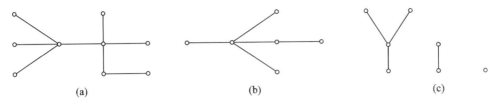

图 8.7 - 1

定理 8.7 - 1 无向图 T 是树，当且仅当下列 5 条之一成立。(或者说，这 5 条的任一条都可作为树的定义。)

(1) 无简单回路且 $m = n - 1$。这里 m 是边数，n 是顶点数，下同。

(2) 连通且 $m = n - 1$。

(3) 无简单回路，但增加任一新边，得到且仅得到一条基本回路。

(4) 连通，但删去任一边，图便不连通($n \geq 2$)。

(5) 每一对顶点间有唯一的一条基本路径($n \geq 2$)。

证 ① 证明由树的定义可推出第(1)条。

对 n 作归纳。

$n = 1$ 时，$m = 0$，显然 $m = n - 1$。

假设 $n = k$ 时命题成立，现证明 $n = k + 1$ 时也成立。

由于树是连通的而无简单回路，因此至少有一个次数为 1 的顶点 v，在 T 中删去 v 及其关联边，便得到 k 个顶点的连通无简单回路图。由归纳假设它有 $k - 1$ 条边。再将顶点 v 及其关联边加回得到原图 T，所以 T 中含有 $k + 1$ 个顶点和 k 条边，符合公式 $m = n - 1$。

所以树是无简单回路且 $m = n - 1$ 的图。

② 证明由第(1)条可推出第(2)条。

用反证法。若图不连通，设 T 有 k 个连通分图($k \geq 2$)$T_1, T_2, \cdots, T_k$，其顶点数分别是 $n_1, n_2, \cdots, n_k$，边数分别为 $m_1, m_2, \cdots, m_k$，且 $\sum_{i=1}^{k} n_i = n$，$\sum_{i=1}^{k} m_i = m$。于是

$$m = \sum_{i=1}^{k} m_i = \sum_{i=1}^{k} (n_i - 1) = n - k < n - 1$$

得出矛盾。所以 T 是连通且 $m = n - 1$ 的图。

③ 证明由第(2)条可推出第(3)条。

首先证明 T 无简单回路。对 n 作归纳证明。

$n = 1$ 时，$m = n - 1 = 0$，显然无简单回路。

假设顶点数为 $n - 1$ 时无简单回路，今考察顶点数是 n 的情况。此时至少有一个顶点 v，其次数 $d(v) = 1$。因为若 n 个顶点的次数都大于等于 2，则 T 不少于 n 条边，但这与 $m = n - 1$ 矛盾。我们删去 v 及其关联边得到新图 T'，根据归纳假设 T' 无简单回路，再加回 v 及其关联边又得到图 T，则 T 也无简单回路。

其次证明增加任一新边(v_i, v_j)，得到一个且仅一个基本回路。

由于图是连通的，从 v_i 到 v_j 有一条通路，再增加(v_i, v_j)，就构成一条简单回路。此回

路若不是唯一和基本的，则删去此新边，T 中必有简单回路。得出矛盾。

④ 证明由第(3)条可推出第(4)条。

若图不连通，则存在两个顶点 v_i 和 v_j，在 v_i 和 v_j 之间没有路，若加边 (v_i, v_j) 不会产生简单回路，但这与假设矛盾。

由于 T 无简单回路，因此删去任一边，图便不连通。

⑤ 证明由第(4)条可推出第(5)条。

由连通性知，任两点间有一条路径，于是有一条基本路径。若此基本路径不唯一，则 T 中含有简单回路，删去此回路上任一边，图仍连通，这与假设不符，所以通路是唯一的。

⑥ 证明由第(5)条可推出树的定义。

显然连通。若有简单回路，则回路上任两点间有两条基本路径，此与基本路径的唯一性矛盾。证毕。

由于定理 8.7-1 的(3)和(4)，树也分别称为"最大无回路图"和"最小连通图"。

定理 8.7-2 任一树 T 中，至少有两片树叶($n \geqslant 2$ 时)。

证 若 T 中每个顶点的次数大于等于 2，则 $\sum \deg(v_i) \geqslant 2n$。若 T 中只有一个顶点次数为 1，其它顶点次数大于等于 2，则

$$\sum \deg(v_i) \geqslant 2(n-1) + 1 = 2n - 1$$

这些都与 $\sum \deg(v_i) = 2(n-1)$ 矛盾。所以，T 中至少有两个顶点次数为 1。证毕。

8.7.2 生成树

定义 8.7-3 给定一个无向图 G，若 G 的一个生成子图 T 是树，则称 T 为 G 的**生成树**或**支撑树**。

图 G 的生成树不是唯一的，如图 8.7-2 所示，右侧两个图都是左侧图 G 的生成树。

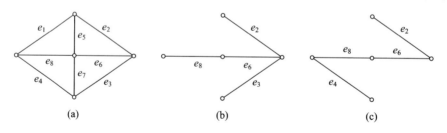

图 8.7-2

在连通无向图 G 中寻找一个生成树是很简单的。若 G 没有简单回路，则 G 本身就是生成树。若 G 仅有一个简单回路，从此简单回路中删去一条边，仍保持图的连通性，即得一棵生成树。若 G 有多个简单回路，则逐个地对每个回路重复上述过程，直至得到一棵生成树为止。因此有下述定理。

定理 8.7-3 任何连通无向图至少有一棵生成树。

生成树 T 中的边称为**树枝**，不在生成树 T 中但属于图 G 的边，称为树 T 的**弦**。弦的集合称为树 T 的**补**。若图 8.7-2(a)的生成树取为(b)图，则 e_2, e_6, e_8, e_3 是树枝，e_1, e_5, e_7, e_4 都是弦，$\{e_1, e_5, e_7, e_4\}$ 是该生成树的补。

设连通图 G 有 n 个顶点、m 条边，则 G 的任一生成树有 $n-1$ 条树枝、$m-n+1$ 条弦。

对图 G 给定生成树 T 后，根据定理 8.7-1 的第(3)条，每加一条弦，则得一个基本回路。例如在图 8.7-2 中，若树的边集是 $\{e_2, e_3, e_6, e_8\}$，则

加弦 e_1，得基本回路 $\{e_1, e_2, e_6, e_8\}$。

加弦 e_5，得基本回路 $\{e_5, e_2, e_6\}$。

加弦 e_7，得基本回路 $\{e_7, e_6, e_3\}$。

加弦 e_4，得基本回路 $\{e_4, e_8, e_6, e_3\}$。

因为有 $m-n+1$ 条弦，一般地可得 $m-n+1$ 个基本回路，此 $m-n+1$ 个基本回路称为图 G 的关于生成树 T 的**基本回路系统**。

从树 T 中删去一条枝，将 T 分为两棵树，G 的顶点集划分为两个子集，连结这两个子集的边集就是对应于这条枝的割集，称为对应于这条边的**基本割集**。例如在图 8.7-2 中，若树枝集是 $\{e_2, e_3, e_6, e_8\}$，则

对应于树枝 e_2 的基本割集是 $\{e_2, e_1, e_5\}$。

对应于树枝 e_6 的基本割集是 $\{e_1, e_5, e_6, e_7, e_4\}$。

对应于树枝 e_8 的基本割集是 $\{e_1, e_8, e_4\}$。

对应于树枝 e_3 的基本割集是 $\{e_3, e_7, e_4\}$。

注意基本割集中，仅有一条边是树枝。

因为有 $n-1$ 条枝，一般地可得 $n-1$ 个基本割集，称为图 G 的关于生成树 T 的**基本割集系统**。

现在我们讨论一个连通无向图 G 中，简单回路和割集的一些性质。

定理 8.7-4 一条简单回路和任何生成树的补至少有一条共同边。

证 若有一条简单回路和一棵生成树的补没有共同边，那么这简单回路包含在生成树中。然而这是不可能的。因为一棵树不包含简单回路，证毕。

定理 8.7-5 一个割集和任何生成树至少有一条共同边。

证 若有一割集和一棵生成树没有共同边，那么删去这个割集后留下一棵完整的生成树。然而这意味着删去一个割集后，不能将图分离成两个分图，这与割集的定义相矛盾。证毕。

定理 8.7-6 任一个简单回路和任一个割集有偶数(包括 0)条共同边。

证 设 D 是图 G 中的一个割集，删去 D 后得两个顶点子集 V_1 和 V_2，现在考察任一条简单回路 C。

(1) 如果 C 的所有顶点均在 V_1(或 V_2)中，则 C 与 D 没有公共边，定理得证。

(2) 如果 C 的一部分顶点在 V_1 中，一部分在 V_2 中，则从 V_1 中 C 的任一顶点出发，沿着 C 往返于 V_1 和 V_2 间，因 C 是简单回路，最后必然要回到出发点，这样，C 中必然含有偶数条 D 中的边，如图 8.7-3 所示。证毕。

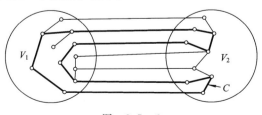

图　8.7-3

下面我们研究图 G 中关于给定生成树 T 的基本回路系统和基本割集系统间的关系。

定理 8.7 - 7 设 $D = \{e_1, e_2, e_3, \cdots, e_k\}$ 是一个基本割集，其中 e_1 是树枝，$e_2, e_3, \cdots, e_k$ 是生成树的弦，则 e_1 包含在对应于 $e_i(i = 2, 3, \cdots, k)$ 的基本回路中，而不包含在任何其它的基本回路中。

证明之前，我们先举一例，以加深对定理的理解。如图 8.7 - 4 所示，生成树是 $\{a, b, e, h, i\}$，其中一枝为 e，包含 e 的割集为 $\{e, d, f\}$，则由弦 d 决定的基本回路 $\{a, b, e, d\}$ 和由弦 f 决定的基本回路 $\{e, h, i, f\}$ 都含有 e，而其余两个基本回路都不含 e。

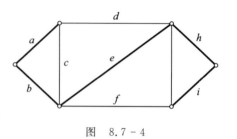

图 8.7 - 4

证 设 C 是对应于弦 e_2 的基本回路，因为 C 和 D 有偶数条共同边，e_2 是一条共同边，于是 e_1 也必然在 C 中（因为 D 中唯有 e_1 是树枝）。在对应于弦 $e_3, \cdots, e_k$ 的基本回路中的证明是类似的。

设 C' 是对应于任何不在 D 中的弦的基本回路，则 C' 不能包含 e_1，否则 C' 和 D 将有唯一的一条共同边 e_1，而与定理 8.7 - 6 矛盾。证毕。

定理 8.7 - 8 对给定的一棵生成树，设 $C = \{e_1, e_2, \cdots, e_k\}$ 是一条基本回路，其中 e_1 是弦，$e_2, \cdots, e_k$ 是生成树的枝，则 e_1 包含在对应于 $e_i(i = 2, \cdots, k)$ 的基本割集中，而不包含在任何其它的基本割集中。

此定理是上一定理的对偶形式，证明留作练习。

8.7.3 最小生成树

设图 $G = \langle V, E, W \rangle$ 是赋权连通简单无向图，W 是 E 到非负实数的函数，边 (i, j) 的权记为 $W(i, j)$。若 T 是 G 的生成树，T 中树枝的权之和称为 T 的权，记为 $W(T) = \sum_{(i,j) \in T} W(i, j)$。所有生成树中具有最小权的生成树称为**最小生成树**。

求最小生成树是下列一类实际问题的数学抽象："为了把若干城市连结起来，要求设计最短通信线路"，"为了解决若干居民点供水，要求设计最短的自来水管线路"。本小节将介绍在给定的一个赋权连通图中寻求最小生成树的有效算法。

定理 8.7 - 9 设 G 是边权全不相同的连通简单图，C 是一条简单回路，则 C 上权最大的边 e 必定不在 G 的最小生成树中。

证 用反证法。设 e 在最小生成树 T 中，包含 e 的基本割集为 D。C 和 D 有偶数条共同边，其中一条为 e，另一条为弦 f，将边 f 加到 T 上，得到一生成子图，记为 H，它恰包含一条基本回路，记为 C_f。根据定理 8.7 - 7，e 也含在基本回路 C_f 中。于是从 H 中删去边 e，便可以得到一棵新的生成树，它的权小于 T 的权，与 T 是最小生成树矛盾。证毕。

在这个定理的基础上，建立了克鲁斯克尔(Kruskal)算法：

设 G 有 n 个顶点，m 条边，先将 G 中所有的边按权的大小进行排列，不妨设

$$W(e_1) < W(e_2) < \cdots < W(e_m)$$

(1) $k \leftarrow 1$，$A \leftarrow \varnothing$。

(2) 若 $A \cup \{e_k\}$ 导出的子图中不包含简单回路，则 $A \leftarrow A \cup \{e_k\}$。

(3) 若 A 中已有 $n-1$ 条边，则算法终止，否则 $k \leftarrow k+1$，转至(2)。

以上算法是正确的，理由如下：

(1) 由边集 A 所导出的子图 T 是图 G 的生成树。

因为根据算法而得到的子图 T 是在 n 个顶点上有 $n-1$ 条边且无简单回路的图。根据定理 8.7-1 第(1)条知，它是树，另外 T 包含了图 G 的全部顶点，所以 T 是 G 的生成树。

(2) T 是最小生成树。用反证法。假设 T' 是最小生成树而 T 不是，则存在一条边 $e_i \in T'$，但 $e_i \notin T$，将 e_i 加到 T 得到一基本回路 C，由上述算法知，e_i 是 C 中的权最大的边，否则不会排除出 T，但根据定理 8.7-9 知，C 中权最大的边 e_i 不应在最小生成树 T' 中，这与 $e_i \in T'$ 矛盾。所以 T 是最小生成树。

图 8.7-5 给出了求最小生成树的例子，要注意带权 4 和 7 的边是怎样在一步一步作图的过程中被排除掉的。

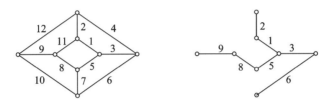

图 8.7-5

以上算法中假设 G 中的边权全不相同，实际上，这种算法完全适用于边权任意情况。只是所求得之最小生成树不唯一。

习 题

1. 描述所有恰好有两片树叶的树的特征。

2. 一棵树有两个顶点的度数为 2，一个顶点的度数为 3，三个顶点的度数为 4，问它有几个度数为 1 的顶点。

3. 一棵树有 n_2 个顶点度数为 2，n_3 个顶点度数为 3，……，n_k 个顶点度数为 k，问它有几个度数为 1 的顶点。

4. (1) 证明有 n 个顶点的树，其顶点度数之和为 $2n-2$。

(2) 设 $d_1, d_2, \cdots, d_n$ 是 n 个正整数，$n \geqslant 2$，且 $\sum_{i=1}^{n} d_i = 2n-2$。证明存在一棵顶点度数为 $d_1, d_2, \cdots, d_n$ 的树。

5. 试证明连通无向图 G 的任何非自回路的边，都是 G 的某一个生成树的边。

6. 证明或否定断言：连通无向图 G 的任何边，是 G 的某一棵生成树的弦。

7. 证明生成树的补不包含割集，而且割集的补不包含生成树。

8. 证明定理 8.7-8。

9. 设 L 是图 G 中的基本回路，a 和 b 是 L 中的任意两条边，证明存在一个割集 C，使 $L \bigcap C = \{a, b\}$。

*10. 设 T_1 和 T_2 是连通图 G 的两棵生成树，a 是在 T_1 但不在 T_2 中的一条边。证明存在一条在 T_2 但不在 T_1 中的边 b，使 $(T_1-\{a\}) \bigcup \{b\}$ 和 $(T_2-\{b\}) \bigcup \{a\}$ 都是 G 的生成树。

11. 对图 8.7-6 所示的图，确定其最小生成树。

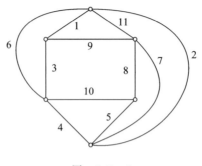

图 8.7-6

12. 证明树是二部图。

8.8 有 向 树

8.8.1 有向树的定义和性质

定义 8.8-1 **有向树**是结点集合非空的，并符合以下三条的有向图。

(1) 有且仅有一个结点叫**树根**，它的引入次数是 0。

(2) 除树根外每一结点的引入次数是 1。

(3) 树的每一结点 a，都有从树根到 a 的一条有向路径。

有向树亦称**根树**，通常采用根在顶上，所有弧向下，弧的箭头略去的图表示。

例 8.8-1 (1) 图 8.8-1 中的有向图都是有向树，每棵树的根都是结点 a。

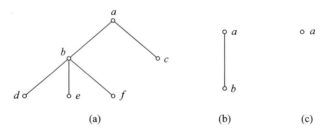

图 8.8-1

(2) 图 8.8-2 中的有向图不是树。图(a)有两个结点引入次数是 0，图(b)有一个结点引入次数是 2，图(c)没有一个结点引入次数是 0。

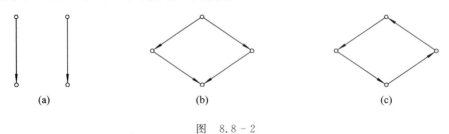

图 8.8-2

定义 8.8‑2 设 a 和 b 是有向树 T 的结点，如果有一弧从 a 到 b，那么说 a 是 b 的**父亲**，而 b 是 a 的**儿子**。如果从结点 a 到结点 b 有一有向路径，那么说 a 是 b 的**祖先**，而 b 是 a 的**后裔**；如果 $a \neq b$，那么 a 是 b 的一个**真祖先**而 b 是 a 的一个**真后裔**。由结点 a 和它的所有后裔导出的子有向图叫做 T 的**子树**，a 叫子树的根。如果 a 不是 T 的根，那么子树是 T 的**真子树**。引出次数是 0 的结点叫树的**叶**；不是叶的结点叫做**内部结点**（或**分枝点**）。从树根 r 到一结点 a 的路径长度称为 a 的**路径长度**，亦称 a 的**层次**。树 T 中层次的最大值叫做树 T 的**高度**。

例 8.8‑2 考虑图 8.8‑3 中的树。

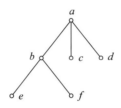

图 8.8‑3

根是 a，a 有 3 个儿子 b、c 和 d，结点 b 有两个儿子 e 和 f，结点 e 没有儿子。e 的父亲是 b，e 的真祖先是 a 和 b。树的叶是 c、d、e 和 f，a 和 b 是内部结点。树的高度是 2。具有结点集 $\{b,e,f\}$ 的子有向图是根为 b 的子树。由唯一结点 d 组成的子有向图是根为 d 且高度为 0 的子树。

定理 8.8‑1 设 T 是一棵有向树，根是 r，并设 a 是 T 的任一结点，那么从 r 到 a 有唯一的有向路径。

证 根据有向树的定义有一从 r 到 a 的有向路径，所以我们仅需证明其唯一性。

用反证法。若从根 r 到 a 有两条不同的路径，不妨设为
$$P_1 : (r = a_0, a_1, a_2, \cdots, a_n = a)$$
$$P_2 : (r = b_0, b_1, b_2, \cdots, b_m = a)$$
因为这是两端相同的两条有向路径，必有最后汇合点。

（1）若最后汇合点不在根 r 处，则存在一个非负整数 k，$0 \leqslant k < \min\{n, m\}$，使非负整数 $t \leqslant k$ 时，$a_{n-t} = b_{m-t}$ 而 $a_{n-k-1} \neq b_{m-k-1}$。此时汇合点 a_{n-k}（即 b_{m-k}）的引入次数是 2，与有向树定义矛盾（参看图 8.8‑4）。

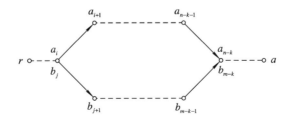

图 8.8‑4

（2）若最后汇合点在根 r 处，则 $i = \min\{n, m\}$ 时有 $a_{n-i} = b_{m-i}$ 而 $n \neq m$。此时根有非 0 的引入次数，又与有向树的定义矛盾。

所以不可能有两条不同的有向路径，唯一性得证。

推论 8.8-1 有向树中的每一有向路径是基本路径。

证 若非基本，则根到某些结点的路径将非唯一，这与定理 8.8-1 矛盾。

定理 8.8-2 有向树没有非零长度的任何回路。

证 用反证法。设存在一个回路 $C=(a_0,a_1,a_2,\cdots,a_k,a_0)$。首先我们指出，如果 C 的长度大于 1，则 C 上的相邻边方向是一致的，如图 8.8-5 所示。因为如果存在 $\langle a_{i-1},a_i\rangle$ 和 $\langle a_{i+1},a_i\rangle$ 形式的相邻边，则 a_i 的引入次数为 2，与树的定义不符。

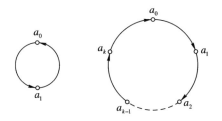

图 8.8-5

再者，由树的定义，从根 r 到结点 a_0 有一条有向路径，不妨设为 $(r,b_1,b_2,\cdots,b_n,a_0)$，由于 C 的所有相邻边的方向一致，所以 $(r,b_1,b_2,\cdots,b_n,C)$ 也是一条从 r 到 a_0 的有向路径，但这与定理 8.8-1 矛盾。这就证明了任何回路 C 不存在。

定理 8.8-3 有向树成立公式

$$m=n-1$$

这里 m 是边数，n 是结点数。

证 因为除根结点外，每一结点的引入次数为 1，也就是说，除根结点外，每一结点对应一条边，所以，$m=n-1$。证毕。

定理 8.8-4 有向树的子树是有向树。

证 设 S 是有向树 T 的子树，根据子树的定义，S 至少含有根结点，不妨设为 a。

(1) 树中不存在回路，所以 a 的真后裔不可能是 a 的真祖先。这样，S 中没有 a 的真祖先存在，因而在 S 中 a 的引入次数为 0。

(2) S 中 a 以外的结点都是 a 的后裔，所以，对有向图 T 来说，从 a 到其余结点都有一条有向路径 γ，显然 γ 所经过的结点都是 a 的后裔，全在 S 中，因而 γ 也在 S 中。所以，对子树 S 而言，从 a 到 S 中其余结点也都有一条有向路径。

(3) 因为对子树 S 而言从 a 到 S 中其余结点都有一条有向路径，所以其余结点的引入次数不少于 1，但 S 是 T 的子图，引入次数不能多于 1，于是其余结点的引入次数都是 1。

由以上各点得出子树是有向树。证毕。

由于本定理指出的事实，有向树可以递归地定义，在有向树中也可应用递归算法。有向树的递归定义请读者自己作出。

有向树 $T=\langle V,E\rangle$ 除用线图表示外，也常用括号表示，由于子树是树，有向树的括号表示可递归定义如下。

定义 8.8-3 有向树 T 的括号表示按以下规则得出：

(1) 如果 T 只有一个结点，则此结点就是它的括号表示。

(2) 如果 T 由根 r 和子树 $T_1,T_2,\cdots,T_n$ 组成，则 T 的括号表示是：根 r，左括号，T_1，

$T_2,\cdots,T_n$ 的括号表示(两子树间用逗号分开),右括号。

例 8.8-3 设 3 棵有向树如图 8.8-6 所示,则

图(a)的括号表示:$a[b[d,e,f],c]$。

图(b)的括号表示:a。

图(c)的括号表示:$k_1[k_2,k_3[k_5,k_6[k_7,k_8]],k_4]$。

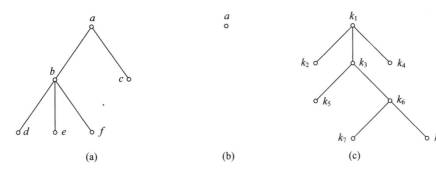

图 8.8-6

现在叙述几种获得广泛应用的树,这些树都有某些限制。在树 T 中,如果每一结点的儿子个数是 n 个或少于 n 个,那么此树叫 **n 元树**。如果每一结点或有 n 个儿子或没有儿子,那么此树叫 **完全 n 元树**(或叫**正则 n 元树**)。在许多应用中,从每一结点引出的边都必须给定一个次序,或者等价地给结点的每一儿子编号,称它们为某结点的第一、第二、…、第 n 个儿子。树中每一结点引出的边都规定次序的树叫**有序树**。一般自左至右地排列,左兄右弟。如果树中每一结点的儿子不仅给出次序,还明确它们的位置,那么这种树叫**位置树**。用得最多的是二元位置树,树中每一结点的儿子都被指明是它父亲的左儿子或右儿子。

例 8.8-4 考虑图 8.8-7 各树。

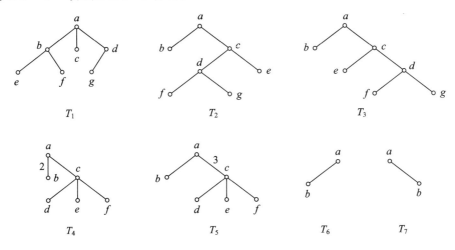

图 8.8-7

树 T_1 是三元树但不是完全三元树;T_2 是完全二元树。T_2 和 T_3 当作非有序树是相等的;当作有序树它们是不相等的,因为在 T_2 中,d 是 c 的第一个儿子,而在 T_3 中 d 是 c 的第二个儿子。T_4 和 T_5 作为有序树是相等的,作为位置树不相等,T_4 的 a 没有左儿子,b 是 a 的第 2 个儿子(记在相应边上),T_5 的 a 没有第二个儿子,c 是 a 的右(或第 3 个)儿子。

T_6 和 T_7 作为有序树是相等的，作为位置树不相等，在 T_6 中，b 是 a 的左儿子，在 T_7 中，b 是 a 的右儿子。

定义 8.8‑4 一个有向图，如果它的每个连通分图是有向树，则称该有向图为（**有向**）**森林**；在森林中，如果所有树都是有序树且给树指定了次序，则称此森林是**有序森林**。

对计算机来说二元位置树最容易处理，所以常把有序树或有序森林转化为二元位置树。下面我们通过例子说明有序树或有序森林用二元位置树表示的方法。

例 8.8‑5 （1）把有序树转化成二元位置树。方法参看图 8.8‑8。

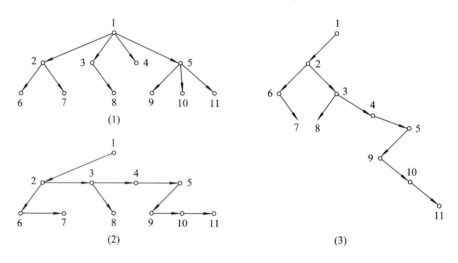

图 8.8‑8

（2）把有序森林转化成二元位置树。方法参看图 8.8‑9。

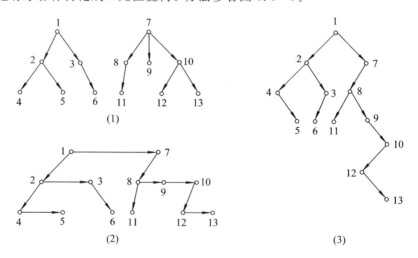

图 8.8‑9

容易看出，这个方法也是可逆的，即任一二元位置树也可转化为有序树或有序森林。有序森林和二元位置树一一对应。

树常用来表示离散结构的层次关系，如行政组织、家谱、分类等等，这些都是可以想象的，下面我们仅举一个用树表示算术表达式的例子。

例 8.8 - 6 算术表达式 $a-[b+(c/d+e/f)]$ 可用图 8.8 - 10 表达。注意所有运算对象都处于树叶位置，运算符处于分枝点位置，括号不表示，路径长度远的先算。

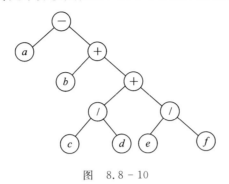

图　8.8 - 10

*8.8.2　前缀码和最优树

通信中，我们常用 5 位 0、1 序列表示一个英文字母（因为 $26<2^5$）。在接收端每收到 5 位 0、1 序列就可确定一个字母。但各字母被使用的次数是不均匀的，例如 e 和 t 用得频繁，q 和 z 用得稀少。于是人们希望用较短的序列去表示使用频繁的字母，用较长的序列去表示用得稀少的字母，这样就可缩短信息串的总长。但是这样产生了一个问题：当我们用不同长度的序列去表示字母时，在接收端的人如何将一长串的 0 和 1 明确无误地分割成字母对应的序列呢？譬如，我们用 00 表示 e，用 01 表示 t，用 0001 表示 q，那么当接收端收到信息串 0001 时，我们将不能决定传递的内容是 et 还是 q。现在让我们用完全二元树来解决这个编码问题。

在一棵完全二元树中，我们把每一结点的引出左枝记上 0，右枝记上 1，把从根到每一片树叶所经过的边的记号串作为这片叶子的标记。这些标记的集合称为**前缀码**，如图 8.8 - 11 中所示的 {000,001,01,10,11}，在这集合中，没有一个序列是另一序列的前缀。容易看出一个前缀码和一棵完全二元树是一一对应的。

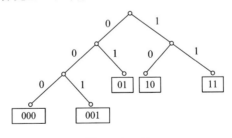

图　8.8 - 11

使用前缀码就可分辨出长短不一的序列，因为当我们接收到信息串时，可利用该前缀码对应的那棵完全二元树进行检测。方法如下：从树根开始，当接收的信息是 0，我们沿左边走；当接收的信息是 1，我们沿右边走。这样，朝下一直走到一片树叶时，前缀码中的一个序列就被检测到了。然后我们回到树根，重复上述过程，可寻找出下一个序列。该过程保证我们能准确地将接收到的信息串分割成前缀码中的序列。例如已知收到的信息串是 001011000011，是由图 8.8 - 11 所示的前缀码中的序列组成的，那么，我们就可分辨出它们是 001、01、10、000、11。

上面介绍了如何编码和检测问题，下面我们将介绍如何构造这样的完全二元树，使 26 个英文字母的编码最佳。

设给定了各字母的使用几率 $p_1, p_2, \cdots, p_{26}$，所谓最佳，就是要寻求一棵有 26 片叶子，其权分别为 $p_1, p_2, \cdots, p_{26}$ 的完全二元树，使得下面的码的长度的数学期望值最小：

$$L = \sum_{i=1}^{26} p_i l_i$$

这里 l_i 是第 i 个字母的码的长度，p_i 是第 i 个字母的使用几率。

在图论中，给定一组权 $w_1, w_2, \cdots, w_t$，使一棵完全二元树有 t 片叶分别带有权 $w_1, w_2, \cdots, w_t$，这样的一棵树称为**带权 $w_1, w_2, \cdots, w_t$ 的二元树**。我们定义带权 $w_1, w_2, \cdots, w_t$ 的二元树的权 $W(T)$ 为

$$W(T) = \sum_{i=1}^{t} w_i L(v_i)$$

这里 v_i 是带权 w_i 的叶，$L(v_i)$ 是叶 v_i 的路径长度。一棵带权 $w_1, w_2, \cdots, w_t$ 的完全二元树如果具有最小的权，称为**最优树**。上面的问题就是给定权 $p_1, p_2, \cdots, p_{26}$，寻求一棵带权 $p_1, p_2, \cdots, p_{26}$ 的最优树问题。

1952 年，哈夫曼(D. A. Huffman)给出了求最优树的算法。这个算法的核心思想是从带权 $w_1 + w_2, w_3, \cdots, w_t$ 的最优树 T 可得到带权 $w_1, w_2, w_3, \cdots, w_t$ 的最优树。为了证明这个断言，我们首先证明在一棵带权 $w_1, w_2, \cdots, w_t$(不妨设 $w_1 \leqslant w_2 \leqslant \cdots \leqslant w_t$)的最优树中，带权 w_1 和 w_2 的叶子是兄弟。

设 a 是分枝点中路径长度最长的一点，a 的儿子若非 v_1 和 v_2 而是带权 w_x 和 w_y 的叶子 v_x 和 v_y，于是我们有 $L(v_x) \geqslant L(v_1)$ 和 $L(v_x) \geqslant L(v_2)$，另一方面，由于这棵树是最优树，我们一定有 $L(v_x) \leqslant L(v_1)$ 和 $L(v_x) \leqslant L(v_2)$(否则将 w_x 和 w_1 或 w_2 交换，将产生更小的权，这和假设不符)，因此我们一定有 $L(v_x) = L(v_1) = L(v_2)$。类似地有 $L(v_y) = L(v_1) = L(v_2)$。我们将 w_1、w_2 和 w_x、w_y 交换，就得到一棵最优树，其中带权 w_1 和 w_2 的叶子是兄弟。

设 $\hat{T}$ 是带权 $w_1, w_2, \cdots, w_t$ 的最优树，其中带权 w_1 和 w_2 的两片树叶是兄弟。在 $\hat{T}$ 中用一片树叶代替由这两片树叶和它们的父亲所组成的子树，并对这片新的树叶赋权 $w_1 + w_2$，设 $\hat{T}'$ 表示带权 $w_1 + w_2, w_3, \cdots, w_t$ 的二元树，显然

$$W(\hat{T}) = W(\hat{T}') + w_1 + w_2$$

设 T' 是带权 $w_1 + w_2, w_3, \cdots, w_t$ 的最优树，T 是用子树(图 8.8-12)置换了 T' 中带权 $w_1 + w_2$ 的树叶后所得的树，于是我们有

$$W(T) = W(T') + w_1 + w_2$$

假设 $W(T) > W(\hat{T})$，那么 $W(T') > W(\hat{T}')$，但这与 T' 是最优树矛盾。由此可知 T 是一棵带权 w_1、$w_2, \cdots, w_t$ 的最优树。

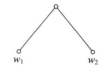

图 8.8-12

因此，画一个带有 t 个权的最优树可以简化为画一个带有 $t-1$ 个权的最优树，而这又可简化为画一棵 $t-2$ 个权的最优树，依此类推，可简化为画一棵带有 2 个权的最优树，这是极易做到的，这样就把画带有 t 个权的最优树问题解决了。

例如，画带权 3、4、5、6、12 的最优树的过程如图 8.8-13 所示。

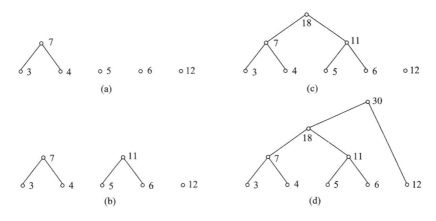

图 8.8 - 13

至此，26 个英文字母的最佳编码问题，读者就可自己解决了。

8.8.3 搜索树和决策树

有向树的重要应用是用作数据结构和描述算法，而用得最经常的是二元树和三元树。首先以二元树为例，说明作为数据结构时的应用和有关算法。

通常有大量的数据存储在计算机系统中，数据最基本的单位是**记录**，每个记录由各个相关的数据项组成，例如一个学生的学习档案就是一个记录。记录的集合叫**文件**。在文件上的操作通常有：插入一新记录，删去一记录，在文件中搜索一记录等。为使这些操作能进行，简便的做法是使每个记录中含有一个叫**搜索键**的项，例如学生的学习档案构成的文件，可以用每个学生的学号或姓名作为搜索键。

为使记录能快速存取，文件可以用二元树形式作为数据结构进行组织。这种二元树叫**二元搜索树**。每一结点代表一记录，我们假定每一记录的键值都不相同。例如，图 8.8 - 14 所示就是一棵二元搜索树，每一结点中的标记是存储于该结点的记录的键（简称为该结点的键值）。二元搜索树的存储特点是每一结点的键值大于其左子树中所有结点的键值，而小于其右子树中所有结点的键值。搜索的算法如下：

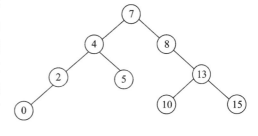

图 8.8 - 14

如果要找的记录的键值是 A，那么把 A 和根结点的键值 K 比较，如果相等，则存于此结点的记录就是要找的，搜索结束；如果 $A < K$，那么转到根的左子树，若左子树不存在，说明文件中没有要找的记录，搜索结束；如果 $A > K$，那么转到右子树，若右子树不存在，说明文件中没有要找的记录，搜索结束。转到左（右）子树后，对左（右）子树重复以上过程。最终，或找到所要的记录，或明确要找的记录不在文件中。

这种搜索法，显然比把记录以表的形式存储，顺序地搜索的方法要有效。

使用二元树作数据结构时，有时需要周游整个树，即遍访每一结点。依据根结点被处理的先后不同，有 3 个周游算法，分别称为**前序、中序、后序周游算法**。设二元树的根为 r，左子树为 T_1，右子树为 T_2（但 T_1 和 T_2 可以不存在），3 个周游算法的递归定义如下：

前序：

（1）处理 T 的根结点 r；

（2）如果 T_1 存在，那么用前序方法处理 T_1；

（3）如果 T_2 存在，那么用前序方法处理 T_2。

中序：

（1）如果 T_1 存在，那么用中序方法处理 T_1；

（2）处理 T 的根结点 r；

（3）如果 T_2 存在，那么用中序方法处理 T_2。

后序：

（1）如果 T_1 存在，那么用后序方法处理 T_1；

（2）如果 T_2 存在，那么用后序方法处理 T_2；

（3）处理 T 的根结点 r。

例如图 8.8-15 中二元树的结点标号给出每种周游算法遍访各结点的次序。

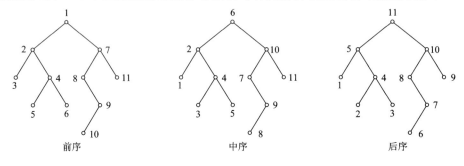

前序　　　　　　　　中序　　　　　　　　后序

图　8.8-15

如果树的结点标号是某字母表上的一个字符，那么按给定周游算法的次序写下各结点的标号就得到该字母表上的一个字 w。一般地说，仅给出字 w 和周游算法不可能重新构造出树，但在下述特殊情况下，却是可以的：如果树是代表一个代数表达式，其中每一内部结点标记着一个运算符，诸如＋、－、＊和／，而每片叶子标记着一个变元或常数，字是由前序周游或后序周游得出，那么，根据这个字可重新构造出原代数表达式。这意味着字是代数表达式的另一种表示，通常称为**波兰表示**，它对计算机计算极为方便。

例 8.8-7　考虑代数表达式 $(a-(b+c))*d$ 和它关联的标记二元树（见图 8.8-16）。

前序周游得字 $*-a+bcd$，后序周游得字 $abc+-d*$，这两个字都能用来重构原来的树。但中序周游所得的字 $a-b+c*d$ 用来重构却有多种可能性。

三元树也可用作数据结构，但与二元树有些不同。三元树作搜索树时，记录通常只存储在叶结点上，而内部结点只存储两个比较有用的值 d_1 和 d_2，**叫鉴别子**，如图

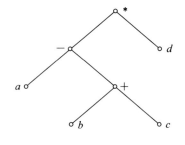

图　8.8-16

8.8-17 所示。设要找的记录的键值是 A，从根结点开始，如果 $A<d_1$，转根的左子树；如果 $d_1\leqslant A<d_2$，转根的中子树；如果 $d_2\leqslant A$，转根的右子树；……如此以往，直至叶。若叶的键值和 A 相等，则找到所要记录，否则要找的记录不在文件中，搜索结束。

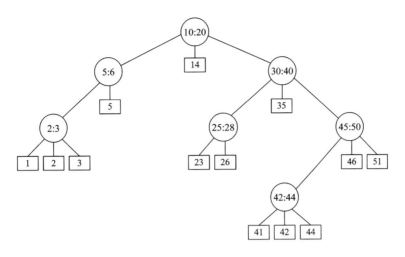

图 8.8-17

对三元树也可以周游，但由于存储情况等的差异，其算法与二元树的有些不同。

下面我们以三元树为例说明怎样用有向树描述算法。

过去我们曾提及用有向图可以刻画一个系统的状态转换。如果一个系统给定初始状态，经过每一转换序列，将导致该系统进入唯一的、确定的状态，那么这种系统就可用有向树来刻画，这种树叫**决策树**。

例 8.8-8　有 8 个硬币，如果恰好有一个硬币是假的且比其它的都重，要求我们以比较重量的方法用一架天平去找出伪币。

为了便于描述这一问题的解决过程，我们用 1~8 标记硬币。每次量衡有 3 种可能：左盘低下，保持水平，右盘低下。所以是一个三元解决过程。图 8.8-18 给出这一解决过程的决策图。图中∅表示不会出现的结果。决策树的结点左侧标记着状态，这里表示包含有伪币的硬币集合，右侧标记测试内容。

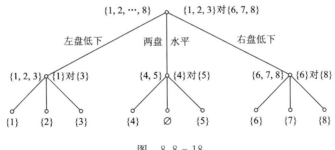

图 8.8-18

通过以上例子可以看出：决策树的每一内部结点对应于一个部分解；每个叶对应于一个解。每一内部结点联结于一个获得新信息的测试。从每一结点出发的每一枝标记着不同的测试结果。一个解决过程的执行对应于通过从根到叶的一条路径。一个决策树是所有可能的解决路径的集合。显然，如果每一测试只有两种可能，那么就要用二元树作决策树。

最后，我们重复一句：一个决策树是一个算法的描述，而一个搜索树是一个数据结构。例如，图 8.8-19 所示的是一棵二元搜索树，结点标记为 i/j，这里 i 是结点索引号，而 j 是存储于该结点的记录的键值。对应于搜索这棵树的一个决策树如图 8.8-20 所示，图中加方框的"无"字表示没有所找的键值。

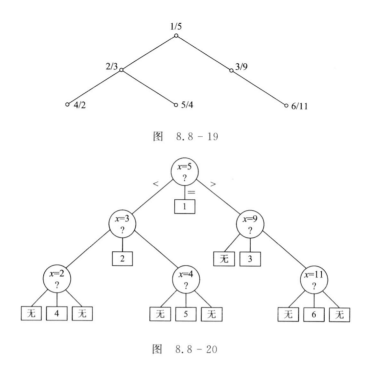

图 8.8-19

图 8.8-20

习　题

1. 试举例说明存在着有向图，它仅符合有向树的定义的第(1)和第(2)条，但不符合第(3)条。

2. 用有序树表示下述命题公式：

(1) $[(A \vee B) \rightarrow C] \leftrightarrow (D \vee A)$

(2) $(A \rightarrow B) \wedge [\rightarrow (C \vee B) \leftrightarrow A]$　（注意这公式含有一个一元运算。）

3. (1) 证明完全二元树的叶数常比内部结点数大 1。

(2) 找出完全 n 元树的叶数的表达式，该表达式用树的内部结点数的项表示。

4. 证明在完全二元树中，边的总数等于 $2(n-1)$，这里 n 是叶数。

5. 将图 8.8-21 中所示的树或森林用二元位置树表示。

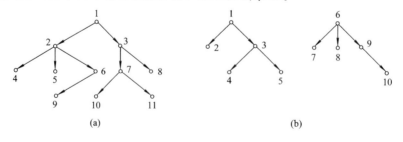

(a)　　　　　　　　　　　　(b)

图 8.8-21

6. 根据简单有向图的邻接矩阵，如何确定它是否是有向树？如果它是有向树，如何确定它的根和叶？

*7. 试画出带有权 1、2、3、5、7、12 的最优树，并根据这棵最优树编出其对应的前缀码。

8. 一棵二元树有 n 个结点，试问这棵二元树的高度 h 最大是多少，最小是多少。

9. 在图 8.8 - 22 那样标记的二元树中，当用下列次序周游时，试给出所得的标号序列：

(1) 前序，

(2) 中序，

(3) 后序。

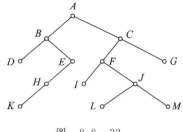

图 8.8 - 22

10. 构造一标记二元树对应于下列无括号表达式（波兰表示），这些表达式是用给出的次序周游树得到的。

(1) ———$abcd$　　（前序）；

(2) —a—b—cd　　（前序）；

(3) $abc*dc*/+$　　（后序）。

11. 证明中序周游两棵不同的标记树所得的字可以是相同的。

12. 有 8 个硬币，其中最多有一个是伪币，伪币或轻或重，试用一架天平找出伪币并指明它是轻还是重？如果没有伪币也要指明。试用决策树表明称的次数不超过 3 次的解决过程。

*8.9　运 输 网 络

8.9.1　基本概念

定义 8.9 - 1　设 $G=\langle V,E,W\rangle$ 是一个连通赋权有向简单图，W 是 E 上的非负实函数，若 G 中恰有一个没有引入边的顶点 a，恰有一个没有引出边的顶点 z，则称 G 为**运输网络**。

在运输网络上，没有引入边的顶点 a 称为**源点**，没有引出边的顶点 z 称为**阱点**，边 $\langle i,j\rangle$ 的权 $W(i,j)$ 称为该边的**容量**。

显然，运输网络是"货物从产地 a，通过许多中转站，到目的地 z"这类情况的一般模型，权 $W(i,j)$ 表示单位时间内通过道路能够运送的货物量的上限，即道路的容量。图 8.9 - 1(a)给出了运输网络的一个例子。

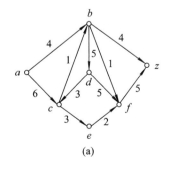

(a)

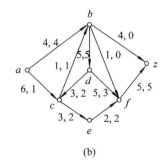

(b)

图　8.9 - 1

在运输网络中，对每一条边 $\langle i,j\rangle$ 都给定一非负实数 $\Phi(i,j)$（当顶点 i 与 j 之间没有边时定义 $\Phi(i,j)=0$），这一组数若满足以下条件，则称为这运输网络中的一个**流**，记为 Φ。

(1) 对每条边 $\langle i,j\rangle$，有 $\Phi(i,j)\leqslant W(i,j)$；

(2) 除去源点 a 和阱点 z，对每一顶点 j，有 $\sum\limits_{i} \Phi(i,j) = \sum\limits_{k} \Phi(j,k)$。

对运输货物来讲，条件(1)的意思是单位时间内通过道路运送的货物总量不能超过道路的容量。条件(2)的意思是除了源点和阱点，流入一点的货物量必须等于流出这一点的货物量。图 8.9-1(b)给出图(a)中运输网络的一个流。

对于一边 $\langle i,j \rangle$ 来说，如果 $\Phi(i,j) = W(i,j)$，则称边 $\langle i,j \rangle$ 是**饱和的**；如果 $\Phi(i,j) < W(i,j)$，则称边 $\langle i,j \rangle$ 是**非饱和的**。

量 $\sum\limits_{i} \Phi(a,i)$ 称为**流 Φ 的值**，用 Φ_v 表示。容易理解

$$\Phi_v = \sum_{i} \Phi(a,i) = \sum_{k} \Phi(k,z)$$

就是说，从源点流出的流的总量等于从阱点流入的流的总量。

一个运输网络中具有可能的最大值的流称为**最大流**。在一个运输网络中，可能不止一个最大流，换言之，可能有几个不同的流，都具有可能的最大值。

给定运输网络求其最大流问题，就是怎样使给定网络的运输速率最高，即单位时间内运输量最大的问题。为了解决这一问题，我们先介绍割的概念和有关定理。

在运输网络的底图中，将源点和阱点分离开的一个割集，称为该运输网络的一个**割**。用 $(P,\overline{P})$ 表示一个割，它将所有顶点分成两个子集 P 和 $\overline{P}$，P 包含源点，$\overline{P}$ 包含阱点。一个**割的容量**用 $W(P,\overline{P})$ 表示，它定义为从 P 中的顶点到 $\overline{P}$ 中的顶点的那些边的容量之和，即

$$W(P,\overline{P}) = \sum_{i \in P, j \in P} W(i,j)$$

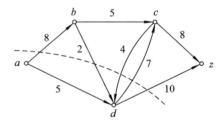

图 8.9-2

例如图 8.9-2 中的虚线表示了一个割，它将顶点分为 $P = \{a,d\}$ 和 $\overline{P} = \{b,c,z\}$ 两个子集，这个割的容量是 $8+7+10=25$。

定理 8.9-1 在给定的运输网络中，任何流的值小于或等于网络中任何割的容量。

证 设 V 是运输网络的顶点集，Φ 是运输网络中的流，$(P,\overline{P})$ 是运输网络中的割。为简明起见，我们把

$\sum\limits_{i \in X} \Phi(i,j)$ 记为 $\Phi(X,j)$，

$\sum\limits_{j \in X} \Phi(i,j)$ 记为 $\Phi(i,X)$，

$\sum\limits_{i \in X, j \in Y} \Phi(i,j)$ 记为 $\Phi(X,Y)$。

对于源点 a，因为任何 j，$\Phi(j,a)=0$，所以

$$\Phi(a,V) - \Phi(V,a) = \Phi(a,V) = \Phi_v \qquad ①$$

对 P 中不是源点的顶点 p

$$\Phi(p,V) - \Phi(V,p) = 0 \qquad ②$$

由①、②两式得

$$\Phi_v = \Phi(P,V) - \Phi(V,P) = \Phi(P,P \cup \overline{P}) - \Phi(P \cup \overline{P},P)$$
$$= \Phi(P,P) + \Phi(P,\overline{P}) - \Phi(P,P) - \Phi(\overline{P},P)$$

得

$$\Phi_v = \Phi(P,\overline{P}) - \Phi(\overline{P},P) \qquad \text{③}$$

由于 $\Phi(\overline{P},P) \geqslant 0$，所以

$$\Phi_v \leqslant \Phi(P,\overline{P}) \leqslant \sum_{i \in P, j \in \overline{P}} W(i,j) = W(P,\overline{P})$$

证毕。

上述证明中，③式是有用的结论，其意义是在运输网络中，对任何割 $(P,\overline{P})$，一个流的值等于从 P 中的顶点流到 $\overline{P}$ 中的顶点的流之和减去从 $\overline{P}$ 的顶点流到 P 的顶点的流之和。

定理 8.9 - 2 （福特—富克逊(Ford - Fulkerson)定理）在任一运输网络中，从 a 到 z 的最大流的值等于最小割 $(P,\overline{P})$ 的容量。

证 上一定理已证明了

$$\max \Phi_v \leqslant \min W(P,\overline{P})$$

所以只需证明对某一割 $(P,\overline{P})$，等号是成立的就可以了。下面的证明方法实际上提供了提高流量 Φ_v 的算法，是下一小节标记法的基础。

我们定义运输网络中从 a 到 z 的道路为顶点序列

$$a = v_0, v_1, v_2, \cdots, v_{n-1}, v_n = z$$

如图 8.9 - 3 所示，其方向为从 a 到 z。道路中，有向边 $\langle v_i, v_{i+1} \rangle$ 的方向与路的方向一致，称 $\langle v_i, v_{i+1} \rangle$ 为**前向边**，反之称 $\langle v_{i+1}, v_i \rangle$ 为**后向边**。

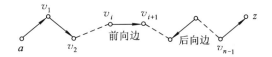

图 8.9 - 3

如果在从 a 到 z 的道路上，所有前向边 $\langle i,j \rangle$ 恒有 $\Phi(i,j) < W(i,j)$，所有后向边 $\langle i,j \rangle$ 恒有 $\Phi(i,j) > 0$，则称这条道路是**可增值的**。令

$$\delta_{ij} = \begin{cases} W(i,j) - \Phi(i,j) & \text{当} \langle i,j \rangle \text{是前向边时} \\ \Phi(i,j) & \text{当} \langle i,j \rangle \text{是后向边时} \end{cases}$$

$$\delta = \min\{\delta_{ij}\}$$

则在这条道路上每条前向边的流都可以提高 δ，所有后向边的流都可以减少 δ，这样使得这个网络流的流量获得增加，但每条边的流量仍不超过容量，而且也不影响其它边的流量。总之，可增值道路的存在可以使得流量得到相应的增加。

现在我们证明定理。

设 Φ 是一个最大流，我们用下面的方法定义集合 P：

(1) $a \in P$，

(2) 若顶点 $i \in P$，且 $\Phi(i,j) < W(i,j)$，则 $j \in P$；若顶点 $i \in P$，且 $\Phi(j,i) > 0$，则 $j \in P$。任何不在 P 中的顶点属于 $\overline{P}$，我们证明 $z \in \overline{P}$。若不然，$z \in P$，按集合 P 的定义存在一条 a 到 z 的道路，在这条道路上所有前向边都满足

$$\Phi(i,j) < W(i,j)$$

所有后向边都满足

$$\Phi(i,j) > 0$$

因而这条道路是可增值道路。但这和 Φ 是最大流的假设矛盾。因而 $z \in \bar{P}$，即 P 和 $\bar{P}$ 构成割 $(P, \bar{P})$。

按照集合 P 的定义，若 $v_i \in P$，$v_j \in \bar{P}$，则

$$\Phi(i,j) = W(i,j)$$

$$\Phi(j,i) = 0$$

根据定理 8.9-1 证明中的③式

$$\Phi_v = \Phi(P, \bar{P}) - \Phi(\bar{P}, P) = W(P, \bar{P})$$

因此

$$\max \Phi_v = \min W(P, \bar{P}) \qquad\qquad\qquad 证毕。$$

8.9.2 标记法

求最大流的标记法，它的基本思想是寻找一条可增值道路，使网络流的流量得到增加，直至最大为止。这个方法的理论基础前面已介绍过了，方法分成两个过程，一是标记过程，二是增值过程。分述如下。

1. 标记过程

通常设初始流为 0，标记形式是 $(+x, \Delta y)$，表示从顶点 x 流到顶点 y 的流量可增加 Δy；标记形式是 $(-x, \Delta y)$，表示从顶点 y 流到顶点 x 的流量可减少 Δy。

第一步：给源点 a 以标记 $(-, \infty)$。表示结点 a 流到其它结点的量可以任意。

第二步：选择一个已标记的顶点 x，对于 x 的所有未标记的邻接顶点 y 按下列规则处理。

（1）如果 $\Phi(y,x) > 0$，令 $\Delta y = \min[\Phi(y,x), \Delta x]$，给顶点 y 以标记 $(-x, \Delta y)$。（即后向边有回流情况。）

（2）如果 $\Phi(x,y) < W(x,y)$，令 $\Delta y = \min[W(x,y) - \Phi(x,y), \Delta x]$，给顶点 y 以标记 $(+x, \Delta y)$。（即前向边未饱和情况。）

（3）除上述两种情况外，不标记。

第三步：重复第二步直至阱点被标记，或不再有顶点可以标记为止。如果 z 点给了标记，说明存在一条可增值道路，转向增值过程。如果 z 点不能标记，而且不存在其它可标记的顶点时算法结束。所得的流便是最大流。

2. 增值过程

第一步：取出 z 的标记 $(+v, \Delta z)$，令 $\delta = \Delta z$，$u = z$。

第二步：若 u 的标记为 $(+v, \Delta u)$，则

$$\Phi(v,u) \leftarrow \Phi(v,u) + \delta$$

若 u 的标记为 $(-v, \Delta u)$，则

$$\Phi(u,v) \leftarrow \Phi(u,v) - \delta$$

第三步：若 $v = a$，则把全部标记去掉转回标记过程。如 $v \neq a$，令 $u = v$，返回第二步。

作为例子，考虑图 8.9-4 中的运输网络，由(b)到(e)给出了求最大流的一个全过程。运输网络的有向边上第一个数字表示该边上的容量，第二个数字表示该边的流，结果得到最大流的值是 13，最小割 $(P, \bar{P})$，其中 $P = \{a, c, d\}$，$\bar{P} = \{b, z\}$。

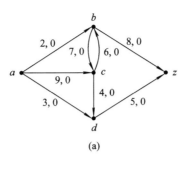

(a)

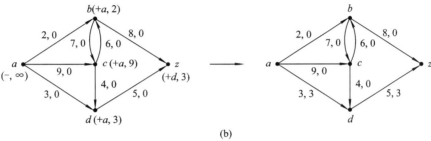

(b)

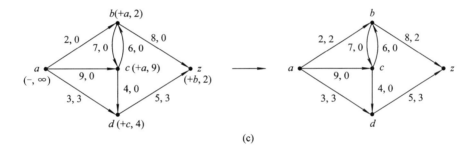

(c)

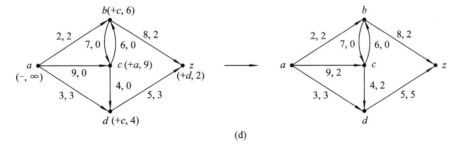

(d)

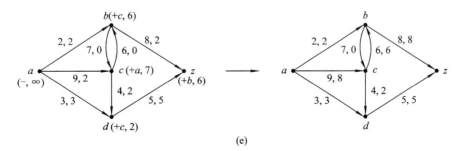

(e)

图 8.9 - 4

另一个例子，如图 8.9-5 中的运输网络，这里已经知道初始流，利用标记法，获得最大流为 7，最小割 $(P, \bar{P})$，其中 $P = \{a, c\}$，$\bar{P} = \{b, d, z\}$。

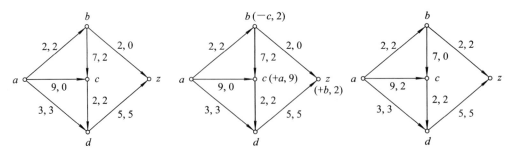

图　8.9-5

现实中的运输网络可能有多个源点 $a_1, a_2, \cdots, a_n$ 和多个阱点 $z_1, z_2, \cdots, z_m$，如图 8.9-6(a) 所示。对于这种情况，只需添上一个虚设的源点 a 和阱点 z，添上容量为 ∞ 的 a 到 $a_1, a_2, \cdots, a_n$ 的有向边和 $z_1, z_2, \cdots, z_m$ 到 z 的有向边，如图 8.9-6(b) 所示，即可把问题转化为本节介绍的形式求解，方法完全一样，不再举例了。

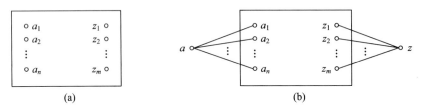

图　8.9-6

运输网络的用途不限于解决运输问题。例如求一个二部图 $G = \langle X, E, Y \rangle$ 的最大匹配问题，可转化为运输网络求解。方法是把 X 的元素都看做源点，Y 的元素都看做阱点，边的方向都是从源点指向阱点，再用上述方法，虚设一个源点 a 和一个阱点 z，并设所有边的权均为 1。对所得的图求得最大流的值就是最大匹配的边数，最大流通过的属于 E 的边集就是最大匹配。

习　　题

1. 试证明一个运输网络，若边上的权全为非负整数，则最大流的值也为非负整数。
2. 用标记法找出图 8.9-7 中运输网络的最大流及其值，并写出它们的最小割。

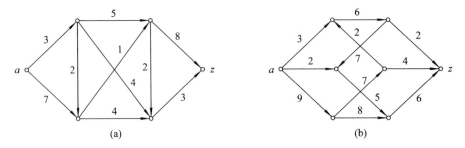

图　8.9-7

3. 用求最大流方法，求出图 8.9−8 中的二部图的最大匹配。

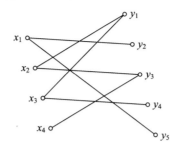

图　8.9−8

参 考 文 献

[1] 耿素云，屈婉玲. 离散数学. 北京：高等教育出版社，2004

[2] 邓辉文. 离散数学. 北京：清华大学出版社，2006

[3] 朱洪，胡美琛，张霭珠，赵一鸣. 离散数学教程. 上海：上海科学技术文献出版社，1999

[4] 许蔓苓. 离散数学. 北京：北京航空航天大学出版社，2004

[5] Rosen Kenneth H. 离散数学及其应用. 袁崇义，屈婉玲，王捍贫，刘田，译. 北京：机械工业出版社，2007

[6] Dossey John A，Otto Albert D，Spence Lawrence E. Eynden Charles Vanden. 离散数学. 章炯民，王新伟，曹立，译. 北京：机械工业出版社，2007